21 世 纪 高 等 学 校 教 材

Access 数据库教程

主编　陈树平　侯贤良　菅典兵

上海交通大学出版社

内 容 提 要

Access 是微软公司开发的 Microsoft Office 重要组件之一，是一个功能强大并且易于使用的关系数据库系统。本书根据全国计算机等级考试（二级 Access）大纲编写，以实例教学为主，本着“厚基础、重能力、求创新”的基本思路，由多年在教学第一线从事计算机教学的教师编写。

全书共分 10 章。主要内容有数据库基础知识、Access 2003 数据库系统概述、表的建立和使用、数据查询、窗体设计、报表、数据访问页、宏、模块与 VBA、学生成绩管理系统的设计。本书内容丰富、图文并茂、通俗易懂，侧重于对基础知识、基本理论和基本方法的叙述，注重基本操作的训练。全书以实例教学驱动展开，以加强学生对操作技能的掌握。

本书可作为高等院校非计算机专业数据库应用技术课程教学用书，也可供各培训机构作为 Access 数据库应用教材和参加全国计算机等级考试（二级 Access）参考书。

图书在版编目(CIP)数据

Access 数据库教程/陈树平，侯贤良，菅典兵主编.
—上海：上海交通大学出版社，2009(2012 重印)
ISBN 978-7-313-05918-5

Ⅰ. A...　Ⅱ. ①陈... ②侯... ③菅　Ⅲ. 关系数据库—数据库管理系统，Access—高等学校—教材
Ⅳ. TP311.138

中国版本图书馆 CIP 数据核字(2009)第 127957 号

Access 数据库教程
陈树平　侯贤良　菅典兵　**主编**
上海交通大学出版社出版发行
（上海市番禺路 951 号　邮政编码 200030）
电话：64071208　出版人：韩建民
常熟市文化印刷有限公司 印刷　全国新华书店经销
开本：787mm×1092mm 1/16　印张：19.75　字数：483 千字
2009 年 8 月第 1 版　2012 年 10 月第 4 次印刷
ISBN 978-7-313-05918-5/TP　定价：35.00 元

前　言

随着我国改革开放的不断深入，高等教育得到了较快发展并走向大众化教育。时代的进步与社会的发展对高等学校计算机教育提出了更高、更新的要求。抓好计算机专业课程以及计算机公共基础课程的教学，是提高计算机教育质量的关键。在掌握计算机基础操作的同时掌握现代数据管理技术是一项重要技能。Access 是一个功能强大并且易于使用的关系数据库管理系统，利用 Access 数据库技术可以提高数据管理能力，帮助人们高效、快速地组织、查询和获取信息。

本书根据全国计算机等级考试(二级 Access)大纲，同时又兼顾到基本理论的完整性，由多年从事计算机教学的教师编写。

本书具有下列特点：

(1) 实用性和先进性：介绍目前较流行的 Access 2003 的使用和操作。

(2) 操作性：注重基本操作能力的培养，以学生管理系统为主线，以实例操作为主，只要读者按照书中内容操作，均可掌握相应软件的使用。

(3) 通俗性：力求文字流畅、图文并茂、版面活跃、通俗易懂。

(4) 理论性：注重基本理论的完善性。

本书共分 10 章。主要内容包括数据库基础知识、Access 2003 数据库系统概述、表的建立和使用、数据查询、窗体设计、报表、数据访问页、宏、模块与 VBA、学生成绩管理系统的设计。每章都配有一定的思考题与习题，供读者练习使用。

本书由陈树平教授策划、统稿，陈树平、侯贤良、菅典兵任主编，梁咏梅、张志宏、陈红梅任副主编。本书第 1 章由陈树平编写；第 2 章由匡友华编写；第 3 章、第 4 章由侯贤良编写；第 5 章由陈红梅编写；第 6 章、第 7 章由梁咏梅编写；第 8 章、第 10 章由张志宏编写，第 9 章由菅典兵编写。附录部分由陈树平整理。

本书配备电子课件，有意者与作者联系。

作者陈树平电子信箱：shuping1576@126.com 或 shuping1576@yahoo.com.cn。

由于作者水平有限，书中有不妥之处，恳请读者批评指正，以便改进。

编　者

2009 年 6 月

目　录

第 1 章　数据库基础知识

随着电子技术的飞速发展，计算机技术取得了较快的发展与广泛的普及，已经应用到了社会生活的各个领域，尤其在数据处理、信息管理等领域更是获得了广泛的应用，取得了较好的社会和经济效益。为了对数据有效的管理和利用，数据库技术应运而生，它是人类进入数字时代的重要标志。据统计，目前计算机应用 80%是数据处理，而数据处理最有效的方式是数据库技术。数据库技术的应用水平已经成为衡量一个国家发达程度的重要标志，数据库技术是数据处理的核心技术，要掌握数据处理技术必须了解和掌握数据库的相关知识。

本章主要内容包括数据与数据处理、数据模型、关系数据库、数据库系统、关系规范化、数据库系统设计步骤等。

1.1　数据与数据处理

数据库技术是信息时代重要的基础技术之一，是计算机科学技术领域发展最为迅速的重要分支。数据库技术是一门综合技术，它涉及程序设计、操作系统、数据结构、算法设计等相关知识，它是计算机及其相关专业的一门重要课程。

1.1.1　数据与信息

1. 数据与信息

数据是数据库中存储的基本对象。现实世界中人们通常是用各种各样的物理符号来表示客观世界事物的特征和联系，这些符号及其组合就是数据。数据是对现实世界符号化的描述，从数据的描述来看，数据有两方面的含义：其一是描述事物特征的数据内容；其二是存储在某媒体上的具体形式。数据的形式是多种多样的，可以是数字、字符、文字、图形、符号、声音、影像等。

信息是数据经过加工处理后所获得的有用知识，数据只有经过加工才能转换为信息，这种加工过程就是数据处理。数据处理包括对数据的采集、整理、存储、分类、排序、检索、加工、统计、传输等一系列的操作过程。数据和信息既有联系又有区别，一方面数据是信息的具体表现形式，信息是数据有意义的表现；另一方面信息和数据又很难区分，信息本身就是数据化的。如图 1-1 所示为数据和信息之间的关系。

现代社会是信息社会，信息的价值已经引起人们的重视。信息与物质、能源一起被称为三大资源，人们利用信息提升了思维，信息加工后的结果形成了人们的知识。一个部门的信息化水平反映了该部门应用信息处理问题的能力，一个国家的信息化程度在很大程度上反映了一个国家的发达程度。

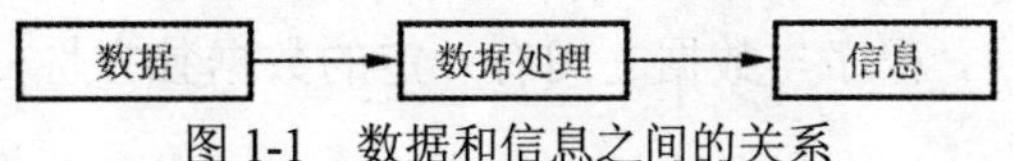

图 1-1　数据和信息之间的关系

2．数据库

数据库(DataBase，DB)顾名思义是存储数据的仓库，但这个仓库是存储在计算机外部存储设备上并按一定的格式组织的。数据库是长期存储在计算机内、有组织、可共享的数据集合。数据库中的数据按一定的数据模型组织、描述和存储，具有较小的冗余度、较高的数据独立性和易扩展性，并可被各种用户共享的数据集合。目前，一个国家的数据库建设规模(指数据库的个数、种类)、数据库信息量的大小和使用频度已经成为衡量一个国家信息化程度的重要标志之一。

统计表明，目前全世界80%以上的计算机主要从事事务处理工作。人们用计算机进行事务处理的主要目的是为了从大量数据中提取有用信息。因此，在进行数据处理时必须在计算机中存储大量的数据，并采用一定的方法对其进行必要的加工、处理和传播。20 世纪 70 年代后，数据库技术得到了飞速发展，越来越受到部门的重视和人们的关注，从事数据处理技术人员的队伍不断扩大。目前，从事数据处理技术的人员已经成为计算机及相关技术队伍的主力军。

1.1.2 数据处理技术的发展

数据库技术是随着数据管理任务的需求而产生的。数据库技术是伴随着计算机软件、硬件技术的发展而发展起来的，数据处理技术经历了人工管理、文件系统、数据库系统 3 个发展阶段。

1．人工管理阶段

20 世纪 50 年代中期以前，计算机外存主要是卡片、纸带和磁带，这些设备只能顺序存取，没有像磁盘这样的直接存取设备。在软件上，没有专门的数据管理软件，对数据的处理没有一定的格式，数据处理都是用手工进行的。

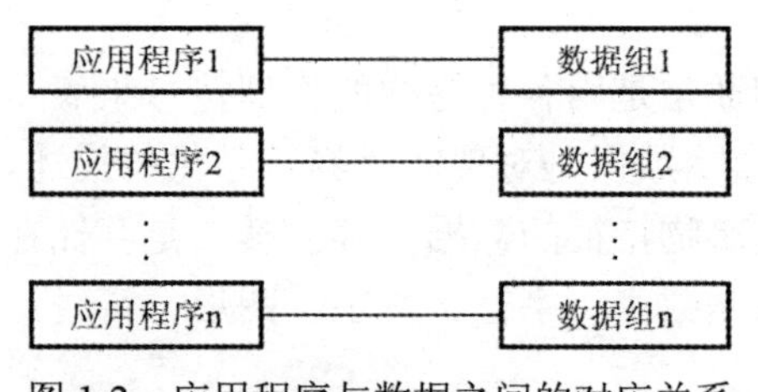

图 1-2　应用程序与数据之间的对应关系

当时的数据处理过程是一组程序对应一组数据，一个程序中的数据不能被其他应用程序使用，使得程序之间存在大量的重复数据，称为数据冗余。如图 1-2 所示为应用程序与数据之间的对应关系，由于数据与程序的这种对应，使得数据的独立性很差，当数据改变时，应用程序必须改变，并且数据不能长期保存。

2．文件系统阶段

20 世纪 50 年代后期至 60 年代中期，计算机开始用于大量数据管理。硬件上出现可直接存取的外存储器，如磁盘、磁鼓等，为计算机管理数据提供了物质基础。在软件上出现了操作系统和高级语言，操作系统中文件系统是专门管理外存的管理软件。

在文件系统中，由于有了专门的文件管理软件进行数据管理，数据可以长期存储在外存储器上，进行反复地查询、修改、插入和删除。文件可以“按文件名访问，按记录存取”，文件系统实现了记录内的结构性，但整体无结构。程序和数据可由文件系统进行存取方法的转换，程序与数据之间有一定的数据独立性，可分开存储，并有了程序文件和数据文件的区别。

尽管文件系统带来了方便，但文件系统也存在一些不足。由于文件系统中的文件是为某一特定应用服务的，文件的逻辑结构对该应用程序是优化的，要想对现有的数据再增加一些新的应用很困难。文件系统不容易扩充，一旦数据的结构改变，必须修改应用程序，修改文件结构的定义。应用程序的改变将引起文件的数据结构改变。因此，数据和程序之间缺乏独立性。如图 1-3 所示为文件系统中程序与数据之间的关系。

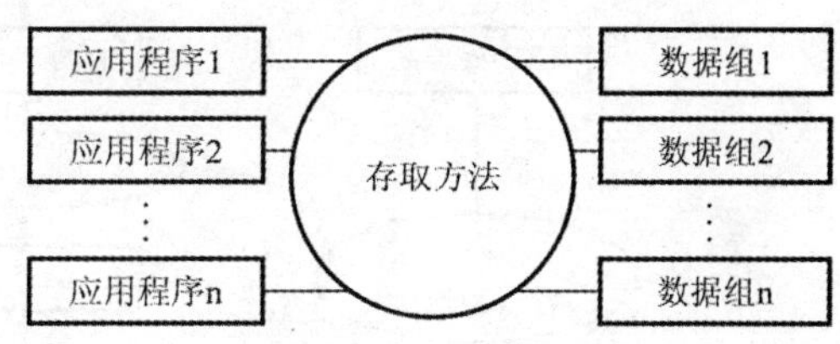

图 1-3　文件系统中程序与数据之间的关系

3．数据库系统阶段

20 世纪 60 年代后期以来，由于大容量磁盘的诞生，计算机硬件价格下降，计算机软件相对成熟，计算机的应用范围也不断扩大。计算机处理的数据量增加，管理的规模也越来越大，文件系统已经无法满足开发应用系统的需要。为了实现对数据的统一管理，达到数据共享的目的，发展了数据库技术。

数据库技术的主要目的是有效地管理和存取大量的数据资源，包括提高数据的共享性，使多个用户能同时访问数据库中的数据；减小数据的冗余度，以提高数据的完整性、一致性；提高数据与应用程序的独立性，从而减少应用程序的开发和维护代价。

用数据库系统管理数据比文件系统有明显的优势，从文件系统到数据库系统，标志着数据管理技术的飞跃。如图 1-4 所示为在数据库管理系统的支持下，数据与程序之间的关系。

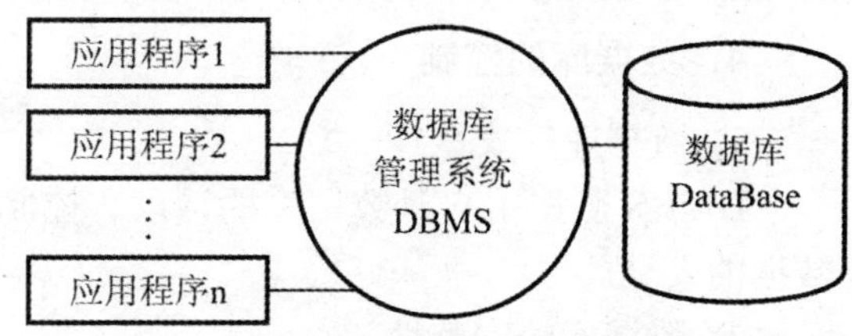

图 1-4　数据库系统中数据与程序之间的关系

1.1.3　数据库管理系统

数据库管理系统(DataBase Management System，DBMS)是帮助用户建立、使用和管理数据库的软件系统，它是位于用户与操作系统之间的一层数据库管理软件。如图 1-5 所示为 DBMS 的功能和组成。

从图中可以看出，DBMS 具有下列主要功能：数据库的定义，数据库的操纵，数据库的建立、组织和存储，数据库的控制。

1．数据库的定义

DBMS 提供了数据定义语言(Data Definition Language，DDL)，用户可以通过 DDL 方便的对数据库中的数据对象进行定义。

2．数据库的操纵

DBMS 提供了数据操纵语言(Data Manipulation Language，DML)，用户可以通过 DML 方便的对数据库中的数据对象进行检索、修改、删除、更新等基本操作。

3．数据库的建立、组织和存储

DBMS 提供了数据库数据的初始化功能、转换数据和确定文件的存储路径和存取方法，提供了数据的存储功能。有效、合理地组织数据，提高存储空间的利用率。

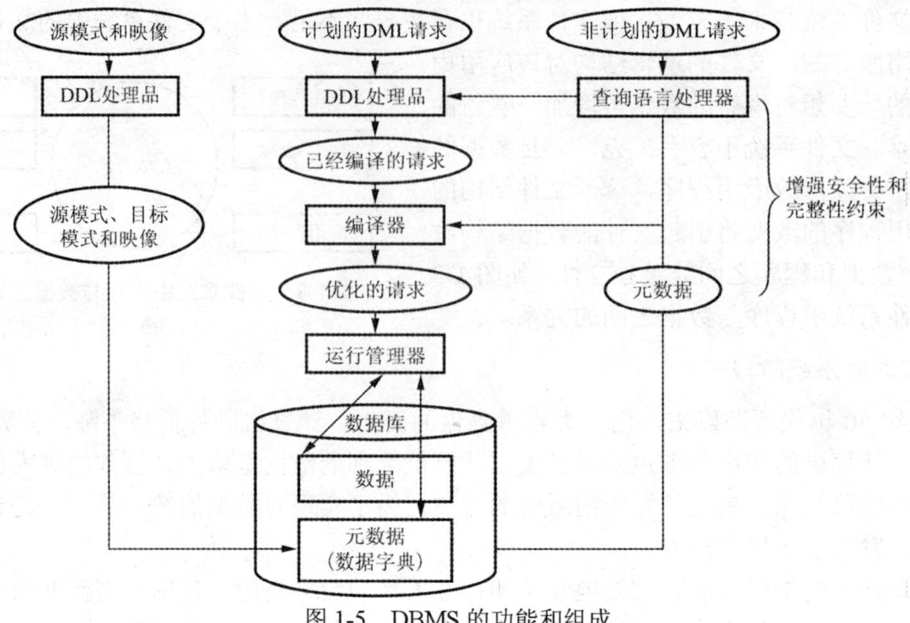

图 1-5　DBMS 的功能和组成

4．数据库的控制

1) 数据库的安全性

DBMS 监控用户对数据库的请求、控制访问权限，防止用户对数据库的非法访问，保证数据的安全。

2) 数据库的完整性

DBMS 提供了数据的完整性检查机制，可以对数据的语法、语义进行检查，保证用户数据的正确性。

3) 并发控制

当多个用户同时访问数据库时，可能会出现冲突，如一个用户要对数据进行读操作，同时另一个用户要对同一个数据执行写操作，此时可能会出现执行错误，DBMS 提供并发控制机制，能够保证数据并发的正确性。

4) 数据恢复

数据库操作的过程中，可能会出现数据遭到破坏，此时，DBMS 提供恢复功能，将数据恢复到故障前的状态，有效地恢复数据。

5．其他管理功能

DBMS 对数据进行统一控制和有效管理，主要包括：

1) 数据字典(Data Dictionary, DD)

保存数据库中数据的描述信息，以及访问、控制、管理数据的信息库。

2) 查询处理和优化

用户要对数据库进行高效地访问，必须经过优化。实践表明，优化的数据查询可能会成百上千倍地提高查询效率。DBMS 的基本功能之一是查询优化，优化效率直接影响到 DBMS 功能的实现。

3) 数据通信

DBMS 支持操作系统的联机分布处理、远程作业录入以及网络软件的通信功能。

1.2　数据模型

数据库是某个企业、组织或部门所涉及数据的集合，它不仅要反映数据自身，而且要反映数据之间的联系。数据模型是对现实世界特征的模拟和抽象。由于计算机不可能直接处理现实世界中的具体事物，所以人们需要事先把具体事物转换成计算机能够处理的数据，在数据库中采用数据模型来抽象、表示和处理现实世界中的数据和信息。

数据模型是数据库系统的核心和基础，DBMS 软件都是基于某种数据模型或是支持某种数据模型。为了将现实世界中的具体事物抽象，组织成 DBMS 支持的数据模型，人们要将现实世界抽象成为信息世界，用概念模型或者信息模型来描述，这种模型直观、清晰、容易被人们理解；然后再将信息世界进一步转换为机器世界，主要用于 DBMS 支持的层次数据模型、网状数据模型和关系数据模型来描述。如图 1-6 所示为从现实世界到机器世界的抽象过程。

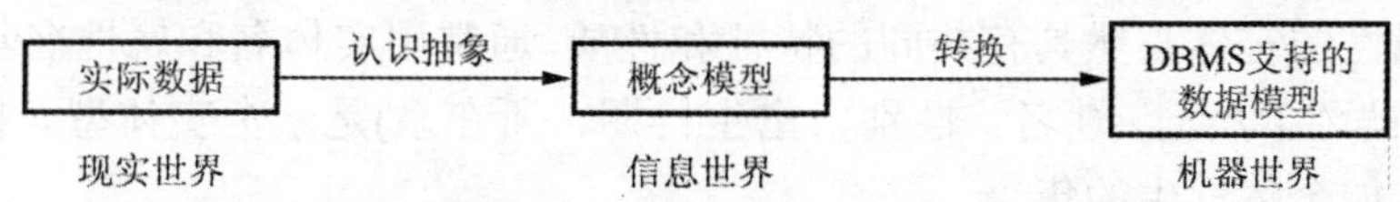

图 1-6　现实世界到机器世界的抽象过程

数据模型通常要满足 3 个条件：

(1) 能够真实地反映现实世界。

(2) 容易被人们理解。

(3) 容易在计算机上实现。

1.2.1　数据模型的组成要素

数据模型通常由 3 部分组成：数据结构、数据操纵和数据的完整性约束。

1. 数据结构

数据结构描述数据库的组成对象及对象之间的联系，是对系统静态特征的描述。例如学生信息系统中，学生的基本信息包括学号、姓名、性别、出生日期、所学专业等。学号、姓名、性别、所学专业用字符型，出生日期用日期型。课程信息包括课程号、课程名、学时、学分、任课教师等。课程号、课程名、任课教师用字符型，学时、学分用数值型。学生选课信息包括学号、课程号、成绩。在上述信息中学号与学生关系中的学号相对应，课号与课程关系中的课号相对应，这样两个对象之间存在着关联才有意义，这种数据关联要存储到数据库中。数据模型就是按照数据结构分类的，按照数据结构类型的不同将数据模型分为层次数据模型、网状数据模型和关系数据模型。

2. 数据操纵

数据操纵是指对数据库中各种实例对象操作的集合，是描述系统的动态特征。例如对数据库中数据进行插入、修改、删除、查询等各种操作。

3．数据的完整性约束

数据的完整性约束是在特定的数据模型中，数据及其联系所遵守的一组规则。这种规则限制了数据库状态及其状态变化，数据之间的约束保证了数据库的正确性、相容性和一致性。例如学生信息系统中，学号的前两位为入校年份，前两位值只能取 05、06、07、08，表示本科生的入校年份只能是 2005 年、2006 年、2007 年和 2008 年(对于四年制本科)，否则就违背了完整性约束。

1.2.2 概念模型

1．实体及其描述

实体(Entity)是客观存在并可以相互区别的事物，可以是具体的人、事、物，也可以是抽象的事件，如学生、课程、订货、借书等。

属性(Attribute)是对实体特征的描述。如学生实体用学号、姓名、性别、出生日期、所在系等属性描述；课程实体用课程号、课程名、学时等属性描述。

具有相同属性的实体必然具有共同的特征和性质，通常用实体名和属性名集合起来描述，称为实体型。如学生(学号、姓名、性别、出生日期、所在系)是一个实体型。同型实体的集合称为实体集，如全体学生的集合。

2．实体间的联系

客观世界中事物间有一定的联系，这些联系反映在信息世界中就是实体内部的联系和实体之间的联系。实体内部的联系是指实体内属性之间的联系，而实体间的联系则是指不同实体集之间的联系。实体间的联系有 3 种：一对一联系、一对多(或多对一)联系和多对多联系。

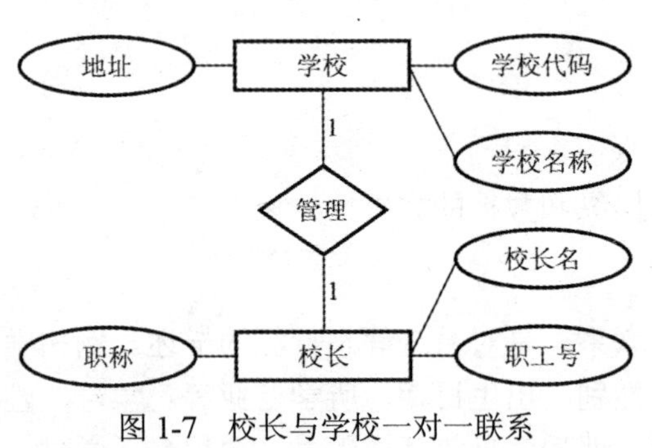

图 1-7 校长与学校一对一联系

一对一联系：对于实体集 A 中的每一个实体，实体集 B 中至多有一个(也可以没有)实体与之联系；反之，对于实体集 B 中的每一个实体，实体集 A 中至多有一个(也可以没有)实体与之联系，则称实体集 A 与实体集 B 具有一对一联系，记作 1:1。如图 1-7 所示，在学校中，一个学校有一个校长，而一个校长也只能在一个学校任职，校长与学校就是一对一联系。

一对多联系：对于实体集 A 中的每一个实体，实体集 B 中有多个实体与之联系，反之，对于实体集 B 中的每一个实体，实体集 A 中至多只有一个实体与之联系，则称实体集 A 与实体集 B 具有一对多联系，记作 1:n。如图 1-8 所示，在学校中，一个系有多个教师，而一个教师只能在一个系工作，系与教师之间就是一对多联系。

多对多联系：对于实体集 A 中的每一个实体，实体集 B 中有多个实体与之联系，反之，对于实体集 B 中的每一个实体，实体集 A 中也有多个实体与之联系，则称实体集 A 与实体集 B 具有多对多联系，记作 m:n。如图 1-9 所示，在学校中，一个学生可以选修多门课程，一门课程也可以有多个学生选修，学生与课程就是多对多联系。

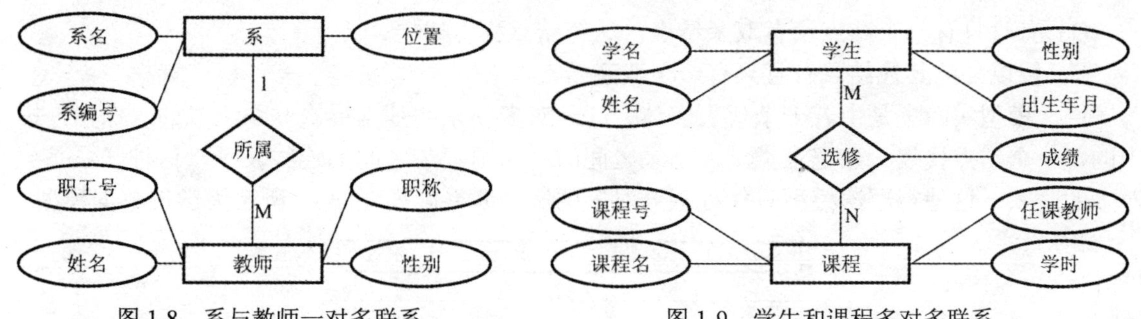

图 1-8　系与教师一对多联系　　图 1-9　学生和课程多对多联系

实际上，多对多联系是一种普遍现象，一对一联系是一对多联系的特例，而一对多联系又是多对多联系的特例。

3．实体联系图(Entity Relation)

概念模型的表示方法很多，其中最著名、最常用的是 1976 年 P. P. Chen 提出的实体联系方法，该方法用 E-R 图描述概念模型。

E-R 图方法如下：

(1) 实体：用矩形表示，矩形框内标记实体名。

(2) 属性：用椭圆表示，椭圆框内标记属性名，并用直线与相应的实体连接起来。

(3) 联系：用菱形框表示，菱形框内标记联系名，并用直线与相应的实体连接起来，同时在直线旁标记联系类型，联系的属性也用椭圆表示。

例如，上述校长与学校一对一联系、系与教师一对多联系以及学生和课程多对多联系分别用图 1-7、图 1-8 和图 1-9 表示。

实际问题中，实体之间除两个实体间的联系外，也存在多个实体间的联系。例如考虑供应商、项目、零件之间的关系，一个供应商向多个项目供应多种零件，一个项目可以使用多个供应商供应的多种零件，一种零件由多个供应商供应并用于不同的工程。如图 1-10 所示为供应商、项目、零件之间的 E-R 图。

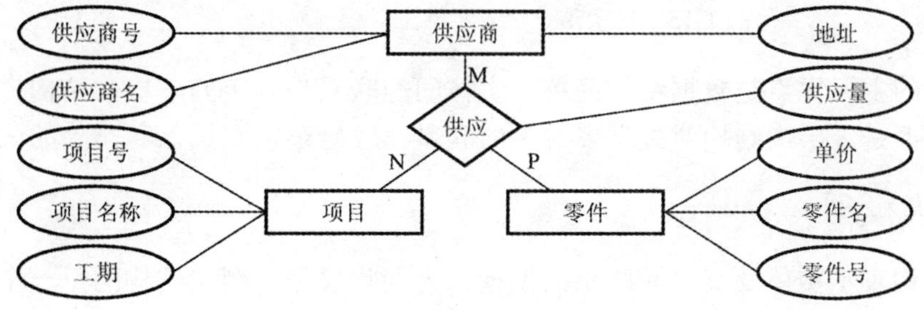

图 1-10　供应商、项目、零件之间的 E-R 图

1.2.3　层次模型

用树型结构表示实体与实体之间联系的模型称为层次模型。层次模型也是一种常见的数据模型，如单位组织机构。层次模型简单、直观。

层次模型有两点限制：

(1) 有且只有一个结点没有双亲结点，这个结点称为树根。

(2) 根以外的其他结点有且只有一个双亲结点。

层次模型实际上是由若干个代表实体之间一对多联系的基本层次联系组成的一棵树，树中的每一个结点代表一条记录类型，记录之间的联系用记录之间的连线表示，这种联系是一对多的联系，这使得层次模型只能处理一对多的实体联系。如图 1-11 所示为学校数据模型。

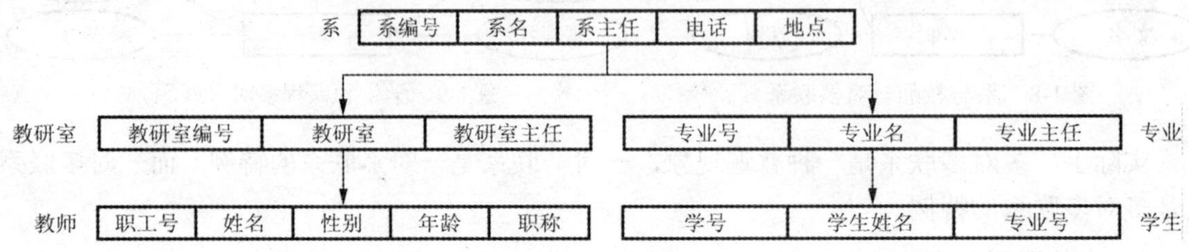

图 1-11 学校数据库模型

那么，对于多对多的联系层次数据模型是否能处理呢？答案是肯定的，但处理起来比较复杂。例如，如图 1-9 所示的学生和课程之间多对多的联系(这里只用部分属性来描述)，层次模型可以采用两种方式进行处理，一是采用设置虚拟结点的方法，如图 1-12 所示为虚拟结点法表示的学生课程之间多对多的联系；另一种是用冗余结点的方法，如图 1-13 所示为冗余结点法表示的学生课程之间多对多的联系。

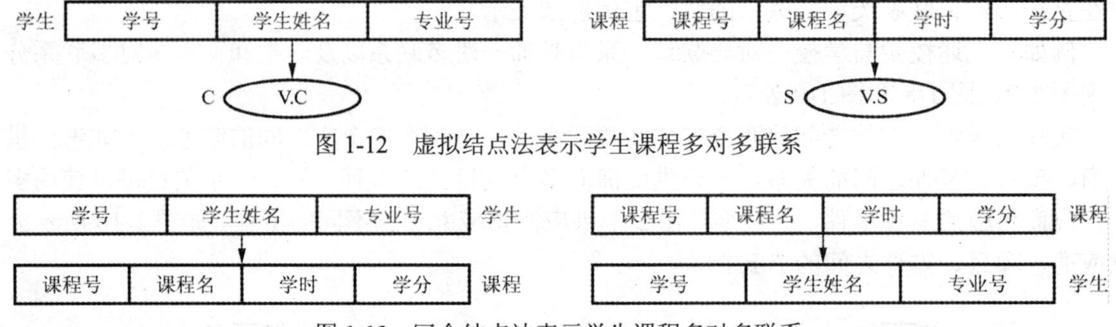

图 1-12 虚拟结点法表示学生课程多对多联系

图 1-13 冗余结点法表示学生课程多对多联系

层次模型的主要优点是数据结构简单，实体间的联系是固定的，层次结构提供了良好的完整性支持。但是，层次结构对处理多对多的联系比较复杂，对插入和删除的限制较多。

1.2.4 网状模型

用网状结构表示实体及其之间联系的模型称为网状模型。网状结构的每一个结点代表一个实体，网状结构突破了层次结构的两点限制：允许一个结点有多个双亲结点，可以有两个以上的结点没有双亲结点。因此，网状模型可以方便地表示各种联系。如图 1-14 所示为学校网状模型。

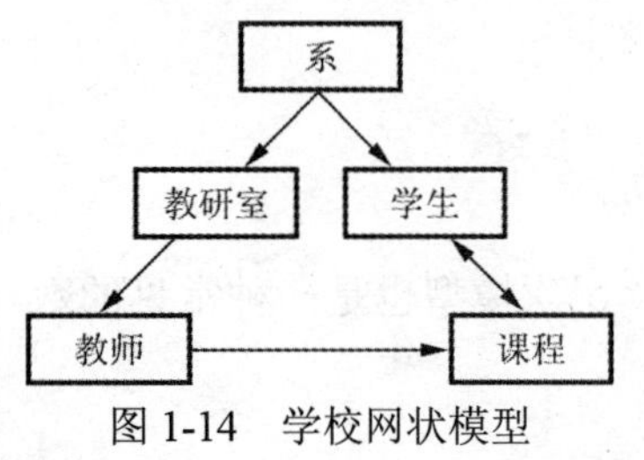

图 1-14 学校网状模型

网状模型的优点是能够直接描述现实世界，具有良好的性能，存取效率高。但是网状结构比较复杂，而且随着应用环境的扩大，数据库的结构变得越来越复杂，用户使用麻烦。

1.2.5　关系模型

关系模型比层次和网状模型发展晚，但它是目前最常用的一种数据模型。1970 年美国 IBM 公司 San Jose 研究室的研究员 E F Codd 首先提出了关系模型，从此开始了数据库关系方法和关系数据库理论方面的研究。20 世纪 80 年代以来的计算机软件厂商推出的数据库管理系统几乎都支持关系模型。目前常用的数据库管理系统 Visual FoxPro、Oracle、SQL Server、Access、Delphi 等都是关系数据库。关系模型用数据结构、数据操纵和完整性约束 3 个要素描述。

1. 数据结构

关系是建立在集合论的基础上的，所以关系模型的数据结构是关系，关系模型的数据结构简单，它是用二维表的结构表示实体及实体间的联系，它由行和列组成。如表 1-1 所示为学生基本信息关系。

表 1-1　学生基本信息

学 号	姓 名	性 别	民 族	出生日期	籍 贯
050101	王一平	男	汉	04/06/80	河南省郑州市
050102	张三江	男	汉	12/15/78	湖北省黄石市
050103	刘林芳	女	汉	01/03/89	江西省庐山市
050104	赵　曼	男	汉	05/30/81	黑龙江省哈尔滨市
050105	张金明	男	汉	05/12/80	河南省商丘市
050106	陈四川	女	汉	11/23/81	四川省
050107	刘春妮	男	汉	09/07/79	新疆吐鲁番市
050108	江　山	女	汉	10/10/88	山东省聊城

关系数据模型与层次模型、网状模型的本质区别是数据模型描述的一致性，模型概念单一。在关系模型中，无论实体本身还是实体间的联系均用关系的二维表来描述，使得描述实体的数据本身能够自然地反映它们之间的联系，而层次和网状模型数据库是使用链接指针来存储和体现联系的。

关系模型中的一些术语描述如下：

(1) 关系(Relation)：关系是一张二维表，如表 1-1 所示的学生基本信息表就是一个关系。

(2) 元组(Tuple)：二维表中的每一行称为一个元组，又称为一条记录。如表 1-1 所示的学生基本信息关系中(050101，王一平，T，汉，04/06/80，河南省郑州市)就是一个元组。

(3) 属性(Attribute)：二维表中的每一列称为一个属性，又称为字段。每一个属性有一个属性名，如表 1-1 中有 6 列，对应 6 个属性：学号、姓名、性别、民族、出生日期、籍贯。

(4) 候选码(Candidate Key)：能够唯一标识一个元组的属性组，属性组可以是一个属性，也可以是一组属性。在一个关系中，候选码可能有多个。例如在表 1-1 中，学号是候选码，如果学生没有重名，姓名也是候选码。

(5) 主码(Primary Key)：关系中可能有多个候选码，选定其中一个作为主码。例如在表 1-1 中，可以选学号为主码，也可以选姓名作为主码，但通常用学号作为主码(因为学号不用约定，肯定不能出现重复)。

(6) 主属性和非主属性：包含在候选码中的属性称为主属性，其他属性称为非主属性。

(7) 域(Domain)：属性的取值范围。如表 1-1 中，学号的取值范围为数字字符，性别的取值为字符“男”或“女”。

(8) 关系模式：对关系的描述称为关系模式，通常表示为：

关系名(属性 1，属性 2，…，属性 n)

例如，表示学生基本信息关系，用关系模式表示为：

学生基本信息(学号、姓名、性别、民族、出生日期、籍贯)

关系模型中，实体及实体之间的联系都是用关系表示的。例如，学生选课关系是多对多的联系，在关系模型中表示为 3 个关系：

学生(学号、姓名、性别、民族、出生日期、籍贯)

课程(课程号、课程名、学时、学分、任课教师)

选课(学号、课程号、成绩)

2．数据操作

关系的数据操作是面向集合的操作，操作的对象和结果都是二维表。即关系中数据的操作对象和操作结果均为若干个元组或者属性的集合，甚至是若干个关系的操作，当然也包含了单个记录的操作，而非关系的操作都是单个记录的操作。

关系模型的操作主要有查询、插入、删除、修改数据等操作，在进行数据操作时要满足数据的完整性约束。

3．关系的完整性约束

关系的完整性约束是定义在关系内部和关系之间的约束，关系的完整性约束分为 3 类：实体完整性、参照完整性和用户定义的完整性。

1) 实体完整性

实体完整性规则要求关系中主属性不能取空值，也不能取相同的值。

实体完整性是针对基本关系而言的，空值是指“不知道”或者“无意义”的值，属性为空或者值相同的含义是表示存在“不知道”或者“不可以区分”的实体，这与现实世界中实体是可以相互区别，也即实体有唯一的标识相矛盾。

在关系模型中是通过定义主属性来保证实体完整性约束的。

2) 参照完整性

参照完整性是关系模型中两个或者多个关系之间的参照数据引起的约束，它是由外码引起的。这里我们引入外码的概念。

外码(Foreign Key)：若关系 R 中的属性或者属性组 A 是其他关系 S 的主码，则称 A 是关系 R 的外码。关系 R 称为参照关系，S 称为被参照关系。

例如，职工和部门实体可以用关系表示为：

职工(职工号、姓名、性别、职称、部门号)

部门(部门号、部门名称、所在位置)

职工号是职工关系的主码，部门号是部门关系的主码。职工关系中的部门号为非主属性，是部门关系的外码，职工关系是参照关系，部门关系是被参照关系。职工关系中外码部门号可以取部门关系中部门号的值表示该职工属于相应部门；也可取空值表示该职工还没有分配到部门工作。

同样，在学生选课关系中，学生、课程、选课三个关系也存在参照完整性。

参照完整性规则要求外码可以取另一个关系中主码的有效值，也可以为空。

在参照完整性中，对参照关系的插入、修改等操作可能破坏参照完整性，同样对被参照关系的删除、更新也可能会破坏参照完整性约束。在数据库管理系统中，系统为用户提供了设置参照完整性约束的环境和手段，通过系统自身和用户定义的约束机制，可以充分地保证关系的完整性和相容性、正确性。

3) 用户定义的完整性

在关系模型中，根据不同的应用环境，用户对特定关系定义的约束也不尽相同，用户定义的完整性反映某一具体应用所涉及的数据必须满足的语义要求。例如，学生基本信息关系中性别只能取“男”或“女”，不允许取其他值；学生的学号前两位代表入校年份，只能取05、06、07、08 分别表示 2005 年、2006 年、2007 年、2008 年入校(四年制)的本科生等。

关系完整性约束是关系设计的一个重要内容，DBMS 设计了完整性定义、检查等功能，保证了关系数据的一致性和相容性。

1.3　关系数据库

1.3.1　关系的基本概念

1．关系的数学定义

1) 域

域是一组具有相同数据类型的值的集合，每一个属性都有一个域。

例如，职称域和学历域定义如下：

职称(教授，副教授，讲师，助教，高级工程师，工程师，助理工程师)

学历(小学，初中，高中，专科，本科，硕士，博士)

2) 笛卡儿积

给定一组域 D_1，D_2，…，D_n，其中可以有相同的；则 D_1，D_2，…，D_n 的笛卡儿积为：

$$D_1 \times D_2 \times \cdots \times D_n = \{(d_1,d_2,\cdots,d_n) \mid d_i \in D_i,\ i = 1,2,\cdots,n\}$$

其中每一个元素$(d_1, d_2, \cdots, d_n)$称为一个 n 元组(n-tuple)或者简称元组(tuple)，其中的每一个值 d_i 称为一个分量(component)。若 $D_i(i=1, 2, \cdots, n)$为有限集，其基数(Cardinal number)为 $m_i(i=1, 2, \cdots, n)$,则 $D_1 \times D_2 \times \cdots \times D_n$ 的基数 M 为：

$$M = m_1 \times m_2 \times \cdots \times m_n$$

笛卡儿积可以表示为一个二维表，表中的每一行对应一个元组，表中的每一列来自同一个域，称为一个属性。

例 1.1　给定域集 D_1＝学号集合＝{050101,050102}，D_2＝姓名集合＝{王一平，张三江}，D_3＝出生日期集合＝{04/06/80，12/15/78}。求 D_1、D_2、D_3 的笛卡儿积。

解：$D_1 \times D_2 \times D_3$={(050101，王一平，04/06/80)，(050102，王一平，04/06/80)

(050101，张三江，12/15/78)，(050102，张三江，12/15/78)

(050101，王一平，12/15/78)，(050102，王一平，12/15/78)

(050101，张三江，04/06/80)，(050102，张三江，04/06/80)}

笛卡儿积的基数为 2×2×2=8，也就是说 $D_1 \times D_2 \times D_3$ 一共有 2×2×2=8 个元组，D_1、D_2、D_3 的笛卡儿积如表 1-2 所示。

表 1-2 D_1、D_2、D_3 的笛卡儿积

学号	姓名	出生日期
050101	王一平	04/06/80
050102	王一平	04/06/80
050101	张三江	12/15/78
050102	张三江	12/15/78
050101	王一平	12/15/78
050102	王一平	12/15/78
050101	张三江	04/06/80
050102	张三江	04/06/80

从表 1-2 可以看出，笛卡儿积在计算机上是没有实际意义的，因为一个学生不可能有两个学号，也不可能有两个出生日期，但在数学上有意义，它表示 D_1、D_2 和 D_3 三个域的笛卡儿积。在数据库中，我们引入关系这一有意义的概念。

3) 关系

$D_1 \times D_2 \times \cdots \times D_n$ 的子集称为在域 D_1，D_2，…，D_n 上的关系，表示为：

$$R(D_1,D_2,\cdots,D_n)$$

其中 R 是关系名，n 是关系的目或度。

关系是笛卡儿积的子集，由于笛卡儿积可以用二维表表示，所以关系也是一张二维表。如在表 1-2 中规定，每一个学生只能有一个学号和一个出生日期。如表 1-3 所示为 D_1、D_2、D_3 的笛卡儿积的子集(表 1-2 的子集)。

表 1-3 D_1、D_2、D_3 的笛卡儿积的子集

学 号	姓 名	出生日期
050101	王一平	04/06/80
050102	张三江	12/15/78

则表 1-3 就成为一个实际意义上的关系。如表 1-4 所示为关系和二维表中概念之间的对应关系。

表 1-4 关系和二维表中概念之间的对应关系

关系(集合)	二维表
元组：集合中的一个元素	表中的一行或称一条记录
属性：每一个域的抽象	表中的列，每列一个名字
域：属性的取值范围	列的数据类型集合
分量：元组中的一个属性值	某一行中某列的值
主码：某个属性(组)，它的值能唯一标识关系中的一个元组	码能唯一标识二维表中的一行

2．关系模式

对关系的描述称为关系模式，可以形式化的描述为：

R(U,D,DOM,F)

其中 R 是关系名，U 是组成关系的属性组，D 是属性组 U 中的属性来自的域，DOM 是属性向域中的映射集合，F 是属性间数据的依赖关系的集合。

关系模式通常简记为：

R<U, F>

有时也记为：

R(U)

或者

$R(A_1,A_2, \cdots,A_n)$

其中 R 是关系名，$A_1, A_2, \cdots, A_n$ 为属性名。域名和属性向域中的映射常常用属性的类型、长度来说明，属性间数据的依赖关系的集合常用码加以说明。

例如在上述学生基本信息关系中，关系模式通常表示为：

学生基本信息(学号、姓名、性别、民族、出生日期、籍贯)

其中，学生基本信息是关系名，{学号、姓名、性别、民族、出生日期、籍贯} 都是属性，加下画线的学号是码。

1.3.2　关系的特点

在关系模型中，关系只能处理二维表，并不能处理日常生活中的所有表，按照二维表的要求，关系必须满足下列特点：

(1) 关系必须规范化。

规范化是指关系模型中每一个关系模式都必须满足一定的要求，最基本的要求是每个属性是不可再分的数据单元，即表中不能再包含表。

(2) 同一关系中不能出现相同的元组。

(3) 同一列的属性值出自同一个域。

(4) 同一关系中不能出现相同的属性。

(5) 同一关系中，元组的顺序无关，即任意二行的位置可以交换。

(6) 同一关系中，列的顺序无关，即任意二列的位置可以交换。

1.3.3　关系运算

对关系数据库进行查询时，经常需要找到用户感兴趣的数据，这就需要对关系进行一定的运算，关系运算分为两类，一类是传统的集合运算，另一类是专门的关系运算。

1．传统的集合运算

关系的传统集合运算称为二目运算，包括集合的并、交、差和笛卡儿积 4 种运算。笛卡儿积在前面已经介绍，下面以表 1-5 的 3 目关系 R 和 S(R、S 都具有相同的属性，并且相同的属性取自同一个域)为例，来介绍集合的并、交、差运算。

1) 并

关系 R 与关系 S 并的结果是由属于关系 R 或者属于关系 S 的元组组成，结果仍为 3 目关系，记为 R∪S。如表 1-6 所示为关系 R 与关系 S 并的结果。

表 1-5 关系 R 和 S

R

A	B	C
a1	b1	c1
a1	b1	c2
a2	b2	c1

S

A	B	C
a1	b1	c1
a2	b1	c2
a2	b2	c1

表 1-6 R∪S

A	B	C
a1	b1	c1
a1	b1	c2
a2	b2	c1
a2	b1	c2

2) 交

关系 R 与关系 S 交的结果是由属于关系 R 并且属于关系 S 的元组组成，结果仍为 3 目关系，记为 R∩S。如表 1-7 所示为关系 R 与关系 S 交的结果。

3) 差

关系 R 与关系 S 差的结果是由属于关系 R 但不属于关系 S 的元组组成，结果仍为 3 目关系，记为 R-S。如表 1-8 所示为关系 R 与关系 S 差的结果。

表 1-7 R∩S

A	B	C
a1	b1	c1
a2	b2	c1

表 1-8 R-S

A	B	C
a1	b1	c2

2. 专门的关系运算

专门的关系运算包括选择、投影、联结，选择和投影是单目运算，联结是二目运算。

1) 选择

从关系中找出满足给定条件的元组的操作称为选择。选择的条件通过逻辑表达式给出，使得逻辑表达式的值为真的元组形成新的关系，结果关系中关系模型不变，但其中的元组是原关系中元组的子集。例如：在学生关系中，查询 1980 年 1 月 1 日以后出生的学生信息，就是一个选择关系运算。

选择操作记作：

$$\sigma_F(R)=\{t|t\in R\wedge F(t)=\text{“真”}\}$$

其中，F 表示选择条件，它是一个逻辑表达式，取逻辑值“真”或“假”。

例 1.2 在表 1-1 学生信息表中，查询所有男生的信息。

解： $\sigma_{\text{性别='男'}}$(学生基本信息)

如表 1-9 所示为查询结果。

表 1-9　查询所有男生信息的结果

学　号	姓　名	性　别	民　族	出生日期	籍　贯
050101	王一平	男	汉	04/06/80	河南省郑州市
050102	张三江	男	汉	12/15/78	湖北省黄石市
050104	赵　曼	男	汉	05/30/81	黑龙江省哈尔滨市
050105	张金明	男	汉	05/12/80	河南省商丘市
050107	刘春妮	男	汉	09/07/79	新疆吐鲁番市

2) 投影

从关系中指定若干属性组成新的关系称为投影。投影是从列的角度进行运算，相当于对关系进行垂直分解，经过投影可以得到一个新关系，其关系模型包括的属性个数往往比原来少，或者属性的排列顺序不同。

投影操作记作：

$$\pi_A(R)=\{t[A]|t\in R\}$$

其中，A 为 R 的属性列，投影的结果取消了某些属性列，也可能会取消某些元组，因为取消了某些属性列后，就可能出现重复的行，应取消这些完全重复的行。

例 1.3　在表 1-1 学生信息表中，查询所有同学的学号、姓名、籍贯。

解： $\pi_{学号，姓名，籍贯}$(学生基本信息)

如表 1-10 所示为查询结果。

投影运算提供了对关系分解的另一种形式，体现了关系列的顺序无关的特点。

表 1-10　有同学的学号、姓名、籍贯的结果

学　号	姓　名	籍　贯
050101	王一平	河南省郑州市
050102	张三江	湖北省黄石市
050103	刘林芳	江西省庐山市
050104	赵　曼	黑龙江省哈尔滨市
050105	张金明	河南省商丘市
050106	陈四川	四川省
050107	刘春妮	新疆吐鲁番市
050108	江　山	山东省聊城

3) 联结

联结运算是将两个关系模式拼接形成一个更宽关系模式，生成的新关系中包含满足联结条件的元组。联结过程是通过联结条件来控制的，联结条件中将出现两个表中的公共属性名，或者具有相同语义、可比的属性。联结结果是满足条件的所有记录。

在联结中，有时是按照字段值之间是否满足特定条件进行的联结操作，常常称为条件联结；如果条件为等式，称为等值联结；如果两个关系有相同的属性并且要求相同的属性值相等，并去掉重复属性的等值联结，则称为自然联结。在关系的联结中，自然联结是经常出现的，也是一种比较有意义的联结。

联结操作记作：

$$R \underset{A\theta B}{\infty} S=\{t_r\ t_s|t_r\in R\wedge t_s\in S\wedge t_r[A]\theta t_s[B]\}$$

其中，θ 为二元运算符，可以是算术运算符、比较运算符。

例 1.4 给定关系 R 和 S，B 和 E 是同一个域。

R

A	B	C
a1	b1	c1
a1	b1	c2
a2	b2	c1

S

E	D
b1	d1
b1	d2
b2	d1

求 B≠E、B=E 条件联结的结果。

解：根据条件联结运算，表 1-11、表 1-12 分别给出了 B≠E、B=E 的联结结果。

表 1-11 关系 R 和 S 联结 B≠E 的结果

A	B	C	E	D
a1	b1	c1	b2	d1
a1	b1	c2	b2	d1
a2	b2	c1	b1	d1
a2	b2	c1	b1	d2

表 1-12 关系 R 和 S 联结 B=E 的结果

A	B	C	E	D
a1	b1	c1	b1	d1
a1	b1	c1	b1	d2
a1	b1	c2	b1	d1
a1	b1	c2	b1	d2
a2	b2	c1	b2	d1

例 1.5 给定关系 R 和 S，R 中的 B 和 S 中的 B 是同一个属性。求 R 和 S 的自然联结。

R

A	B	C
a1	b1	c1
a1	b1	c2
a2	b2	c1

S

B	D
b1	d1
b1	d2
b2	d1

解：自然联结要求在两个表中，相同的属性值相同，在结果中去掉一个相同的属性列，表 1-13 给出了 R 和 S 自然联结的结果。

表 1-13 关系 R 和 S 自然联结的结果

A	B	C	D
a1	b1	c1	d1
a1	b1	c1	d2
a1	b1	c2	d1
a1	b1	c2	d2
a2	b2	c1	d1

联结是在两个表中进行的，选择和投影是在一个表中进行，通常关系的操作并不是简单的单一操作，而是这些操作的复合。

在这些基本运算中，并、交、选择、投影、联结是基本运算，其他运算都可以用这些基本运算导出。

1.4 数据库系统

1.4.1 数据库系统的结构

数据库系统的结构从不同的角度可以分为不同的结构。

按数据库的外部结构(最终用户的角度)可以将数据库系统的结构分为单用户结构、分布式结构、主从式结构、客户机/服务器结构、浏览器/服务器结构。

按数据库系统的内部结构(数据库管理系统的角度)可以将数据库系统的结构分为外模式、模式和内模式三级模式结构。我们重点研究数据库系统的内部结构。

1. 数据库系统的模式结构

模式是数据库中全体数据的逻辑结构和特征的描述，它仅涉及数据模型中型的描述而不涉及值的描述。模式的一个具体值称为一个实例，同一个模式可以有多个实例。在数据库中，模式相对稳定；但由于数据库中的值在不断更新，所以实例也在不断变化。如图 1-15 所示为数据库系统的三级模式结构。

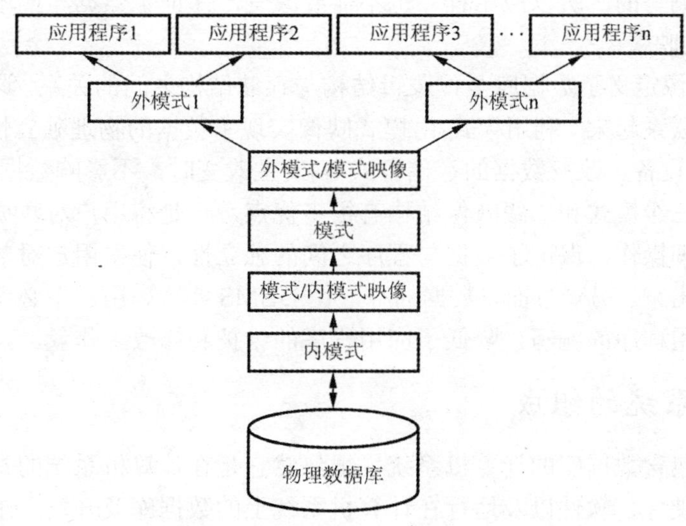

图 1-15　数据库系统的三级模式结构

1) 外模式

外模式(External Schema)也称用户模式和子模式，它是用户与数据库系统的接口，是用户能够看到和使用的局部数据逻辑结构和特征的描述，是数据和用户的局部视图，是与应用有关的数据的逻辑表示。外模式定义了允许用户操作的数据库数据，通常由 DDL 语言描述。

外模式是模式的子集，一个模式可以有多个外模式。一方面，不同的用户可以使用不同的外模式实现自己的数据视图；另一方面，同一个外模式也可以为某一个用户的多个应用系统使用，但一个应用程序只能使用一个外模式。

2) 模式

模式(Schema)也称逻辑模式或者概念模式，是数据库中全体数据的逻辑结构和数据特征的描述，是所有用户的公共数据视图。它是数据库系统模式结构的中间层，既不涉及数据的物理存储细节和硬件环境，也与具体的应用程序、所使用的应用开发工具及高级程序设计语言无关。一个数据库只有一个模式。

3) 内模式

内模式(Internal Schema)也称存储模式，是数据库在物理存储方面的描述，是数据在数据库内部的表示，也是数据物理结构和存储方法的描述，它定义所有数据内部记录类型、索引和文件的组织方式，以及数据控制方面的细节。

2．数据库系统的二级映像功能

数据库系统定义了三级模式结构，为了在内部实现三个级别抽象的转换，数据库系统在三级模式之间提供了二级映像：外模式/模式映像和模式/内模式映像。

1) 外模式/模式映像

外模式/模式映像定义了外模式与模式之间的关系，将用户数据库与概念数据库联系起来。模式描述的是数据的全体逻辑结构，外模式与模式之间的映像提供了数据的逻辑独立性，即当逻辑结构改变时，只需要修改外模式与模式之间的映像而不需要修改外模式，由于应用程序是根据外模式编写的，所以应用程序也不需要改变，保证了数据与应用程序的独立性。

2) 模式/内模式映像

模式/内模式映像定义了数据库全体逻辑结构与存储结构之间的关系，这种映像将概念数据库与物理数据库联系起来。利用模式/内模式映像实现了数据的物理独立性，即当数据的物理结构(如改变存储设备、改变数据的存储方式等)发生改变时，不影响数据的逻辑结构。

数据库系统的三级模式和二级映像结构有很多优点，一是将用户对数据库的逻辑操作转化为对数据库的物理操作，保证了数据与程序之间的独立性，使得用户对数据的定义和描述从应用程序中分离出来。另一方面，数据的存取由 DBMS 实现，用户不必考虑存取路径等细节，从而简化了应用程序的编写，降低了应用程序的维护和修改工作量。

1.4.2 数据库系统的组成

数据库系统是包含数据库的计算机系统，很显然它是在计算机系统的基础上定义的。数据库系统由计算机硬件、软件以及运行在计算机系统上的数据库及开发、维护、管理数据库系统的人员组成。如图 1-16 所示为数据库系统的组成。

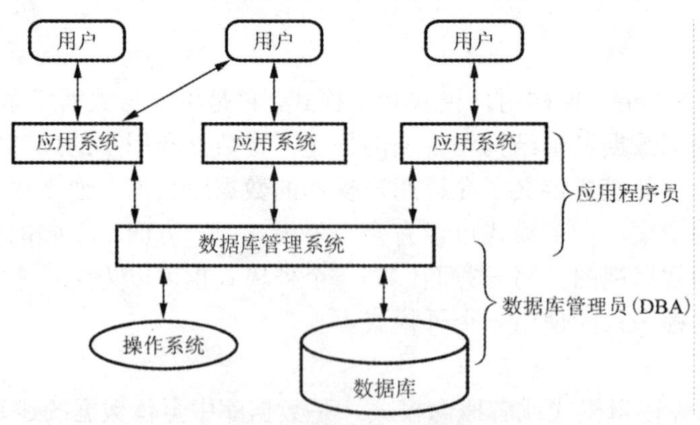

图 1-16 数据库系统的组成

1．硬件

硬件是数据库系统存在的物理设备，包括 CPU、存储器、运算器、控制器和其他外部设备等。由于数据库系统数据量很大，再加上 DBMS 强大的功能，因此数据库系统对计算机硬件要求较高，这就要求计算机系统具有足够的内存来存放操作系统、DBMS 的核心模块、应用程序等，同时要求高速、大容量外存设备来读取、存放数据库。由于数据库系统具有并发控制和数据管理功能，所以对计算机系统要求具有较高的主频和控制能力。

2．软件

数据库系统的核心是 DBMS，DBMS 的功能在很大程度上代表了数据库系统的功能，数据库系统软件除了 DBMS 之外，还有操作系统、网络软件、应用开发工具以及各种宿主语言及实用程序。操作系统是对计算机硬件的扩充和完善，DBMS 是在操作系统文件系统基础上开发的，在操作系统支持下工作。应用开发工具是数据库系统为应用开发人员和最终用户提供的高效率、多功能的一组开发工具集，为数据库系统的开发和应用提供了良好的应用环境。

3．数据库

数据库是持久数据的集合，是为用户提供信息的。数据库是数据库系统的主体构成，是数据库系统的管理对象。

4．人员

数据库系统人员包括数据库管理员(DataBase Administrator, DBA)、系统分析员、数据库设计员、应用程序员和最终用户。

1) 数据库管理员

DBA 负责管理和监控数据库，负责为用户解决应用中出现的系统问题，负责数据库的规划、设计、建立、运行监控、维护以及二次开发的全部技术工作。

具体来说，DBA 的主要工作包括：

(1) 决定数据库信息的内容、存储结构和存取策略。

(2) 负责数据库的安装和数据库版本的升级。

(3) 定义数据库的安全性和完整性约束。

(4) 监控数据库的运行。

(5) 负责数据库的日常维护(数据备份、故障恢复)。

(6) 负责数据库的改进、重组和重构。

(7) 参与数据库的设计和开发。

(8) 数据库相关文档的管理。

总之，DBA 在数据库运行和使用时起着至关重要的作用。

2) 系统分析员

系统分析员负责应用系统的需求分析和规划说明，与用户和 DBA 结合，确定系统的软件、硬件配置，参与数据库系统的概要设计。

3) 数据库设计员

数据库设计员负责用户需求调查和系统分析，进行数据库设计。

4) 应用程序员

应用程序员负责设计和编写应用系统的程序，安装、调试应用系统。

5) 用户

用户也称为最终用户，他们通过应用系统的用户接口使用数据库。常用的接口方式主要有浏览器、菜单驱动、表格操作、图形显示等。

1.5 关系的规范化

1.5.1 相关概念

1. 函数依赖的定义

在数据库中，属性之间存在一定的关系，这种关系称为数据依赖，由于数据依赖的广泛性，通常只研究属性之间的函数依赖关系，即函数依赖。

若 R(U)是属性集 U 上的关系模式，X 和 Y 是 U 的子集。对于 R(U)的任意一个可能的关系 r，若有 r 的任意两个元组，在 X 上的属性值相同，则在 Y 上的属性值也一定相同，则称“X 函数决定 Y”或“Y 函数依赖于 X”，记作 X→Y。

这里，X 和 Y 都是属性集，如果 X→Y，表示 X 中的值确定时，Y 的值就唯一确定，X 是这个属性集的决定属性集，Y 是这个属性集的被决定属性集；反之，当 Y 的值确定时，X 的值不一定唯一确定，可能会有多个 X 值与之对应。函数依赖与数学中的函数类似，在数学中 y=f (x)，给定一个 x 值有一个唯一的 y 值与之对应，x 函数依赖于 y，x 是决定因素，y 是被决定因素。

例如，在表 1-1 中，当学号确定后，姓名就唯一确定，则就说学号决定姓名，或者姓名依赖于学号，即学号和姓名之间存在函数依赖关系，学号→姓名。但姓名不能决定学号，在重名的情况下，一个学号会对应多个姓名。

注意：函数依赖不是指 R 的某个或者某些关系满足的约束，而是指 R 的所有关系均满足的约束。

几点说明：

(1) 非平凡的函数依赖：在关系模型 R(U)中，对于 U 的子集 X 和 Y，如果 X→Y，但 Y⊈X，则称 X→Y 是非平凡的函数依赖。如果 X→Y，但 Y⊆X，则称 X→Y 是平凡的函数依赖。

对于任意一个关系模式，平凡的函数依赖是必然成立的。但通常我们考虑的是非平凡的函数依赖，若不特别声明，总是讨论非平凡的函数依赖，非平凡的函数依赖才是真正有意义的函数依赖。

(2) 完全函数依赖：在关系模型 R(U)中，对于 U 的子集 X 和 Y，如果 X→Y，并且对于 X 的任何一个真子集 X_1，都有 X_1→Y 不成立，则称 Y 完全函数依赖于 X，记作 X→Y。

如果 X→Y，但 Y 不完全函数依赖于 X，则称 Y 部分函数依赖于 X，记作 X→Y。

我们通常也是考虑完全函数依赖，部分依赖意义也不太大。

(3) 传递函数依赖：在关系模型 R(U)中，如果 X→Y，Y⊈X 并且 Y↛X，Y→Z，则称 Z 传递函数依赖于 X。如果 Y→X，则 X←→Y，则 Z 直接依赖于 X。

例如，在学生关系中，学号→专业号，专业号→专业名

我们可以推出，学号→专业名，则专业名传递函数依赖于学号。

2. 码的定义

设 K 为关系模式 R<U, F>中的属性或属性组合，若 $K\xrightarrow{f}U$，则称 K 为 R 的候选码。若关

系R有多个候选码，则选中一个作为主码。当关系模式中整个属性组为主码时，则称为全码。如供应商关系中，一个供应商可以向多个工程供应多种零件，一个工程可以使用多个供应商供应的多种零件，一种零件可以由多个供应商供应并用于不同的工程，建立关系模式如下：

供应关系(供应商号、工程号、零件号)

则关系的主码是{供应商号、工程号、零件号}，即全码。

1.5.2 关系规范化

关系模型是以数学理论为基础的，通过关系中的规范化可以方便地进行数据库设计，在关系数据库设计过程中，使关系满足不同级别的要求的过程称为关系的规范化。

1. 对关系进行规范化

数据库设计实际上就是设计关系，关系设计质量决定数据库设计质量。以表1-14学生选课信息数据库为例，关系设计不好可能会出现下列问题：

从表1-14中可以看出，该关系的主码是{学号、课程号}。

表1-14 学生选课信息

学号	姓名	性别	…	专业号	专业名	课程号	课程名	成绩
050101	王一平	男	…	Z11	计算机	CZ01	操作系统	91
050101	王一平	男	…	Z11	计算机	CZ02	数据库概论	89
050101	王一平	男	…	Z11	计算机	CZ03	数据结构	82
050101	王一平	男	…	Z11	计算机	CG01	高等数学	80
050102	张三江	男	…	Z11	计算机	CZ01	操作系统	67
050102	张三江	男	…	Z11	计算机	CZ02	数据库概论	89
050102	张三江	男	…	Z11	计算机	CZ03	数据结构	78
050102	张三江	男	…	Z11	计算机	CG01	高等数学	77
050103	刘林芳	女	…	Z11	计算机	CZ03	数据结构	90
050103	刘林芳	女	…	Z11	计算机	CG01	高等数学	72
…	…	…	…	…	…	…	…	…

1) 大量的数据冗余

从学生选课信息表中可以看出，学生学号、姓名、性别、专业名出现次数与所选择课程出现次数相同，学生所在专业号、专业名、专业主任出现次数与学生出现次数相同，课程号、课程名出现次数与学生选修课程出现次数相同。这些冗余的数据将造成巨大的空间浪费。

2) 插入异常

考虑表1-14，新生刚入校，已经分配专业但还没有选修课程。如果插入学生的信息，因为学生没有选择课程，所以课程号必须为空，根据实体完整性约束，主属性不能为空，违背了实体完整性约束条件，故该学生信息不能插入，引起插入异常。同样，如果新建一个专业，该专业没有招生，同样由于学号、课程号不能输入，也不允许插入。

3) 删除异常

考虑表1-14，如果学校由于课程改革，某一门课不再开设，要从课程库中将该课程删除，但一旦删除就会将原来学生的选修该课程信息全部删除，引起数据丢失，出现删除异常。同理，如果某系学生全部毕业，要将该系学生选课信息全部删除，但一旦删除会引起该系学生的全部信息丢失，学生基本信息也不在存在，出现删除异常。

4) 更新异常

在数据库中，经常遇到修改关系中的信息。如在表 1-14 中，王一平从计算机专业转到信息管理专业，这样要将学生选课信息中所有王一平元组中的计算机专业改为信息管理，并更改王一平所在的专业号，要为更新付出极大的代价。同样，如果修改一个专业的专业代码或者专业名称，会付出更大的代价，出现更新异常。

出现上述情况的原因是什么呢？我们可以得出结论：关系模式设计得不好。一个好的关系模型应该有较小的数据冗余，没有插入异常、删除异常和更新异常。

2. 范式

范式是满足某一级别的关系模式的集合。满足最低要求的称为第一范式(1NF)，在第一范式中满足进一步要求称为第二范式(2NF)，依此类推，还有 3NF、BCNF、4NF、5NF 等 。在数据依赖范围，5NF 是最高范式，但在函数依赖范围，BCNF 是最高范式。

低一级范式的关系模式通过模式分解，可以转化为若干个高一级的模式。若一个关系属于某一级别的范式，则记为 R∈nNF，如满足第三范式，记为 R∈3NF。

3. 第一范式

若一个关系模式的所有属性都是不可再分的数据项，则该关系模式满足第一式。很明显，任何一个关系模式都是满足第一范式的，表 1-14 中的关系满足第一范式，但存在大量的数据冗余，插入异常、删除异常和更新异常。为了消除这些问题，需要对关系进一步规范化，使其满足更高级别的范式。

4. 第二范式

若关系模式 R∈1NF，并且每一个非主属性都完全函数依赖于码，则关系模式满足第二范式，记为 R∈2NF。

很明显，表 1-14 的学生基本信息关系不满足第二范式，因为该关系模式中，主码是学号、课程号，而属性姓名、性别、民族、出生日期、籍贯、专业号、专业名、专业主任、课程名、学时、学分等都部分依赖于码。通常我们采用投影的方法将一个满足 1NF 的关系分解为多个满足 2NF 的关系。

通过分解，我们得到下列满足 2NF 的 3 个关系：

学生专业(学号、姓名、性别、民族、出生日期、籍贯、专业号、专业名、专业主任)∈2NF

课程(课程号、课程名、学时、学分)∈2NF

学生选课(学号、课程号、成绩)∈2NF

如果一个关系满足 2NF，可以从很大程度上减轻 1NF 关系中存在的大量的数据冗余、插入异常、删除异常和更新异常等情况。例如无论学生选修多少门课程，每个学生的基本信息(姓名、性别、民族、出生日期、籍贯)只出现一次，减少了数据冗余；如果一个学生新入校，还没有选择课程，则可以填写学生专业信息；如果一个学生从一个专业转入另一个专业，只需要更改一条记录。

尽管满足 2NF 的关系减轻了数据冗余、插入异常、删除异常和更新异常等情况，但这些情况仍然存在。例如，学生专业关系中，每一名同学的基本信息中专业号、专业名、专业主任多次出现，引起数据冗余。当新建立一个专业，但该专业没有招生，专业信息中的专业号、专业名、专业主任无法插入，出现插入异常。同样，如果一个专业停止招生，当删除专业信息时，与该专业相关的学生信息完全删除，出现删除异常。要更新一个专业名称或者专业代码，需要反复多次的更新，出现更新异常。因此，满足 2NF 的关系仍然要进一步的规范化，来达到消除大量信息冗余、插入异常、删除异常、更新异常的问题。

5．第三范式

关系模式 R<U,F>中，若不存在这样的码 X，属性组 Y 及非主属性 Z($Z \subsetneq Y$)，使 X→Y，Y→Z 成立，$Y \nrightarrow X$，则称关系模式 R 满足第三范式，记为 R∈3NF。

从第三范式的定义可以看出，若 R 满足第三范式，则 R 的每一个非主属性既不部分依赖于候选码也不传递依赖于候选码。显然，满足 3NF 的关系一定满足 2NF。

在上例学生选课信息分解的三个关系中，课程和学生选课两个关系满足 3NF，既不部分依赖于码也不传递依赖于码。学生专业关系中，由于存在主属性学号决定专业号，专业号决定非主属性专业名称和专业主任，所以存在传递依赖，即学号→专业号，专业号→专业名，所以学生专业关系不满足 3NF。

同样，我们采用投影的方法将满足 2NF 的学生专业关系分解为 2 个 3NF 的关系：

学生(学号、姓名、性别、民族、出生日期、籍贯、专业号)∈3NF

专业(专业号、专业名、专业主任)∈3NF

分解后的关系模式，学生关系的码是学号，专业关系的码是专业号，关系中既不存在部分依赖也不存在传递依赖，所以都满足 3NF。

这样，将学生基本信息关系分解为 4 个关系：学生、专业、课程、学生选课，它们都满足 3NF。很明显，分解后解决了数据冗余、插入异常、删除异常和更新异常问题。是否满足 3NF 的关系就不存在数据冗余、插入异常、删除异常和更新异常这些问题呢？实际上，这些问题还不同程度地存在。

在数据库的函数依赖领域，一个关系满足第三范式基本上能满足用户的要求，能够解决数据库设计时出现的绝大部分问题。

1.6　数据库系统设计步骤

根据软件工程的观点，软件从规划、收集信息、组织信息、分析、设计到投入运行和运行维护直到被新系统取代而停止运行整个过程称为软件生命周期，或称为生存期。数据库的开发分为需求分析、概念结构设计、逻辑结构设计、物理结构设计、系统实施、运行和维护等 6 个阶段。

1.6.1　需求分析

需求分析是指收集和分析组织内由数据库应用程序支持的那部分信息，并由这些信息确定新系统中用户的需求。需求分析是数据库设计过程中比较费时、复杂的一步，也是最重要的一个阶段。需求分析是否准确直接关系到数据库设计的成败和质量，影响到数据库应用程序的开发。

需求分析的主要任务是通过调查，获取用户对数据库的各种需求，这种需求主要包括信息要求、处理要求、安全性要求和完整性要求。

1．信息要求

信息要求是指用户需要从数据库中获取信息的内容和性质、数据库应用系统中所有基础数据的类型及其内部联系。了解用户对数据库中信息的需求，对数据加工、处理的要求，对数据的存储要求，以及在数据库中需要存储或者获取哪些数据等各种要求。

2．处理要求

了解用户希望对数据库应用系统中的数据执行什么处理，对各种处理的数据时间要求，对数据的频度要求以及对数据的处理方式(是联机处理还是批处理)要求。

3．安全性要求

安全性是数据库应用系统的保密要求，防止非法用户对数据库的入侵，要充分了解用户对存放信息的安全保密要求，哪些是敏感数据，哪些数据不需要保密。

4．完整性要求

完整性是数据库应用系统中数据的正确性和相容性。了解用户对数据库中存放的数据满足什么约束，哪些约束才能保证数据库中数据的正确性。

1.6.2 概念结构设计

概念结构设计是把用户需求分析进行综合、归纳、抽象，建立一个独立于具体的与 DBMS 无关并且与物理因素也无关的概念结构设计。概念结构模型通常是用 E-R 图来表示数据之间的联系。

概念结构设计有以下特点：

(1) 能真实地反映用户对数据的需求。

(2) 易于理解，反映用户的功能要求。

(3) 易于更改，当用户的要求发生变化时，系统的设计能适应用户的需求改变。

(4) 易于向特定的数据模型转换，要适合关系数据模型的要求。

1.6.3 逻辑结构设计

逻辑结构设计是将概念结构设计得到的设计好的全局 EñR 模式转化为与选用 DBMS 支持的数据模型，并且对模型进行优化。逻辑结构设计只与选用的 DBMS 支持的数据模型有关，与特定的 DBMS 和其他物理因素无关。

逻辑结构设计的主要步骤如下：

(1) 将概念结构转换为关系模型。

(2) 将转换后的关系模型向特定的 DBMS 支持的数据模型转换，例如 Visual FoxPro、Access 等。

(3) 数据模型的优化。

1.6.4 物理结构设计

物理结构设计是在逻辑结构设计的基础上，选取一个最适合的物理结构和存储方法，物理结构是面向特定的 DBMS 系统的，所以必需确定使用的数据库系统。物理设计通常包括 3 方面：一是确定数据库的存取安排；二是选取合适的存取路径；三是确定系统的配置。

1.6.5 系统实施

完成数据库的物理设计之后，将物理结构设计的结果，建立一个具体的数据库，将原始数据载入到数据库中，编写 DBMS 能够接受的应用程序，对数据库进行试运行操作。

1.6.6 运行和维护

这一阶段的主要任务是数据库应用系统即将投入运行，为了保证运行良好，需要对数据库进行必要的调整、修改和扩充。

在数据库运行过程中，需要不断的对数据库修改、完善和扩充，并能够及时地保存、转储和恢复数据库，只要数据库存在，运行维护就会一直进行下去。

本 章 小 结

数据是现实世界符号化的描述，数据的收集、整理、组织、存储、加工、传输、检索处理是通过数据处理技术进行处理的。数据处理是计算机的主要应用之一，数据处理的关键技术是数据库技术，数据库技术是目前发展较快、应用较广、效益较高的一门技术。

数据处理技术经历了 3 个阶段的发展：人工处理、文件系统和数据库系统阶段。数据库是长期存储在计算机中、有组织、可共享的数据集合。数据库管理系统是帮助用户建立、使用和管理数据库的软件系统，它是位于用户与操作系统之间的一层数据库管理软件。具有数据定义、数据操纵、数据库的建立和存储、数据控制等主要功能。

数据模型是数据的抽象，是数据库系统的核心和基础。数据模型是由数据结构、数据操纵和数据的完整性约束三要素组成。概念模型是现实世界的第一次抽象，用 E-R 图来描述概念世界的联系。常用的数据模型有层次模型、网状模型和关系模型，关系模型由于数据结构简单、理论基础完善得到广泛应用。

由关系模型组成的数据库称为关系数据库。

数据库系统是包含数据库的计算机系统，由三级模式(外模式、模式和内模式)二级映像结构，它是由计算机硬件、软件、数据库管理系统和数据库人员组成。在数据库人员中，数据管理员是最重要的人员。

关系满足不同的约束称为关系的规范化，设计不好的关系，会出现大量的数据冗余、插入异常、删除异常和更新异常。

数据库设计是一个严格的工程化设计，包括需求分析、概念结构设计、逻辑结构设计、物理结构设计、系统实施、运行和维护等 6 个阶段。

通过本章的学习应该达到下列要求：

(1) 掌握数据、信息、数据库的基本概念。

(2) 掌握常用的数据模型。

(3) 了解关系的特点。

(4) 掌握关系的基本运算。

(5) 了解数据库系统的组成。

(6) 掌握关系的规范化。

(7) 了解数据库设计的步骤。

思考题与习题

一、解释下列概念

1. 数据。
2. 数据处理。
3. 信息。
4. 数据库。
5. 数据库管理系统。
6. 数据库系统。
7. 关系、元组、关键字。

二、选择题

1. 数据库系统的核心是______。

(A) 数据库管理员　(B) 数据库　(C) 数据库管理系统　(D) 文件

2. 数据库处理技术发展经历了 3 个阶段，第 3 个阶段是______。

(A) 文件系统　(B) 人工管理　(C) 数据库管理系统阶　(D) 数据库系统

3. 下列哪一个不是常用的数据模型______。

(A) 关系模型　(B) 对象模型　(C) 网状模型　(D) 层次模型

4. 数据库与文件系统的根本区别是______。

(A) 提高了系统效率　(B) 方便了用户操作

(C) 数据的结构化　(D) 节省了存储空间

5. 数据库(DB)、数据库系统(DBS)和数据库管理系统(DBMS)三者之间的关系是______。

(A) DBS 包括 DB 和 DBMS　(B) DBMS 包括 DB 和 DBS

(C) DB 包括 DBS 和 DBMS　(D) DBS 就是 DB，也就是 DBMS

6. 在学生选课关系中，一个学生可以选修多门课程，一门课程可以有多名学生选修，则学生与课程之间的关系是______。

(A) 一对一　(B) 一对多　(C) 多对一　(D) 多对多

7. 关系数据模型______。

(A) 只能表示实体之间的 1:1 联系　(B) 只能表示实体之间的 1:n 联系

(C) 只能表示实体之间的 m:n 联系　(D) 可以表示实体间的上述 3 种联系

8. 在数据库中，能够唯一标识一个元组的属性或属性组称为______。

(A) 记录　(B) 字段　(C) 域　(D) 关键字

9. 在关系代数中，从关系中取出部分列并去掉重复的元组的操作是______。

(A) 选择　(B) 投影　(C) 差　(D) 交

10. 关系的完整性约束中，实体完整性的含义是______。

(A) 主码不能为空　(B) 主属性不能为空

(C) 候选码不能为空　(D) 元组不能为空

11. 关系模式中各级模式之间的关系为______。

(A) 3NF⊂2NF⊂1NF　(B) 3NF⊂1NF⊂2NF

(C) 1NF⊂2NF⊂3NF　(D) 2NF⊂1NF⊂3NF

12. 5种关系代数基本运算是______。

(A) 并、差、选择、联结、投影　(B) 并、交、选择、联结、投影

(C) 交、差、选择、投影、联结　(D) 并、差、交、投影、联结

13. 在数据库设计中，E-R图是哪个阶段形成的______。

(A) 需求分析　(B) 概念结构设计　(C) 逻辑结构设计　(D) 物理结构设计

三、简答题

1. 什么是数据？什么是信息？二者之间的关系是什么？
2. 数据模型的三要素是什么？
3. 关系模型有什么特点？
4. DBA的作用是什么？
5. 规范化理论对数据库设计有什么作用？
6. 给出数据库系统设计的步骤？说明每一个阶段的主要工作？

四、操作题

给定下列关系：

R

A	B	C
a1	b1	c1
a2	b1	c1
a2	b2	c1
a3	b1	c2

S

A	B	C
a1	b1	c1
a2	b1	c2
a2	b2	c1
a3	b1	c2

P

C	D
c1	d1
c1	d2
c2	d1

完成下列操作：

1. 计算R∪S，R-S，R∩S，S-R。
2. 计算бC='C1'(R)。
3. 计算πA，B(S)。
4. 当R.C=P.C成立时，关系R和P的联结。
5. 关系R和P的自然联结。

第 2 章 Access 2003 数据库系统概述

目前，数据库管理系统软件很多，如 Oracle、Sybase、DB2、SQL Server、Access、Visual FoxPro 等，虽然这些产品的功能不完全相同，操作上的差别也很大，但它们都是建立在关系模型的基础上，因此都属于关系型数据库管理系统。

Access 2003 中文版是 Microsoft 公司的 Office 办公软件套装的组件之一，是现在最为流行的桌面型数据库管理系统。Access 因其使用方便、功能强大得到广泛应用。不管是处理公司的客户订单数据，管理自己的个人通信录，还是大量科研数据的记录，都可以用它来完成。过去，繁琐的数据处理工作现在通过 Access 只须几个简单的步骤就可以高质量地完成。

本章主要内容包括 Access 的发展和特点、Access 2003 的启动和退出、Access 2003 的用户界面、Access 2003 的数据对象、数据库的建立和使用数据库。

2.1 Access 的发展和特点

2.1.1 Access 的发展

1992 年 11 月，Microsoft 公司推出第一个供个人使用的数据库系统 Access 1.0，受到广大用户的关注，并很快成为桌面数据库的领导者。此后，Access 功能不断地改进、完善和优化。1995 年开始，Microsoft 公司的 Access 作为 Microsoft Office 套装软件的一部分，先后推出了 2.0、3.0、7.0、8.0、97、2000 等版本，发展到现在流行的 Access 2003。Access 2003 在界面的操作方式上与 Office 其他成员 Word、Excel、PowerPoint 等高度一致，功能愈来愈强，而操作愈来愈简单，并且可以以更加快捷的方式进行数据交换。

2.1.2 Access 2003 的特点

Access 是一种小型的桌面数据库管理系统，与其他关系数据库管理系统相比有以下特点：

1．软件风格统一

Access 2003 作为 Microsoft Office 2003 的组件之一，具有 Microsoft Office 系列软件统一的操作风格、友好的用户界面、方便的操作向导、提供帮助和提示的 Office 助手等。

2．功能强

Access 虽是一个小型的数据库管理系统，但它提供了许多功能强大的工具，如设计使用查询方法、设计制作风格不同的报表、设计使用窗体等。

3．支持 Web 功能的信息共享

Access 2003 具有 Web 应用功能，使 Access 用户可以通过企业内部网 Intranet 简便地实现信息共享，并且可以方便地定位到浏览器中，将桌面数据库的功能和网站功能结合在一起。

4．方便与其他软件交换数据

Access 提供了与其他数据库系统的接口，可直接识别由 FoxBase、FoxPro、Visual FoxPro 等数据库管理系统所建立的数据库文件，也可以和电子表格 Excel 交换数据。

5．提供了程序开发语言功能

提供了程序开发语言 VBA，即 Visual Basic for Application，使用它可以方便地开发用户应用程序。

6．丰富的文件功能

Access 的数据库文件中既包含了该数据库中的所有数据表，也包含了由数据表所产生建立的查询、窗体和报表等。

7．具有数据访问页功能

Access 2003 具有数据访问页功能，可以使用户快捷方便的创建数据 HTML 页，并通过数据 HTML 页，将数据库应用扩展到企业内部网 Intranet 和国际互联网 Internet 上，实现更快、更有效的数据共享。

8．具有子数据表功能

Access 支持的子数据表可以使若干相关联的数据表显示在同一窗口中，生成嵌套式视图，这样就可以在同一窗口中专注于某些数据特性的数据并对其进行编辑。

2.2　Access 2003 的启动和退出

由于 Access 是 Office 套装软件的一部分，当安装 Office 2003 时，Access 2003 也随之安装，启动和退出 Access 的操作与 Windows 下其他程序的操作基本相同。

2.2.1　启动 Access 2003

启动 Access 的方法有多种，双击桌面上 Access 的快捷图标；通过系统菜单选择运行命令等。启动 Access 后，出现如图 2-1 所示“Microsoft Access”窗口。

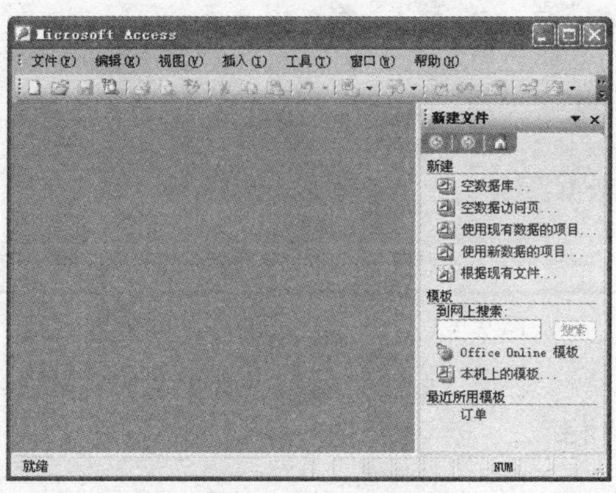

图 2-1 “Microsoft Access”窗口

使用开始菜单启动 Access 的操作步骤如下：

(1) 在任务栏上单击“开始”按钮，选择“程序”。

(2) 在“程序”菜单中选择“Microsoft Office”。

(3) 在出现的下级菜单中选择“Microsoft Office Access 2003”。

Microsoft Access 窗口由标题栏、菜单栏、工具栏、工作区、任务窗格和状态栏组成。

2.2.2 退出 Access 2003

结束数据库操作时，为防止数据库中数据丢失，需要先关闭打开的数据库再退出 Access。退出 Access 可以使用下列方式：

(1) 单击 Access 窗口右上角的“关闭”按钮。

(2) 选择“文件”菜单中的“退出”命令。

(3) 用键盘上的组合键 Alt+F4。

(4) 单击 Access 窗口左上角的控制图标，选择“关闭”命令项。

(5) 双击 Access 窗口左上角的控制图标。

如果已经改变了数据库中的内容而没有保存，Access 将询问是否保存文件，可以根据需要选择。

2.3 Access 2003 的用户界面

Access 2003 与微软 Office 套件中的其他软件一样，具有简单明了的图形化界面，操作简单、方便。Access 2003 启动后，出现如图 2-2 所示的“Microsoft Access”(也称为用户界面)，Access 2003 用户界面由标题栏、菜单栏、工具栏、工作区、任务窗格和状态栏组成。

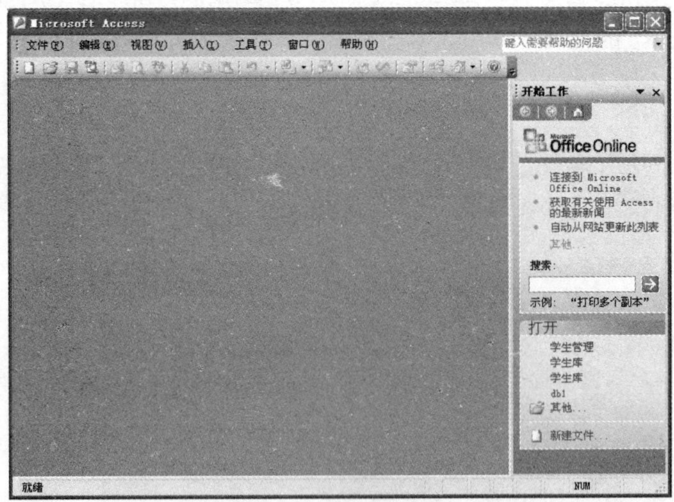

图 2-2　Access 2003 的用户界面

2.3.1 标题栏和菜单栏

标题栏用于显示当前窗口的名称和对应图标，其中在标题栏的右边由最小化、最大化(还原)和关闭按钮组成。

菜单栏包含文件、编辑、视图、插入、工具、窗口和帮助，每个菜单包括一些下拉菜单项，选择这些菜单项中的命令可执行相应的窗口操作。除了下拉菜单外，用户也可以通过在数据库对象上单击鼠标右键，在弹出的快捷菜单中选择相应的命令来完成相应操作。

2.3.2　工具栏

工具栏显示用户在操作过程中经常用到的工具按钮，方便用户快捷的进行操作。若选中数据库对象，工具栏中相应的工具按钮呈亮度显示；若没有选中数据库对象，工具栏中相应的工具按钮呈现灰度显示。单击这些按钮可对窗口执行常见的一些操作。如图 2-3 所示为常用工具按钮及名称，如表 2-1 所示为工具栏中常用工具按钮及作用。

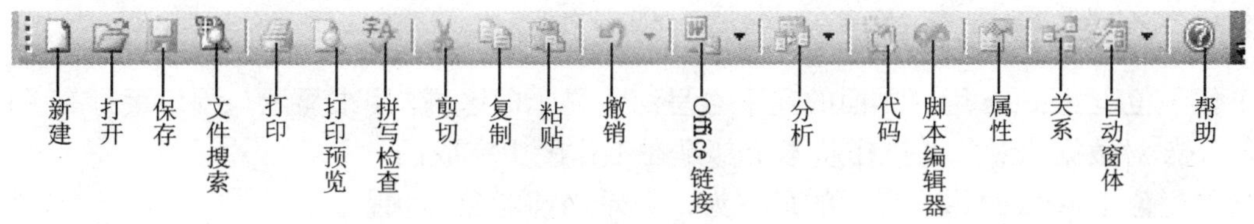

图 2-3　常用工具按钮及名称

表 2-1　工具栏中常用工具按钮及作用

工具名称	作 用
新建	新建一个数据库对象
打开	打开一个数据库对象
保存	保存当前对象
文件搜索	搜索符合指定条件的文件
打印	打印当前对象
打印预览	打印预览当前对象
拼写检查	对当前编码进行拼写检查
剪切	删除当前所选内容，并将其保存到剪贴板
复制	将当前选定内容保存到剪贴板
粘贴	将剪贴板上选定内容粘贴到当前对象中
撤销	撤销当前操作
Office 链接	将当前对象中插入一个 Office 链接，可以是 Office 中的任意一个对象
分析	对表对象进行分析
代码	打开代码对话框以编写 VBA 代码
脚本编辑器	使用 Microsoft 脚本编辑器编辑脚本
属性	调用当前对象的属性设置对话框
关系	调用当前数据库对象的表对象关系设置窗口
自动窗体	调用窗体对象自动生成向导
帮助	调用 Access 帮助文本

2.3.3 任务窗格

图 2-4 任务窗格组成

任务窗格位于用户界面的右侧，提供常用的操作功能选项，单击这些选项可执行一些系统任务，方便用户的操作。如图 2-4 所示为任务窗格组成。

任务窗格的右上角有一个下拉按钮▼，单击它可以对任务窗格的内容进行选择。Access 中有“开始工作”、“新建文件”、“文件搜索”、“Access 帮助”等多种任务窗格。关闭任务窗格，只需要单击任务窗格右上角的关闭✕按钮，也可以通过单击“视图”|“任务窗格”命令，显示或关闭任务窗格。

2.3.4 工作区和状态栏

工作区位于 Access 用户界面的左下方呈深色显示的区域，用来显示与程序运行有关的内容。Access 对数据库对象的操作基本上都是在工作区中完成的。

状态栏位于 Access 用户界面的最下方，显示当前对象的状态。

2.4 Access 2003 的数据对象

Access 2003 的对象有数据库、表、查询、窗体、报表、数据访问页、宏和模块 8 种，每一个 Access 数据库文件都包含一个或多个表以及多种其他数据对象，对数据的管理和存取也是通过这些对象完成的。

2.4.1 数据库

数据库对象是 Access 最基本的容器对象，它是关于某个主题的信息集合。Access 2003 将它提供的各种对象都存储在同一个扩展名为 MDB 数据库文件中，具有管理数据库中所有信息的功能。在使用数据库管理数据时必须先建立相关的数据库文件，然后才能创建和使用其他数据对象来管理数据。在数据库文件中，用户可以根据需要将自己的数据存储到各自独立的空间即数据表中，可以使用窗体查看、添加、更新数据库中的数据，也可以用查询来查找、检索所需要的数据。同时也可以通过报表、创建 Web 页完成打印数据、实现 Web 信息交换。创建数据库对象是使用 Access 建立信息系统的第一步工作。

2.4.2 表

由于 Access 2003 是一个典型的关系数据库管理软件，因此它通过二维表存储数据，一个数据库中可以包含一个或多个表，不同类型的数据也可以保存到不同的表中。多个表之间通过关联进行联系。Access 中表对象是置于数据库容器中的一个二级容器对象，用于存储有关特定实体的数据集合。这个特定实体的数据集合可以具体地管理信息系统，如学生管理系统、图书管理系统。在学生管理系统中，学生基本信息、课程信息、选课信息就组成了不同的表。

对每个实体分别创建各自的表对象，意味着每种数据只需存储一次，这将提高数据库的效率，并减少数据输入错误。在表中，数据以二维表的形式保存，表对象中一行称为“一条记录”，一列称为“一个字段”。一条记录通常包含一条完整的信息，由一个或多个字段组成。创建表对象是使用 Access 建立数据库应用系统工作中继创建数据库对象后的第二步工作。

2.4.3　查询

查询对象也是 Access 中置于数据库容器中的一个二级容器对象。数据库建立后，用户对数据表最常用的操作是查询。根据用户需要，按照一定的条件从一个表或者多个表中筛选出需要的字段，并将其显示在一个虚拟窗口中。用户可以浏览、打印甚至更改其中的数据。利用查询可以通过不同的方法来查看、更改以及分析数据。

最常见的查询对象类型是选择查询。选择查询将按照指定的准则，从一个或多个数据表对象中获取数据，并按照所需的排列次序显示，查询对象是数据库操作人员与表对象中存储数据的交互界面。

2.4.4　窗体

窗体对象也是 Access 中置于数据库容器中的一个二级容器对象。窗体是数据库和用户进行交互操作的图形界面，在窗体中可以显示数据库中的数据，也可以将表链接到窗体，利用窗体作为界面为数据表输入数据。用户通过窗体可以查看、录入、删除和更新数据。

窗体对象包含按钮、列表框、菜单等各种对象，在应用程序开发时称为控件，Access 提供了丰富的控件用于功能强大的应用程序开发，同时还提供一些与数据库操作相关的控件，可以将控件与某数据源的字段绑定，从而方便地操作数据库内容。

窗体对象的构成包括窗体页眉节、页面页眉节、主体节、页面页脚节及窗体页脚节 5 个节。一般情况下，只有使用其中的部分窗体节才能使用户能够更有效地使用窗体。大部分的窗体都只使用主体节、窗体页眉节和窗体页脚节，即可满足一般性应用需求。

窗体的功能较多，大致可以分为 3 类：提示型窗体、控制型窗体和数据型窗体。

1．提示型窗体

显示一些文字及图片等信息，没有实际性数据，主要用于数据库应用系统的主界面。

2．控制型窗体

设置相应菜单和一些命令按钮，用以完成各种控制功能的转移。

3．数据型窗体

用于实现用户对数据库中相关数据的操作界面，是 Access 数据库应用系统中使用最多的窗体类型。

2.4.5　报表

报表对象也是 Access 中置于数据库容器中的一个二级容器对象，报表的主要功能是将数据库中的数据以一定的版式显示或进行打印输出，使用户可以控制报表上每个对象的大小和外观，并可以将数据从数据库中提取出来进行分析、整理，并将结果以格式化的形式输出到打印机。

报表中的数据可以来自表，也可以来自建立的查询。报表还具有数据计算和处理功能，如对表中数据求和、求平均值，在报表中可以以直方图的形式显示数据结果。

2.4.6 数据访问页

数据访问页也称网页或页，通过“数据访问页”的对象，支持数据库应用系统的 Web 访问方式。页对象是特殊的 Web 页，也是 Access 置于数据库容器中的一个二级容器对象。

在 Access 提供的可视化设计环境中，可以在其“页设计视图”中进行数据访问页的设计操作，所形成的数据访问页是一个独立的文件，保存在 Microsoft Access 数据库文件以外，但其中的数据却链接在 Access 数据库文件中。由此，用户就可以 Internet Explorer 浏览器作为工具在这个数据访问页上实现对 Access 数据库中数据的操作，从而形成一个完善的网络数据库应用系统。

实际上，数据访问页是直接与数据库连接的。当用户在 Microsoft Internet Explorer 中显示数据访问页时，他们正在查看的是该页属于他们自己的副本。这意味着，对所显示数据进行的任何筛选、排序和其他相关数据格式的改动，包括在数据透视表列表或电子表格中进行的格式改动，只影响他们自己的数据访问页副本格式，而不会影响其他那些在不同地点同时通过同一数据访问页查看同一批数据的用户副本格式。但是，通过数据访问页对数据本身的改动，例如修改值、添加或删除数据(如果被赋予权限的话)，则都会被保存在基本数据库中，因此致使后来查看该数据访问页的所有用户都可使用这些数据。

通过 Access 2003 的网页设计工具，可以迅速完成数据访问页的设计与发布，并自动的将数据访问页与数据库链接起来。

2.4.7 宏

宏对象是 Access 数据库对象中的一个基本对象。宏是指一个或多个操作的集合，其中每一个操作实现特定的功能。例如打开某个窗体或打印某个报表。宏可以使某些普通的、需要多个指令连续执行的任务能够通过一条指令自动地完成。宏对象实际上是一个容器对象，其间包含着一个操作序列以及操作参数和操作执行的条件，因此，可以使用宏来作为处理某一事件的方法。宏对象的作用就是为某一些简单的事件响应提供事件处理方法。

Microsoft Office 提供的所有工具中都提供了宏的功能。利用宏可以简化这些操作，使大量的重复性操作自动完成，从而使管理和维护 Access 数据库更加简单。

宏对象独立于窗体对象、查询对象等能够感受事件的 Access 对象，因此，只要宏对象设计完美，其操作代码的公用性可能会很好。

2.4.8 VBA 模块

VBA 模块对象也是 Access 对象的一个基本对象，模块是 VBA(Visual Basic for Application)的一个声明和过程作为单元进行保存的集合，也是程序集合。VBA 模块是用来实现数据的自动操作，是应用程序开发人员的工作环境，用来创建完整的数据库应用程序。

模块有两个基本类型：对象类型模块和标准模块。模块中的每一个过程都可以是一个函数过程或者一个子过程。宏对象虽然能实现很多对数据库的处理，但与 VBA 相比，它无法完成对数据的流程控制操作。

2.5 数据库的建立

数据库是用户存储信息的仓库，数据库用户要明确创建数据库的目的以及对数据库如何使用。数据库应用系统开发的第一步工作是创建数据库对象，操作结果是在磁盘上生成一个扩展名为 MDB 的数据库文件。其次是在数据库对象中创建数据表对象，一个数据库对象可以包含多个表对象，同时要建立表之间的关联；表对象是 Access 的基础，其他对象如查询、窗体、报表等都是在表对象的基础上建立起来的。只有表对象建立后，才可以创建其他对象，最终形成完善的数据库应用系统。

创建数据库常用的方法有两种：一种方法是先建立一个空数据库，然后向其中添加表、查询、窗体等对象。另一种方法是使用“数据库向导”创建数据库，即使用系统提供的数据库模板，在向导中设定合适的数据库类型。

2.5.1 创建空数据库

启动 Access 后，创建空数据库的操作步骤如下：

(1) 在图 2-1 中单击“文件”|“新建”菜单，或者单击工具栏中的“新建”按钮，出现如图 2-5 所示的“新建数据库”窗口。

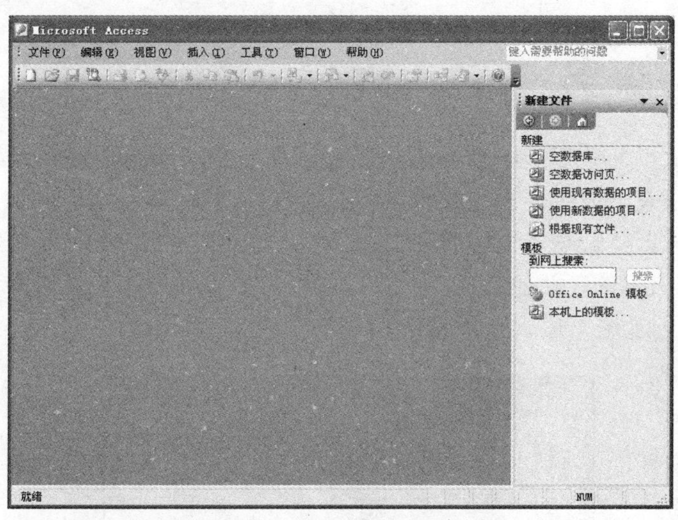

图 2-5 “新建数据库”窗口

(2) 在“新建文件”任务窗格中单击“空数据库”，出现如图 2-6 所示的“文件新建数据库”对话框。

(3) 在“保存位置”文本框的下拉列表中选择数据库的保存位置。

(4) 在“文件名”文本框中输入要保存的数据库文件名，如学生管理。

(5) 在“保存类型”文本框的下拉列表中选择“Microsoft office Access 数据库(*.mdb)”(默认类型)。

(6) 单击“创建”按钮，出现如图 2-7 所示的“数据库创建文件格式”窗口，在指定位置创建了一个空数据库。

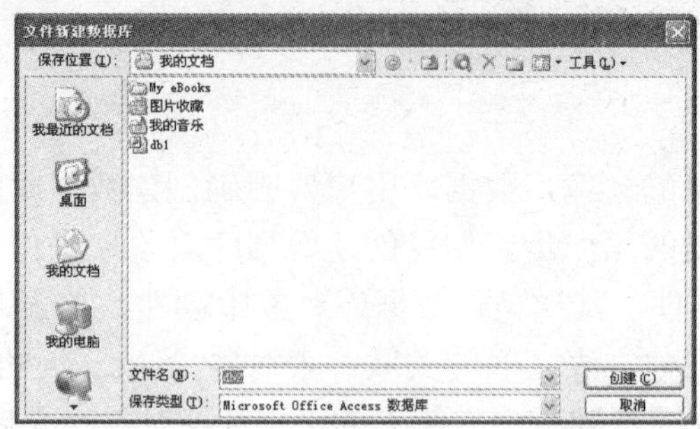

图 2-6 “文件新建数据库”对话框

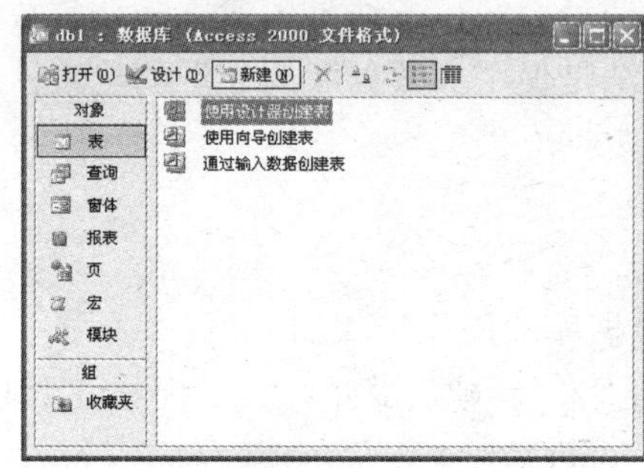

图 2-7 “数据库创建文件格式”窗口

2.5.2 利用向导创建数据库

数据库向导提供了一些模板，使用这些模板可以快速的创建数据库。Access 的模板包括表、查询、窗体和报表，表中不包含任何数据。

使用数据库向导创建数据库的操作步骤如下：

(1) 在如图 2-5 所示的“新建数据库”窗口的“新建文件”任务窗格中单击“本机上的模板”，出现如图 2-8 所示的“模板”对话框。

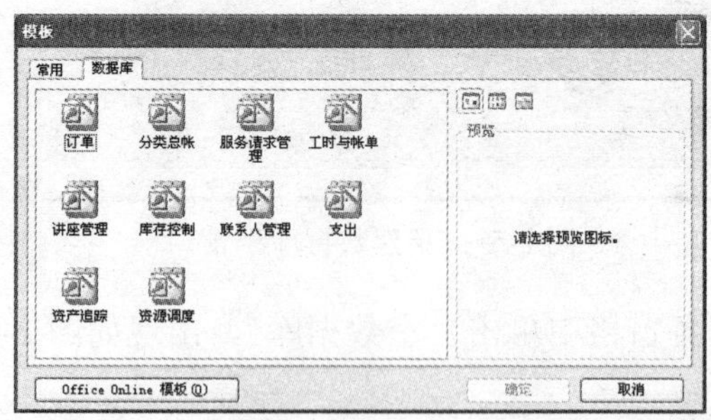

图 2-8 “模板”对话框

(2) 在“模板”对话框的数据库选项卡中选择要创建数据库类型模板的图标，单击“确定”按钮。

(3) 在出现的如图 2-6 所示的“文件新建数据库”对话框中选择数据库的保存位置、输入数据库名、选择保存类型。

(4) 单击“创建”按钮，出现如图 2-9 所示的“数据库向导”对话框，然后按照数据库向导的提示进行操作，需要选择表中的字段、屏幕显示样式、打印报表需要的样式。

使用数据库向导生成的数据库包括表、查询、窗体等对象。

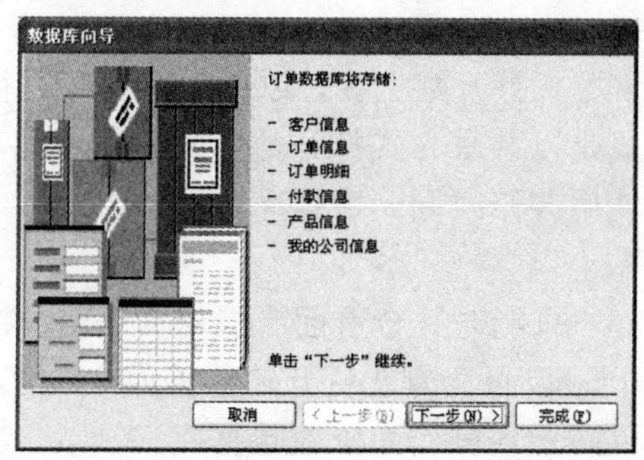

图2-9 “数据库向导”对话框

2.6 使用数据库

数据库创建后，通常要对数据库操作，常用的数据库操作有打开数据库、关闭数据库、数据库的恢复和删除及数据库数据的转换。

2.6.1 打开数据库

1. 打开创建的数据库

用户在进行数据录入、编辑、查询及报表输出之前，都要打开数据库文件。在Access中，打开已经创建的数据库，操作步骤如下：

(1) 单击“文件”|“打开”命令，或者单击工具栏上的“打开”按钮，出现如图2-10所示的“打开”对话框。

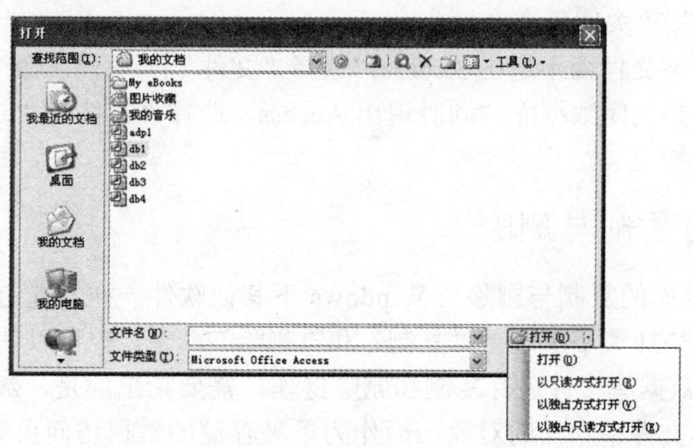

图2-10 “打开”对话框

(2) 在“查找范围”文本框的下拉列表框中选择数据库所在的驱动器或文件夹。

(3) 选中要打开的数据库文件，单击“打开”按钮，即可打开数据库。

2．数据库的打开方式

打开数据库有下列 4 种方式：

(1) 共享方式打开数据库。

在多用户环境下，以共享方式打开数据库，以便对数据库进行读、写操作，在图 2-10 中单击“打开”按钮，默认方式是以共享方式打开数据库。使用共享方式打开的数据库，允许网络上的其他用户同时打开使用并修改同一数据库。

(2) 只读方式打开数据库。

以只读方式打开的数据库，只能对其查看而不能对其编辑，在图 2-10 中单击“打开”旁的下拉箭头“以只读方式打开”。以只读方式打开的数据库，只能对数据库中的对象进行浏览而不能对这些对象修改，可以防止误操作而修改数据库。

(3) 独占方式打开数据库。

在图 2-10 中单击“打开”旁的下拉箭头选择“以独占方式打开”命令，便可以独占方式打开数据库。使用独占方式打开数据库后，其他用户不能再打开该数据库，这样可以有效的保护自己在网络上的数据库不被修改。

(4) 独占只读方式打开数据库。

独占只读方式打开的数据库具有独占和只读两种特性，即其他用户不能再打开该数据库，并且只能对数据库中的对象进行浏览而不能对这些对象修改。在图 2-10 中，单击“打开”旁的下拉箭头选择“以独占只读方式打开”命令，便可以独占只读方式打开数据库。

2.6.2 关闭数据库

如果数据库不再使用，可以将数据库关闭。关闭数据库有下列几种方式：

(1) 单击数据库文档窗口右上角的关闭按钮。

(2) 双击数据库文档窗口左上角的控制菜单图标。

(3) 单击数据库文档窗口左上角的控制菜单图标，在弹出的菜单中选择关闭命令。

(4) 单击“文件”|“关闭”命令。

如果只关闭数据库文件而不退出 Access，选择“文件”|“关闭”命令，或者单击数据库窗口的关闭按钮。如果关闭数据库的同时退出 Access，选择“文件”|“退出”命令，或者单击主窗口的“关闭”按钮。

2.6.3 数据库的复制与删除

Access 2003 数据库的复制与删除与 Windows 下其他软件一样，选定数据库文件，单击鼠标右键，从弹出的快捷菜单中选择“复制”和“删除”命令，也可以使用组合键 Ctrl+C(复制)或者 Del(删除)对数据库文件进行复制和删除操作。需要指出的是，数据库文件的复制和删除只包括对数据库文件中存储的对象，而作为单独存储的数据访问页对象，需要进行单独操作。

2.6.4 转换 Access 2003 数据库到低版本

Access 有多个版本，Access 2003 诞生之前有 Access 95、Access 97 和 Access 2000，这些

版本的数据库文件之间有一定的差异，为了实现不同版本数据库之间的数据共享，用户可以对数据库文件进行转换，形成新的 Access 数据库。

Access 2003 提供了将数据库文件转换为低版本的工具。操作步骤如下：

(1) 在如图 2-1 所示的“Microsoft Access”窗口中选择“工具”|“数据库实用工具”|“转换数据库”命令，出现如图 2-11 所示的选择转换版本提示屏幕。

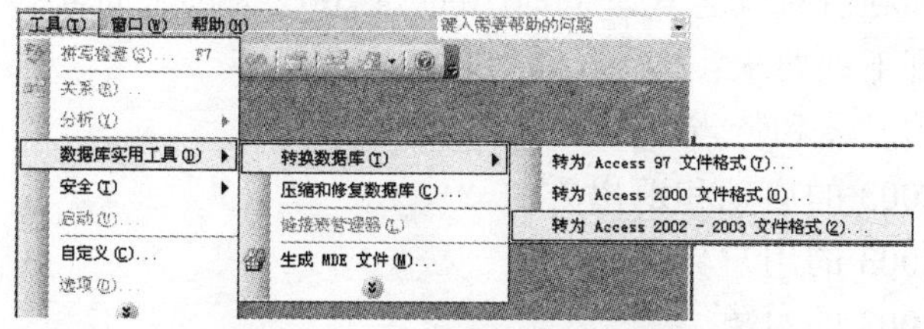

图 2-11　选择转换版本提示屏幕

(2) 当选择转换版本后，出现如图 2-12 所示的“数据库转换来源”对话框。

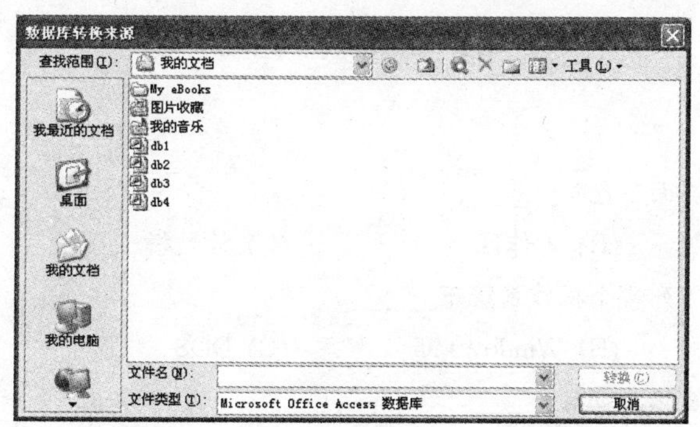

图 2-12　“数据库转换来源”对话框

(3) 在“查找范围”中单击下拉文件框，选择源数据库所在的磁盘，在查找区域中打开源数据库文件所在的文件夹，选定数据库文件。

(4) 在“文件名”中键入要转换的文件名称。

(5) 单击“转换”按钮，即可完成文件的转换。

本 章 小 结

Access 2003 是 Microsoft Office 2003 办公软件套装的组件之一，是现在较为流行的桌面型关系数据库管理系统。Access 因其使用方便、功能强大得到广泛应用。从 1992 年 Access1.0 问世到现在 Access 2003 经过了多个版本，功能愈来愈强，而操作愈来愈简单。

Access 2003 具有软件风格统一、功能强、支持 Web 功能的信息共享、方便的与其他软件交换数据、提供程序开发语言、丰富的文件功能、具有数据访问页和子数据表功能。

Access 2003 的启动和退出与 Microsoft Office 下其他软件类似，Access 2003 具有和 Windows 下其他应用软件统一的用户界面，包含标题栏、菜单栏、工具栏、工作区、任务窗格和状态栏组成。

Access 2003 的数据管理和操作是通过对象完成的，Access 对象有数据库、表、查询、窗体、报表、数据访问页、宏和模板对象。

数据库应用系统开发的第一步工作是创建数据库对象，操作结果是生成一个扩展名为MDB的数据库文件。创建数据库常用的方法有两种：一种方法是先建立一个空数据库，另一种方法是使用“数据库向导”创建数据库，在向导中设定合适的数据库类型。

数据库创建后，要使用数据库必须先打开数据库，有4种方式打开数据库：共享方式、只读方式、独占方式和独占只读方式。同时Access 2003提供了向低版本转换数据的功能。

通过学习，应达到下列要求：

(1) 了解Access的发展和特点。

(2) 掌握Access 2003的启动和退出方法。

(3) 熟悉Access 2003的用户界面。

(4) 掌握Access 2003的对象。

(5) 掌握Access 2003数据库的创建和使用。

思考题与习题

一、选择题

1. Access2003的用户界面不包括______。

(A) 菜单栏　(B) 工作区　(C) 标题栏　(D) 数据库对象

2. Access不能安装在下列哪个操作系统下______。

(A) Windows 98　(B) Windows 95　(C) DOS　(D) Windows NT

3. Access2003的任务窗格主要有______。

(A) 新建文件　(B) 开始工作　(C) 文件搜索　(D) Access的帮助

4. Access数据库的扩展名是______。

(A) OLE　(B) MDB　(C) DLL　(D) DOC

5. 下面哪一个不是二级容器对象______。

(A) 数据库　(B) 表　(C) 窗体　(D) 查询

6. Access是下列哪种类型的数据库产品______。

(A) 层次型　(B) 网络型　(C) 关系型　(D) 面向对象型

7. 下列哪个不是Access2003数据库的对象______。

(A) 表　(B) 报表　(C) 工作表　(D) 数据访问页

二、填空题

1. 创建数据库的方法有两种，一种是__________________，另一种是__________。

2. Access 2003 工作区的含义是__________________________________。

3. 数据库中的表是二维表，由行和列组成，一行称为__________，一列称为________。

4. Access2003的数据对象有7种，分别是________、________、窗体、________、________、______、和________。

5. 窗体的功能较多，大致可以分为__________、__________和数据型窗体3类。

三、简答题

1. 简述 Access 2003 的特点？
2. 简述数据库创建的方法和步骤？
3. 说明数据对象及作用？
4. 为什么在关闭 Access2003 之前要选关闭数据库？

四、操作题

实验 数据库的建立和使用

1. 实验目的

(1) 掌握 Access 的启动与退出方法。

(2) 熟悉数据库窗口的组成。

(3) 掌握数据库的创建方法。

(4) 掌握数据库的使用。

2. 实验环境

Windows 操作系统、Microsoft Office Access 2003。

3. 实验内容

(1) 启动 Access，了解 Access 窗口的界面。

(2) 利用创建空数据库在 E 盘“我的数据库”文件夹下创建一个“图书管理数据库”，熟悉数据库窗口的组成。

(3) 利用向导在在 F 盘“我的数据库”文件夹下创建一个“图书管理数据库”。

(4) 关闭数据库和 Access 2003。

第3章　表的建立和使用

表是数据库中存储数据的对象，同时也为数据库的其他对象如查询、窗体和报表提供数据来源。一个数据库中可以有多个相互关联的表，因此建立数据库后的首要任务就是建立表。表包括表结构和记录数据两部分，所以建立表的过程就是设计表结构和输入数据记录的过程。

3.1　Access 2003 的数据类型

Access 2003 是一个关系数据库，由一个或者多个表组成，每一个表又包含多个字段，每个字段中的数据要有一定的数据类型。Access 2003 支持丰富的数据类型，能够满足各种类型的信息系统开发需求。Access 的数据类型有以下 10 种。

1) 文本型

文本型是 Access 默认的数据类型，通常用于表示文字数据或不需要计算的数字，如姓名、住址、电话号码、邮政编码等。文本型默认字符是 50 个字符，最大长度不超过 255 个字符。

2) 数字型

数字型主要用于表示有算术运算的数据，如成绩、年龄等，可用数字形式表示。定义数字型数据后，还要按数据处理的范围定义存储类型，如整型、长型、单精度、双精度型等。

3) 货币型

用于货币计算，使用货币类型避免计算时四舍五入引起的计算错误，精确度为小数点左可有 15 位，小数点右可有 4 位。

4) 日期时间型

日期时间型表示从 100～9999 年之间的任意日期和时间，选择该类型可进行日期和时间的运算。

5) 是/否型

是/否型是一种逻辑值类型，取值有两种情况，如 Yes/No、True/False、On/Off 等。

6) 备注型

备注型也称为长文本型，保存长度较长的文本或数字，例如备注或者说明，最长可达 65 536 个字符。

7) OLE 对象

其他用 OLE 协议程序创建的对象，如 Microsoft Word 文档、Excel 电子表、图像、声音或其他二进制数据，可以将这些数据链接、嵌入 Access 表中。必须在窗体或报表使用结合对象框来显示 OLE 对象。最大容量可以达到 1GB。

8) 自动编号

在增加记录时自动插入的唯一顺序，其值依次自动加 1 或随机编号，通常用于主关键字。

9) 超链接

保存超级链接的字段，链接到其他文档、URL 或文档内某个位置。

10) 查阅向导

创建字段时，该字段可以使用列表框和组合框从另一个表或值列表中选择一个值。单击该选项将启动“查阅向导”，它用于创建一个“查阅”字段。当向导完成之后，Access 将基于在向导中选择的值来设置数据类型。通常用 4B。

3.2　创建表

创建表首先要设计表的结构，其次要向表中输入记录。设计表结构，主要是设计表的属性包括字段名、字段属性、定义主键。

3.2.1　表的属性

1．字段名

表中的每一列称为一个字段，每个字段有一个唯一的名字，称为字段名。如“学生”表中的“学号”、“姓名”、“性别”、“出生日期”等。

字段名可以使用字母、数字或汉字等，字段名的长度要合适，但最长不得超过 64 个字符。

2．字段属性

确定了字段名后，要定义字段的数据类型和长度，同时还应设定字段属性才能更准确地确定数据的存储。不同的数据类型有着不同的属性，常见的属性有下列 10 种。

1) 字段大小

字段大小是设置文本的最大长度或数值的取值范围。只有文本型和数字型才可以设计字段的大小，文本的字符数在 1～255 之间，数字型的长度由数据类型决定。

2) 格式

格式属性用于自定义文本、数字、日期和“是/否”类型字段的输出格式。

3) 标题

标题属性值用于在窗体和报表中取代字段的名称，即在显示表中数据时，表列名显示的是标题属性值，而不是字段名称。

4) 有效性规则

有效性规则是一个条件表达式，用于检查输入的值是否符合要求。当输入的值违反了有效性规则时，系统显示“有效性文本”设计的提示信息，可以用“向导”帮助完成设置。

5) 有效性文本

当输入的值不符合有效性规则时，“有效性文本”属性值是系统显示给操作者的提示信息。

6) 默认值

在表中添加新记录时，尚未输入数据，如果希望系统自动填入某个特定的数据，则将该字段设定“默认值”。

7) 索引

索引是指定字段是否索引及索引方式，索引有利于加快数据检索，也能加快排序和分组操作。索引属性提供 3 项取值：

(1) “无”：表示该字段无索引。

(2) “有(重复)”：表示该字段有索引，且各记录中的该字段的数据可以重复。

(3) “有(无重复)”：表示该字段有索引，且各记录中的该字段的数据不允许重复。

8) 允许空字符串

该属性仅对文本型字段有效，其属性值用“是”或“否”选择。当取值“是”时，表示该字段中可以不填写任何值。

9) 必填字段

必填字段取值用“是”或“否”选择。当取值“是”时，表示必须填写该字段数据，不允许该字段值为空；当取值“否”时，可以不填写该字段数据，即允许该字段值为空。

10) 输入掩码

使用该属性可以使数据输入更容易，并且可以控制用户在文本框类型的控件中的输入值。

3. 设定主关键字

关键字是记录的唯一标识，有时一个表有多个关键字，从关键字中任意选择一个称为主关键字。对每一个表都可以指定某个或某些字段为主关键字。主关键字的作用如下：

(1) 使数据表中的每条记录唯一可识别，如学生表的学号字段。

(2) 加快对记录进行查询、检索的速度。

(3) 用来在表间建立关系。

3.2.2 使用设计器创建表

建立数据表之前，要先对数据库中将要存放的数据进行规划设计，基本原则是将数据分类设计成不同的表，各表之间通过相关字段建立联系。使用设计器创建表是建表的最常用方式，利用设计器不仅可以定义表中各字段的字段名，还可以准确地指定各字段的数据类型，并可以对各字段的一些常用属性进行设置，使其满足各种实际应用需求。使用其他方式建立的数据表，通常都要在设计视图中作进一步地更新修改。

例 3.1 利用设计器创建“学生管理”数据库中的“学生”表，学生表中的字段及其数据类型为：学号(文本型)、姓名(文本型)、性别(文本型)、出生日期(日期/时间型)、系别(文本型)、入学成绩(数字型)、简历(备注型)。

操作步骤如下：

(1) 打开“学生管理”数据库，出现“学生管理”数据库窗口，选择“表”对象，出现如图 3-1 所示的“学生管理：数据库”窗口。

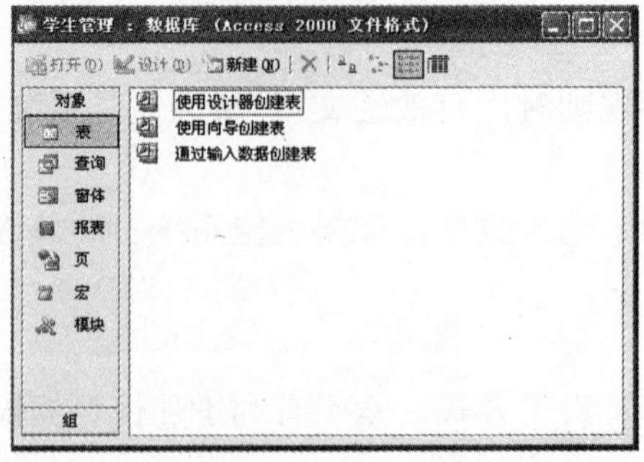

图 3-1 “学生管理：数据库”窗口

(2) 双击“使用设计器创建表”，出现如图 3-2 所示的“表设计器”窗口。

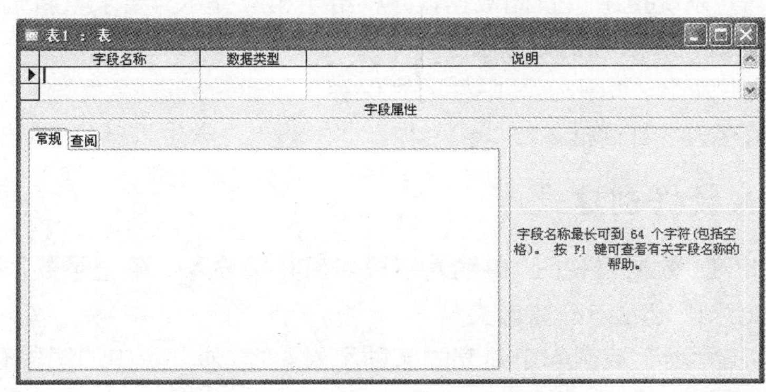

图 3-2 “表设计器”窗口

“表设计器”窗口分为上、下两个窗格，上窗格可定义数据表的各字段的字段名、数据类型以及对字段的说明，下窗格用来进一步定义表中字段的属性。一般只需在“字段名称”列中输入字段名称，并在“数据类型”列定义字段的数据类型。“说明”列中可以输入一些对字段的说明信息，主要目的在于以后修改表结构时能知道当时设计该字段的原因。

(3) 定义字段的名称和类型。在表设计器的“字段名称”列中按顺序输入这些字段的名称，在“数据类型”列选择相应的类型，这时“学生”数据表就初步建好。

(4) 设置主键。主键可唯一标识表中的每条记录，因此主键中不允许有重复值，也不能有空值(NULL)。在表中设置主键的操作过程是：单击要设置为主键的字段所在行的任何位置，将该行选定为当前行，然后单击工具栏上的“主键”按钮或选择“编辑”菜单中的“主键”命令，此时在当前行的最左边的方格内出现“钥匙”符号，主键设置完成。

(5) 设置字段属性。表设计器的下窗格用来设置表中字段的“字段属性”，字段属性一般包括字段大小、小数位数、默认值、有效性规则、有效性文本等。对字段属性的恰当设置，可进一步保障数据表中数据的有效性、输入操作简便性以及显示的规范性。

如设置“学号”字段的“字段大小”属性，文本型字段默认的“字段大小”为 50，表示这个字段中最多可输入 50 个字符。而学号一般不超过 10 个字符，所以可将字段大小设定为 10。只要选中字段大小文本框，再修改里面的数值就可以了。

如图 3-3 所示为设置“性别”字段的“字段属性”设计界面。“性别”字段中只能输入“男”或“女”1 个汉字，因此可将“性别”字段的“字段大小”设定为 1(在 Access 中，一个汉字也是一个字符，也就是说字符数不等同于字节数)。若将“性别”字段的“默认值”属性设定为“男”，则男生的性别就可以不再输入，而只需将女生的性别由默认值“男”改为“女”即可，这样可以提高输入速度。另外，为了避免在输入性别字段的值时输入“男”或“女”以外的无效数据，可将“性别”字段的“有效性规则”属性设定为“=男 or

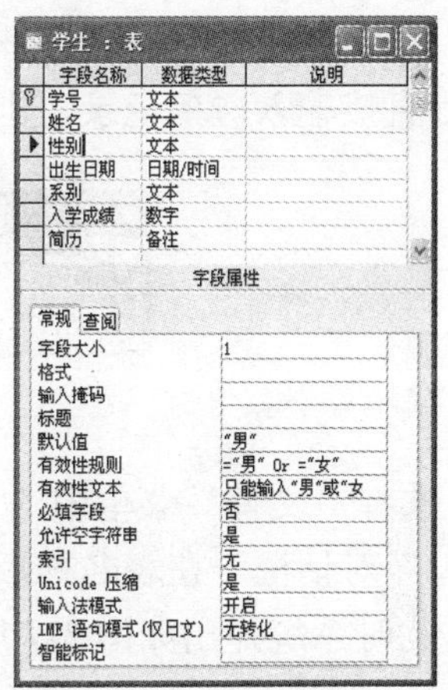

图 3-3 设置“性别”字段的“字段属性”

=女”，且把“有效性文本”属性设定为“只能输入‘男’或‘女’”。当输入的数据与“有效性规则”发生冲突时，系统拒绝接收此数据，并将给予相应提示，要求重新输入有效的数据。这样，可以达到提高数据有效性的效果。

(6) 保存表结构并命名。单击工具中栏的“保存”按钮，或选择“文件”菜单中的“保存”命令，打开“另存为”对话框，在“表名称”框中输入“学生”，然后单击“确定”按钮。

3.2.3 通过输入数据创建表

Access 允许用户在“数据表视图”中输入字段名后直接输入一条记录数据而建表，Access 将根据所输入的数据来确定表中的数据类型。

例 3.2 在“学生管理”数据库中建立“教师”表。“教师”表中的字段有：教师编号、姓名、性别、学历、职称、联系电话、E-mail。

操作步骤如下：

(1) 打开“学生管理”数据库，在“表”对象下，双击“通过输入数据创建表”选项，或单击“新建”按钮，弹出如图 3-4 所示的“新建表”对话框。

(2) 在对话框中选择“数据表视图”选项，单击“确定”按钮，打开如图 3-5 所示的“表 1”数据表视图窗口。

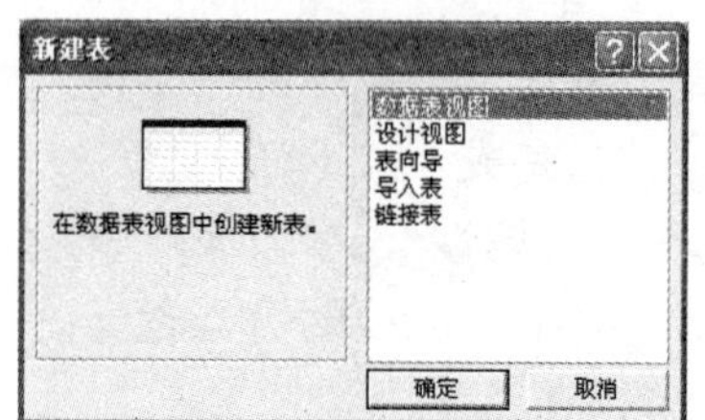

图 3-4 “新建表”对话框

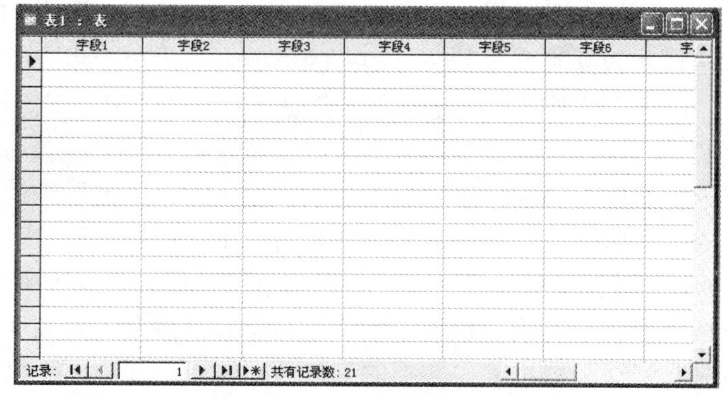

图 3-5 “表 1”数据表视图窗口

(3) 在“数据表视图”窗口中双击“字段 1”，输入“教师编号”；双击“字段 2”，输入“姓名”，用同样的方法输入“教师”表中的其他字段，完成表结构字段的输入后，在表字段的下一行直接输入一条记录，出现如图 3-6 所示的数据表视图。

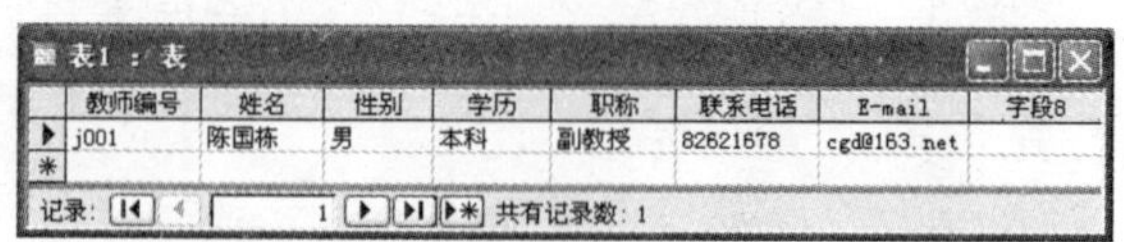

图 3-6 数据表视图

(4) 选择“文件”菜单中的“保存”命令，或单击常用工具栏中的“保存”按钮，出现“另存为”对话框，在表名称后的文本框中输入表名称“教师”，然后单击“确定”按钮。

(5) 此时系统弹出如图 3-7 所示的提示“定义主键”对话框，单击“是”可以创建主键，这里可暂时不定义主键，单击“否”按钮。

图 3-7　提示“定义主键”对话框

通过“数据表视图”创建的数据表，只输入了字段名，而没有设置字段的数据类型和字段的其他属性，一般不能满足实际的操作要求，因此需要使用表设计器对表的结构作进一步修改完善。

3.2.4　使用向导创建表

利用向导可以快速地创建表，对表中的字段可以更名满足用户的需求。

例 3.3　在“学生管理”数据库中建立“选课”表。“选课”表中的字段有：学号、课程号和成绩字段。

操作步骤如下：

(1) 打开“学生管理”数据库，在“表”对象下，双击“使用向导创建表”选项，或单击“新建”按钮，弹出如图 3-4 所示的“新建表”对话框，选择“表向导”，单击“确定”按钮，出现如图 3-8 所示的“表向导”对话框。

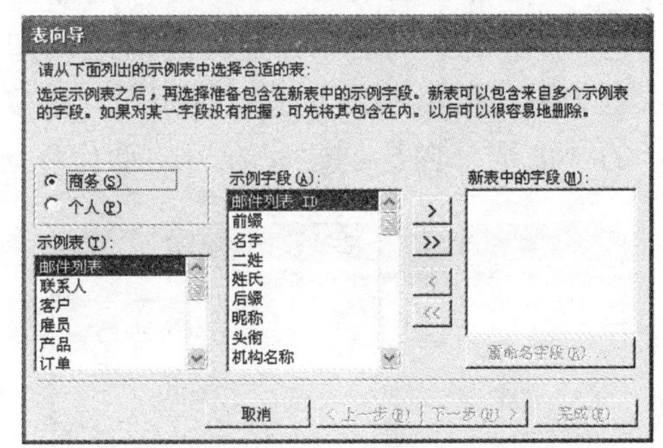

图 3-8　“表向导”对话框

(2) 当选择“商务”或“个人”单选按钮，在“示例表”中显示常用字段，在“示例字段”中显示所有字段，选中示例字段，单击“添加”按钮，在“新表中的字段”中显示已经添加的字段，对同一个字段也可以重复添加，系统会自动加序号进行标识，如图 3-9 所示为添加字段后的结果。

(3) 如果添加字段名不能准确地标识新建表的字段，选中字段单击“重命名字段”可以对新建字段命名，如图 3-10 所示为字段重命名后的结果。

(4) 单击“下一步”按钮，出现如图 3-11 所示的指定表名称对话框，此时可以设定表名，在“请确定是否用向导设置主键”单选按钮中，可以选择“是，帮我设置一个主键”或“不，让我自己设置主键”，这里通常选择“是，帮我设置一个主键”。

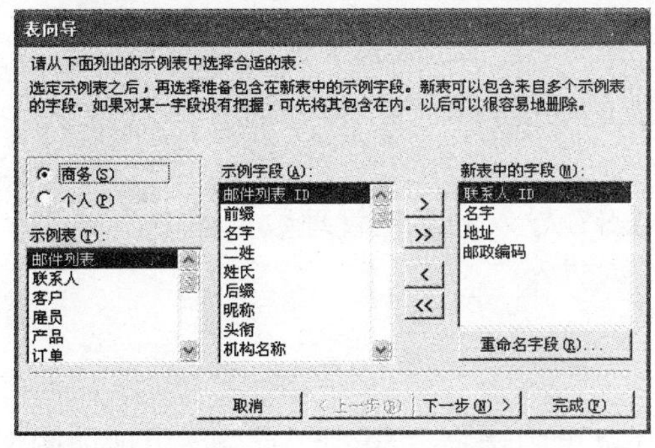

图 3-9　添加字段后的结果图

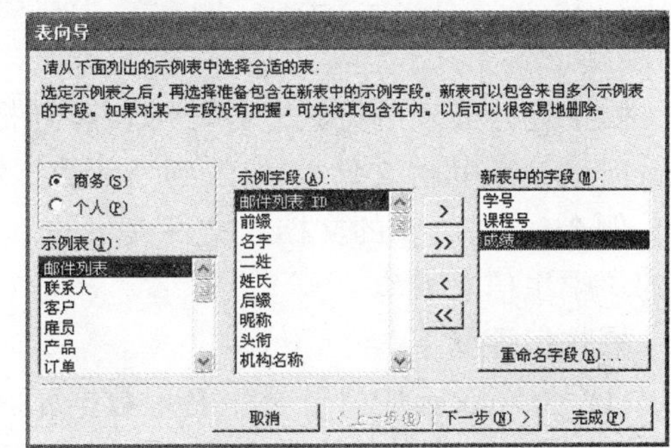

图 3-10　字段重命名后的结果

(5) 单击“下一步”，出现如图 3-12 所示的设定表之间关系对话框。

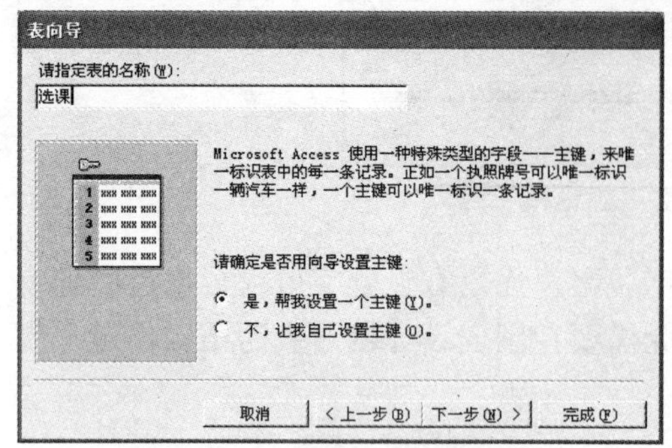

图 3-11 指定表名称对话框

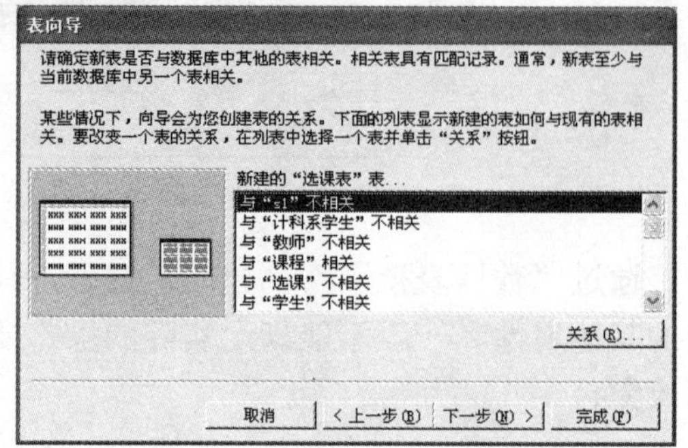

图 3-12 设定表之间关系对话框

(6) 若与某表相关(如选课表与学生表有关系)，选定“学生”表后，单击“关系”按钮，出现如图 3-13 所示的“关系”对话框。

(7) 选择表之间的对应关系单选按钮(即不相关、一对多、多对多)。

(8) 单击“确定”按钮，系统返回如图 3-12 所示的设定表之间关系对话框，如果与其他表有关系，可以单击“关系”按钮，建立关系，否则单击“下一步”按钮，出现如图 3-14 所示的“请选择向导创建完表后的动作”选项对话框。

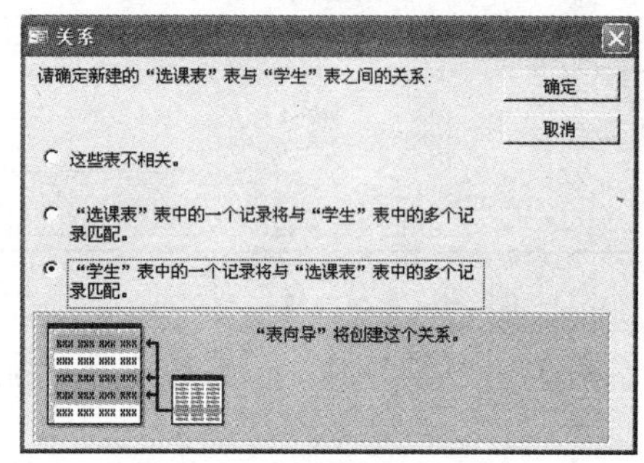

图 3-13 “关系”对话框

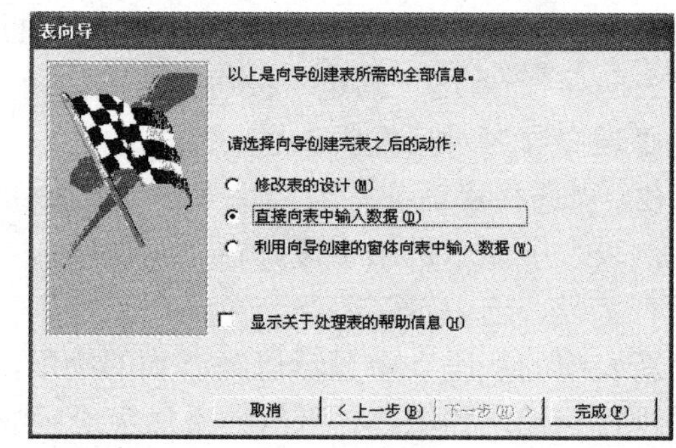

图 3-14 “请选择向导创建完表后的动作”对话框

(9) 根据需要，选择创建表后的动作方式，最后单击“完成”按钮。

在图 3-14 中，如果选择“直接向表中输入数据”，系统会自动将新建的表打开，并切换到数据视图表，用户可以向表中输入数据。

3.2.5 导入表

除上述建立表的方式之外，Access 还提供了导入表的功能，即直接将外部的表(其他 Access 表，或其他文件表)导入到当前数据库中。

例 3.4 将“我的文档”文件夹下的“学生信息.XLS”导入到学生管理数据库中，文件名为“学生信息表”。

操作步骤如下：

(1) 在 Access 中打开学生管理数据库。

(2) 单击“文件”|“获取外部数据”菜单，在级联菜单中选择“导入”命令，出现如图 3-15 所示的“导入”对话框。

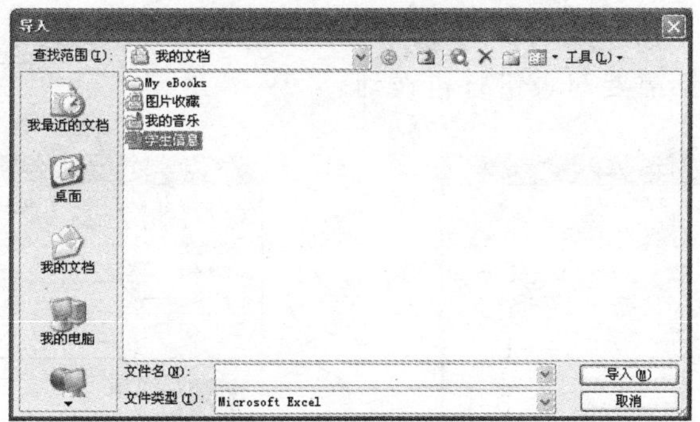

图 3-15 “导入”对话框

(3) 在“查找范围”文本框中选择被导入表的位置，在显示区域中选中要导入的表名“学生信息.XLS”。

(4) 单击“导入”按钮，出现如图 3-16 所示的“导入数据表向导－显示工作表”对话框，选中要导入的工作表。

(5) 单击“下一步”按钮，出现如图 3-17 所示的“导入数据表向导－第一行包含标题”对话框，如果工作表的第一行含有标题，选中“第一行包含标题”复选框，否则不选。

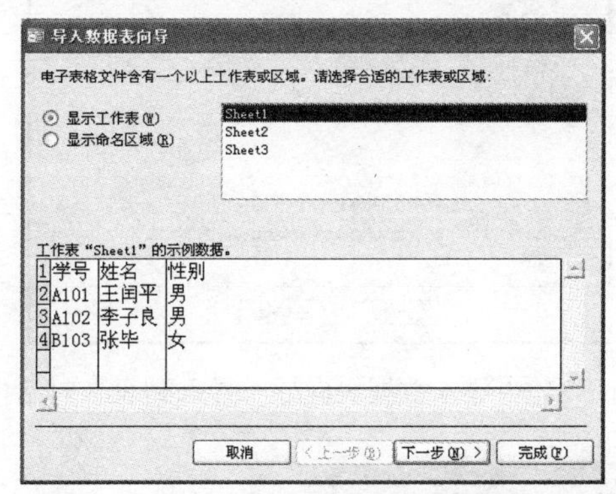

图 3-16 “导入数据表向导－显示工作表”对话框

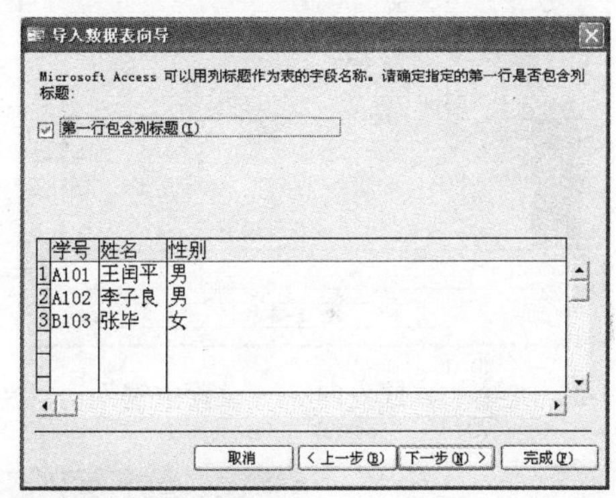

图 3-17 “导入数据表向导－第一行包含标题”对话框

(6) 单击“下一步”按钮，出现如图 3-18 所示的“导入数据表向导－保存表的位置”对话框，用户可以根据需要将导入的数据存储到“新表中”，也可以将导入的数据存储到“现有的表中”，“现有的表中”文本框的右边下拉按钮显示所有已经存在的表，这里选择“新表中”。

(7) 单击“下一步”按钮，出现如图 3-19 所示的“导入数据表向导－更改字段”对话框，在“字段选项”区域中，用鼠标指向要选择的字段，可以为每一个导入的字段设置字段名和索引，也可以选择不导入其中的某字段。

(8) 单击“下一步”按钮，出现如图 3-20 所示的“导入数据表向导－设置主键”对话框，可以选择“让 Access 添加主键”、“我自己选择主键”或者“不要主键”三种选项之一，通常选择“我自己选择主键”按钮。

(9) 单击“下一步”按钮，出现如图 3-21 所示的“导入数据表向导－导入到表”对话框，在“导入到表”中输入要导入表的名称。

(10) 单击“完成”按钮，出现如图 3-22 所示的“导入数据表向导－完成”对话框。

(11) 单击“确定”按钮，完成表的导入，打开导入表可以看到系统自动为表分配了合适的数据类型，也可以根据需要对表进行再设计。

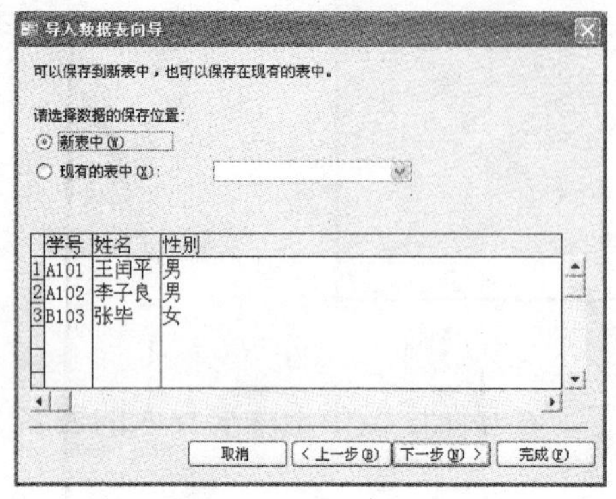

图 3-18 “导入数据表向导－保存表的位置”对话框

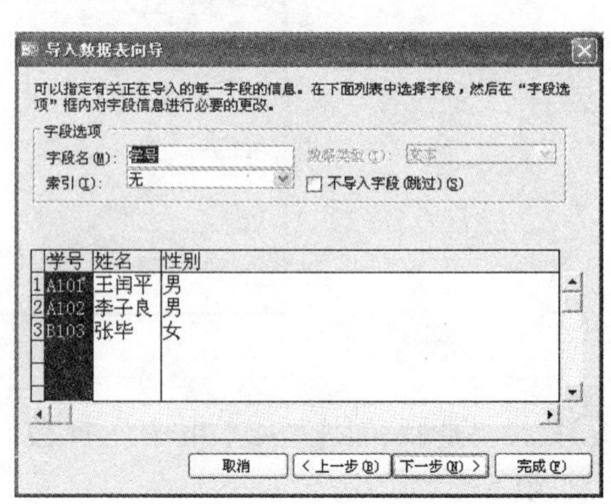

图 3-19 “导入数据表向导－更改字段”对话框

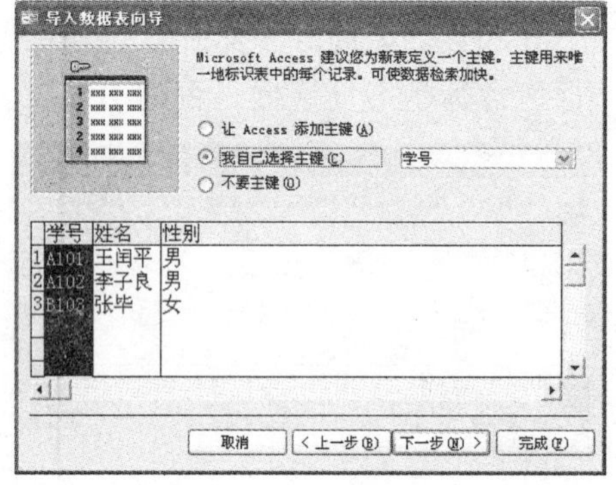

图 3-20 “导入数据表向导－设置主键”对话框

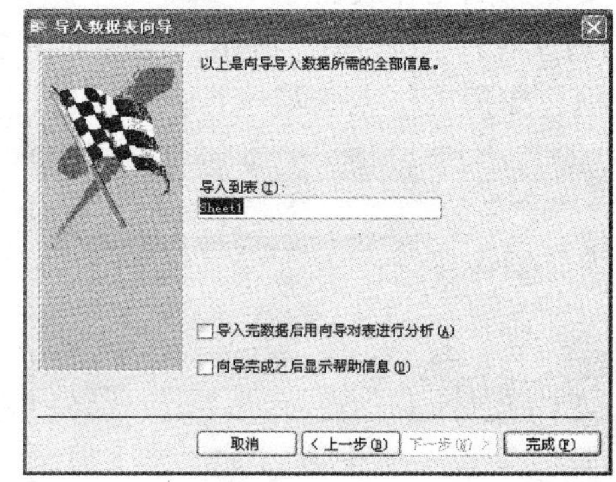

图 3-21 “导入数据表向导－导入到表”对话框

图 3-22 “导入数据表向导－完成”对话框

3.2.6 链接表

链接表与导入表的基本操作相似，链接表会在数据库窗口中以特殊的图标显示，即在图标前加一个小箭头。

例 3.5 将 “学生信息.XLS”链接到学生管理数据库中的“学生信息链表”中。

操作步骤如下：

(1) 打开要链接表的数据库“学生管理”。

(2) 单击“文件”|“获取外部数据”菜单，在级联菜单中选择“链接表”命令，出现如图 3-23 所示的“链接”对话框。

(3) 在“查找范围”文本框中选择被导入表的位置“我的文档”，在显示区域中选中要导入的表名“学生信息.XLS”。

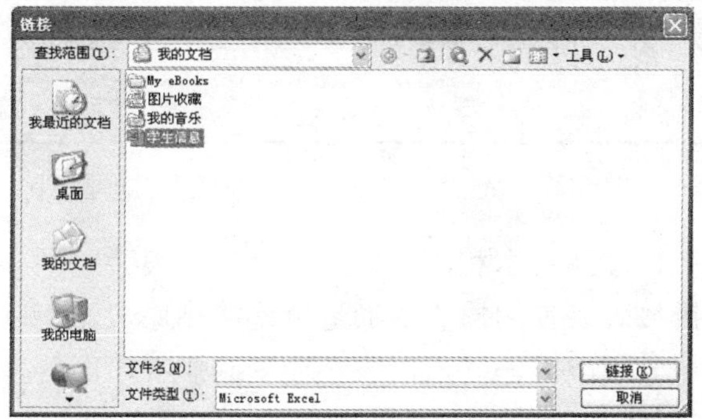

图 3-23　“链接”对话框

(4) 单击“链接”按钮，出现如图 3-24 所示的“链接数据表向导－显示工作表”对话框，选中要导入的工作表。

(5) 单击“下一步”按钮，出现如图 3-25 所示的“链接数据表向导－第一行包含标题”对话框，如果工作表的第一行含有标题，选中“第一行包含标题”复选框，否则不选。

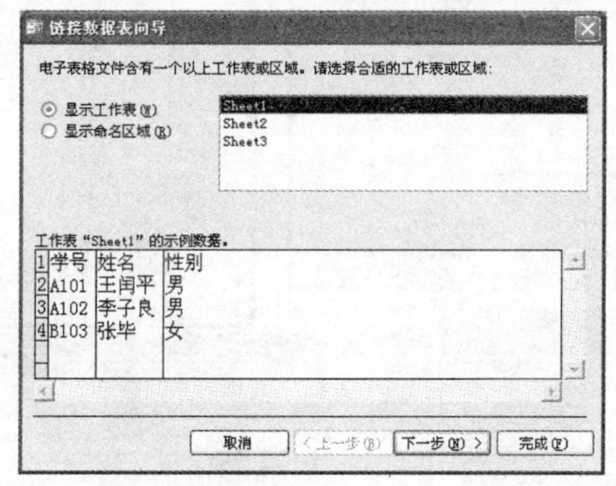

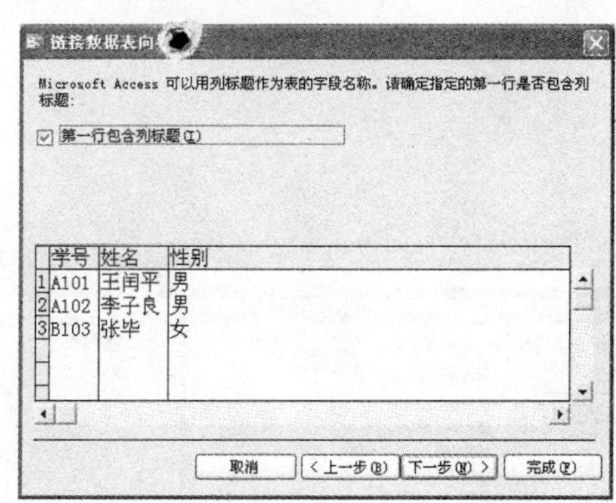

图 3-24　“链接数据表向导－显示工作表”对话框　图 3-25　“链接数据表向导－第一行包含标题”对话框

(6) 单击“下一步”按钮，出现如图 3-26 所示的“链接数据表向导－链接表名称”对话框，用户可以根据需要输入链接表的名称，这里输入“学生信息链表”。

(7) 单击“完成”按钮，出现如图 3-27 所示的“链接数据表向导－完成”对话框。

(8) 单击“确定”按钮，完成表的链接，此时在学生管理数据库中出现链接表。

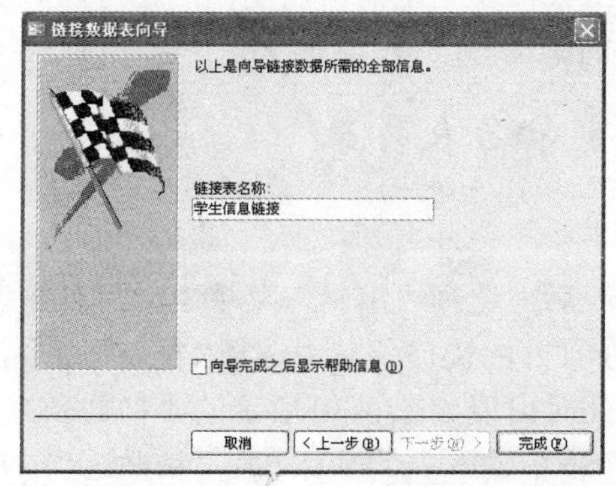

图 3-26　“链接数据表向导－链接表名称”对话框

图 3-27 "链接数据表向导一完成"对话框

导入表和链接表的操作步骤基本相同，但二者之间有很大差别。导入表是将原表的数据复制，导入过程较慢；链接表是使用原表，通过链连接到原表，所以速度较快。在执行时，导入的表速度较快。当原表修改时，导入的表不会受到影响，而链接表的数据会随之改变，所以链接表适用网络的信息可共享。

为了完整地进行学生成绩管理，"学生管理"数据库中可以再建立"课程"表，如图 3-28 所示为建立表之后的"学生管理"数据库窗口。

在数据表视图窗口中分别为各表输入如图 3-29 所示的数据记录。

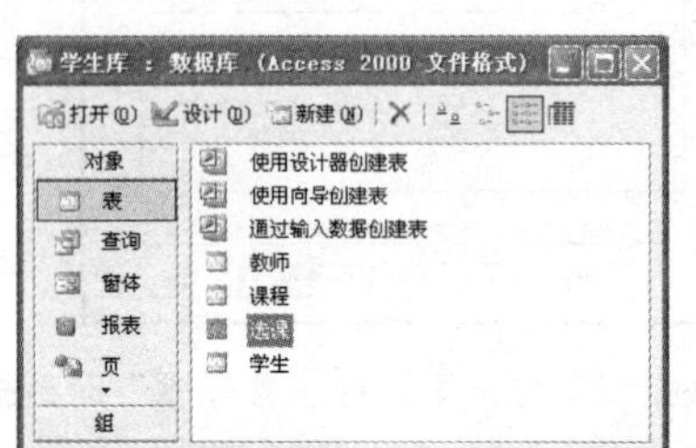

图 3-28 "学生管理"数据库窗口

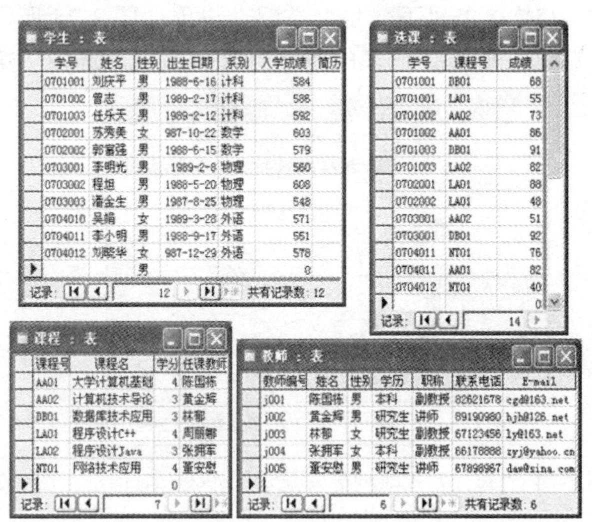

图 3-29 "学生管理"数据库中的示例数据

3.3 编辑数据表

数据表创建后，随着使用条件及系统需求的变化，还可以对表及表的结构进行调整和修改。Access 提供了以下对表的编辑修改操作。

3.3.1 复制、删除和重命名表对象

1. 复制数据表

在数据库窗口选定目标表后，选择"编辑"菜单中的"复制"命令，或单击工具栏中的"复制"按钮，或右击该表,在打开的快捷菜单中选择"复制"命令，然后在数据库窗口的"表"对象中进行"粘贴"操作，此时出现如图 3-30 所示的"粘贴表方式"对话框。

在该对话框的"表名称"框中输入表的名称，在"粘贴选项"中可以选择"只粘贴结构"、"结构和数据"和"将数据追加到已有的表"其中之一，再单击"确定"按钮完成复制操作。

此外还可以通过选择“文件”菜单中的“另存为”命令，出现如图 3-31 所示的“另存为”对话框，在对话框中指定保存的文件类型及文件名，同样可以达到复制的效果。这种方式不仅可以把一个数据表复制为另一个数据表，还可以通过选择“保存类型”把一个数据表复制成为“窗体”、“报表”或“数据访问页”类型的对象。

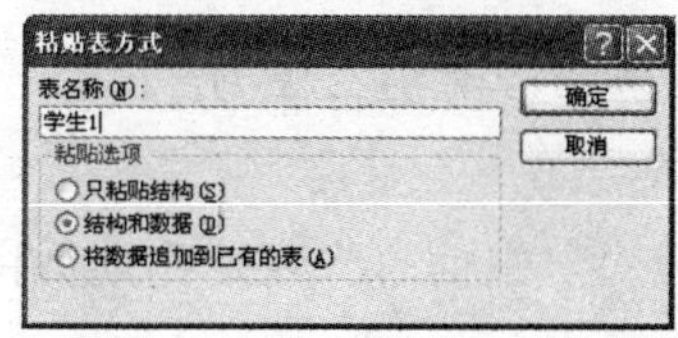

图 3-30 “粘贴表方式”对话框

图 3-31 “另存为”对话框

2．删除数据表

当数据表不使用时，可以将数据表删除。在数据库窗口选定目标表后，可以利用下列方式中的任一种删除数据表。

(1) 选择“编辑”菜单中的“删除”命令。

(2) 单击工具栏中的“删除”按钮。

(3) 右击该表，在打开的快捷菜单中选择“删除”命令。

(4) 直接按 Del 键。

3．重命名数据表

在数据库窗口，选定目标表后，选择“编辑”菜单中的“重命名”命令，或右击该表，在打开的快捷菜单中选择“重命名”命令，可实现表的重命名操作。

3.3.2　修改字段名、字段类型及字段属性

用其他方式创建的数据表，一般要在表设计器中修改字段名、字段类型及字段属性。

1．修改字段名

表创建后，可以根据需要改变字段名。

例 3.6　将学生信息表中的“学号”字段改为“学生号”。

操作步骤如下：

(1) 打开数据库，选择“表”对象，打开“学生信息”表，出现如图 3-32 所示的“学生信息：表”窗口。

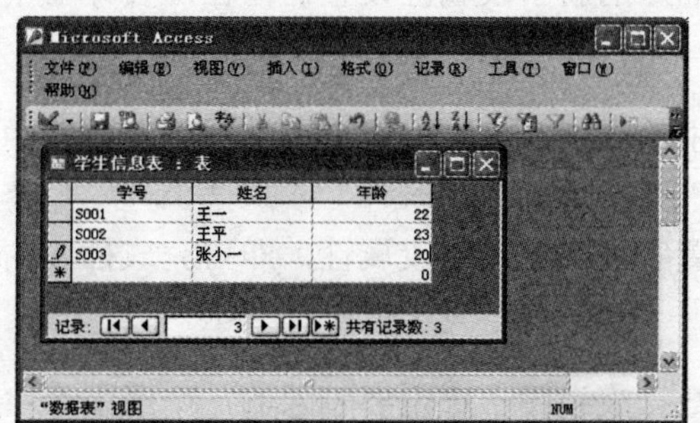

图 3-32 “学生信息：表”窗口

(2) 选中要修改字段的标题，单击鼠标右键，弹出快捷菜单，选择“重命名列”命令，在字段名标题中输入“学生号”，将其保存即可。

2．修改字段类型

在表中，有时需要改变表中字段的数据类型。

例 3.7 将学生信息表中的“学生号”字段的数据类型修改为备注型。

操作步骤如下：

(1) 打开学生管理数据库，选择“表”对象，打开“学生信息”表，出现如图 3-32 所示的“学生信息：表”窗口。

(2) 单击“视图”|“设计视图”命令，出现如图 3-33 所示的学生信息：表“设计视图”窗口，在“学生号”数据类型中选择“备注”，单击“关闭”按钮。

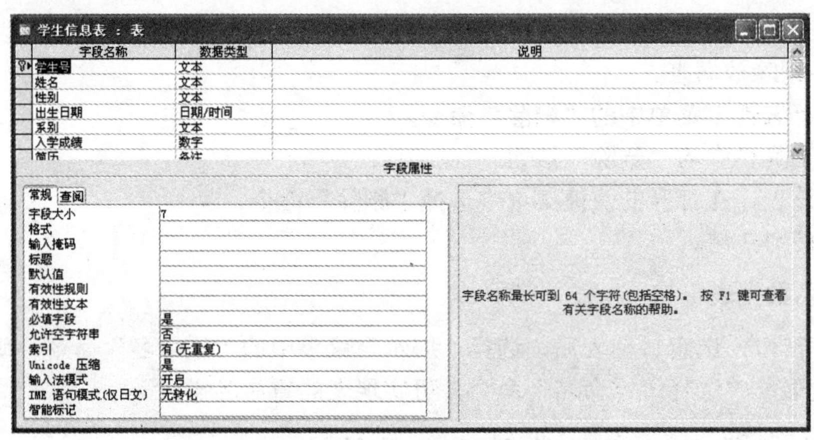

图 3-33 学生信息：表“设计视图”窗口

(3) 修改字段属性。在图 3-33 的“设计视图”窗口中可以直接修改字段的属性。

需要指出的是，对于已经存储数据记录的表，修改其字段类型和字段属性时，必须考虑现存数据与修改部分的协调，否则只能先删除表中某些有问题的数据，然后再修改表结构。

此外，在数据表视图下也可以通过双击字段名实现修改字段名称的操作。

3.3.3 插入、删除和移动字段

创建好的数据表可以在其设计视图或数据表视图环境下进行字段的插入、删除和移动操作。但在数据表视图下插入的新字段属性设置仍需在表设计器中完成。

1．插入字段

在设计视图中，单击选定插入目标位置，或在数据表视图中单击字段标题选定插入目标位置，然后选择“编辑”菜单中的“插入行”或“插入列”命令，即可在此位置插入一个新字段，输入字段名并设置字段类型及字段属性，即可完成插入新字段操作。

2．删除字段

首先在设计视图或数据表视图中选定要删除的一个或多个字段，然后选择“编辑”菜单中的“删除行”或“删除列”命令。需要注意的是删除字段将同时删除该字段中的所有数据。

3．移动字段

选定需要移动的字段，利用鼠标拖动到目标位置即可。在设计视图中进行字段移动，会同时改变字段在表结构及数据表里的排列位置；而在数据表视图中进行字段移动，只改变字段在数据表里的排列位置，在表结构中的实际位置则不会改变。

3.3.4　编辑表中记录

编辑数据表中的记录主要包括定位记录、选择记录、添加记录、删除记录、修改记录及复制记录等操作。

1．记录定位

当表中记录很多时，要修改某条记录，首先应把该记录定位为当前记录。常用的记录定位方法有两种：使用记录号定位与使用快捷键定位。

按记录号定位要使用记录定位器，记录定位器位于数据表视图的下方，如图 3-34 所示为“记录定位器”格式。

记录: |◀ ◀ 9 ▶ ▶| ▶* 共有记录数: 11

图 3-34　“记录定位器”格式

在记录定位器中的记录编号框内输入记录号，按 Enter 键后则可定位于该记录上。使用快捷键也可以快速定位记录。如表 3-1 所示为定位快捷键及定位功能。

2．选择记录

打开表后，在数据表视图下可以选择一条记录，选择多条和选择所有记录。

选择一条记录：单击该记录的行选定器。

选择多条记录：单击第一条记录的行选定器，拖动至最后一条记录。

选择所有记录：选择“编辑”菜单中的“选择所有记录”命令。

表 3-1　定位快捷键及定位功能

快 捷 键	定 位 功 能
Tab、→、Enter	移到下一个字段
End	移到当前记录的最后一个字段
Shift+Tab、←	移到上一个字段
Home	移到当前记录的第一个字段
↓	移到下一条记录的当前字段
Ctrl+↓	移到最后一条记录的当前字段
Ctrl+End	移到最后一条记录的最后一个字段
↑	移到上一条记录的当前字段
Ctrl+↑	移到第一条记录的当前字段
Ctrl+Home	移到第一条记录的最后一个字段
PageDn	下移一屏
PageUp	上移一屏

3．添加记录

在数据表视图下，选择“插入”菜单中的“新记录”命令，或单击工具栏上的“新记录”按钮，则可插入一条新的空记录，然后输入新记录的数据。

4．删除记录

选定要删除的记录，选择“编辑”菜单中的“删除记录”命令，或单击工具栏上的“删除记录”按钮，系统弹出准备删除记录提示框，单击“是”按钮，将无法撤消删除操作；单击“否”，系统取消删除操作。

5．修改记录

在数据表视图下，将插入点移动到要修改数据的相应字段处直接修改即可。修改时，可以修改整个字段的值，也可以修改字段的部分数据。

6．复制记录

在数据表视图下，选中要复制的记录数据，选择“编辑”菜单中的“复制”命令，然后单击要复制的位置，选择“编辑”菜单中的“粘贴”命令。也可以用工具栏中“复制”、“粘贴”按钮。

3.3.5 调整表的外观

在数据处理时，有时需要重新安排数据在表中的显示方式，例如改变字体、调整表的外观颜色、单元格效果、背景颜色和边框等。Access 提供了调整数据表外观的多种方法。

1．调整列宽和行高

调整列宽和行高有使用鼠标和使用菜单命令两种方法。

1) 使用鼠标调整列宽和行高

调整列宽时，将鼠标指针指向要改变列宽的字段名右边(列选定器之间)，当鼠标指针变为水平方向的双箭头时，左右拖动鼠标，左边的字段调整到所需宽度时，释放鼠标。

调整行高时，将鼠标指针指向行选定器之间，当鼠标指针变为垂直方向的双箭头这时上下拖动鼠标，调整到所需高度时释放鼠标即可。这时，所有的行全部调整到统一的高度。

2) 使用菜单命令调整列宽和行高

选择“格式”菜单中的“列宽”(或“行高”)命令，在出现的“列宽”(或“行高”)对话框中输入所需的值，单击“确定”按钮。

2．隐藏列和显示列

为了便于查看表中的主要数据，可以在数据表视图下将某些字段暂时隐藏起来，需要时再将其显示出来。

选中要隐藏的字段，然后选择“格式”菜单中的“隐藏列”命令，则这些字段将被隐藏。被隐藏的字段只是暂时在数据表视图中看不到，而在数据表中仍然存在。若要取消对字段的隐藏，则可选择“格式”菜单中的“取消隐藏列”命令，此时系统弹出如图 3-35 所示的“取消隐藏列”对话框。

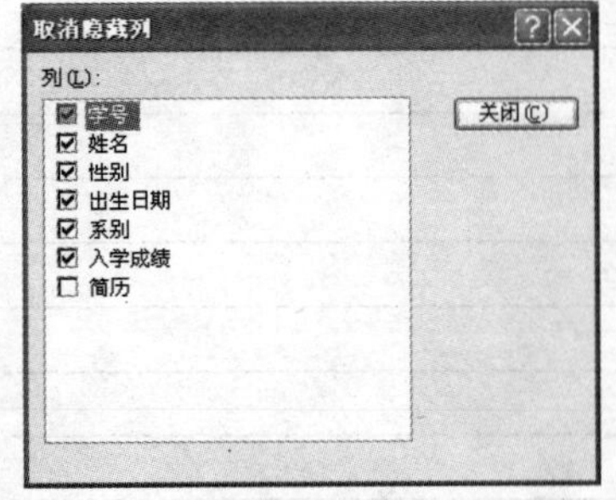

图 3-35 “取消隐藏列”对话框

在其中的“列”列表中选中要显示列的复选框，再单击“关闭”按钮，则被隐藏的字段列重新显示在数据表视图中。

3．冻结列和取消对所有列的冻结

如果数据表很大，字段较多造成数据表很宽，在数据表视图中，有些关键字段因为水平滚动后而无法看到，影响数据查看的效果。在数据表视图中，冻结某字段或某几个字段后，无论用户怎样水平滚动窗口，这些字段总是可见的，并且总是在窗口的最左边显示。

冻结字段列操作过程是选定需冻结的字段，选择“格式”菜单中的“冻结列”命令。如果不需要冻结列时，可以选择“格式”菜单中的“取消对所有列的冻结”命令。

4．改变字体显示

选择“格式”菜单中的“字体”命令，出现如图 3-36 所示的“字体”对话框。利用“字体”对话框可以改变数据表视图中数据的字体、字形、字号、颜色等，使数据表的显示更加突出。

5．设置数据表格式

在数据表视图下可以进一步设置数据表格式，改变单元格的显示效果。选择“格式”菜单中的“数据表”命令，出现如图 3-37 所示的“设置数据表格式”对话框。利用“设置数据表格式”对话框，可以设置背景颜色、网格显示方式等，使数据显示更加美观、醒目。

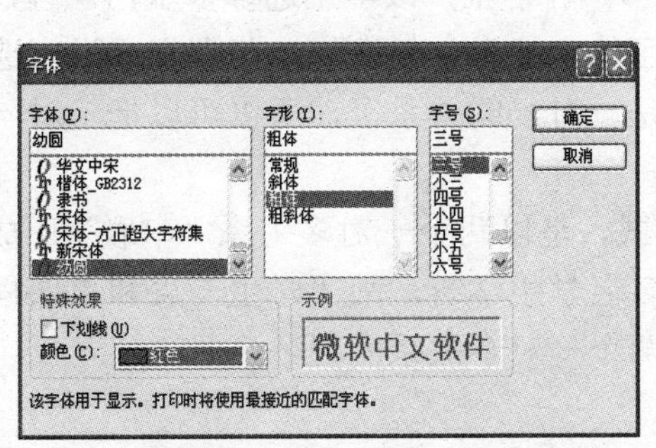

图 3-36 “字体”对话框

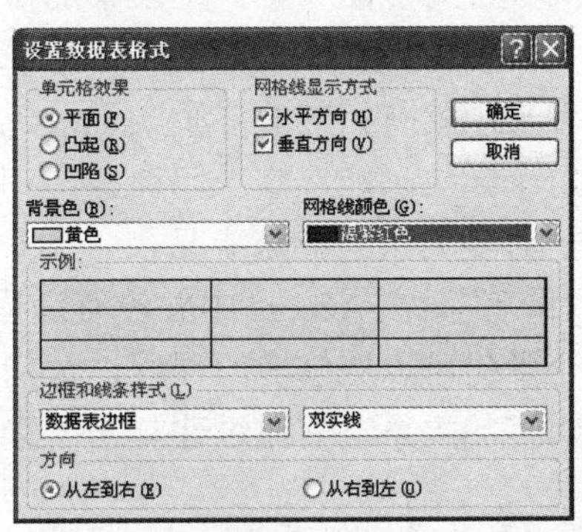

图 3-37 “设置数据表格式”对话框

3.4　建立数据表之间的关系

在 Access 中，不同类别的数据一般存储在多个表中，而这些数据之间往往有一定的联系。因此，要想管理和使用好数据库中的数据，有必要将不同表中的相关数据联系起来，也就需要建立表间的关系。

例如，“学生管理”数据库中的“学生”表和“选课”表两个表之间就不是孤立的，他们之间可以通过“学号”这个共有字段建立两个表之间的关系。“课程”表和“选课”表之间可以通过“课程号”建立两个表之间的关系。

一旦数据库中的两个表或多个表之间建立了关系，就可以很容易地从中查找出所需要的数据。

3.4.1 表间关系的有关概念

1．主键和外键

主关键字也称主键，它能唯一地标识表中的每条记录。主健字段能自动阻止在其中输入重复值或 Null 值。如果表中的一个字段不是本表的主关键字，而是另外一个表的主关键字，则该字段称为外部关键字，简称外键，表之间是通过主键和外键实现关联的。例如，“学生管理”数据库中的“学生”表的主键是“学号”，“课程”表的主键是“课程号”，而“选课”表中的“学号”则是“学生”表的外键，“选课”表中的“课程号”是“课程”表的外键。

2．主表和从表

对于通过主键和外键字段相联系的两个表，主键所在的表称为主表(或父表)，外键所在的表称为从表(或子表)。

例如，“学生管理”数据库中的“学生”表与“选课”表通过“学号”字段相联系，则“学生”表是主表，“选课”表是从表；“课程”表与“选课”表通过“课程号”字段相联系，则“课程”表是主表，“选课”表是从表。

表(即关系)间有“一对一”、“一对多”、“多对多”3 种联系方式。若两个表间相关联的字段是双方的主键，则两表间是一对一的关系，它们之间也就无主从(或父子)之分。若主表与从表之间是一对多的关系，主表中的一条记录对应从表中的若干条记录，主表是“一”端，从表为“多”端。例如，“学生”表中一条记录表示一名学生，该学生选修多少门课程，则在“选课”表中就有相应的多少条记录。当然，也可能有的学生仅选修一门课程或没有选课。若限定每个学生只能选修一门课程，则两表间就是一对一的关系了，所以可以把一对一关系看作是一对多关系的特殊情况。

多对多关系在 Access 中并没有适当的表达方式，是以两个一对多关系“串联”而成。例如，一个学生可以选修多门课程，每门课程可有多名学生学习，故“学生”表和“课程”表间是多对多的关系，它通过建立与“选课”表的两个一对多关系实现。

3.4.2 建立表间关系

Access 中的关联可以建立在表和表之间，也可以建立在查询和查询之间，甚至可以建立在表和查询之间。建立关联操作不能在已打开的表之间进行，因此在建立关联时，必须先关闭所有的数据表。

例 3.8 在“学生管理”数据库中，分别为“学生”与“选课”、“课程”与“选课”建立关系。

操作步骤如下：

(1) 在“学生管理”数据库窗口中选择“工具”菜单中的“关系”命令，或单击工具栏中的“关系”按钮，弹出“关系”窗口，出现如图 3-38 所示的“显示表”对话框。

(2) 选择表或查询，在“显示表”对话框中选中“学生”表，单击“添加”按钮，接着用同样的方法将“选课”、“课程”表“添加”到“关系”窗口中，再单击“关闭”按钮，出现如图 3-39 所示的“关系”窗口。

(3) 设置完整性，在图 3-39 中将“学生”表中的“学号”字段拖到“选课”表的“学号”

字段，松开鼠标后，出现如图3-40所示的“编辑关系”对话框。

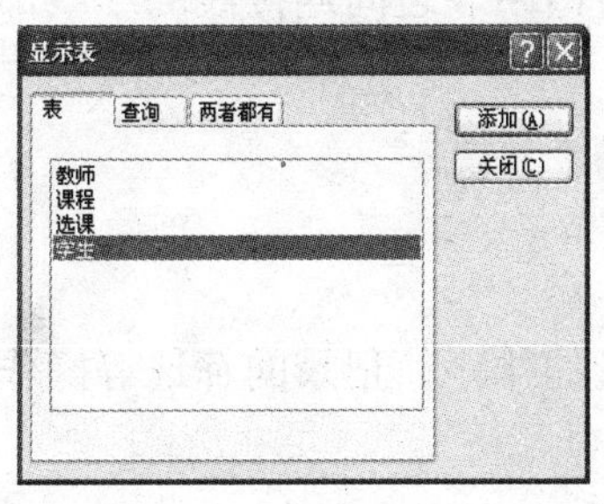

图3-38 “显示表”对话框

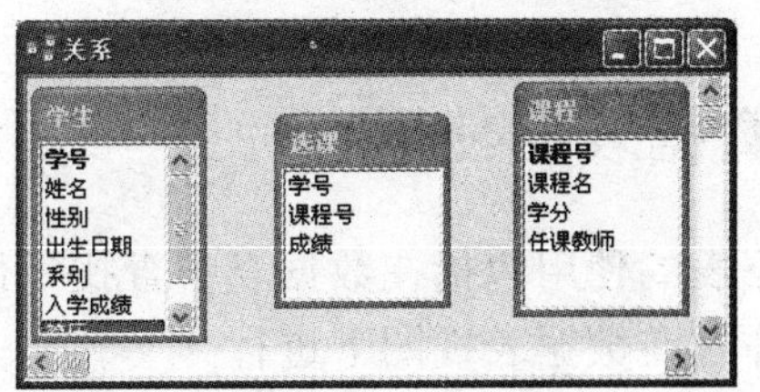

图3-39 “关系”窗口

选中复选框“实施参照完整性”，表明从表中不能出现主表中不存在的学号。

复选框“级联更新相关字段”和“级联删除相关记录”的含义是：当更新或删除“编辑关系”对话框的左侧字段的字段记录时，Access就会自动更新或删除在对话框右侧相关表中相应的记录。例如，选中“级联更新相关字段”复选框，打开“学生”表，将学号为0701001的字段内容改为0701000，则“选课”表中对应的学号字段内容也随之改为0701000。若选中“级联删除相关记录”复选框，在“学生”表中将学号为0701001的记录删除，则“选课”表中对应的记录也将随之全部删除。

(4) 单击“创建”按钮，则在“学生”表与“选课”表之间建立了一对多的关系，用同样的方法在“课程”表与“选课”表之间建立一对多的关系，如图3-41所示为建立表间联系后的“关系”窗口。

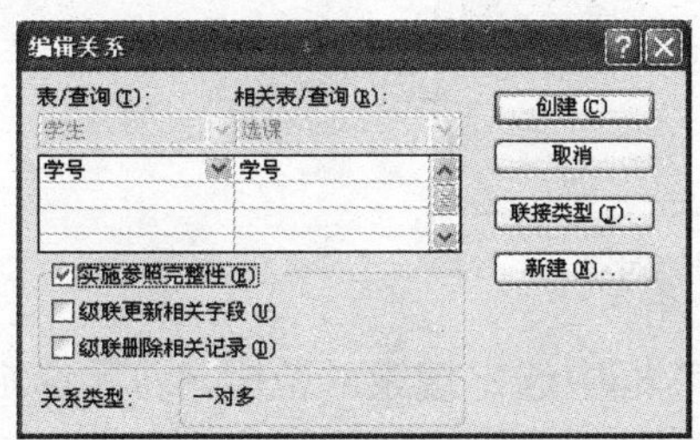

图3-40 “编辑关系”对话框

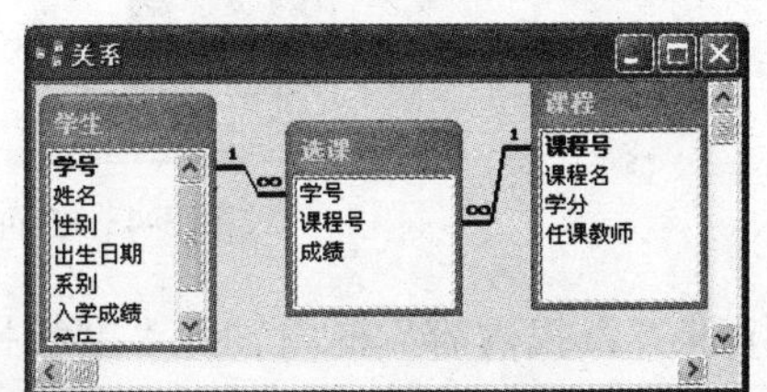

图3-41 建立表间联系后的“关系”窗口

(5) 保存并关闭“关系”窗口。在表间建立关联后，再打开“学生”、“课程”表时，出现如图3-42所示的建立联系后的“学生”表和“课程”表。

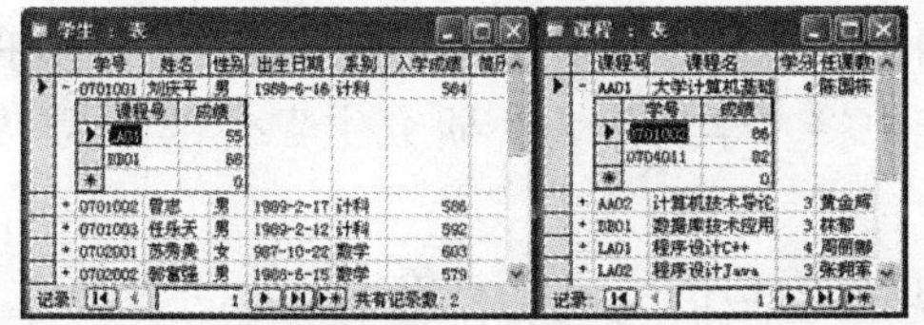

图3-42 与“选课”表建立联系后的“学生”表和“课程”表

在图3-42中可以看到，每条记录的前面有一个“＋”号，单击“＋”号，则“＋”变成“－”号，同时显示与该主表记录在子表中所对应的记录。

已建立的表间关系可以编辑修改，在打开的“关系”窗口中选择“关系”菜单中的“编辑关系”命令，或双击两个表之间的连接线，弹出“编辑关系”对话框，在其中可以重新设置所建立的关系。若要删除表间关系，可右击“关系”窗口中表之间连接线的细线部分，在弹出的快捷菜单中选择“删除”命令。

3.5 数据表的使用

数据表的使用包括在数据表中查找和替换数据、记录的排序、记录的筛选等操作，所有这些操作都在数据表视图下进行。

3.5.1 查找和替换数据

1. 查找数据

当数据表中的数据较多时，可以通过查找功能，快速查找到所需要的数据。

例 3.9 在“教师”表中查找“职称”为“副教授”的记录。

操作步骤如下：

(1) 在“学生管理”数据库窗口的“表”对象中双击“教师”表，打开数据表视图。

(2) 单击“职称”字段选择器，选中职称列。

(3) 选择“编辑”菜单中的“查找”命令，出现如图 3-43 所示的“查找和替换”(查找)对话框。

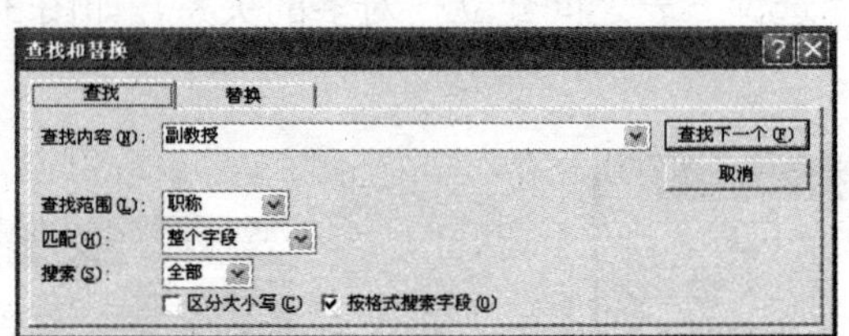

图 3-43 “查找和替换”(查找)对话框

(4) 在“查找内容”框内输入“副教授”，在“搜索”框中选定搜索的范围，通常选定“全部”记录，在“匹配”中选定匹配的范围，包括“整个字段”或“字段”开头，通常选定“整个字段”。

(5) 单击“查找下一个”按钮，Access 将反相显示找到的数据。

2. 替换数据

若要修改数据表中的相同数据，可使用替换功能，自动将查找的数据替换为指定的数据。

例 3.10 在“教师”表中将“学历”为“研究生”全部改为“硕士”。

操作步骤如下：

(1) 在“学生管理”数据库窗口的“表”对象中双击“教师”表，打开数据表视图。

(2) 单击“学历”字段选择器，选中“学历”。

(3) 选择“编辑”菜单中的“替换”命令，出现如图 3-44 所示的“查找和替换”(替换)对话框。

(4) 在“查找内容”框内输入“研究生”，在“替换为”框内输入“硕士”，“匹配”、“搜索”的含义与查找相同。

(5) 单击“全部替换”按钮，出现如图 3-45 所示的“确认替换”对话框。

(6) 单击“是”按钮，即可完成替换操作。

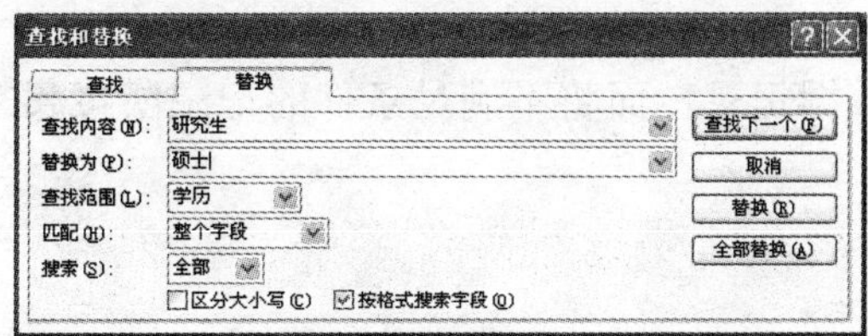

图 3-44 “查找和替换”对话框(替换)

图 3-45 “确认替换”对话框

3.5.2 排序记录

排序是根据当前表中的一个或多个字段的值对整个表中所有记录进行重新排列，排序有升序和降序两种方式。

1. 简单排序

简单排序就是基于一个或多个相邻字段进行升序或降序排列。简单排序的操作较为方便，首先选中排序所依据的一个或多个字段，然后选择“记录”菜单中“排序”菜单项，在出现的级联菜单中选择“升序排序”或“降序排序”命令，也可直接单击工具栏的“升序排序”或“降序排序”按钮，即可完成排序操作。

2. 高级排序

高级排序可以对多个不相邻的字段排序，并且各个字段可以采用不同的方式(升序或降序)排列。

例 3.11 在“学生”表中按“性别”升序、“出生日期”降序对记录进行排序。

操作步骤如下：

(1) 在“学生管理”数据库窗口的“表”对象中双击“学生”表，打开数据表视图。

(2) 选择“记录”菜单中“筛选”菜单项，在出现的级联菜单中选择“高级筛选/排序”命令，出现如图 3-46 所示的“筛选”窗口。

(3) 在“筛选”窗口的下窗格中，第一列的字段行选取“性别”，排序行选取“升序”。第二列的字段行选取“出生日期”，排序行选取“降序”。

(4) 选择“记录”菜单中的“应用筛选/排序”命令，如图 3-47 所示为排序结果。

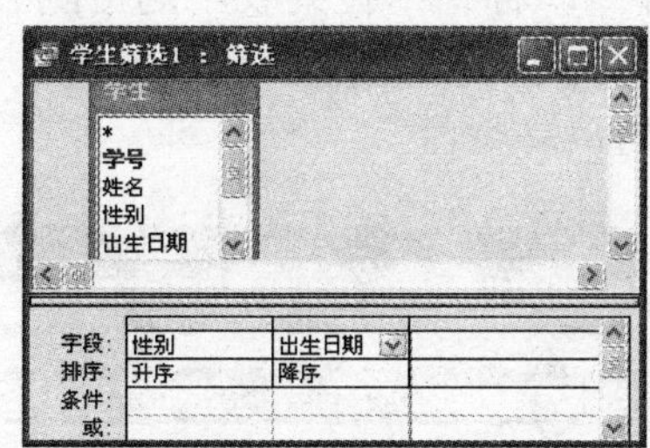

图 3-46 “筛选”窗口

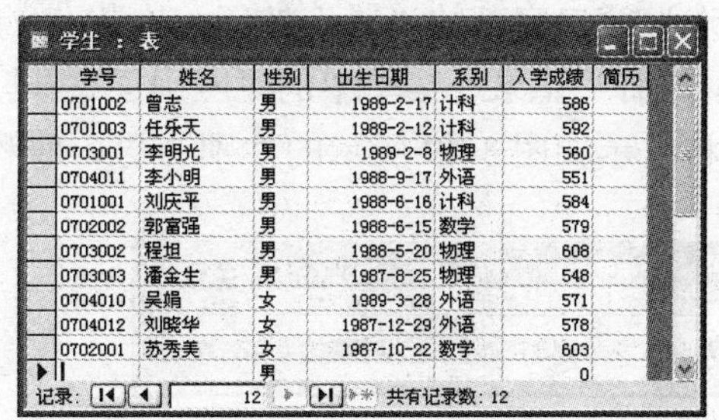

学生 : 表

学号	姓名	性别	出生日期	系别	入学成绩	简历
0701002	曾志	男	1989-2-17	计科	586	
0701003	任乐天	男	1989-2-12	计科	592	
0703001	李明光	男	1989-2-8	物理	560	
0704011	李小明	男	1988-9-17	外语	551	
0701001	刘庆平	男	1988-6-16	计科	584	
0702002	郭富强	男	1988-6-15	数学	579	
0703002	程坦	男	1988-5-20	物理	608	
0703003	潘金生	男	1987-8-25	物理	548	
0704010	吴娟	女	1989-3-28	外语	571	
0704012	刘晓华	女	1987-12-29	外语	578	
0702001	苏秀美	女	1987-10-22	数学	603	
		男			0	

记录: 12 共有记录数: 12

图 3-47 按“性别”升序、“出生日期”降序排序

如果不希望将排序结果一同保存到数据表中，可以取消排序。其操作方法是：选择“记录”菜单中的“取消筛选/排序”命令，或者在关闭数据表时出现的提示框中选择不保存。

3.5.3 筛选记录

筛选记录是按筛选条件显示满足条件的数据记录，而将不满足条件的记录隐藏起来，并不是删除这些记录。

1. 按选定内容筛选

“按选定内容筛选”是将当前位置的内容作为条件进行筛选。例如，要在“学生”表中筛选出“计科”系的学生记录，可以将插入点定位于“系别”字段为“计科”的单元上，选择“记录”菜单中的“筛选”菜单项，在出现的级联菜单中选择“按选定内容筛选”命令，或单击工具栏上“按选定内容筛选”按钮，数据表将显示所有系别是“计科”的记录。

2. 内容排除筛选

“内容排除筛选”是将当前位置的相反值作为条件进行筛选。例如，要在“学生”表中筛选出非“计科”系的学生记录，可以将插入点定位于“系别”字段为“计科”的单元上，选择“记录”菜单中的“筛选”菜单项，在出现的级联菜单中选择“内容排除筛选”命令，数据表将显示所有系别不是“计科”的记录。

3. 按窗体筛选

“按窗体筛选”是由用户在“按窗体筛选”对话框中指定条件后进行筛选。在设置按窗体进行筛选的条件时，条件是“与”的关系设在同一行，条件是“或”的关系设在不同行。

例 3.12 在“教师”表中筛选性别是“男”、职称是“副教授”的记录。

操作步骤如下：

(1) 在“学生管理”数据库窗口的“表”对象中双击“教师”表，打开数据表视图。

(2) 选择“记录”菜单中的“筛选”菜单项，在出现的级联菜单中选择“按窗体筛选”命令，或单击工具栏上“按窗体筛选”按钮，出现“按窗体筛选”窗口。

(3) 在“按窗体筛选”窗口中，分别在“性别”和“职称”字段的下拉列表框中选择如图 3-48 所示的“男”和“副教授”。

由于“男”和“副教授”两个条件是“与”的关系，条件应在同一行。

如果筛选条件是性别为“男”或职称为“副教授”的记录，则“男”和“副教授”两个条件是“或”的关系，两者应设在不同行。方法是先设置“性别”字段为“男”，然后单击“按窗体筛选”窗口底部的“或”按钮，在提供的新行中选择“职称”下拉列表中的“副教授”。

(4) 选择“记录”菜单中的“应用筛选/排序”命令，或单击工具栏上“应用筛选”按钮，数据表将显示如图 3-49 所示的性别为男，职称为副教授的记录窗口。

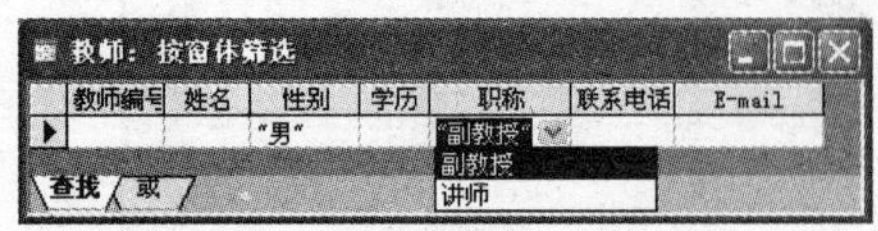

图 3-48 “按窗体筛选”窗口

图 3-49 “按窗体筛选”男、副教授窗口

4．按选定目标筛选

“按选定目标筛选”是在“筛选目标”框中输入筛选条件后Access将按指定条件筛选。

例3.13　在“选课”表中筛选成绩在60分以下的记录。

操作步骤如下：

(1) 在“学生管理”数据库窗口的“表”对象中双击“选课”表，打开数据表视图。

(2) 将插入点定位在“成绩”字段列的任意位置，然后单击鼠标右键，弹出如图3-50所示的快捷菜单。

(3) 在快捷菜单的“筛选目标”文本框中输入“<60”，然后按Enter(回车键)或单击鼠标左键，数据表中将显示如图3-51所示成绩小于60分的记录。

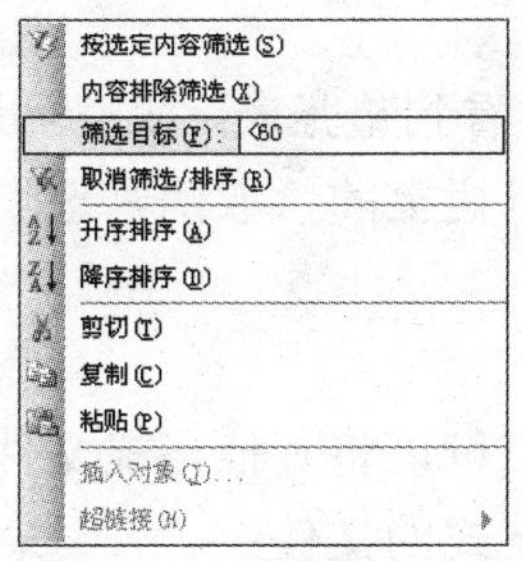

图3-50　设置筛选目标

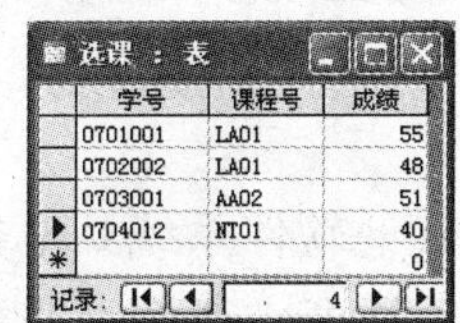

学号	课程号	成绩
0701001	LA01	55
0702002	LA01	48
0703001	AA02	51
0704012	NT01	40
		0

图3-51　成绩小于60的记录

5．高级筛选

前面介绍的4种方法是筛选记录较容易的方法，筛选条件单一，操作简单。但在实际应用中常常涉及复杂的筛选条件，使用高级筛选将很容易实现。

例3.14　在“学生”表中筛选1988年出生的男生。

操作步骤如下：

(1) 在“学生管理”数据库窗口的“表”对象中双击“学生”表，打开数据表视图。

(2) 选择“记录”菜单中的“筛选”菜单项，在出现的级联菜单中选择“高级筛选/排序”命令，出现如图3-52所示的“高级筛选/排序”窗口。

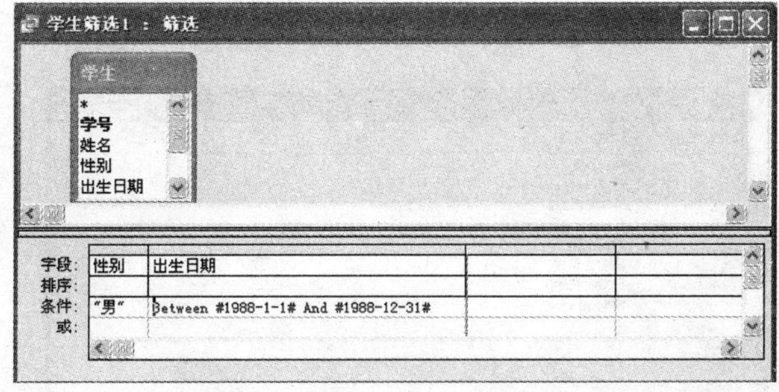

图3-52　“高级筛选/排序”窗口

(3) 在“高级筛选/排序”窗口下窗格的第一列的字段行选择“性别”，在相应的“条件”框中输入“男”；在第二列的字段行选择“出生日期”，在相应的“条件”框中输入“Between #1988-1-1# and #1988-12-31#”。

(4) 选择“筛选”菜单中的“应用筛选/排序”命令，或者单击工具栏上的“应用筛选”按钮，数据表将显示如图 3-53 所示的 1988 年出生的男生记录。

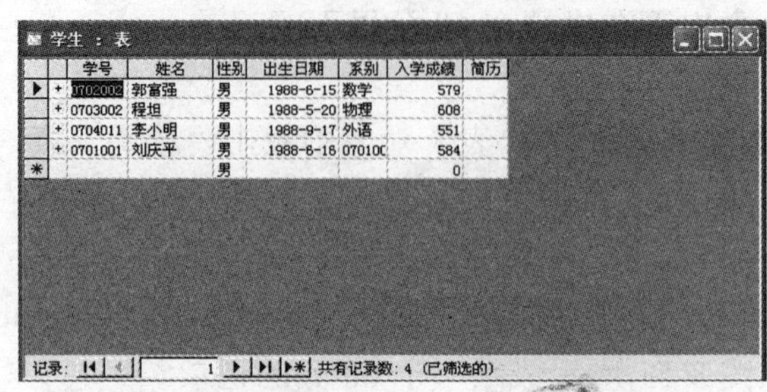

图 3-53 筛选 1988 年出生的男生

在完成筛选后，经常需要将该筛选取消，以便可以看到整张表。取消筛选的操作方法是：选择“记录”菜单中的“取消筛选”命令，或单击工具栏上的“取消筛选”按钮。

3.5.4 数据的导出

Access 具有与其他软件系统共享数据的特性，不仅可以将其他格式文件的数据导入到数据表中，也可以将数据表或查询中的数据导出到其他格式的文件中。

1. 导出到 Excel 工作表

Access 可以将数据表中的数据导出到另一个数据库中，也可以导出生成文本文件、Excel 工作表、FoxPro 数据表等类型的文件。

例 3.15 将“学生”表中的数据导出到 Excel 工作表中。

操作步骤如下：

(1) 在“学生管理”数据库窗口的“表”对象中单击选中“学生”表。

(2) 选择“文件”菜单中的“导出”命令，出现如图 3-54 所示“将表‘学生’导出为…”对话框。

(3) 在“保存位置”中选择导出文件的保存位置，在“文件名”中输入要保存的文件名称，在“保存类型”下拉列表中选择保存的文件类型“Microsoft Excel 97- 2003 (*.xls)”。

(4) 单击“导出”按钮，即可完成导出文件的操作。

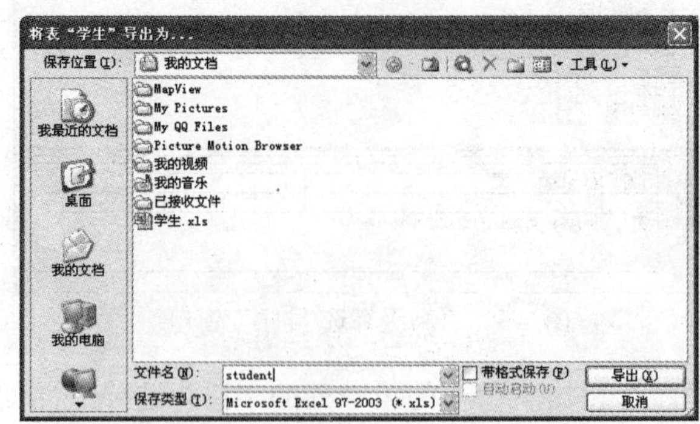

图 3-54 “将表‘学生’导出为…”对话框

2．导出文本文件

例3.16　将“学生”表中的数据导出到“学生信息”文本文件中。

操作步骤如下：

(1) 在“学生管理”数据库窗口的“表”对象中单击选中“学生”表。

(2) 选择“文件”菜单中的“导出”命令，出现如图3-54所示“将表‘学生’导出为…”对话框。

(3) 在“保存类型”下拉列表中，选择“Microsoft Word合并(*.txt)”，在“文件名”框中输入“学生信息”，然后单击“导出”按钮，完成导出数据任务。

导入数据的保存位置有两种选择方式。一是将数据导入到新表中，二是将数据导入到现有的表中。若要导入到新表中，就需要选择字段、设置主键、定义表名。若要导入到现有表中，则需要选择现有的数据表。

本章小结

表是数据库中重要的对象之一，它是为其他对象(查询、报表、VBA等)提供数据源的一个对象。

Access2003支持文本型、数字型、货币型、日期时间型、是/否型、备注型、OLE对象、自动编号、超链接等多种类型。在表创建之前，首先要设计好表的结构，设计字段名、数据类型、字段的其他属性。创建表的方式较多，可以使用设计器创建表、通过向表中输入数据创建表、使用向导创建表、导入表和链接表等方式。

表创建后，需要对表进行编辑，添加记录、修改字段名、修改字段数据类型、删除字段、添加字段等操作，有时还需要对表对象重命名、复制和删除表对象。

一个数据库中，通常有多个表组成，每一个表都有一个主键来唯一标识记录，这些表之间是有一定关系的，表之间的关系通常用外键建立它们之间的关联。只有建立了表的关联，对多表的操作才能方便的实现。

表建立后的重要作用是应用表，表的使用包括表中数据的查找、替换，记录数据的排序和筛选，为了方便表中的数据共享，有时会将表中的数据导出到其他表或文本中。

通过学习，应该达到下列要求：

(1) 掌握Access2003的数据类型。

(2) 掌握几种常用创建表的创建方法。

(3) 熟练掌握表的编辑。

(4) 掌握建立表间关联的方法。

(5) 掌握表的使用方法和技巧。

思考题与习题

一、选择题

1．下面哪一个不是Access2003的数据类型______。

(A) 文本型 (B) 日期时间型 (C) OLE 型 (D) 对象型

2. 下面数据类型中，不能作为主键的数据类型是______。

(A) 文本型 (B) 自动编号型 (C) 数字型 (D) 是/否型

3. 表是数据库的核心和基础，它存放着数据库的______。

(A) 全部数据 (B) 部分数据 (C) 全部对象 (D) 全部数据结构

4. 在表设计器中，定义字段的操作包括______。

(A) 确定字段的名称、数据类型、字段宽度及小数点的位数

(B) 确定字段的名称、数据类型、字段大小及显示的格式

(C) 确定字段的名称、数据类型、字段属性及设定关键字

(D) 确定字段的名称、数据类型、字段属性及编制相关的说明

5. 在 Access 中，一个表最多可以建立的主键数是______。

(A) 1 个 (B) 2 个 (C) 3 个 (D) 4 个

6. 下面关于表间关系的说法错误的是______。

(A) 关系双方联系的对应字段类型必须相同

(B) 关系双方至少需要一方为主键

(C) 通过公共字段建立关系

(D) 在 Access 中，表和表之间可以建立多对多关系

7. 不能进行索引的数据类型是______。

(A) 文本型 (B) 备注型 (C) 货币型 (D) 日期时间型

8. 要修改表中的数据，可以在下列哪种方式下进行______。

(A) 窗体的设计视图中 (B) 报表中 (C) 表的数据表视图中 (D) 表的查询中

9. 关于主键，正确的说法是______。

(A) 主键的内容具有唯一性，而且不允许为空值

(B) 同一个表中可以设置一个或多个主键

(C) 排序只能依据主健

(D) 设置多个主键时，每个主键的内容可以重复，但全部主键的内容合起来必须具有唯一性

10. 记录的筛选，不能采用的方式是______。

(A) 按选定目标 (B) 按相关信息 (C) 按窗体 (D) 按选定内容

二、填空题

1. Access2003 中，创建表的方法有______种，分别是______、________、________。

2. 对表进行操作时，是把________和表的内容分开进行操作的。

3. 子表是相对于主表而言的，它是一个嵌在__________中的表。

4. 可以改变“字段大小”属性的数据类型是____________。

5. 筛选是按照给定的筛选____________从表中筛选出满足__________的记录。

6. 在“插入对象”窗口中，选择“图形”文件，方可添加________数据。

三、简答题

1. “使用设计器创建表”、“使用向导创建表”、“通过输入数据创建表”和“导入表”都可以创建表，它们有何异同？

2. 如何设置表的主健？

3. 如何修改表中的字段名和字段类型？

4. 如何建立两个表一对多的关联？

5. 什么是筛选？筛选包含哪些内容？

6. 表的导入和导出有什么作用？如何对表进行导入和导出操作？

四、操作题

实验　创建数据库和数据表

1. 实验目的

(1) 掌握创建表的方法。

(2) 掌握表的基本操作技巧。

2. 实验环境

Windows 操作系统、Microsoft Office Access 2003。

3. 实验内容

(1) 在“图书管理”数据库中创建 4 个数据表，各表的结构如下：

“图书类别”表结构

字段名称	数据类型	字段大小	是否主键	是否允许为空
类别编号	文本	20	是	否
类别名称	文本	20		否
摆放位置	文本	30		是
特殊说明	备注			是

“图书基本信息”表结构

字段名称	数据类型	字段大小	是否主键	是否允许为空	其他字段属性要求
图书编号	文本	20	是	否	
书　名	文本	30		否	
类别编号	文本	20		是	
作者	文本	40		是	
单价	货币			是	小数：2 位
出版社	文本	30		是	

“雇员基本信息”表结构

字段名称	数据类型	字段大小	是否主键	是否允许为空	其他字段属性要求
雇员编号	文本	10	是	否	
姓名	文本	20		否	标题：雇员姓名
性别	文本	1		是	只能为“男”或“女”
出生日期	日期/时间			是	格式：短日期
职务	文本	20		是	
照片	OLE 对象			是	
简历	备注			是	

"图书零售"表结构

字段名称	数据类型	字段大小	是否主键	是否允许为空	其他字段属性要求
图书编号	文本	6	是	否	
雇员编号	文本	20		否	
数　量	数字	整型		是	小数：0 位
售出日期	日期/时间				格式：短日期

(2) 创建各数据表之间的关系。

(3) 向表中输入数据。

(4) 在"选课"表中筛选成绩在 60 分以下的记录。

(5) 将"图书销售表"导出 Excel 工作表。

第 4 章　数据查询

查询就是对数据库中存储数据的查找和编辑，Access 数据查询是数据库中的一个重要对象，是 Access 提供的一个强大工具。利用查询不仅可以对数据库中一个表或多个表的数据进行浏览、筛选、排序、统计等操作，甚至还可以对表中数据进行输入、修改、加工、删除等操作。

本章内容主要包括查询基本知识、创建选择查询、创建交叉表查询、在查询中进行计算、创建参数查询、创建操作查询、创建 SQL 查询和编辑查询。

4.1　查询基本知识

在数据库中存储数据，实际上是把不同类别的数据分别存放在若干个数据表中。在使用数据库中的数据时，并不是简单地使用某一个表中的数据，而常常是将有“关系”的几个表中的数据关联起来使用，有时还可能把这些数据进行一定的统计计算后才能使用。

4.1.1　查询的概念

1．查询的定义

查询是对数据库中数据进行操作的一种方式，是从一个表或者多个表中按照指定条件查找数据的方式。建立查询就是指定一种对数据库中数据进行操作的方法。查询中并不存储任何数据，运行查询时所得到的数据实际上是临时从表对象中调来的，是表中数据的一个镜像。当数据表中的数据发生变化时，查询所得到的数据也会随之改变，所以对查询所得到的数据不能进行修改、删除等操作。

2．查询的数据源

查询的数据源是数据表，只有建立了数据表，才能产生各种满足条件的查询。

3．查询的视图方式

数据库对象下“查询”有 5 种方式：设计视图、SQL 视图、数据库表视图、数据透视表视图和数据透视图视图。

1) 设计视图

查询对象的设计视图主要用于创建或修改查询。使用设计视图可以方便地建立各种强大的查询功能，也可以使用设计视图修改查询的设计结构。

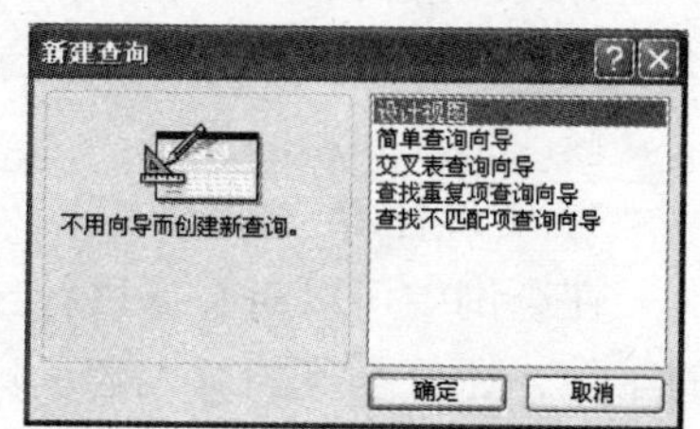

图 4-1 “新建查询”对话框

在数据库窗口“查询”对象中单击“新建”按钮，出现如图 4-1 所示的“新建查询”对话框，选中“设计视图”，单击“确定”按钮，即可打开新查询的设计视图。同时，打开

“显示表”对话框，如图 4-2 所示为“查询 1”设计视图。

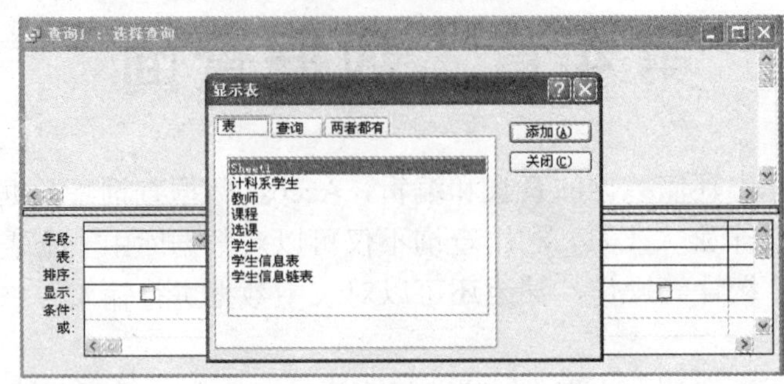

图 4-2 “查询 1”设计视图

2) SQL 视图

用户在设计视图下可以创建功能强大的查询，但在定制能力方面受到一定的限制。Access 提供了使用 SQL 语言方式创建查询。SQL 语言功能强大，可以创建任何形式的查询。用户在 SQL 视图下，可以看到当前的查询操作所对应的 SQL 命令，也可以直接修改 SQL 命令，实现查询的目的。

3) 数据表视图

由于查询的运行结果往往是一张表，所以 Access 也为查询对象提供了“数据表视图”，用户在数据表视图下可以看到查询的结果。

在数据库窗口中的查询对象中打开“查询”对象，选择“视图”|“数据表视图”命令，即可切换到查询的数据表视图。

4) 数据透视表视图和数据透视图视图

由于查询的运行结果往往是一张表，所以 Access 也为查询对象提供了“数据透视表视图”和“数据透视图视图”，这两种视图用于对查询执行的结果进行分析。使用方法和表对象类似，在此不再介绍。

4.1.2 查询的功能

查询具有下列功能：

1) 提取数据

用户以一个或几个表或查询为数据源，可以从中选取全部或者部分字段。也可从中选取一个或者多个满足条件的记录。两种操作也可同时进行。

2) 编辑记录

编辑记录主要包括添加记录、修改记录和删除记录。在 Access 中，可以利用查询添加记录、修改记录和删除记录。

3) 实现计算

在查询中可以对数据进行统计、排序、汇总等一系列的计算，例如由出生日期计算学生的年龄、计算全班的总人数、计算每一名同学选修课程的门数等，也可以建立新字段保存计算结果。

4) 建立新表

因为查询结果是一个动态的集合，如果想让结果长期保存，可建立一个新表来保存查询结果，也可直接通过一个查询创建新表。

5) 作为其他对象的数据源

查询可作为其他查询、窗体和报表的数据源，尤其是对于窗体和报表来说，由于查询是动态的数据集合，可有效地提高窗体和报表的使用效果。

4.1.3 查询的类型

以是否更改数据表中的数据为标准，Access 查询可以分“选择”类查询和“操作”类查询两大类。选择类查询对数据进行检索、排序、统计、计算和汇总，不改变数据表中的数据。操作类查询以一批记录的形式对数据进行追加、更新和删除，可改变数据表中的数据。

依据查询的具体功能及创建方式的不同，查询的类型可分为：选择查询、交叉表查询、参数查询、操作查询和 SQL 查询。

1. 选择查询

选择查询是最常见的查询类型，它可以从一个或多个表中筛选记录，并能对记录进行分组、总计、计数、求平均值及其他类型的计算。选择查询产生的结果是一组记录，是表中记录的动态镜像。

2. 交叉表查询

交叉表查询将来源于表或查询中的字段进行分组，一组列在数据表的左侧，一组列在数据表的上部，然后在数据表行与列的交叉位置显示某个字段的统计值。交叉表查询计算数据的总计、平均值、计数或其他类型的总和。使用交叉表查询可以计算并重新组织数据的结构，这样可以方便地分析数据。

3. 参数查询

参数查询是在运行时利用对话框提示用户输入条件参数的查询。这种查询可以根据用户输入的条件参数来检索满足条件的记录，是一种动态查询，具有一定的灵活性。

4. 操作查询

选择查询、交叉表查询和参数查询不能更改数据源表中的数据，而操作查询将对数据源表产生影响或更改数据源表中的数据。

操作查询分为生成表查询、追加查询、更新查询和删除查询 4 类：

1) 生成表查询

生成表查询可以根据一个或多个表中的全部或部分数据新建表，如利用生成表查询可把学生表分别生成各系的学生表。

2) 追加查询

追加查询将一个或多个表中的一组记录添加到一个或多个表的末尾，如利用追加查询可将新生表中的记录追加查询一次性地追加到学生表中。

3) 更新查询

更新查询可以对一个或多个表中的一组记录作全局的更改，如利用更新查询可将少数民族学生的入学成绩全部增加 20 分。

4) 删除查询

删除查询可以从一个或多个表中删除一组记录，如利用删除查询可以删除已经休学学生的记录。使用删除查询会删除整个记录，而不只是记录中所选的字段。

5．SQL 查询

结构化查询语言(Structured Query Language，SQL)是在数据库系统中应用广泛的数据库查询语言，包括数据定义、查询、操纵和控制 4 种功能。

SQL 查询是使用 SQL 语句创建的查询。在查询“设计”视图中创建查询，Access 将在后台构造等效的 SQL 语句。

SQL 语言功能强大，是关系数据库的标准查询语言，目前流行的数据库管理系统基本上都支持 SQL 语言。经常使用的 SQL 查询包括联合查询、传递查询、数据定义查询和子查询等等。

1) 联合查询

将来自一个或多个表或查询的字段(列)组合为查询结果中的一个字段或列。例如查询学生管理数据库中学号、姓名、课程号、课程名和成绩，可使用联合查询将学生、选课和课程表合并为一个结果集，然后基于这个联合查询创建生成表查询来生成新表。

2) 传递查询

直接将命令发送到 DBC 数据库，如 Microsoft SQL Server 等，使用服务器能接受的命令。例如，可以使用传递查询来检索记录或更改数据。

3) 数据定义查询

用于创建或更改数据库中的表对象，如 Access 或 SQL Server 表等。

4) 子查询

一个查询的结果作为另一个查询的条件，这种查询称为子查询。可以在查询设计网格的“字段”行输入这些语句来定义新字段，或在“准则”行来定义字段的准则。

4.1.4 查询的基本操作与创建方式

1．创建查询的方法

Access 提供了两种创建查询的方法：使用向导创建查询和在设计视图中创建查询。

1) 使用向导创建查询

在数据库窗口的查询对象窗口中双击“使用向导创建查询”，系统会根据需要让用户选择表、字段、指定查询标题等操作。在数据库窗口的查询对象窗口中双击“新建”系统会显示提供的所有向导，包括“简单查询向导”、“交叉表查询向导”、“查找反复项查询向导”和“查找不匹配项查询向导”。

2) 在设计视图中创建查询

在数据库窗口的查询对象窗口中双击“在设计视图中创建查询”，出现“选择查询”窗口和“显示表”对话框，用户可以选择表、字段、指定查询标题并保存查询。

2．选择视图方式操作

选择不同的视图方式，可以实现不同的视图操作，选择视图方式有 3 种：由数据库窗口选择视图、从菜单选择查询视图和从 Access 工具栏选择视图。

1) 从数据库窗口选择视图

在数据库窗口中使用数据库工具按钮选择视图方式。选中查询对象中某个查询，单击“打开”按钮进入数据表视图，单击“设计”按钮进入设计视图，单击“新建”可以进入“新建查询”对话框，选择新建查询方式。如图 4-3 所示为从数据库窗口选择视图方式。

图 4-3　从数据库窗口选择视图方式

2) 从菜单选择查询视图

在数据库窗口中双击打开一个已经建立的查询，单击“视图”菜单，出现如图 4-4 所示的视图下拉菜单，在菜单中选择其中的视图方式。

3) 从 Access 工具栏选择视图

在数据库窗口中双击打开一个已经建立的查询，选择 Access 视图工具栏按钮的下三角箭头，出现如图 4-5 所示的视图选项，选择其中的视图方式。

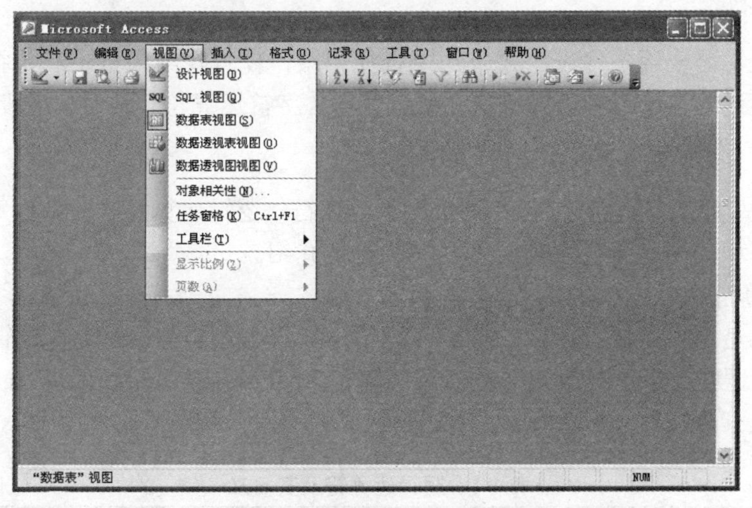

图 4-4　视图下拉菜单

3. 查询的其他操作

1) 保存查询

查询创建后，需要保存查询以备运行、查看或者在“报表”、“窗体”中使用。创建查询或修改查询后，系统会提示用户保存查询。

2) 重命名查询

在数据库窗口查询对象下用户还可以对已经创建的查询重命名，选中已经创建的查询，单击鼠标右键，弹出如图 4-6 所示的“查询操作快捷方式”，选择“重命名”对已经创建的查询进行重命名操作。

另外，还可对查询打开、打印、预览、删除、复制及导出等操作。与重命名类似，在此不再详细介绍。

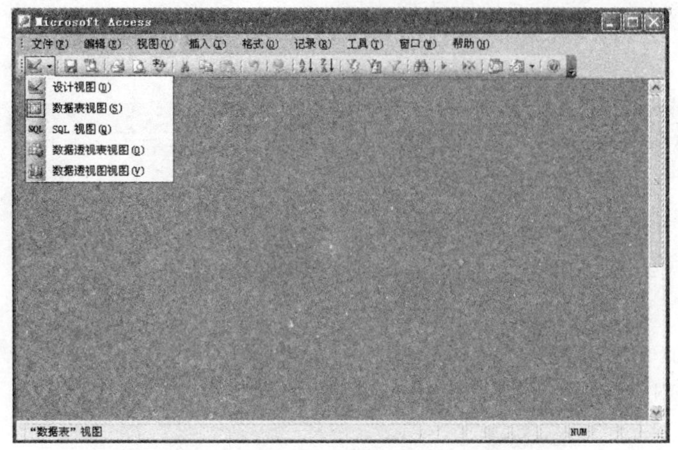

图 4-5 所示的视图选项

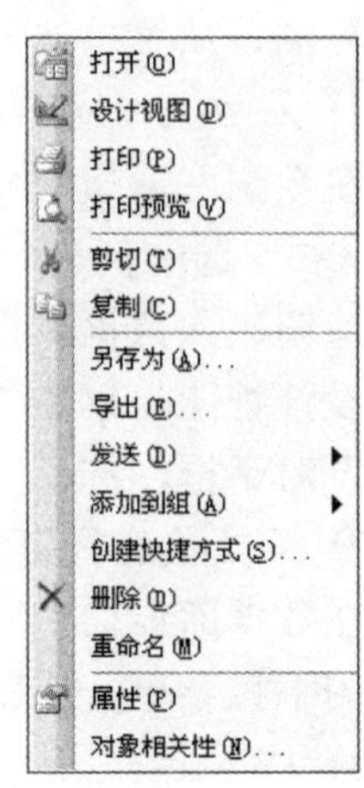

图 4-6 “查询操作快捷方式”

4.1.5 查询表达式

在查询中经常需要用条件表达式来约束查找记录，使查找结果记录满足指定的条件。表达式通常由算术运算符、逻辑运算符、关系运算符、字符运算符、常量、字段值和函数组合。

1. 运算符

在 Access 中，常用的运算符有 4 种：算术运算符、逻辑运算符、关系运算符和字符运算符。算术运算符和关系运算符比较简单，在此不再介绍。

1) 逻辑运算符

逻辑表达式是逻辑运算符连接的式子，逻辑运算符有逻辑与(AND)、逻辑或(OR)、逻辑非(NOT)3 种。“逻辑与”、“逻辑或”是二元运算符，“逻辑非”是一元运算符。如表 4-1 所示为逻辑运算符及其含义。

表 4-1 逻辑运算符及其含义

运算符	含 义
AND	当连接的两个表达式都为真时，整个表达式为真，否则为假
OR	当连接的两个表达式有一个为真时，整个表达式为真，否则为假
NOT	当连接的表达式为真时，整个表达式为假；否则，当连接的表达式为假时，整个表达式为真

2) 其他运算符

IN：表示左边字段的取值在右边的括号中，括号中的任何一个值都能满足左边字段的要求。如，性别 IN (“男”，“女”)，含义是性别字段可以取男或者女。

BETWEEN AND：用来指定字段的取值范围，上下限之间用 AND 连接。如，学生成绩只能在 0 和 100 之间取值，表示为：成绩 BETWEEN 0 AND 100。

IS NULL：用来指定一个字段的值为空。如查找姓名为空的记录，条件式表示为：姓名 IS NULL

IS NOT NULL：用来指定一个字段的值为非空。如查找姓名不为空的记录，条件式表示为：姓名 IS NOT NULL

LIKE：用于在文本中指定查找模式。“？”问号表示该位置可以匹配任意一个字符；“*”星号表示该位置可以匹配零个或者多个字符；“＃”井号表示该位置可以匹配任意一个数字；“[]”方括号表示描述可匹配的字符范围。

例如，姓“王”的全部学生，可以描述为：姓名 LIKE “王*”。查找年龄的第一位是2、3、4，第二位是任意字符，可以描述为：年龄 LIKE “[2－4]＃”。查找姓王，名字是两个汉字的学生姓名，可以描述为：姓名 LIKE “王？？”。

&：表示将两个字符串连接起来。如表达式“HOW DO”&“YOU DO！”的结果是“HOW DO YOU DO！”。

2．函数

函数是Access内置的运算，Access函数较多，常用的有数值函数、文本函数、日期时间函数等。数值函数比较简单，在此不再介绍。

1) 文本函数

文本函数主要用于字符串处理，如求字符串表达式的长度，截取部分字符串等。在Access中，一个汉字也作为一个字符串。表4-2给出了常用的文本函数。

表4-2 常用的文本函数

函 数	功 能
Space(n)	空格函数，用于返回n个空格组成的字符串
String(n，字符串表达式)	字符串函数，返回n个第二个参数的第一个字符组成的字符串
Left(字符串表达式，n)	从字符串第一个字符开始截取n个字符串
Right(字符串表达式，n)	截取字符串右边的n个字符串
Len(字符串表达式)	返回字符串的字符个数
Ltrim(字符串表达式)	去掉字符串表达式前面的空格
Rtrim(字符串表达式)	去掉字符串表达式尾部的空格
Ttrim(字符串表达式)	去掉字符串表达式前面和尾部的空格
Mid(字符串表达式，n1 [，n2])	从字符串表达式左边的第n1个字符开始，连续截取n2个字符

2) 日期时间函数

日期时间函数用于返回系统的日期和时间。表4-3给出常用的日期时间函数。

表4-3 常用的日期时间函数

函 数	功 能
Time( )	返回系统当前时间
Date( )	返回系统当前日期
Now( )	返回系统当前日期时间
Day((日期表达式)	返回日期中的日
Month(日期表达式)	返回日期中的月份
Year(日期表达式)	返回日期中的年份
Weekday(日期表达式，[W])	返回日期中的星期
Second(时间表达式)	返回时间中的秒
Minute(时间表达式)	返回时间中的分钟
Hour(时间表达式)	返回时间中的小时

4.2 创建选择查询

选择查询一般利用查询向导和查询“设计”视图创建，也可以使用 SQL 查询语句创建。

4.2.1 利用查询向导创建查询

使用向导创建选择查询，可以从一个或多个表和查询中选择要显示的字段。如果查询中的字段来自多个表，这些表应已经建立了联系。

例 4.1 创建名为“学生入学成绩”的查询，包含“学生”表中的“学号”、“姓名”和“入学成绩”3 个字段。

操作步骤如下：

(1) 在“学生管理”数据库窗口中单击“查询”对象，双击“使用向导创建查询”选项，出现如图 4-7 所示的“简单查询向导”的“选定的字段”对话框。

(2) 展开“表/查询”下拉列表，选择“表：学生”，分别双击“可用字段”列表框中的学号、姓名、入学成绩字段，将其添加到“选定的字段”列表框中。

(3) 单击“下一步”按钮，出现如图 4-8 所示的“简单查询向导”的“选择查询类型”对话框，选择“明细(显示每个记录的每个字段)”单选按钮。

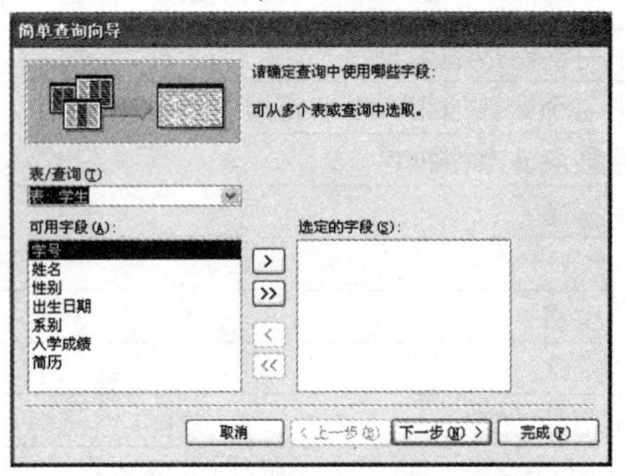

图 4-7 “选定的字段”对话框

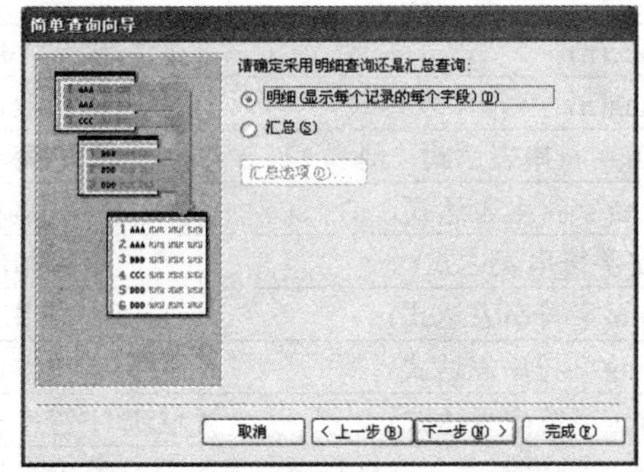

图 4-8 “选择查询类型”对话框

(4) 单击“下一步”按钮，出现如图 4-9 所示的“简单查询向导”的“请为查询指定标题”对话框，在“请为查询指定标题”编辑框中，输入查询的标题，如“学生入学成绩”，选中“打开查询查看信息”单选按钮。

(5) 单击“完成”按钮，出现如图 4-10 所示的“学生入学成绩”查询结果。

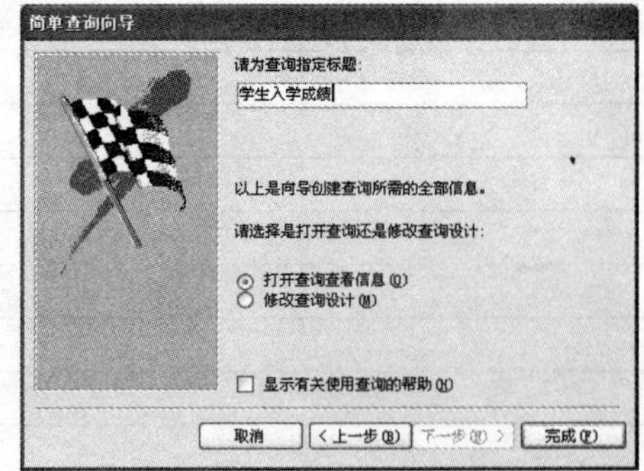

图 4-9 “请为查询指定标题”对话框

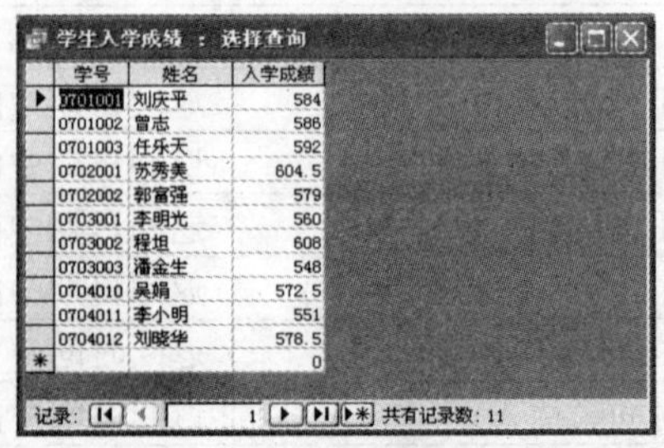

学生入学成绩 : 选择查询

学号	姓名	入学成绩
0701001	刘庆平	584
0701002	曾志	586
0701003	任乐天	592
0702001	苏秀美	604.5
0702002	郭富强	579
0703001	李明光	560
0703002	程坦	608
0703003	潘金生	548
0704010	吴娟	572.5
0704011	李小明	551
0704012	刘晓华	578.5
		0

记录: 1 共有记录数: 11

图 4-10 “学生入学成绩”查询结果

(6) 关闭数据库视图窗口，系统自动保存该查询，查询名称为设定的查询标题名。

4.2.2　利用查询设计视图创建查询

查询设计视图是建立和修改查询的最主要的方法，比用查询向导建立查询更加灵活，所建立的查询功能更强。在查询设计视图中自主设计查询有利于更好地理解数据库中表之间的关系，这对建立一个优秀的数据库应用系统非常重要。

例 4.2　创建一个名为“学生选课成绩”查询，包含“学生”表中的学号、姓名字段，“课程”表中的课程名称字段及“选课”表中的成绩字段。

操作步骤如下：

(1) 在“学生管理”数据库窗口中单击“查询”对象，双击“在设计视图中创建查询”选项，或单击“新建”按钮，在“新建查询”对话框中选择“设计视图”，出现如图 4-11 所示的“查询 1：选择查询”设计视图窗口，并显示“显示表”对话框。

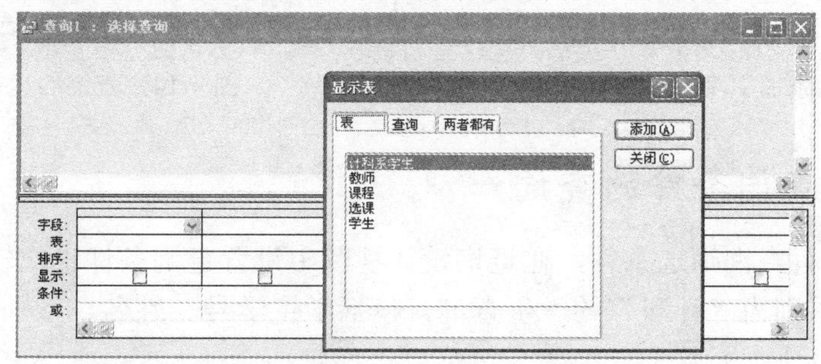

图 4-11　查询“设计”视图的“显示表”对话框

(2) 在“显示表”对话框中依次双击“学生”、“选课”和“课程”表，将这 3 个表添加到查询“设计”视图上窗格中，单击“关闭”按钮，关闭“显示表”对话框，出现如图 4-12 所示的已添加表后的“查询设计”视图。

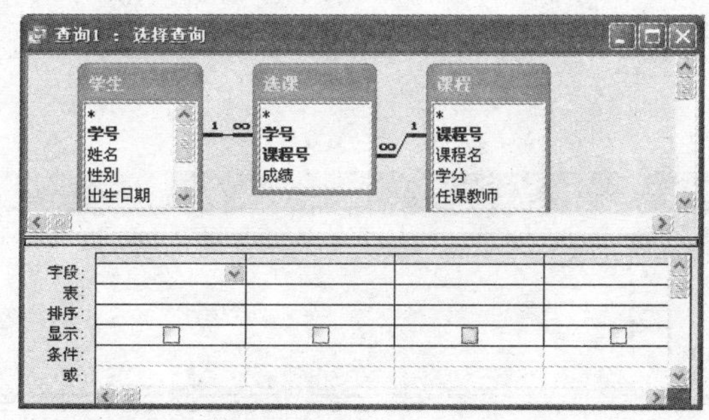

图 4-12　已添加表后的“查询设计”视图

(3) 在查询设计视图的“字段列表”区(上窗格)，分别双击“学生”表中的学号、姓名字段，将其添加到“设计网格”区(下窗格)字段行的第一、二列中，也可以单击下窗格中的字段，在字段列表中选择字段，用同样的方法依次将“课程”表中的课程名字段和“选课”表中的成绩字段添加到“设计网格”区字段行的第三、四列中，如图 4-13 所示为添加字段后的“查询设计”视图。

(4) 单击“文件”|“保存”命令，或者单击工具栏中的“保存”按钮，出现“另存为”对话框，在对话框的“查询名称”文本框中输入“学生选课成绩”，然后单击“确定”。

(5) 选择“视图”菜单中的“数据表视图”命令，或者单击工具栏上的“视图”按钮，或者单击工具栏上的“运行”按钮，切换到数据表视图，出现如图 4-14 所示的“学生选课成绩”查询的执行结果。

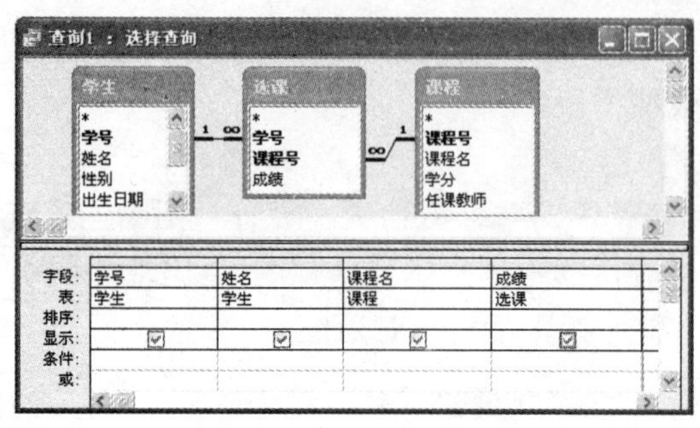

图 4-13 已添加字段后的查询“设计”视图

学生选课成绩 : 选择查询

学号	姓名	课程名	成绩
0701002	曾志	大学计算机基础	86
0701002	曾志	计算机技术导论	73
0703001	李明光	数据库技术应用	92
0703001	李明光	计算机技术导论	51
0702001	苏秀美	程序设计C++	88
0702002	郭富强	程序设计C++	48
0704011	李小明	大学计算机基础	82
0704011	李小明	网络技术应用	76
0704012	刘晓华	网络技术应用	40
0701003	任乐天	程序设计Java	82
0701003	任乐天	数据库技术应用	91
0701001	刘庆平	程序设计C++	55
0701001	刘庆平	数据库技术应用	68

记录: 14 共有记录数: 14

图 4-14 查询的运行结果

4.2.3 设计带查询条件的查询

查询一般都带有查询筛选条件，在查询设计视图中设置查询条件也比较方便。

例 4.3 创建系别为“计科”的学生查询，包括学生学号、姓名、系别。

操作步骤如下：

(1) 在“学生管理”数据库窗口中选中“查询”对象，双击“在设计视图中创建查询”，出现如图 4-2 所示的“查询 1：选择查询”设计视图窗口，并显示“显示表”对话框。

(2) 在“显示表”对话框中双击“学生”表，将其添加到查询“设计”视图上窗格中，单击“关闭”按钮，关闭“显示表”对话框，出现已添加表后的查询“设计”视图。

(3) 在查询设计视图窗口中将学号、姓名、系别添加到“设计网格”区(下窗格)字段行中，在系别字段的“条件”行中输入“＝计科”，如图 4-15 所示为添加查询条件后的“查询设计”视图。

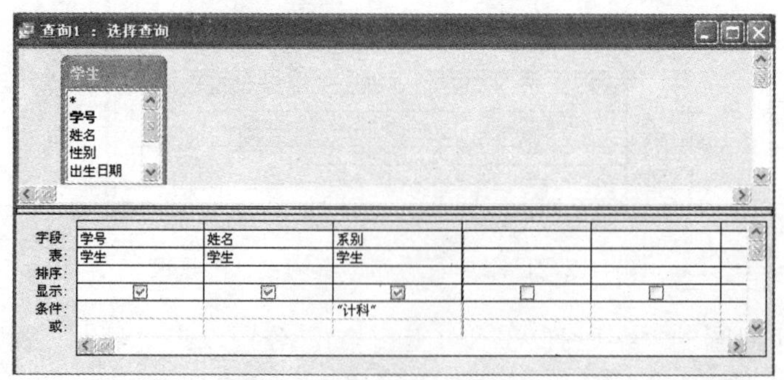

图 4-15 添加查询条件后的“查询设计”视图

(4) 单击“文件”|“保存”命令，或者单击工具栏中的“保存”按钮，出现“另存为”对话框，在对话框的“查询名称”文本框中输入“查询计科系学生”，然后单击“确定”。

双击“查询计科系学生”查询，如图 4-16 所示为“查询计科系学生”运行结果。

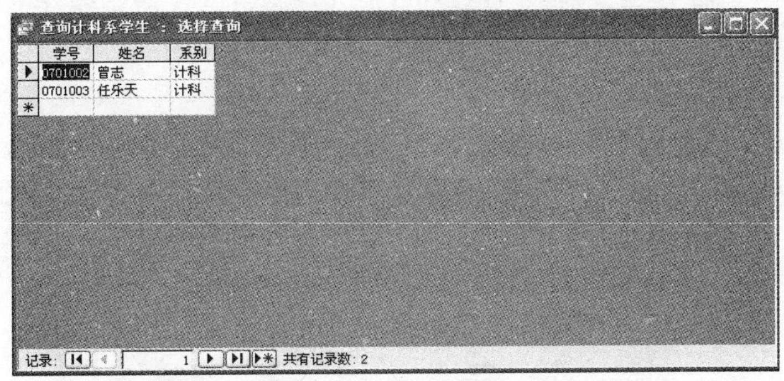

图 4-16　“查询计科系学生”运行结果

有时，查询中有多个条件，当查询条件为“逻辑与”时，查询条件写在“条件”行的同一行，当查询条件为“逻辑或”时，查询条件写在“条件”行下的“或”行。

例 4.4　查询“计科”系学生各门课的及格成绩。

分析：本例中，表达式是“系别=“计科”AND 成绩>=60”，所以查询条件在“条件”行输入。在例 4.2 所创建的“学生选课成绩”查询的基础上进行简单修改便可实现。

操作步骤如下：

(1) 打开“学生选课成绩”的查询设计视图，在“设计网格”区再添加一个“系别”字段，将它的“显示”行设为“否”(查询结果将不显示系别)，“条件”行设为“=计科”，再将“成绩”字段的“条件”行设为“>=60”，如图 4-17 所示为查询条件的设置。

(2) 选择“文件”菜单中的“另存为”命令，在出现的“另存为”对话框中的“将查询‘学生选课成绩’另存为”框内输入“计科系及格成绩”，再单击“确定”按钮。

(3) 运行查询“计科系及格成绩”，如图 4-18 所示为“计科系及格成绩”运行结果。

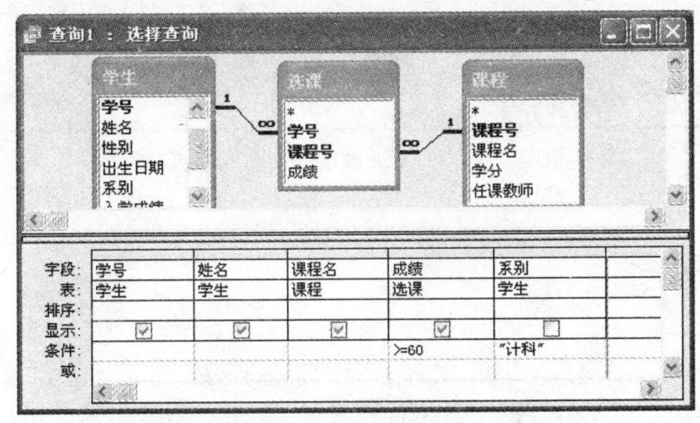

图 4-17　查询条件的设置

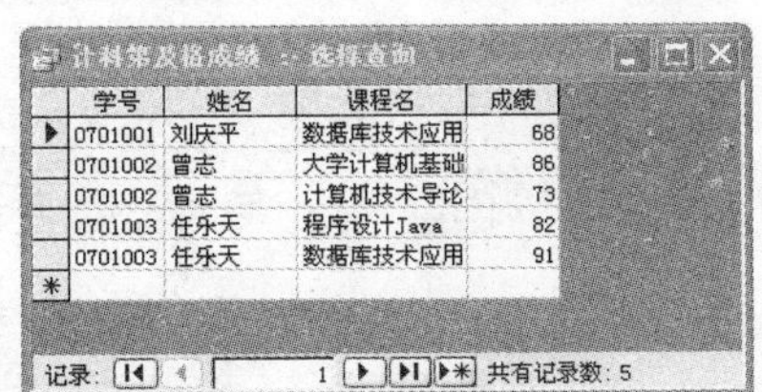

图 4-18　“计科系及格成绩”运行结果

例 4.5　查询“计科”系或者“及格”的学生各门课的成绩。

分析：本例中，条件是“系别=“计科”　OR 成绩>=60”，所以条件不能在同一行输入。本例在例 4.4 所创建的“计科系及格成绩”查询的基础上进行修改。

操作步骤如下：

(1) 打开“计科系及格成绩”的查询设计视图，将“系别”字段的“显示”行设为“否”，“条件”行设为“=计科”，再将“成绩”字段的“或”行设为“>=60”，如图 4-19 所示为“计科系或及格成绩”查询条件的设置。

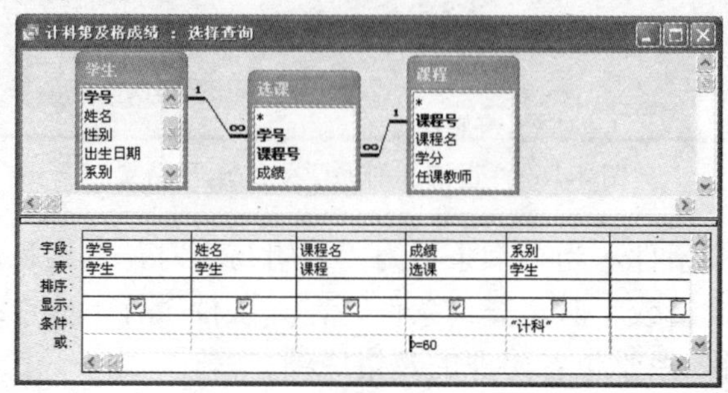

图 4-19　“计科系或及格成绩”查询条件的设置

(2) 选择“文件”菜单中的“另存为”命令，在出现的“另存为”对话框中的“将查询‘学生选课成绩’另存为”框内输入“计科系或及格成绩”，再单击“确定”按钮。

(3) 运行查询“计科系或及格成绩”，如图 4-20 所示为“计科系或及格成绩”运行结果。

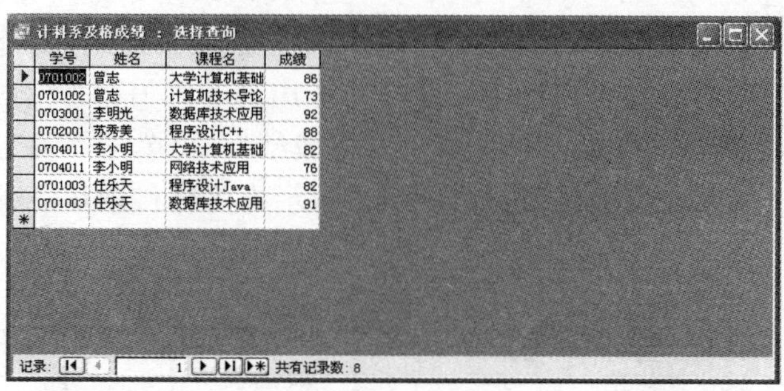

计科系及格成绩 : 选择查询

学号	姓名	课程名	成绩
0701002	曾志	大学计算机基础	86
0701002	曾志	计算机技术导论	73
0703001	李明光	数据库技术应用	92
0702001	苏秀美	程序设计C++	88
0704011	李小明	大学计算机基础	82
0704011	李小明	网络技术应用	76
0701003	任乐天	程序设计Java	82
0701003	任乐天	数据库技术应用	91

记录: 1 共有记录数: 8

图 4-20　“计科系或及格成绩”运行结果

4.3　创建交叉表查询

交叉表查询用于对数据汇总或其他计算，并对这些数据进行分组。在分组字段中，如果用两个分组字段，必须用表查询完成。在用两个字段进行交叉查询时，一个分组在查询的左侧(行标题)，另一个分组在查询的上部(列标题)，在表的行、列交叉处显示某个字段的数据，使数据的显示更加直观、易读。

在 Access 中，可以使用向导或设计视图创建交叉表查询，但使用向导只能创建基于一个表或查询的交叉表查询，而使用视图可以创建基于多个表或查询的交叉表查询。

4.3.1　使用向导创建交叉表查询

例 4.6　在学生表中创建查询各系学生男生人数和女生人数的交叉表查询。

操作步骤如下：

(1) 在“学生管理”数据库窗口中选中“查询”对象，单击数据库窗口中的“新建”按钮，出现“新建查询”对话框。

(2) 双击“交叉表查询向导”，出现如图 4-21 所示“交叉表查询向导－选择视图”对话框。

(3) 在“视图”选项区域选择用于交叉表查询所使用的视图，这里选择“表”，在视图上部的“请指定哪个表或查询中含有交叉表查询结果所需要的字段”中，选择“学生”表。

(4) 单击“下一步”按钮，出现如图 4-22 所示“交叉表查询向导－选择行标题”对话框。

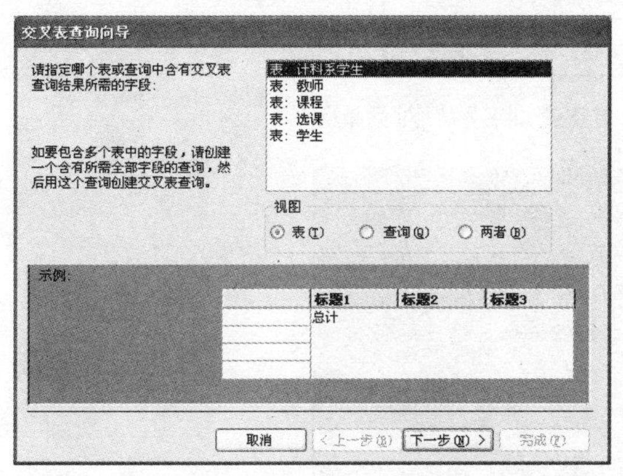

图 4-21 “交叉表查询向导－选择视图”对话框

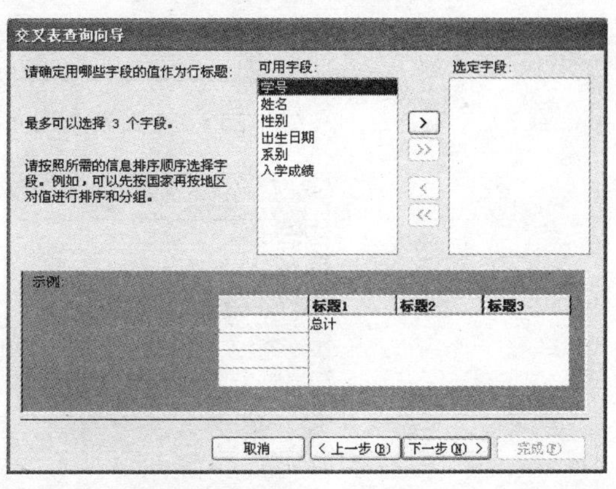

图 4-22 “交叉表查询向导－选择行标题”对话框

(5) 在对话框“可用字段”中选择“系别”作为交叉表中要用的行标题，单击“下一步”按钮，出现如图 4-23 所示的“交叉表查询向导－选择列标题”对话框。

(6) 在对话框中选择“性别”作为列标题，单击“下一步”按钮，出现如图 4-24 所示的“交叉表查询向导－确定函数”对话框。

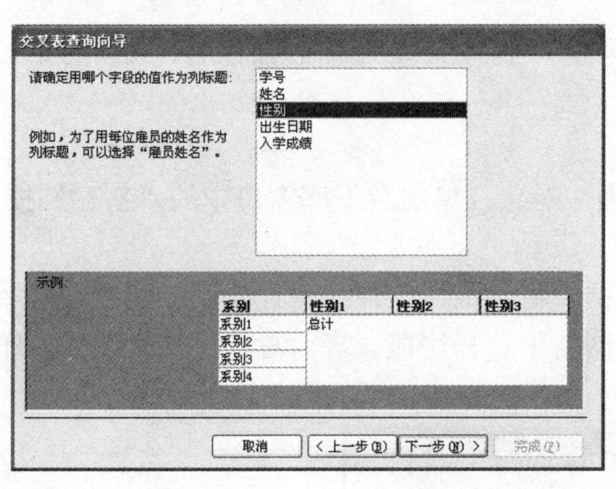

图 4-23 “交叉表查询向导－选择列标题”对话框图

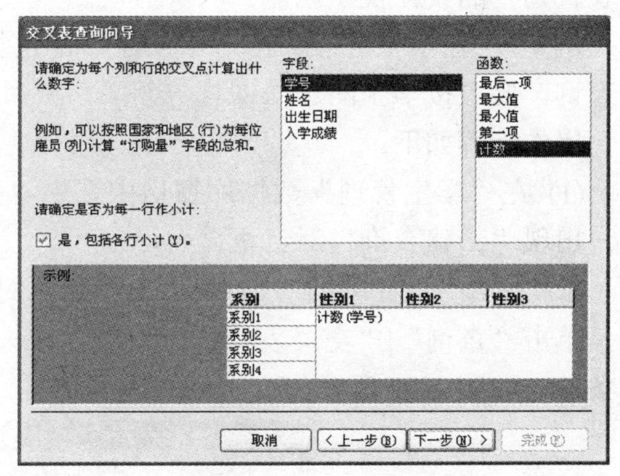

4-24 “交叉表查询向导－确定函数”对话框

(7) 在对话框“函数”中选择“计数”，单击“下一步”按钮，出现如图 4-25 所示的“交叉表查询向导－指定查询名称”对话框。

(8) 在对话框的“请指定查询名称”文本框中输入建立的查询名称，如“各系人数统计”；

(9) 单击“完成”按钮。

如图 4-26 所示为各系人数统计交叉表查询结果。

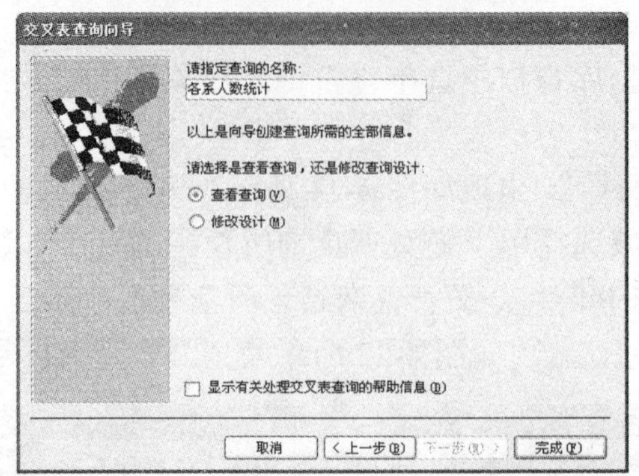

图 4-25 “交叉表查询向导—指定查询名称”对话框

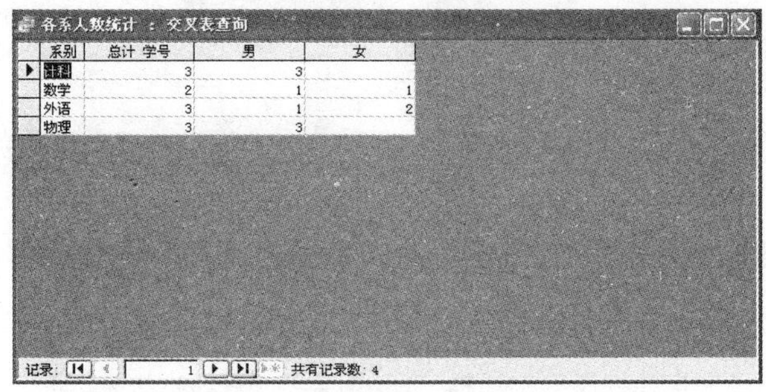

系别	总计 学号	男	女
计科	3	3	
数学	2	1	1
外语	3	1	2
物理	3	3	

图 4-26 各系人数统计交叉表查询结果

4.3.2 创建交叉表查询

利用向导只能从一个单一的数据源中创建交叉表查询，创建多个表的数据查询只能用“交叉表查询”的设计视图创建。

例 4.7 在学生管理数据库中创建一个包含学号学号、姓名，选修的课程名、成绩的交叉表查询，要求按学生的选修课程分组。

操作步骤如下：

(1) 在“学生管理”数据库窗口中选中“查询”对象，单击数据库窗口中的“新建”按钮，出现“新建查询”对话框。

(2) 双击“设计视图”，出现“显示表”对话框，将学生、选课和课程表添加到查询区域中，单击“查询”|“交叉表查询”命令，在设计网格中选择字段、表、总计、交叉表和排序等条件，如图 4-27 所示为交叉表查询的选项。

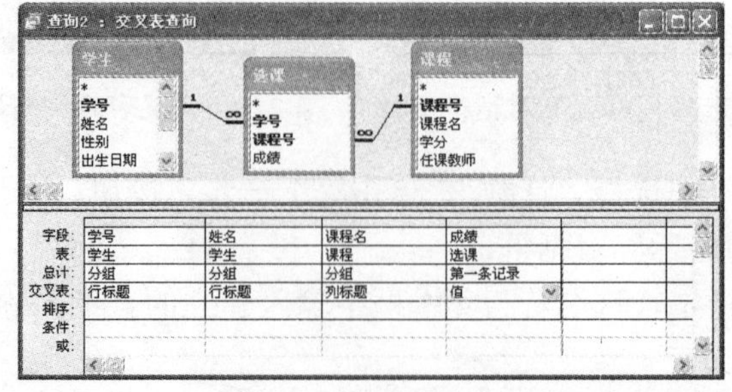

字段:	学号	姓名	课程名	成绩
表:	学生	学生	课程	选课
总计:	分组	分组	分组	第一条记录
交叉表:	行标题	行标题	列标题	值
排序:				
条件:				
或:				

图 4-27 交叉表查询的选项

(3) 单击“文件”|“保存”命令，或者单击工具栏中的“保存”按钮，出现“另存为”对话框，在对话框的“查询名称”文本框中输入“课程成绩统计”，然后单击“确定”。如图 4-28 所示为“课程成绩统计”运行结果。

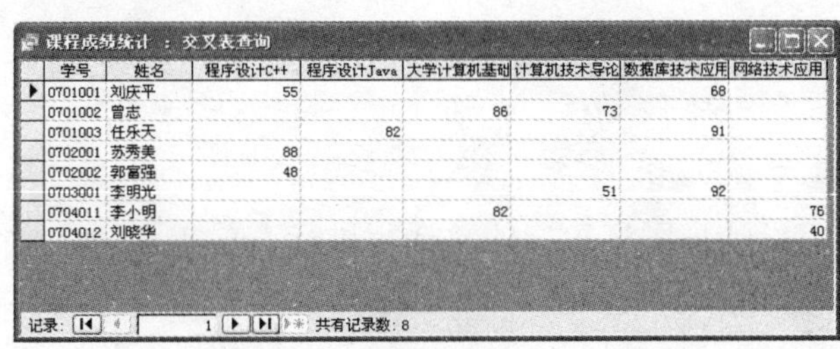

图 4-28　“课程成绩统计”运行结果

4.4　在查询中进行计算

Access 查询不仅具有检索功能，而且还具有计算功能。利用 Access 提供的函数，对查询结果中的全部或者部分数据进行统计计算，如计算平均值、求和、求最大值、最小值等。

4.4.1　Access 查询计算类型

Access 中，在字段中显示计算的结果，有预定义计算和自定义计算两种形式。

1．预定义计算

预定义计算也称为“总计”计算，用于对查询中的记录组或全部记录进行求平均值、求和、求最大值、最小值等数量计算。在查询设计网格中也可以指定影响计算或产生不同查询结果的条件。如表 4-4 所示为 Access 中提供的聚合函数及作用。

表 4-4　Access 中提供的聚合函数及作用

函数	作用	使用数据类型
分组(Group By)	定义用来分组的字段	
求和(Sum)	字段值的求和	数字、日期时间、货币和自动编号
平均值(Avg)	字段的平均值	数字、日期时间、货币和自动编号
最小值(Min)	字段的最小值	文本、数字、日期时间、货币和自动编号
最大值(Max)	字段的最大值	文本、数字、日期时间、货币和自动编号
计数(Count)	字段值的个数、不包括空格	文本、备注、数字、日期时间、货币和自动编号、
标准差(StDev)	字段的标准差	数字、日期时间、货币和自动编号
方差(VAR)	字段的方差	数字、日期时间、货币和自动编号
第一条记录(First)	求出表或查询中第一条记录的值	
最后一条记录(Last)	求出表或查询中最后一条记录的值	
表达式	创建表达式中包含统计函数的计算字段	
条件(Where)	指定分组满足的条件	

2．自定义计算

使用自定义计算，可以用一个或多个字段的数据对每条记录执行数值、日期和文本计算。

例如，可以对某一字段乘以或者除以某数值，或者对多个字段进行计算。

对于自定义计算，必须直接在设计网格中创建新的字段。创建方法是：将表达式输入到查询设计网格中的空“字段”单元格中，计算结果不能手动更新。

4.4.2 预定义计算

1. 总计计算查询

总计计算查询通过“设计视图”窗口的总计行进行设置实现。

例 4.8 在学生管理数据库中统计学生的人数。

操作步骤如下：

(1) 打开学生管理数据库，选择“查询”对象。

(2) 双击“在设计视图中创建查询”，或者单击“新建”按钮，在“新建查询”中，选择“设计视图”，单击“确定”按钮，出现“显示表”对话框。

(3) 在“显示表”中选择“学生”表添加到查询中，关闭“显示表”。

(4) 在查询“设计视图”窗口的上半部双击“学号”字段，将其添加到设计网格中。

(5) 单击工具栏上的“总计”按钮，此时“设计视图”窗口的下半部多出一个总计行，单击右侧的向下箭头，在打开的列表框中显示了统计函数和总计项，选择列表框中的“计数”项，如图 4-29 所示为总计计算选项设计视图。

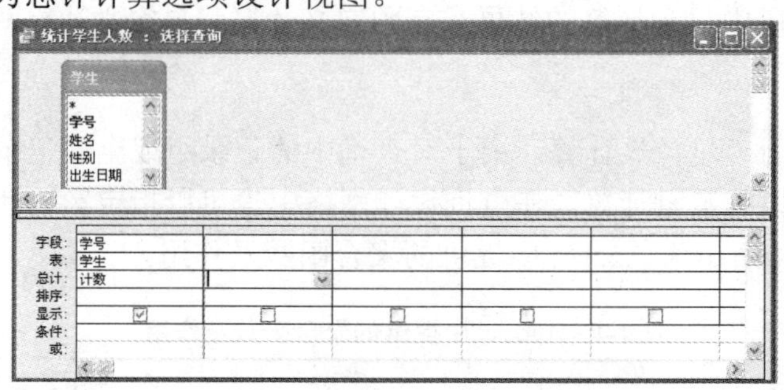

图 4-29 总计计算选项设计视图

(6) 单击“文件”|“保存”命令，或者单击工具栏中的“保存”按钮，出现“另存为”对话框，在对话框的“查询名称”文本框中输入“统计学生人数”，然后单击“确定”。如图 4-30 所示为“统计学生人数”运行结果。

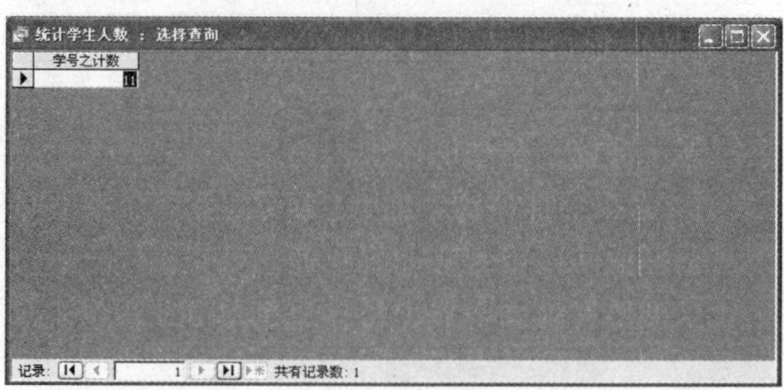

图 4-30 “统计学生人数”运行结果

例 4.9　统计每一个系学生人数。

分析：每个系学生人数通过学生表中的系别反映，只要对系别进行分组再统计就可以了。

操作步骤如下：

(1) 打开学生管理数据库，选择“查询”对象。

(2) 双击“在设计视图中创建查询”，或者单击“新建”按钮，在“新建查询”中选择“设计视图”，单击“确定”按钮，出现“显示表”对话框。

(3) 在“显示表”中将“学生”表添加到查询中，关闭“显示表”。

(4) 在查询“设计视图”窗口的上半部双击“系别”、“系别”(这里两次用到同一个字段)将其添加到设计网格中。

(5) 单击工具栏上的“总计”按钮，此时设计视图窗口的下半部多出一个总计行，单击右侧的向下箭头，在打开的列表框中显示了统计函数和总计项，在第一个“系别”字段的“总计”行，选择“分组”，在第二个“系别”字段的“总计”行，选择“计数”，如图 4-31 所示为总计计算各系人数设计视图。

(6) 单击“文件”|“保存”命令，或者单击工具栏中的“保存”按钮，出现“另存为”对话框，在对话框的“查询名称”文本框中输入“计算各系人数”，然后单击“确定”。如图 4-32 所示为“计算各系人数”运行结果。

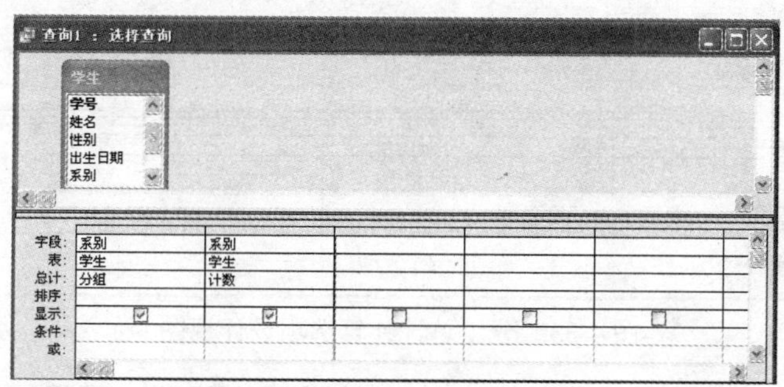

图 4-31　总计计算各系人数设计视图

系别	系别之计数
计科	2
数学	2
外语	3
物理	4

图 4-32　“计算各系人数”运行结果

2．分组总计查询

分组总计查询是在总计行中用“Group By”指定分组字段实现的。

例 4.10　统计每一名同学选修课程的门数，包括学号、姓名、选课门数。

操作步骤如下：

(1) 打开学生管理数据库，选择“查询”对象。

(2) 双击“在设计视图中创建查询”，或者单击“新建”按钮，在“新建查询”中选择“设计视图”，单击“确定”按钮，出现“显示表”对话框。

(3) 在“显示表”中选择“学生”、“选课”表添加到查询中，关闭“显示表”。

(4) 在查询“设计视图”窗口的上半部双击“学号”、“姓名”、“课程号”字段，将其添加到设计网格中。

(5) 单击工具栏上的“汇总”按钮，此时“设计视图”窗口的下半部多出一个总计行，单击右侧的向下箭头，在打开的列表框中显示了统计函数和总计项，在学号、姓名列表中选择“分组”，在“课程号”选择列表框中的“计数”项，如图 4-33 所示为分组总计计算选项设计视图。

(6) 单击“文件”|“保存”命令，或者单击工具栏中的“保存”按钮，出现“另存为”对话框，在对话框的“查询名称”文本框中输入“统计选课门数”，然后单击“确定”。如图 4-34 所示为“统计学生人数”运行结果。

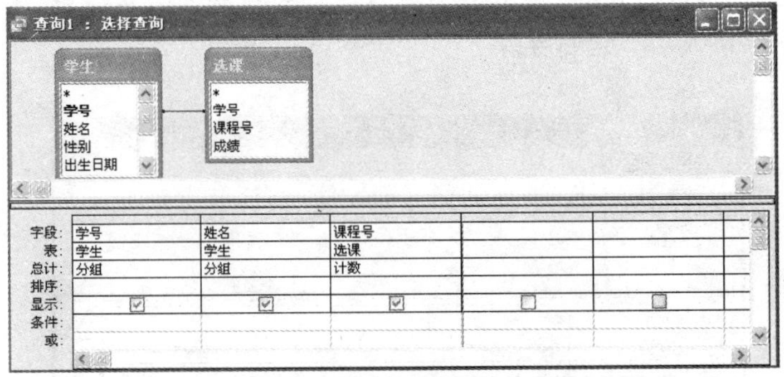

图 4-33　分组总计计算选项设计视图

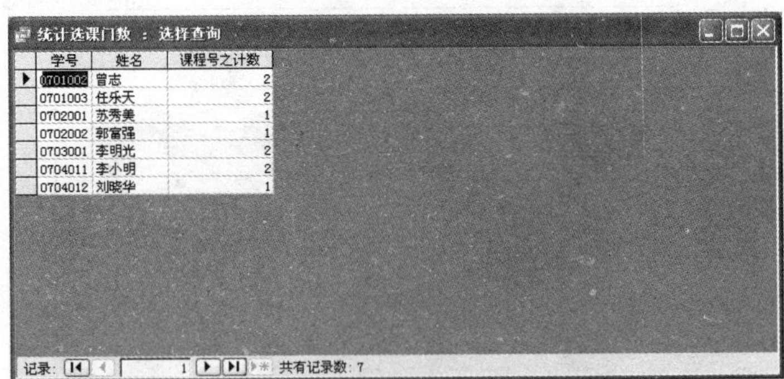

学号	姓名	课程号之计数
0701002	曾志	2
0701003	任乐天	2
0702001	苏秀美	1
0702002	郭富强	1
0703001	李明光	2
0704011	李小明	2
0704012	刘晓华	1

图 4-34　“统计学生人数”运行结果

例 4.11　统计每一门课程的最高分和最低分，要求包括课程号、课程名、最高成绩和最低成绩。

操作步骤如下：

(1) 打开学生管理数据库，选择“查询”对象。

(2) 双击“在设计视图中创建查询”，或者单击“新建”按钮，在“新建查询”中，选择

"设计视图"，单击"确定"按钮，出现"显示表"对话框。

(3) 在"显示表"中选择"课程"、"选课"表添加到查询中，关闭"显示表"。

(4) 在查询"设计视图"窗口的上半部双击选课表中的"课程号"、课程表中的"课程名"、选课表中的"成绩"、"成绩"(添加两次成绩)，将其添加到设计网格中。

(5) 单击工具栏上的"汇总"按钮，此时"设计视图"窗口的下半部多出一个总计行，单击右侧的向下箭头，在打开的列表框中显示了统计函数和总计项，在课程号、课程名列表中选择"分组"，在第一列"成绩""总计"列表框中，选择"最大值"，在第二列"成绩""总计"列表框中，选择"最小值"，如图 4-35 所示为分组总计统计成绩设计视图。

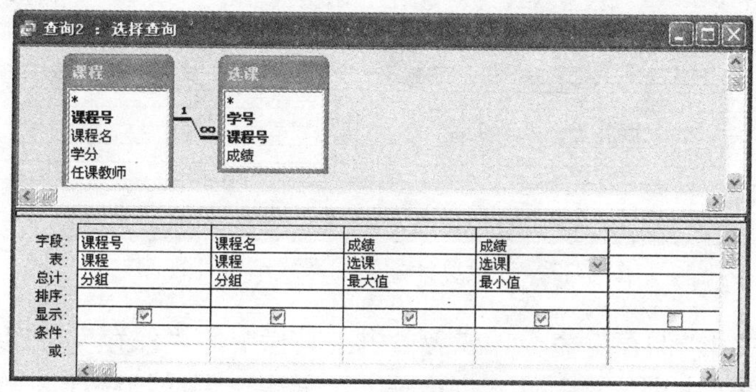

图 4-35　分组总计统计成绩设计视图

(6) 单击"文件"|"保存"命令，或者单击工具栏中的"保存"按钮，出现"另存为"对话框，在对话框的"查询名称"文本框中输入"按课程成绩统计"，然后单击"确定"。如图 4-36 所示为"按课程成绩统计"运行结果。

按课程成绩统计 : 选择查询

课程号	课程名	成绩之最大值	成绩之最小值
AA01	大学计算机基础	86	82
AA02	计算机技术导论	73	51
DB01	数据库技术应用	92	68
LA01	程序设计C++	88	48
LA02	程序设计Java	82	82
NT01	网络技术应用	76	40

记录: 1 共有记录数: 6

图 4-36　"按课程成绩统计"运行结果

选择分组汇总的关键是选择分组字段，执行分组的结果是每一组一条记录。

例 4.12　统计每一名学生选修课程的门数，选修课程的平均分、最高分和最低分，要求包括学号、姓名、课程门数、平均分、最高分和最低分。

操作步骤如下：

(1) 打开学生管理数据库，选择"查询"对象。

(2) 双击"在设计视图中创建查询"，或者单击"新建"按钮，在"新建查询"中，选择"设计视图"，单击"确定"按钮，出现"显示表"对话框。

(3) 在"显示表"中选择"学生"、"选课"表添加到查询中，关闭"显示表"。

(4) 在查询"设计视图"窗口的上半部双击学生表中的"学号"、"姓名"，选课表中的"课程号"、选课表中的"成绩"、"成绩"和"成绩"(添加三次成绩)，将其添加到设计网格中。

(5) 单击工具栏上的“汇总”按钮，此时“设计视图”窗口的下半部多出一个总计行，单击右侧的向下箭头，在打开的列表框中显示了统计函数和总计项，在学号、姓名列表中选择“分组”，在第一列“成绩”“总计”列表框中，选择“平均值”，在第二列“成绩”“总计”列表框中，选择“最大值”， 在第三列“成绩”“总计”列表框中，选择“最小值”，如图 4-37 所示为分组总计学生选课成绩设计视图。

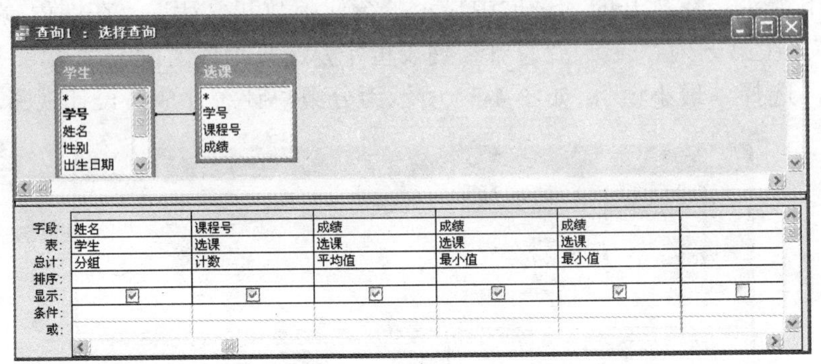

图 4-37 分组总计学生选课成绩设计视图

(6) 单击“文件” | “保存”命令，或者单击工具栏中的“保存”按钮，出现“另存为”对话框，在对话框的“查询名称”文本框中输入“学生选课成绩统计”，然后单击“确定”。如图 4-38 所示为“学生选课成绩统计”运行结果。

学生选课成绩统计 : 选择查询

学号	姓名	课程号之计数	成绩之平均值	成绩之最小值	成绩之最小值1
0701002	曾志	2	79.5	73	73
0701003	任乐天	2	86.5	82	82
0702001	苏秀美	1	88	88	88
0702002	郭富强	1	48	48	48
0703001	李明光	2	71.5	51	51
0704011	李小明	2	79	76	76
0704012	刘晓华	1	40	40	40

记录: 1 共有记录数: 7

图 4-38 “学生选课成绩统计”运行结果

4.4.3 自定义计算

当需要统计的数据在表中没有出现，或者需要计算的数据来自多个字段时，就需要在设计网格中添加一个计算字段。该计算字段是根据一个表或者多个表中的字段应用表达式计算的。如统计学生的年龄等。

例 4.13 在学生表中计算每个学生的年龄。

分析： 由于学生表中学生的年龄是用出生日期标识的，所以要通过公式“year (Date( ))-Year([出生日期])”来计算，同时在查询中增加一个字段。

操作步骤如下：

(1) 打开学生管理数据库，选择“查询”对象。

(2) 双击“在设计视图中创建查询”，或者单击“新建”按钮，在“新建查询”中，选择

"设计视图"，单击"确定"按钮，出现"显示表"对话框。

(3) 在"显示表"中选择"学生"表添加到查询中，关闭"显示表"。

(4) 在查询"设计视图"窗口的上半部双击"学号"、"姓名"添加到设计网格中，在姓名右侧的空网格中输入"年龄：year (Date( ))-Year([出生日期])"将其添加到设计网格中，如图 4-39 所示为自定义计算年龄的设计视图。

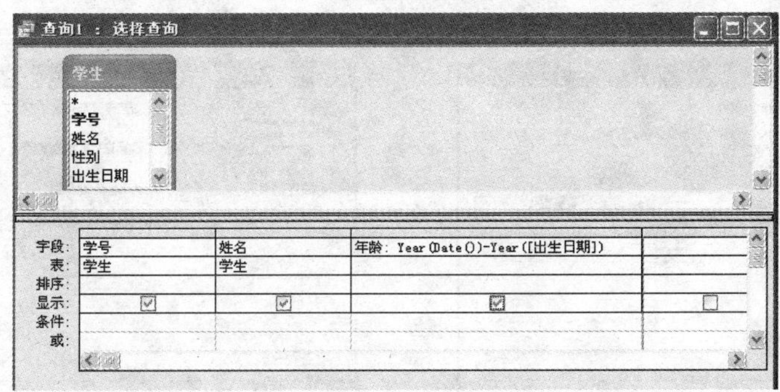

图 4-39 "自定义计算年龄"的设计视图

(5) 单击"文件" | "保存"命令，或者单击工具栏中的"保存"按钮，出现"另存为"对话框，在对话框的"查询名称"文本框中输入"学生年龄查询"，然后单击"确定"。如图 4-40 所示为"学生年龄查询"运行结果。

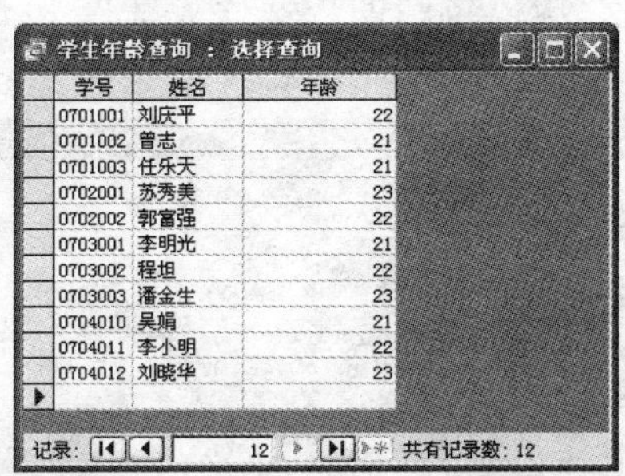

图 4-40 "学生年龄查询"运行结果

4.4.4 查找重复项查询向导

使用查找重复项查询向导也可以创建可计算的选择查询，该功能只能在一个表或查询中查找所有字段值重复的记录或部分字段值重复的记录。

例 4.14 利用"查找重复项查询向导"创建一个查询，查找每门课程选修的人数。

操作步骤如下：

(1) 打开学生管理数据库，选择"查询"对象。

(2) 双击"查找重复项查询向导"，出现如图 4-41 所示的"查找重复项查询向导－选择视图"对话框。

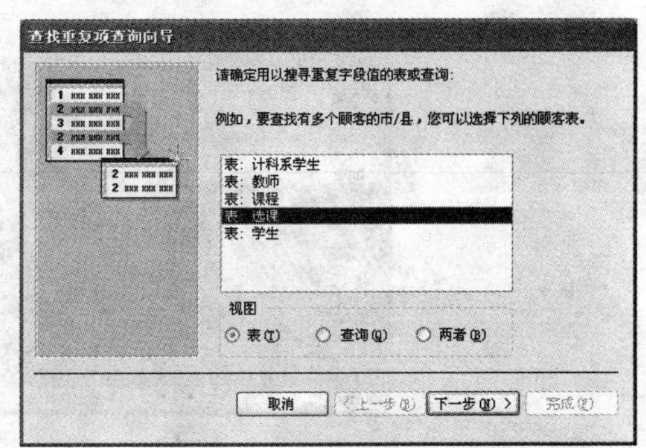

图 4-41 "选择视图"对话框

(3) 在对话框“视图”中选择“表”，并选中“选课”表。

(4) 单击“下一步”按钮，出现如图 4-42 所示的“查找重复项查询向导－选择重复值字段”对话框。

(5) 在“可用字段”列表框中选中“课程号”字段，将其添加到“重复值字段”列表框。

(6) 单击“下一步”按钮，出现如图 4-43 所示的“查找重复项查询向导－选择其他字段”对话框。

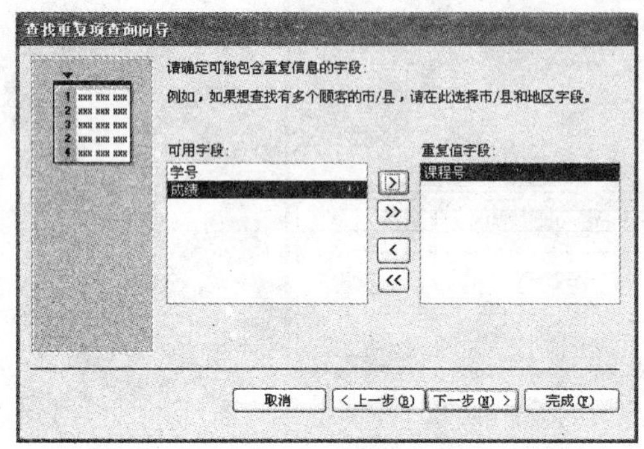

图 4-42 “选择重复值字段”对话框

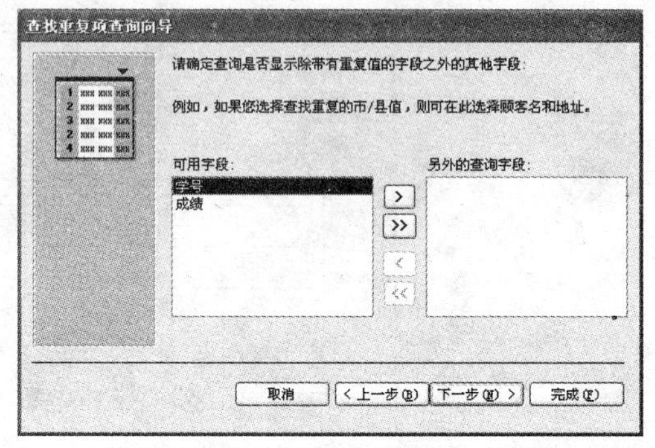

图 4-43 “选择其他字段”对话框

(7) 这里不需要其他字段，单击“下一步”按钮，出现如图 4-44 所示的“查找重复项查询向导－指定查询名称”对话框。

(8) 在对话框中输入查询的名称“每门课程选修人数”。

(9) 单击“完成”按钮完成查询设置。如图 4-45 所示为“每门课程选修人数”运行结果。

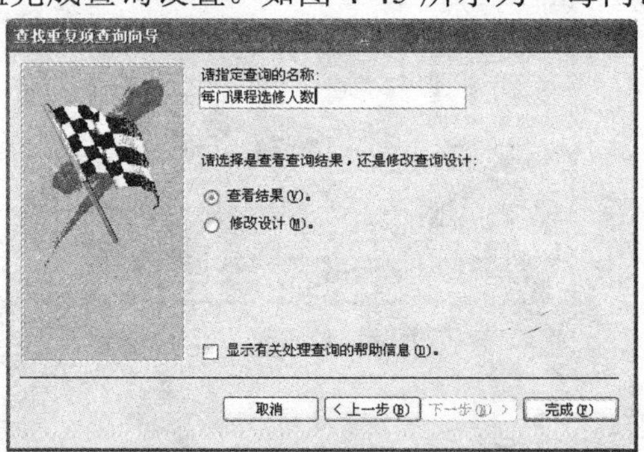

图 4-44 “指定查询名称”对话框

图 4-45 “每门课程选修人数”运行结果

4.4.5 查找不匹配项查询向导

“查找不匹配项查询”是查找在一个表中存在的记录，而在另一个表中不存在。

例 4.15 查找没有选修任何课程的学生学号和姓名。

操作步骤如下：

(1) 打开学生管理数据库，选择“查询”对象。

(2) 双击“查找不匹配项查询向导”，出现如图 4-46 所示的“查找不匹配项查询向导－选择查询结果表”对话框。

(3) 在对话框“视图”中选择“表”，并选中“学生”表。

(4) 单击“下一步”按钮，出现如图 4-47 所示的“查找不匹配项查询向导－选择包含记录表”对话框。

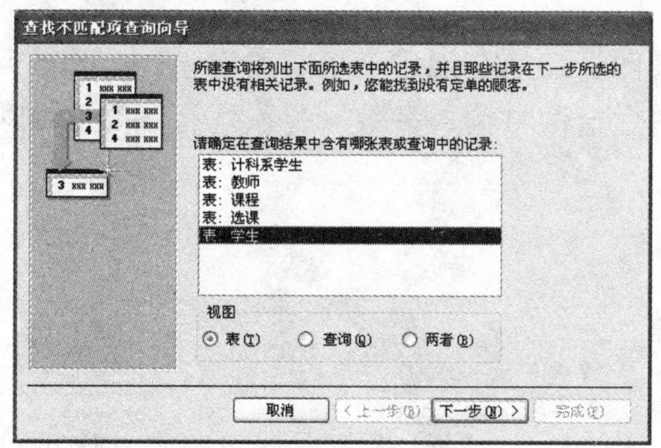

图 4-46 “选择查询结果表”对话框

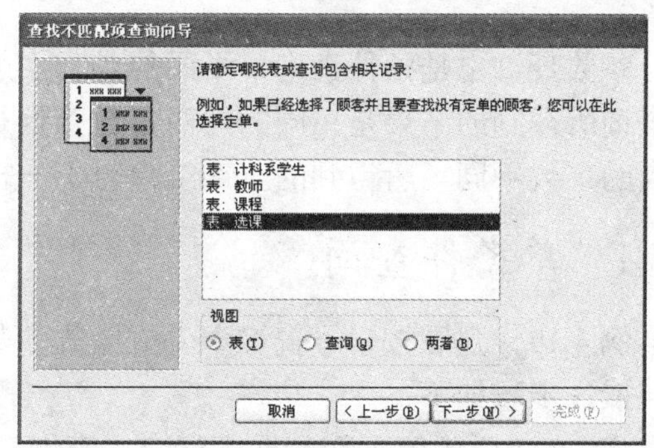

图 4-47 “选择包含记录表”对话框

(5) 这里选择“选课”表，单击“下一步”按钮，出现如图 4-48 所示的“查找不匹配项查询向导－选择匹配字段”对话框。

(6) 这里选择“学生”表中的“学号”和“选课”表中的“学号”，单击“下一步”按钮，出现如图 4-49 所示的“查找不匹配项查询向导－选定字段”对话框。

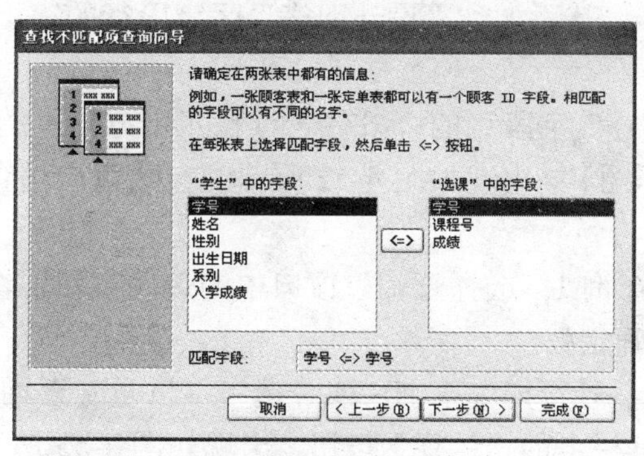

图 4-48 “选择匹配字段”对话框

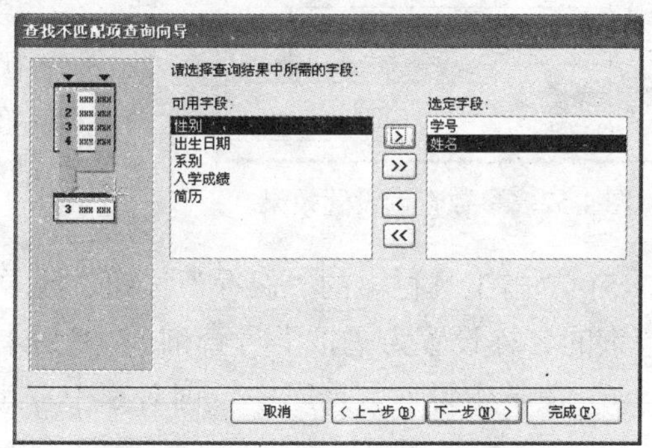

图 4-49 “选定字段”对话框

(7) 选择“学号”和“姓名”字段，将其添加到“选定字段”列表框，单击“下一步”按钮，出现如图 4-50 所示的“查找不匹配项查询向导－指定查询名称”对话框。

(8) 输入查询名称“没有选修课程的学生”，单击“完成”按钮，出现如图 4-51 所示的“没有选修课程的学生”运行结果窗口。

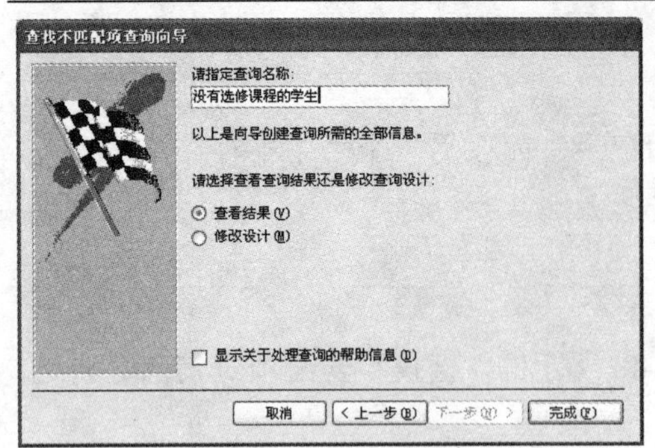

图 4-50 “指定查询名称”对话框

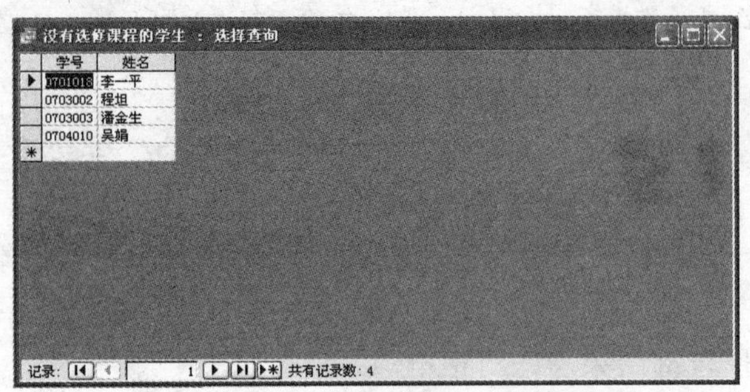

图 4-51 “没有选修课程的学生”运行结果

4.5 创建参数查询

参数查询也是条件查询，不同的是，一般的条件查询是在创建查询时设定条件，每次运行查询所得到的结果是相同的，而参数查询是在运行查询时输入参数，每次运行参数查询所输入的参数不同，所得到的查询结果也不一样。

4.5.1 单条件查询

例 4.16 建立按学号查询学生成绩的参数查询。

操作步骤如下：

(1) 在“学生管理”数据库窗口“查询”对象中双击“在设计视图中创建查询”选项，显示查询“设计”视图，并打开“显示表”对话框。

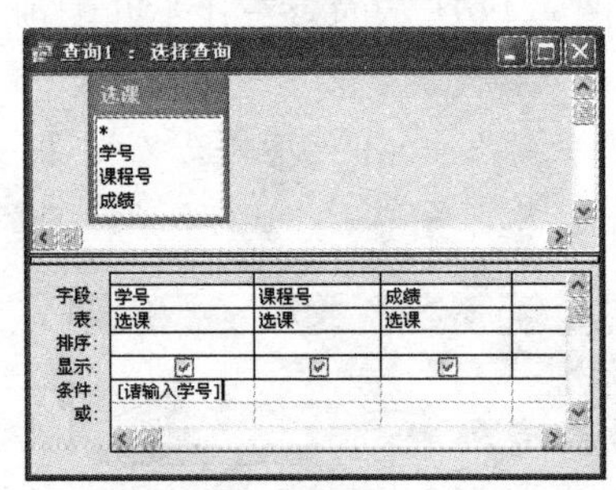

图 4-52 参数查询设置效果

(2) 在“显示表”对话框中双击“选课”表将其添加到查询设计视图字段列表框中，再单击“显示表”对话框的“关闭”按钮。

(3) 依次双击“选课”表中的“学号”、“课程号”和“成绩”字段，将其添加到“设计网格”区字段行的第 1、2、3 列中。

(4) 在“学号”字段列的“条件”行输入带方括号的文本“[请输入学号]”，出现如图 4-52 所示的参数查询设置效果。

(5) 单击工具栏上的“保存”按钮，或单击“查询 1：选择查询”窗口中的关闭按钮，将该查询的名称设置为“按学号查询”，然后单击“确定”。

(6) 在学生管理数据库中查询对象中双击“按学号查询”查询，或者选中“按学号查询”查询，单击工具栏上的“运行”按钮，出现如图 4-53 所示的“输入参数值”对话框，在对话框中输入要查找的学号，例如“0701001”，然后单击“确定”按钮，出现如图 4-54 所示的学号为“0701001”同学的两门课程的成绩。

图 4-53 “输入参数值”对话框

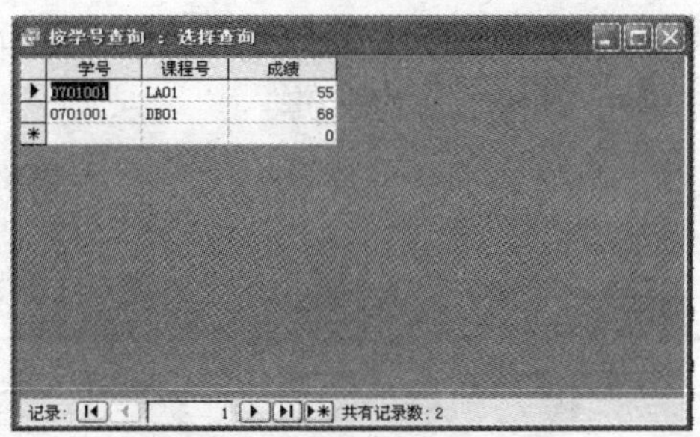

图 4-54　按学号查询的结果

4.5.2　复合条件查询

利用参数查询也可以输入多个参数。

例 4.17　在选课表中输入学生的学号、课程号，显示学生的课程成绩。

操作步骤如下：

(1) 在“学生管理”数据库窗口“查询”对象中双击“在设计视图中创建查询”选项，显示查询“设计视图”，并打开“显示表”对话框。

(2) 在“显示表”对话框中双击“选课”表将其添加到查询设计视图字段列表框中，再单击“显示表”对话框的“关闭”按钮。

(3) 依次双击“选课”表中的“学号”、“课程号”和“成绩”字段，将其添加到“设计网格”区字段行的第 1、2、3 列中。

(4) 在“学号”、“课程号”字段列的“条件”行分别输入带方括号的文本“[请输入学号]”和“[请输入课程号]”，出现如图 4-55 所示的参数查询设置效果。

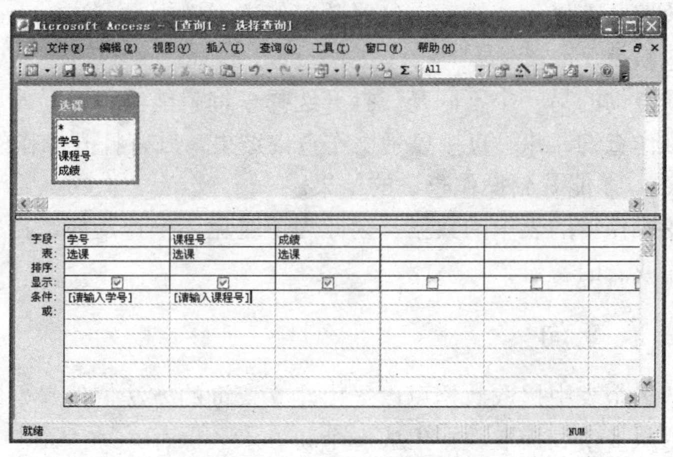

图 4-55　参数查询设置效果

(5) 单击工具栏上的“保存”按钮，或单击“查询 2：选择查询”窗口中的关闭按钮，将该查询的名称设置为“按学号课程号查询”，单击“确定”按钮。

(6) 在学生管理窗口选择查询对象，选中“按学号课程号查询”单击工具栏上的“运行”按钮，或者双击“按学号课程号查询”，出现如图 4-56 所示的“输入参数值－请输入学号”对话框。

(7) 在对话框中输入要查找的学号，如“0701001”，然后单击“确定”按钮，出现如图 4-57 所示的“输入参数值－请输入课程号”对话框。

图 4-56 “输入参数值－请输入学号”对话框

图 4-57 “输入参数值－请输入课程号”对话框

(8) 在对话框中输入要查找的课程号，如“LA01”，单击“确定”按钮，出现如图 4-58 所示的按学号课程号查询运行结果。

图 4-58 按学号课程号查询运行结果

4.6 创建操作查询

前面介绍的几种查询运行时可从数据源表中得到满足查询要求的动态数据，并没有改变数据源表中的原有数据。而操作查询则可以对数据源表中数据进行追加、删除、更新，并可在查询的基础上创建新表。

操作查询与选择查询的另一个不同是，打开选择查询就能够直接显示查询结果；而打开操作查询只能运行操作查询，并不直接显示操作查询结果，只有打开操作的目的表(更新、删除、追加、生成的表)，才能看到操作查询的结果。

操作查询将改变操作目的表中的数据，因此为了避免误操作造成数据丢失，在执行操作查询前应做好数据库或表的备份。

4.6.1 创建生成表查询

如果需要经常从多个表中提取数据可以采用建立查询的方法，但最好的方法应该是使用生成表查询，即可以从多个表提取数据生成一个新表永久保存。

例 4.18 从“学生”表中将“系别”为“计科”的学生记录提取出来，生成一个“计科系学生”表。

操作步骤如下：

(1) 在“学生管理”数据库窗口“查询”对象中双击“在设计视图中创建查询”选项，屏幕显示查询“设计”视图，并打开“显示表”对话框。

(2) 在“显示表”对话框中双击“学生”表将其添加到查询设计视图字段列表框中，再单击“显示表”对话框的“关闭”按钮。

(3) 依次双击“学生”表中的“学号”、“姓名”、“性别”、“出生日期”、“系别”、“入学成绩”和“简历”字段，将其添加到“设计网格”区字段行的第 1 至 7 列中。

(4) 将“系别”字段列的“显示”行设为“否”，“条件”行设为“=计科”，如图 4-59 所示为设置生成表所需的字段和条件。

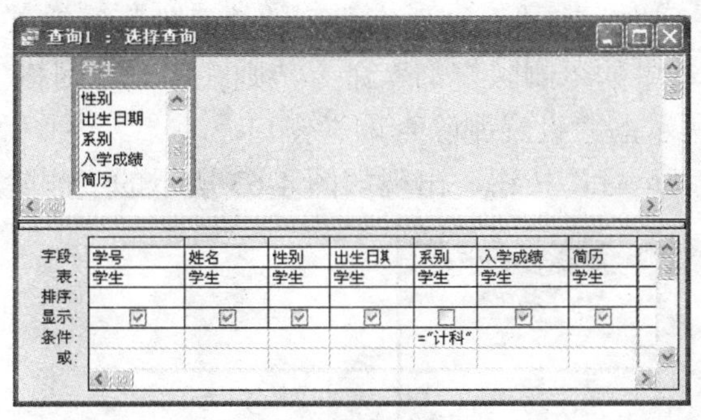

图 4-59　设置生成表所需的字段和条件

(5) 选择“查询”菜单中的“生成表查询”命令，出现如图 4-60 所示的“生成表”对话框，在“表名称”框中输入“计科系学生”，单击“确定”按钮。

(6) 单击工具栏上的“运行”按钮，出现如图 4-61 所示的“生成表”提示框。

图 4-60　“生成表”对话框

图 4-61　生成表提示框

(7) 单击“是”按钮，再单击工具栏上的“保存”，在弹出的“另存为”对话框中输入查询名称“生成计科系学生表”，然后单击“确定”按钮，并关闭查询设计视图窗口。

此时，在数据库窗口中“表”对象下，可以看到增加了一个“计科系学生”新表，双击该表，可以看到表中仅含有计科系的学生记录。

在数据库窗口“查询”对象下可以看到增加了一个“生成计科系学生表”的新查询(此查询名称前的图标与选择查询的图标不同)，运行该查询，将出现一系列的提示框要求用户进行确认。

4.6.2　创建删除查询

删除查询是利用该查询一次删除符合条件的所有记录。如果要一次删除表中的一批记录，使用删除查询比在表中手工删除更加方便。删除查询可以从一个表中删除记录，也可以从多个相互关联的表中删除记录。若要从多个表中删除相关记录，必须建立相关表之间的关系，并且在建立关系对话框中分别选择“实施参照完整性”和“级联删除相关记录”复选项。

例 4.19　将“学生”表中“系别”为“计科”的记录删除。

操作步骤如下：

(1) 在“学生管理”数据库窗口“查询”对象中双击“在设计视图中创建查询”选项，显示查询“设计”视图，并打开“显示表”对话框。

(2) 在“显示表”对话框中双击“学生”表将其添加到查询设计视图字段列表框中，再单击“显示表”对话框的“关闭”按钮。

(3) 分别双击“学生”表字段列表中的“*”和“系别”字段，将其添加到“设计网格”区字段行的第 1 列和第 2 列中，在“系别”字段列的“条件”行输入“=计科”。

(4) 选择“查询”菜单中的“删除查询”命令，则在“设计网格”区中增加了一个“删除”行，出现如图 4-62 所示的“设置删除查询”窗口。

(5) 单击工具栏上的“运行”按钮，出现如图 4-63 所示的“删除查询”提示框。

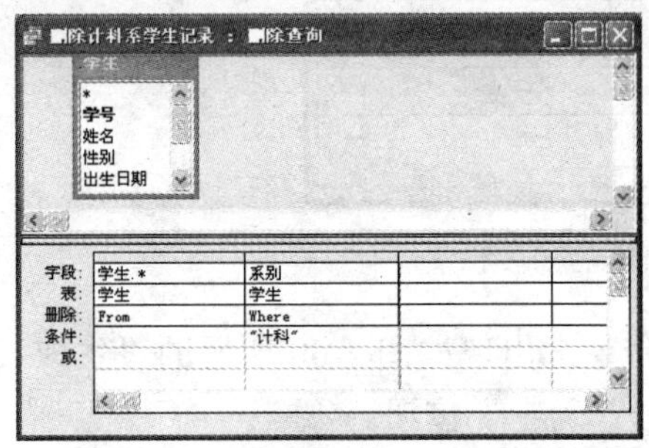

图 4-62 “设置删除查询”窗口

图 4-63 “删除查询”提示框

(6) 单击“是”按钮，再单击工具栏上的“保存”按钮，在弹出的“另存为”对话框中输入查询名称“删除计科系学生记录”，然后单击“确定”按钮，计科系学生记录被删除，同时关闭查询设计视图窗口。

需要说明的是，在进行本例的操作时，最好暂时取消“学生”表与其他表的关联，否则可能影响到其他表中的数据。

4.6.3 创建追加查询

追加查询可以将某个表中符合条件的记录添加到另一个表中。

例 4.20 将“计科系学生”表中的记录追加到“学生”表中。

操作步骤如下：

(1) 在“学生管理”数据库窗口“查询”对象中双击“在设计视图中创建查询”选项，屏幕显示查询“设计”视图，并打开“显示表”对话框。

(2) 在“显示表”对话框中双击“计科系学生”表将其添加到查询设计视图字段列表框中，再单击“显示表”对话框的“关闭”按钮。

图 4-64 “追加”对话框

(3) 依次双击“计科系学生”表中的“学号”、“姓名”、“性别”、“出生日期”、“入学成绩”和“简历”字段，将其添加到“设计网格”区字段行的第 1 列至第 6 列中。

(4) 选择“查询”菜单中的“追加查询”命令，出现如图 4-64 所示的“追加”对话框。

(5) 在“表名称”框中，通过下拉列表选择“学生”，单击“确定”按钮，在“设计网格”

区中出现如图 4-65 所示的“设置追加查询”窗口。

(6) 单击工具栏上的“运行”按钮，出现如图 4-66 所示的“追加查询”提示框。

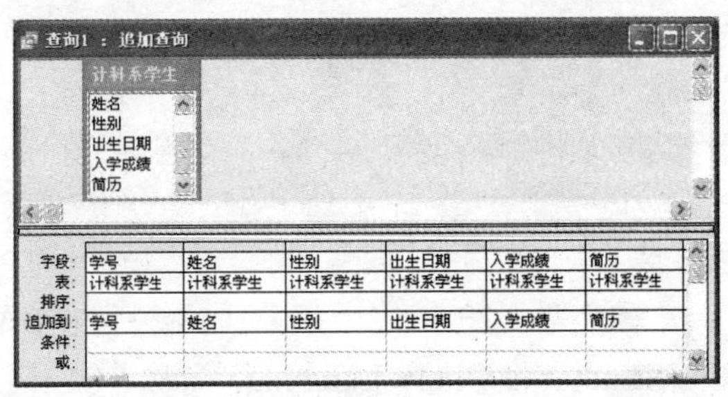

图 4-65 “设置追加查询”窗口

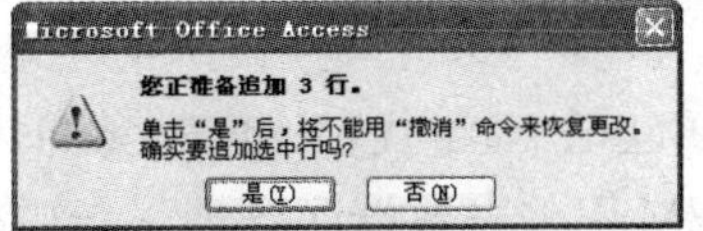

图 4-66 “追加查询”提示框

(7) 单击“是”按钮，再单击工具栏上的“保存”按钮，在弹出的“另存为”对话框中输入查询名称“追加计科系学生记录”，然后单击“确定”按钮。

由于“计科系学生”表中无“系别”字段，因此“学生”表中新追加记录的“系别”字段值为“空”。

4.6.4 创建更新查询

如果要对表中符合条件的记录进行成批的修改，最简单有效的方法是使用更新查询。

例 4.21 将“学生”表中女生的“入学成绩”增加 5 分。

操作步骤如下：

(1) 在“学生管理”数据库窗口中“查询”对象中双击“在设计视图中创建查询”选项，屏幕显示查询“设计”视图，并打开“显示表”对话框。

(2) 在“显示表”对话框中双击“学生”表将其添加到查询设计视图字段列表框中，再单击“显示表”对话框的“关闭”按钮。

(3) 依次双击“学生”表中的“性别”和“入学成绩”字段，将其添加到“设计网格”区字段行的第 1 列和第 2 列。

(4) 选择“查询”菜单中的“更新查询”命令，系统自动在“设计网格”区中增加“更新到”行。

(5) 在“性别”字段列的“条件”行输入“=女”，在“入学成绩”字段列的“更新到”行输入“[入学成绩]+5”，如图 4-67 所示为“设置更新查询”条件窗口。

(6) 单击工具栏上的“运行”按钮，出现如图 4-68 所示的“更新查询”提示框。

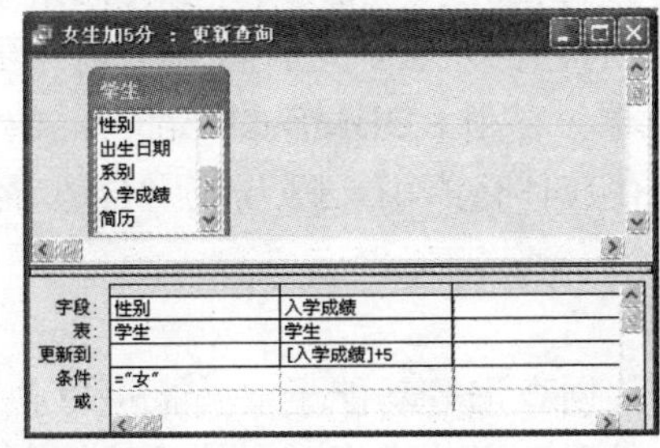

图 4-67 “设置更新查询”条件

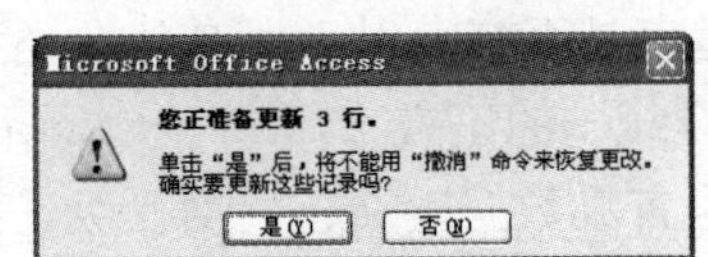

图 4-68 更新查询提示框

(7) 单击“是”按钮，再单击工具栏上的“保存”按钮，在弹出的“另存为”对话框中输入查询名称“女生加 5 分”，然后单击“确定”。

4.7 创建 SQL 查询

4.7.1 SQL 简介

20 世纪 70 年代初，E E Codd 首先提出了关系模型。70 年代中期，IBM 公司在研制 SYSTEM R 关系数据库管理系统中研制了 SQL(Structured Query Language 简称 SQL)语言。SQL 结构化查询语言，最早的是 IBM 的圣约瑟研究实验室为其关系数据库管理系统 System R 上开发的一种查询语言。1986 年 10 月，美国 ANSI 采用 SQL 作为关系数据库管理系统的标准语言(ANSI X3. 135ñ1986)，后为国际标准化组织(ISO)采纳为国际标准。

1989 年，美国 ANSI 采纳在 ANSI X3.135ñ1989 报告中定义的关系数据库管理系统的 SQL 标准语言，称为 ANSI SQL 89，该标准替代 ANSI X3.135ñ1986 版本。后来又发展了 SQL92、SQL99 和 SQL2003。

SQL 语言包括数据定义语言 DDL(Data Definition Language)、数据操纵语言 DML(Data Manipulation Language)和数据控制语言 DCL (Data Control Language)3 部分。DDL 主要定义字段的相关属性和约束，如字段名、数据类型、数据长度、主键和外键等信息。数据操作包括数据的查询、插入、删除、更新等操作。数据控制主要用户授权等操作。

SQL 语言结构简洁、功能强大、简单易学，所以自从 IBM 公司 1981 年推出以来，得到了广泛地应用。如今无论是像 Oracle、Sybase、Informix、SQL server 这些大型的数据库管理系统，还是像 Visual FoxPro、PowerBuilder、Access 这些微机上常用的数据库开发系统，都支持 SQL 语言作为查询语言。

4.7.2 SQL 的优点

SQL 语言是一个非过程化、综合统一的语言，是关系数据库的公共语言，语言简单，具有交互式和嵌入式两种执行方式。

1) SQL 是非过程化语言

SQL 是一个非过程化的语言，因为它一次处理一条记录，对数据提供自动导航。SQL 允许用户在高层的数据结构上工作，而不对单个记录进行操作，可操作记录集。所有 SQL 语句接受集合作为输入，返回集合作为输出。SQL 的集合特性允许一条 SQL 语句的结果作为另一条 SQL 语句的输入。SQL 不要求用户指定对数据的存放方法。这种特性使用户更易集中精力于要得到的结果。所有 SQL 语句使用查询优化器，它是 RDBMS 的一部分，由它决定对指定数据存取的最快速度的手段。查询优化器知道存在什么索引，哪儿使用合适，而用户从不需要知道表是否有索引，表有什么类型的索引。

2) 综合统一的语言

SQL 语言集数据定义、数据操纵、数据控制、数据查询等功能于一体，可以独立完成数据库生命周期中的全部活动。SQL 可用于所有用户的 DB 活动模型，包括系统管理员、数据库管理员、 应用程序员、决策支持系统人员及许多其他类型的终端用户。

3) 是所有关系数据库的公共语言

由于所有主要的关系数据库管理系统都支持 SQL 语言，用户可将使用 SQL 的技能从一个 RDBMS 转到另一个。所有用 SQL 编写的程序都是可以移植的。

4) 简单易学

SQL 语言功能极强，但由于设计巧妙，语言十分简洁，完成数据定义、操纵、控制等核心功能只用了 9 个动词，极大地提高了使用效率和效果。如表 4-5 所示为 9 个常用的常用动词及功能。

表 4-5　9 个常用的常用动词及功能

命 令 动 词	功　能
Create	创建表、索引、视图、用户
Drop	删除表、索引、视图
Alter	修改表、索引、视图
Select	查询表、视图
Insert	插入元组
Delete	删除元组
Update	更新元组
Grant	用户授权
Revoke	回收用户权限

5) 具有两种执行方式

SQL 语言可以直接以命令方式交互使用，也可以嵌入到程序设计语言中以程序方式使用。SQL 语言既是自含式语言，又是嵌入式语言。作为自含式语言，它能独立地用于联机交互的使用方式，用户可以在终端电脑的键盘上直接键入 SQL 命令对数据库进行操作。作为嵌入式语言，SQL 语句能够嵌入到高级语言程序(如 C 语言、FORTRAN 语言等)中，供程序设计时使用。

4.7.3　SQL 查询

在 SQL 语言中，查询是核心工作，利用 SELECT 语句可以从表中选择或者检索行或列，也可以统计、计算行或列的值。

1. SQL 查询格式

SQL 查询格式如下：

Select [Distinct|All]<字段列表>|<目标列表达式>|<函数>[，……]

From <表名>|<视图名>

[Where <条件表达式>]

[Order by <列名> [Asc]|[Desc]

[Group by <列名> [Having <条件表达式>]]

其中：

(1) <　>表示尖括号中的内容为必选项。

(2) [　]表示方括号中的内容为可选项。

(3) ……表示可以选择多个字段，每个字段名之间用“，”逗号隔开。

2. SQL 基本操作

SQL 基本操作包括查看 SQL 查询、创建 SQL 查询和运行 SQL 查询。

1) 查看 SQL 查询语句

如果查询已经建立，系统会自动建立 SQL 查询语句。查看 SQL 查询语句的操作过程是：打开数据库，选择“查询”对象，使用鼠标指向要查看 SQL 语句的查询(如“学生管理”数据库下的“数据库平均成绩”)并击右键，在快捷菜单中选择“SQL 设计视图”命令，出现如图 4-69 所示的“SQL 查询语句”窗口。

用户可以根据需要查看、修改查询。

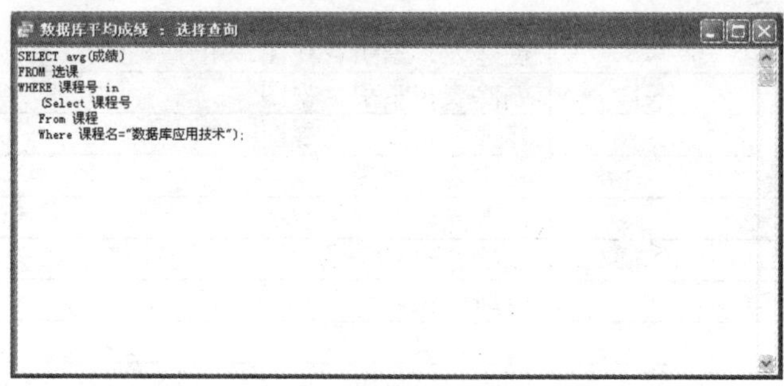

图 4-69 “SQL 查询语句”窗口

2) 创建 SQL 查询

创建 SQL 查询的步骤如下：

(1) 打开数据库，选择“查询”对象，单击“新建”按钮，在弹出的“新建查询”对话框中，选择“设计视图”选项，出现如图 4-70 所示的“显示表”对话框。

(2) “关闭”显示表，单击“查询”|“SQL 特定查询”命令，在级联菜单中选择“数据定义”命令，出现图 4-71 所示的“数据定义查询”窗口，在窗口中，输入 SQL 语句。

(3) 最后保存 SQL 查询。

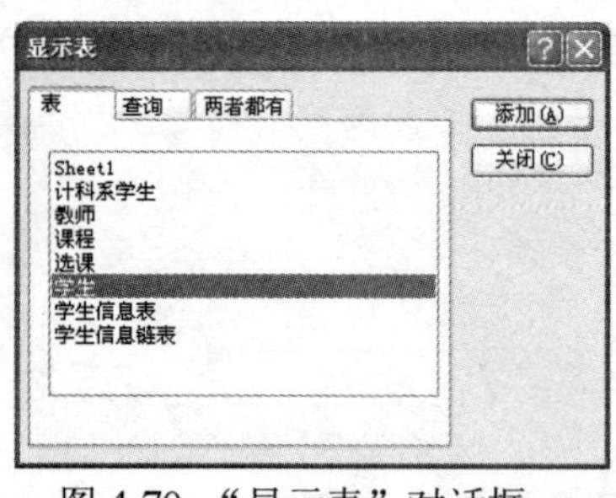

图 4-70 “显示表”对话框

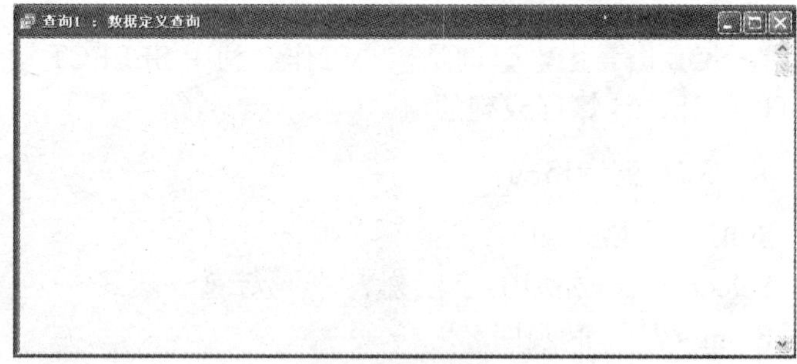

图 4-71 “数据定义查询”窗口

3) 运行 SQL 查询

查询建立后，单击工具栏上的“!”按钮，或者单击“查询”|“运行”命令，也可以直接双击查询，即可查看 SQL 语言的运行结果。

4.7.4 单表查询

单表查询是涉及到一个表的查询，可以查询表中的全部、部分字段，也可以对表中的字段计算。

例 4.22　在学生管理数据库中查询“教师”表的全部信息。

操作步骤如下：

(1) 打开学生管理数据库，选中“查询”对象。

(2) 单击“新建”按钮，弹出“新建查询”对话框中，选择“设计视图”选项。

(3) 在查询设计视图中关闭“显示表”窗口，单击“查询”|“SQL 查询”命令，出现“查询 1：选择查询”窗口。

(4) 在窗口中输入如图 4-72 所示的 SQL 查询语句。

图 4-72　SQL 查询语句

(5) 关闭“选择查询”窗口，出现如图 4-73 所示的“是否保存查询”对话框，单击“是”，出现如图 4-74 所示的“另存为”对话框。

图 4-73　“是否保存查询”对话框

图 4-74　“另存为”对话框

(6) 在“查询名称”文本框中输入查询名称“教师信息查询”。

(7) 单击“确定”按钮。

如图 4-75 所示为教师信息查询运行结果。

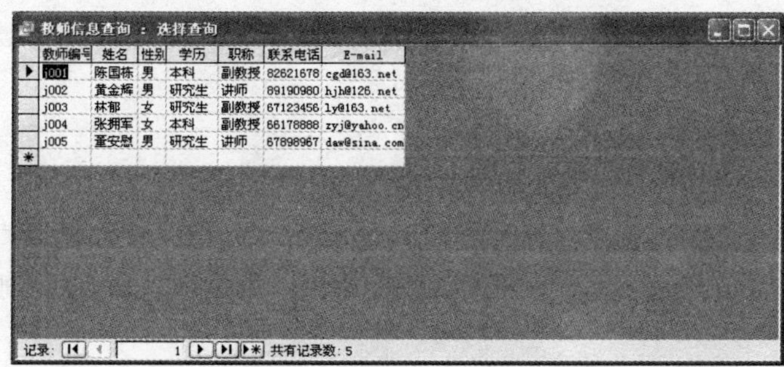

教师编号	姓名	性别	学历	职称	联系电话	E-mail
j001	陈国栋	男	本科	副教授	82621678	cgd@163.net
j002	黄金辉	男	研究生	讲师	89190980	hjh@126.net
j003	林郁	女	研究生	副教授	67123456	ly@163.net
j004	张拥军	女	本科	副教授	66178888	zyj@yahoo.cn
j005	董安慰	男	研究生	讲师	67898967	daw@sina.com

图 4-75　教师信息查询运行结果

例 4.23　在学生管理数据库中查询“教师”表中每个教师编号、姓名和职称。

操作步骤如下：

(1) 打开学生管理数据库，选中“查询”对象。

(2) 单击“新建”按钮，弹出“新建查询”对话框，选择“设计视图”选项。

(3) 在查询设计视图中关闭“显示表”窗口，单击“查询”|“SQL 查询”命令，出现“查询 1：选择查询”窗口。

(4) 在窗口中输入如图 4-76 所示的教师职称查询的 SQL 查询语句。

图 4-76　教师信息查询的 SQL 查询语句

(5) 关闭“选择查询”窗口，在“是否保存查询”对话框中选择“是”。

(6) 在“另存为”对话框的“查询名称”文本框中输入查询名称“教师职称查询”。

(7) 单击“确定”按钮。

如图 4-77 所示为教师职称查询运行结果。

教师职称查询 : 选择查询

教师编号	姓名	职称
j001	陈国栋	副教授
j002	黄金辉	讲师
j003	林郁	副教授
j004	张拥军	副教授
j005	董安慰	讲师

记录: 1 共有记录数: 5

图 4-77　教师职称查询运行结果

例 4.24　在学生管理数据库中查询“学生选课成绩”表中“数据库技术应用”课程的平均成绩。

操作步骤如下：

(1) 打开学生管理数据库，选中“查询”对象。

(2) 单击“新建”按钮，弹出“新建查询”对话框，选择“设计视图”选项。

(3) 在查询设计视图中关闭“添加表”窗口，单击“查询”|“SQL 查询”命令，出现“查询 1：选择查询”窗口。

(4) 在窗口中输入如图 4-78 所示的查询“数据库技术应用”课程平均成绩 SQL 查询语句。

(5) 关闭“选择查询”窗口，在“是否保存查询”对话框中选择“是”。

(6) 在“另存为”对话框的“查询名称”文本框中输入查询名称“数据库平均成绩”。

(7) 单击“确定”按钮。

如图 4-79 所示为查询“数据库技术应用”平均成绩运行结果，其中列名代表函数表达式计算结果。

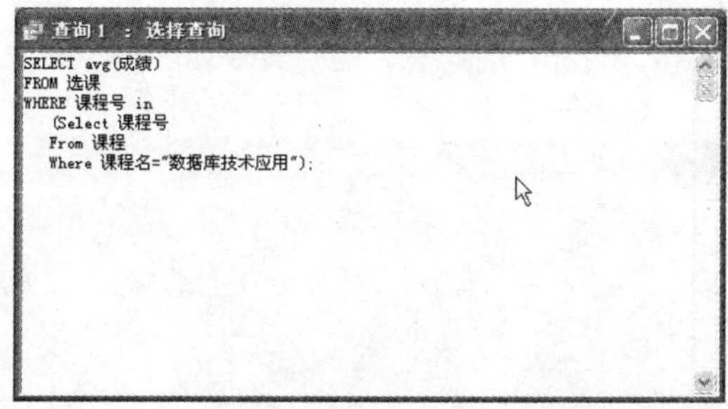

图 4-78　查询“数据库技术应用”课程平均成绩 SQL 查询语句

图 4-79　查询“数据库技术应用”平均成绩运行结果

例 4.25　在学生表中查询学生的学号、姓名、性别、出生日期，查询结果按出生日期的先后顺序排序。

操作步骤如下：

(1) 打开学生管理数据库，选中“查询”对象。

(2) 单击“新建”按钮，弹出“新建查询”对话框，选择“设计视图”选项。

(3) 在查询设计视图中关闭“添加表”窗口，单击“查询”|“SQL 查询”命令，出现“查询 1：选择查询”窗口。

(4) 在窗口中输入如图 4-80 所示的查询“按出生日期排序”的 SQL 查询语句。

图 4-80　查询“按出生日期排序”的 SQL 查询语句

(5) 关闭“选择查询”窗口，在“是否保存查询”对话框中选择“是”。

(6) 在“另存为”对话框的“查询名称”文本框中输入查询名称“按出生日期排序”。

(7) 单击“确定”按钮。

如图 4-81 所示为查询“按出生日期排序”运行结果。

按出生日期排序 ： 选择查询

学号	姓名	性别	出生日期
0701018	李一平	男	1978-10-20
0703003	潘金生	男	1987-8-25
0702001	苏秀美	女	1987-10-22
0704012	刘晓华	女	1987-12-29
0703002	程坦	男	1988-5-20
0702002	郭富强	男	1988-6-15
0704011	李小明	男	1988-9-17
0703001	李明光	男	1989-2-8
0701003	任乐天	男	1989-2-12
0701002	曾志	男	1989-2-17
0704010	吴娟	女	1989-3-28
		男	

记录: 1 共有记录数: 11

图 4-81 查询“按出生日期排序”运行结果

例 4.26 常用的单表查询 SQL 操作举例。

(1) 在学生表中查询性别为男的学生学号、姓名、系别。

```
Select 学号，姓名，系别 From学生 Where 性别="男"
```

(2) 查询 1988 年 1 月 1 号以后出生的学生学号、出生日期。

```
Select 学号，出生日期 From 学生 Where 出生日期>=#1988-1-1#
```

(3) 在学生表中，按性别分组并分别统计男生和女生的人数。

```
Select 性别，Count(性别) From 学生 Group By 性别
```

(4) 查询所有姓“刘”的学生信息。

```
Select * From 学生 Where 姓名 Like "刘*"
```

(5) 查询学生的总人数。

```
Select Count(*) From 学生
```

(6) 查询选修了课程的学生学号。

```
Select Distinct(学号)From 选课
```

4.7.5 联合查询

联合查询可以将两个表或查询中的字段合并为一个字段，也可以实现合并多表的目的。

例 4.27 查询学生的学号、姓名、性别以及选修的课程号和成绩。

分析：该例中涉及两个表，学生表和选课表，要查询学生的选课信息必须使学生中的学号和选课中的学号相同，在查询结果中可以用学生表中的学号也可以用选课中的学号。

操作步骤如下：

(1) 打开学生管理数据库，选中“查询”对象。

(2) 单击“新建”按钮，弹出“新建查询”对话框，选择“设计视图”选项。

(3) 在查询设计视图中关闭“添加表”窗口，单击“查询”|“SQL 特定查询”命令，在

级联菜单中选择“联合”，出现“查询 1：选择查询”窗口。

(4) 在窗口中输入如图 4-82 所示的查询“学生选课信息”SQL 查询语句。

(5) 选择“文件”|“保存”命令，或者单击工具栏中的“保存”按钮，在“另存为”对话框的“查询名称”文本框中，输入查询名称“学生选课信息”。

(6) 单击“确定”按钮。

如图 4-83 所示为查询“学生选课信息”运行结果。

图 4-82　查询“学生选课信息”SQL 查询语句

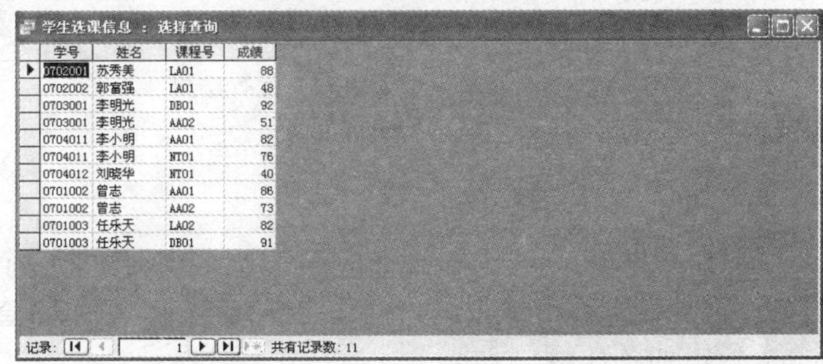
学生选课信息 ：选择查询

学号	姓名	课程号	成绩
0702001	苏秀美	LA01	88
0702002	郭富强	LA01	48
0703001	李明光	DB01	92
0703001	李明光	AA02	51
0704011	李小明	AA01	82
0704011	李小明	NT01	76
0704012	刘晓华	NT01	40
0701002	曾志	AA01	86
0701002	曾志	AA02	73
0701003	任乐天	LA02	82
0701003	任乐天	DB01	91

记录：1 共有记录数：11

图 4-83　查询“学生选课信息”运行结果

例 4.28　查询学生及其选修课程的所有信息，包括学生的学号、姓名、性别、出生日期、系别、入学成绩以及选修的课程号、课程名、学分、任课教师和选修课程成[illegible]

分析：该例中涉及 3 个表，学生、课程和选课表，这 3 个表要链接起来，链接条件是学生中的学号要和选课中的学号相等，选课中的课程号要和课程中的课程号相等。在查询结果中，学号可以用学生表中的学号，也可以用选课关系中的学号；同样，课程号可以选用课程中的课程号，也可以选用选课关系中的课程号。

操作步骤如下：

(1) 打开学生管理数据库，选中“查询”对象。

(2) 单击“新建”按钮，弹出“新建查询”对话框，选择“设计视图”选项。

(3) 在查询设计视图中关闭“添加表”窗口，单击“查询”|“SQL 特定查询”命令，在级联菜单中选择“联合”，出现“查询 1：选择查询”窗口。

(4) 在窗口中输入如图 4-84 所示的查询“学生选课信息”SQL 查询语句。

(5) 选择“文件”|“保存”命令，或者单击工具栏中的“保存”按钮，在“另存为”对话框的“查询名称”文本框中，输入查询名称“学生选课课程信息”。

(6) 单击“确定”按钮。

如图 4-85 所示为查询“学生选课课程信息”运行结果。

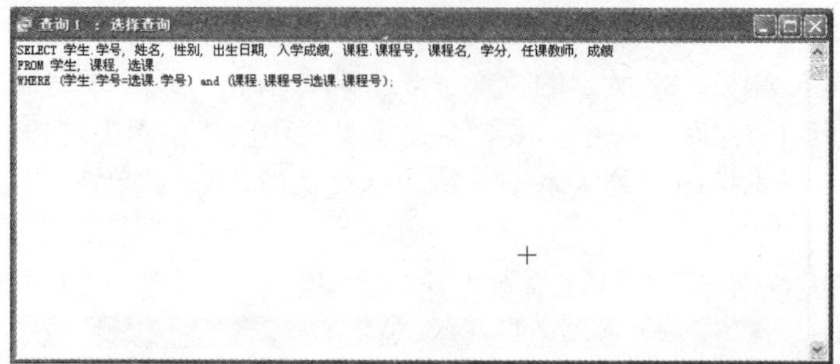

```
SELECT 学生.学号, 姓名, 性别, 出生日期, 入学成绩, 课程.课程号, 课程名, 学分, 任课教师, 成绩
FROM 学生, 课程, 选课
WHERE (学生.学号=选课.学号) and (课程.课程号=选课.课程号);
```

图 4-84　查询“学生选课课程信息”SQL 查询语句

学生选修课程信息 ： 选择查询

学号	姓名	性别	出生日期	入学成绩	课程号	课程名	学分	任课教师	成绩
0701002	曾志	男	1989-2-17	586	AA01	大学计算机基础	4	陈国栋	86
0701002	曾志	男	1989-2-17	586	AA02	计算机技术导论	3	黄金辉	73
0703001	李明光	男	1989-2-8	560	DB01	数据库技术应用	3	林郁	92
0703001	李明光	男	1989-2-8	560	AA02	计算机技术导论	3	黄金辉	51
0702001	苏秀美	女	1987-10-22	604.5	LA01	程序设计C++	4	周丽娜	88
0702002	郭富强	男	1988-6-15	579	LA01	程序设计C++	4	周丽娜	48
0704011	李小明	男	1988-9-17	551	AA01	大学计算机基础	4	陈国栋	82
0704011	李小明	男	1988-9-17	551	NT01	网络技术应用	4	董安慰	76
0704012	刘晓华	女	1987-12-29	578.5	NT01	网络技术应用	4	董安慰	40
0701003	任乐天	男	1989-2-12	592	LA02	程序设计Java	3	张拥军	82
0701003	任乐天	男	1989-2-12	592	DB01	数据库技术应用	3	林郁	91

记录：1 共有记录数：11

图 4-85　查询“学生选课信息”运行结果

4.7.6　子查询

在 SQL 语言中，一个 Select－From－Where 语句称为一个查询块。一个查询块的结果作为另外一个查询块的条件这种查询称为子查询，也称为嵌套查询。可以将查询块嵌套到另一个 Where 子句或 Having 短语的条件中。

例 4.29　查询选修 LA01 课程的学生学号、姓名。

分析：该查询中涉及到学生和选课两个表，首先要在选课中找到选修 LA01 课程的学生学号，然后将查询结果与学生表相链接，从中查找学号和姓名。

操作步骤如下：

(1) 打开学生管理数据库，选中“查询”对象。

(2) 单击“新建”按钮，弹出“新建查询”对话框，选择“设计视图”选项。

(3) 在查询设计视图中关闭“添加表”窗口，单击“查询”|“SQL 特定查询”命令，在级联菜单中选择“联合”，出现“查询 1：选择查询”窗口。

(4) 在窗口中输入如图 4-86 所示的查询“学生选课”SQL 查询语句。

```
SELECT 学号,姓名
From 学生
Where 学号 in
   (Select 学号
    From 选课
    Where 课程号="LA01");
```

图 4-86　查询“学生选课”SQL 查询语句

(5) 选择“文件”|“保存”命令，或者单击工具栏中的“保存”按钮，在“另存为”对话框的“查询名称”文本框中输入查询名称“学生选课”。

(6) 单击“确定”按钮。

如图 4-87 所示为查询“学生选课”运行结果。

图 4-87　查询“学生选课”运行结果

在上例中，下层查询块 Select 学号 From 选修 Where 课程号=“LA01”嵌套在上层查询块 select 学号，姓名 From 学生 Where 学号 In 的 Where 条件中。上层查询块称为外层查询或父查询，下层查询称为内查询或子查询，SQL 允许多层嵌套，即子查询中可以包含子查询。

例 4.30　查询选修“数据库技术应用”的学生学号、姓名。

操作步骤如下：

(1) 打开学生管理数据库，选中“查询”对象。

(2) 单击“新建”按钮，弹出“新建查询”对话框，选择“设计视图”选项。

(3) 在查询设计视图中关闭“添加表”窗口，单击“查询”|“SQL 特定查询”命令，在级联菜单中选择“联合”，出现“查询 1：选择查询”窗口。

(4) 在窗口中输入如图 4-88 所示的查询“选课数据库课程”SQL 查询语句。

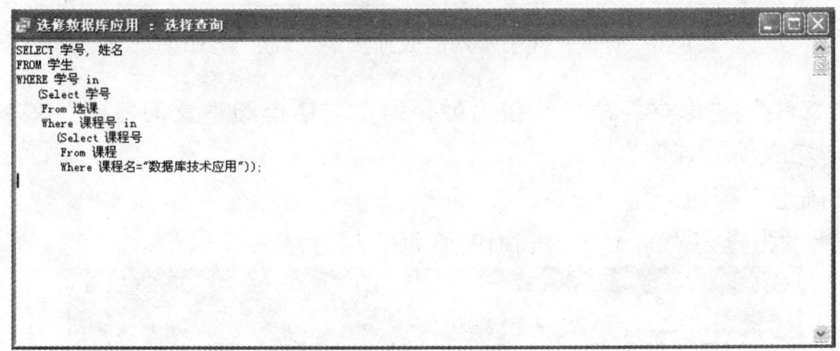

图 4-88　查询“选课数据库课程”SQL 查询语句

(5) 选择“文件”|“保存”命令，或者单击工具栏中的“保存”按钮，在“另存为”对话框的“查询名称”文本框中输入查询名称“选课数据库课程”。

(6) 单击“确定”按钮。

如图 4-89 所示为查询“选课数据库课程”运行结果。

在查询中，很多问题不一定都是单一的联合查询、子查询，可能是多种查询的复合，也可能用到比较运算。

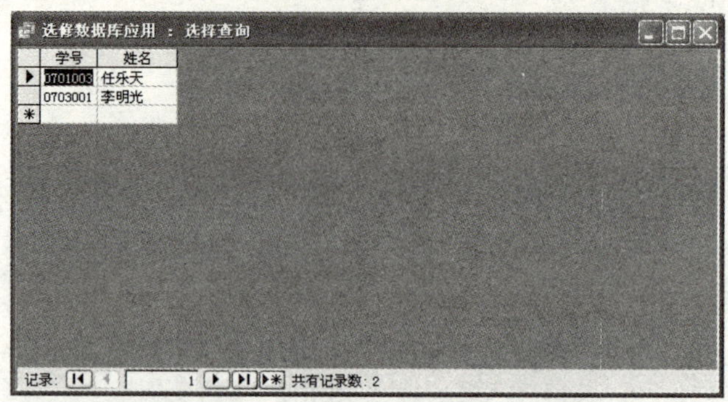

学号	姓名
0701003	任乐天
0703001	李明光

图 4-89 查询“选课数据库课程”运行结果

例 4.31 查询成绩高于全部课程平均成绩的学生学号、姓名、课程号、课程名和成绩。

操作步骤如下：

(1) 打开学生管理数据库，选中“查询”对象。

(2) 单击“新建”按钮，弹出“新建查询”对话框，选择“设计视图”选项。

(3) 在查询设计视图中关闭“添加表”窗口，单击“查询”|“SQL 特定查询”命令，在级联菜单中选择“联合”，出现“查询 1：选择查询”窗口。

(4) 在窗口中输入如图 4-90 所示的查询“高于平均的成绩查询”SQL 查询语句。

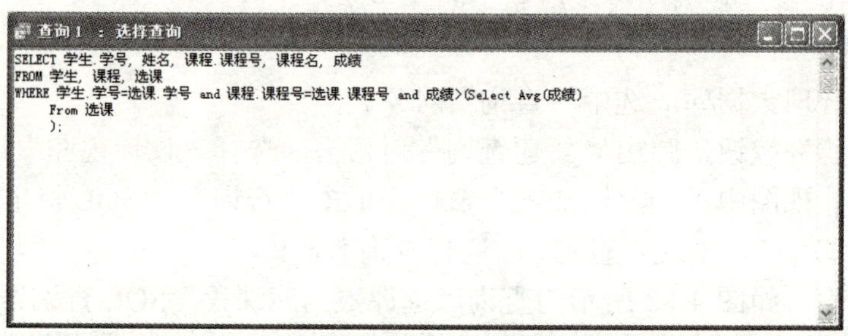


```
SELECT 学生.学号, 姓名, 课程.课程号, 课程名, 成绩
FROM 学生, 课程, 选课
WHERE 学生.学号=选课.学号 and 课程.课程号=选课.课程号 and 成绩>(Select Avg(成绩)
     From 选课
     );
```

图 4-90 查询“高于平均的成绩查询”SQL 查询语句

(5) 选择“文件”|“保存”命令，在“另存为”对话框的“查询名称”文本框中输入查询名称“高于平均成绩的查询”。

(6) 单击“确定”按钮。

如图 4-91 所示为查询“高于平均成绩的查询”运行结果。

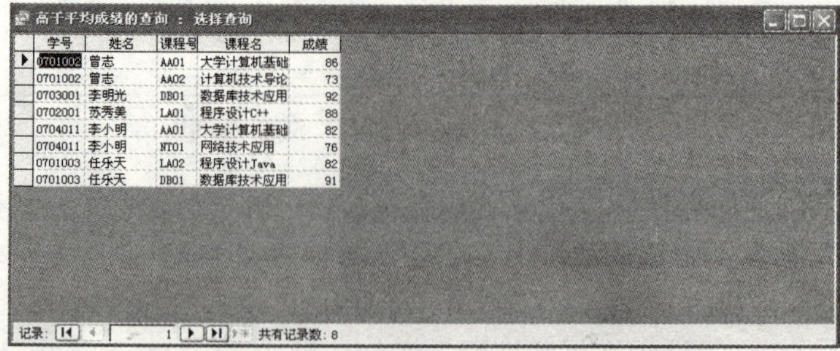

学号	姓名	课程号	课程名	成绩
0701002	曾志	AA01	大学计算机基础	86
0701002	曾志	AA02	计算机技术导论	73
0703001	李明光	DB01	数据库技术应用	92
0702001	苏秀美	LA01	程序设计C++	88
0704011	李小明	AA01	大学计算机基础	82
0704011	李小明	NT01	网络技术应用	76
0701003	任乐天	LA02	程序设计Java	82
0701003	任乐天	DB01	数据库技术应用	91

图 4-91 查询“高于平均的成绩”运行结果

4.7.7　数据定义查询

1．数据定义查询的功能

数据定义查询可以创建、删除或修改表，也可以在数据库中创建索引。每一个数据定义查询只能由一个数据定义语句组成。如表 4-6 所示为数据定义语句及说明。

表 4-6　数据定义语句及说明

数据定义语句	说明
Create Table 字段名，字段类型	创建表
Alter Table 表名	修改表的字段
Drop	删除表或索引
Create Index	为字段创建索引

2．数据定义查询的应用

例 4.32　创建学生信息表，包括学号、姓名、性别字段。

分析：操作步骤与例 31 相同，如图 4-92 所示为创建学生信息表的 SQL 语句。

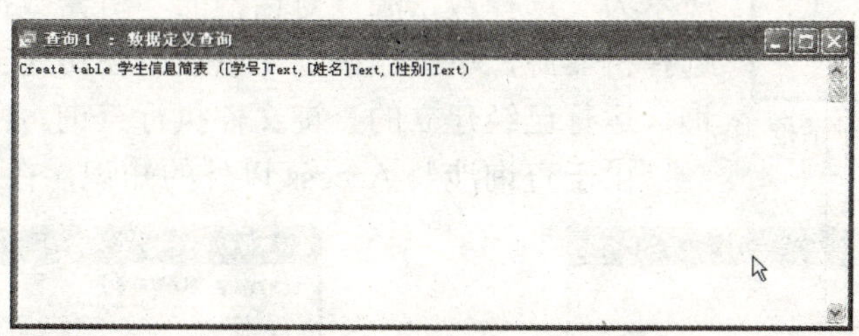

图 4-92　创建学生信息表的 SQL 语句

当执行查询时，系统出现如图 4-93 所示的“数据定义查询”修改表确认对话框，单击“是”执行查询，单击“否”放弃操作。

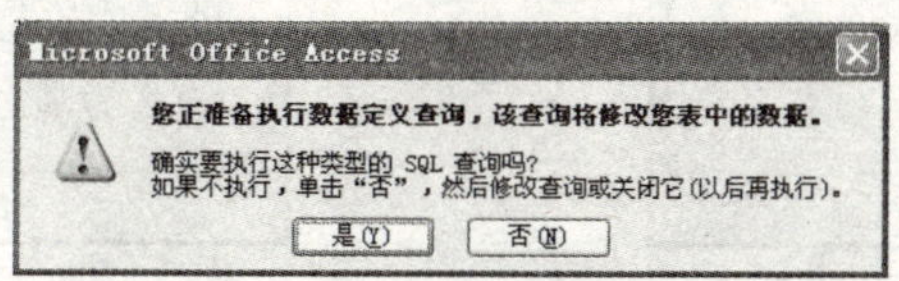

图 4-93　“数据定义查询”修改表确认对话框

例 4.33　利用 SQL 的数据定义查询实现其他操作。

(1) 为学生信息表添加年龄字段，数据类型为整型。

Alter Table 学生信息表 Add 年龄 Integer

(2) 为学生信息表创建学号索引。

Alter Table 学生信息表 Add Unique 学号

(3) 将学生信息表删除。

Drop Table 学生信息表

4.7.8 传递查询

传递查询是 SQL 特定查询之一，它自己不执行数据库而传递给另外一个数据库来执行查询。传递查询可以直接将命令发送到 ODBC 数据库服务器中，如 SQL Server。使用传递查询目的是为了减小网络负荷。使用传递查询时，不必与服务器上的表链接就可以执行相应的表。

Access 中，使用传递查询分为两步，一是设置要链接的数据库；二是在 SQL 窗口中输入 SQL 命令。

具体操作步骤如下：

(1) 在数据库窗口中选中“查询”对象，双击“在设计视图中创建查询”选项，关闭“显示表”对话框，单击“查询”|“SQL 特定查询”命令，在级联菜单选择“传递”命令，弹出“传递”窗口；

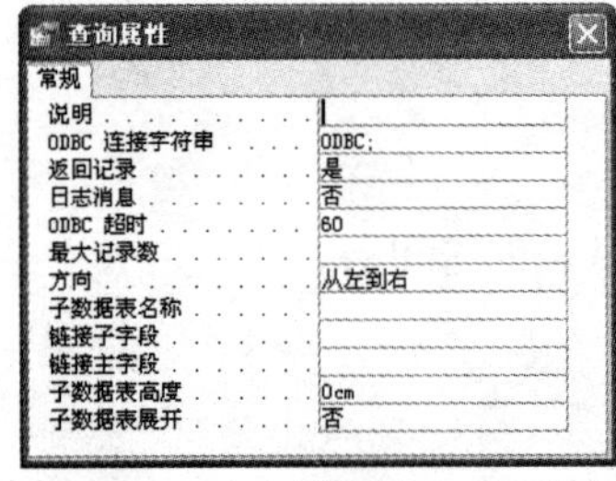

图 4-94 “查询属性”对话框

(2) 单击工具栏上的“属性”按钮，出现如图 4-94 所示的“查询属性”对话框，单击“ODBC 连接字符串”按钮，弹出如图 4-95 所示的“选择数据源”对话框的“文件数据源”标签选项卡，选择“搜索范围”，键入“DNS 名称”，如图 4-96 所示为“选择数据源”对话框的“机器数据源”标签选项卡，选择机器源，单击“确定”按钮。在传递窗口中，输入传递查询，运行已经建立的查询文件执行查询。

由于查询涉及 Access 以外的知识，在此不再详细介绍。

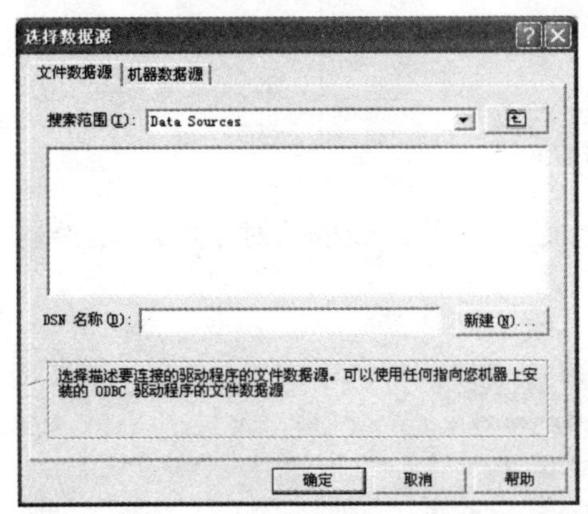

图 4-95 “文件数据源”标签选项卡

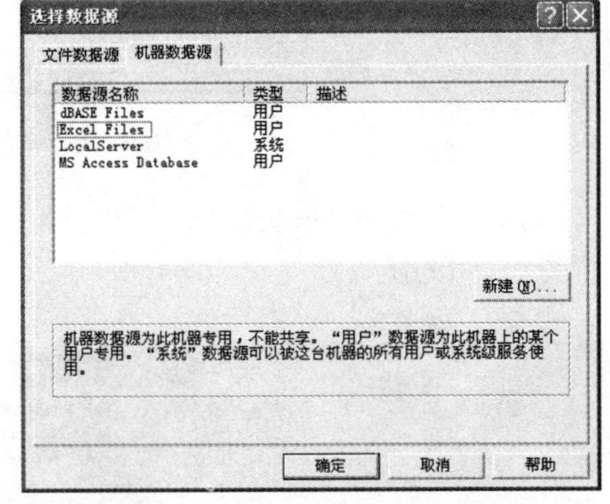

图 4-96 “机器数据源”标签选项卡

4.8 编辑查询

查询创建后，有时需要对查询中的字段进行添加、删除、修改，或者改变数据源以及对查询结果进行筛选、排序等操作。

4.8.1 编辑查询中的字段

编辑查询中的字段是指在查询设计完成后对查询进行操作，包括添加字段、删除字段和移动字段。

1．添加字段

在“设计视图”上半部分的字段列表中双击某个字段名，就可以将字段添加到设计网格的第一个空白列中。如果要将某个字段插入到其他字段之前，先在字段列表中单击字段，然后将其拖动到设计网格的合适位置。

2．删除字段

在“设计视图”窗口的设计网格中单击要删除的字段这一列的任何一行，然后执行“编辑”菜单中的“删除列”命令。

3．移动字段

移动字段是改变字段在查询中的位置。操作步骤如下：

(1) 在“设计网格”中单击要移动字段名称上方的字段选择器。

(2) 拖动该列到要插入字段位置的前面，释放鼠标，该字段移到插入点所在的左边。

4.8.2　调整查询中的列宽

在“设计网格”中，有时在某单元格中输入的内容太多而影响正常的显示，这时可以调整相应的列宽来解决。

调整列宽的操作步骤如下:

(1) 在“数据库”窗口中选中“查询”对象。

(2) 选中要修改的查询，单击“设计”按钮，打开“设计视图”或者单击鼠标右键在弹出的快捷菜单中，选择“设计视图”。

(3) 将鼠标指向要更改列宽字段选择器右边界，当鼠标指针变为双向箭头时，拖动鼠标调整列宽。

(4) 单击工具栏中的保存，保存设置。

4.8.3　编辑查询中的数据源

在创建查询的“设计视图”窗口中列出所添加的表或查询，在表和查询的字段列表中列出了可以添加到设计网格的所有字段。如果需要的字段不在列表中，则要将包含该字段的查询或表添加到“设计视图”中。设计视图中的表或查询没有被使用也可以将其删除。

1．添加表或查询

在“设计视图”中添加表或查询的操作步骤如下：

(1) 在“数据库”窗口中选中“查询”对象。

(2) 选中要修改的查询，单击“设计”按钮，打开“设计视图”或者单击鼠标右键在弹出的快捷菜单中，选择“设计视图”。

(3) 单击“查询”|“显示表”命令，或者工具栏上的“显示表”，出现显示表对话框。

(4) 在对话框中，如果要添加表，单击“表”选项卡，然后双击要添加的表，如果要添加查询，单击“查询”选项卡，然后双击要添加的查询。

(5) 单击“关闭”按钮，关闭显示表对话框。

(6) 单击“文件”|“保存”命令，或者单击工具栏上的“保存”按钮，保存修改。

2. 删除表或查询

在“设计视图”中，删除查询中的一个表或查询。操作步骤如下：

(1) 在“数据库”窗口中选中“查询”对象。

(2) 选中要删除的查询，单击“设计”按钮，打开“设计视图”或者单击鼠标右键在弹出的快捷菜单中，选择“设计视图”。

(3) 在“设计视图”中选中要删除的表或查询，单击“编辑”|“删除”命令，或者单击鼠标右键，在快捷菜单中选择“删除”命令。

(4) 单击“文件”|“保存”命令，或者单击工具栏上的“保存”按钮，保存修改。

当表或查询删除之后，它们的字段列表也将从查询中“设计网格”的字段中删除。

4.8.4 查询结果的使用

查询结果的使用包括查询结果的排序、筛选、查找和替换数据，这些操作可以在查询结果中进行也可以在数据表视图下操作，而在数据库表视图下，没有替换操作。

1. 查询结果排序与筛选

在查询结果中，排序记录的操作步骤如下：

(1) 运行查询，出现查询结果。

(2) 在查询结果中单击“记录”菜单，在下拉菜单的“排序”级联菜单中选择“升序排序”或“降序排序”命令。如图 4-97 所示为“记录”菜单的“排序”级联菜单。

如果要对结果进行筛选，操作过程与排序类似，在“记录”菜单的“筛选”级联菜单中选择筛选方式，如图 4-98 所示为“记录”菜单的“筛选”级联菜单。

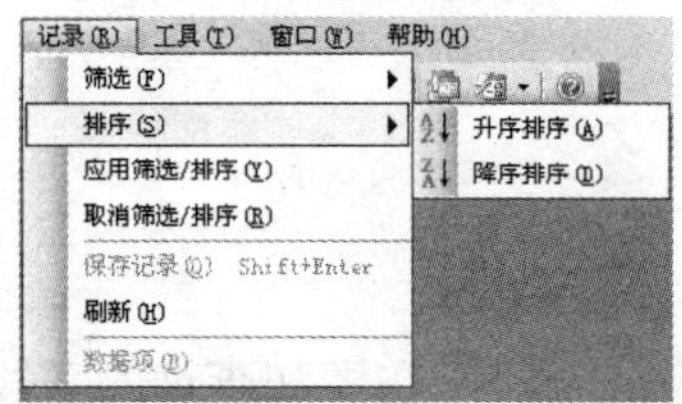

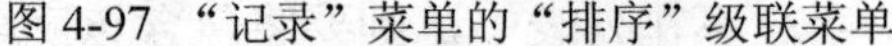
图 4-97 “记录”菜单的“排序”级联菜单

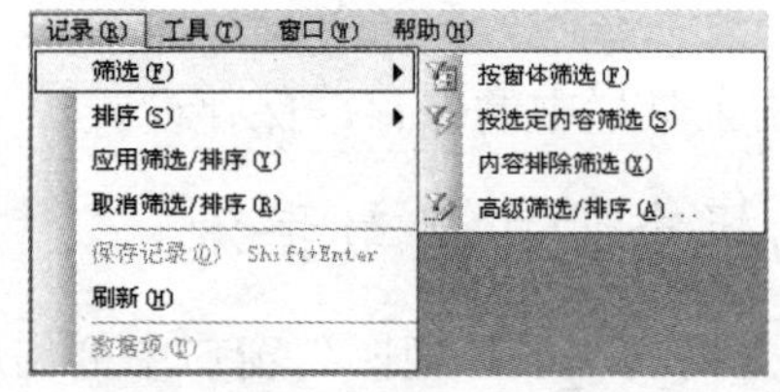

图 4-98 “记录”菜单的“筛选”级联菜单

对结果数据排序也可在设计网格中完成。在设计网格中单击该字段下的“排序”栏，从下拉列表框中选择“升序”、“降序”或“不排序”。如图 4-99 所示为选择字段排序方式选项。

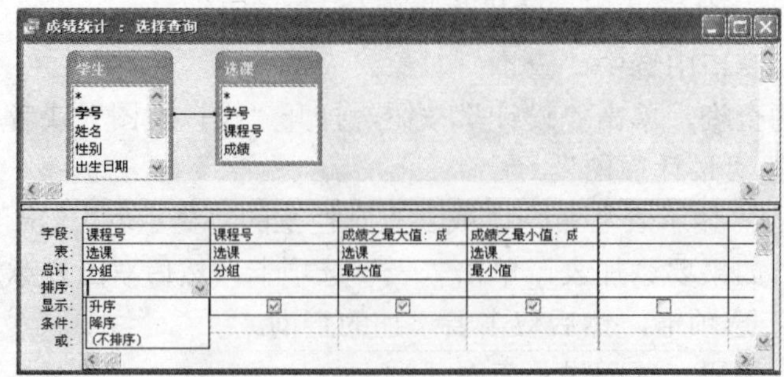

图 4-99 选择字段排序方式选项

2. 在结果中查找或替换数据

在结果中查找数据操作步骤如下：

(1) 运行查询，出现查询结果。

(2) 单击“编辑”|“查找”命令，出现如图4-100所示的“查找和替换”对话框。

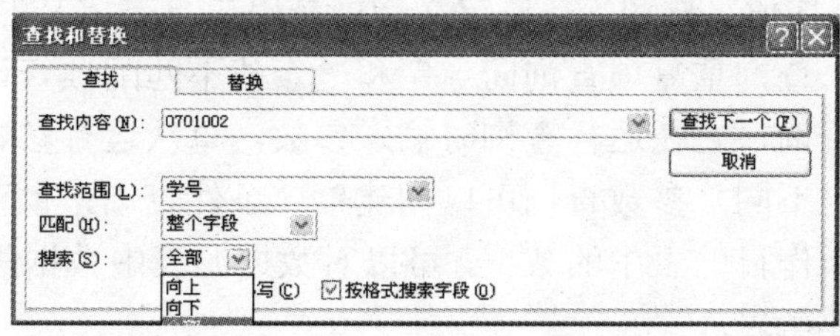

图4-100 “查找和替换”对话框

(3) 在“查找内容”文本框中输入要查找的内容，在“查找范围”中可以选择列名或者“查询”名称。

(4) 在“匹配”中可以选择“字段任何部分”、“整个字段”和“字段开头”。

(5) 在“搜索”中可以选择“全部”、“向上”或者“向下”。

(6) 可以选择“按格式搜索字段”或“区分大小写”复选框，单击“查找下一个”开始查找。

替换数据与查找类似，在操作中，将“查找”改为“替换”，出现如图4-101所示的“查找和替换”对话框的“替换”选项卡，在“替换为”文本框中输入替换内容，如果单击“全部替换”按钮，将符合条件的内容全部替换，也可以先查找再“替换”。

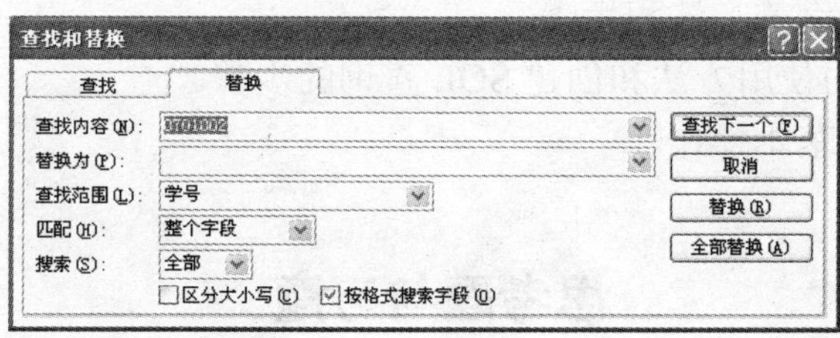

图4-101 “查找和替换”对话框的“替换”选项卡

本 章 小 结

数据查询是数据库中的一个重要对象，是Access提供的一个强大工具。查询是从一个表或者多个表中按照指定条件查找数据的方式。查询具有提取数据、编辑记录、实现计算、建立新表和作为其他对象的数据源等功能。依据查询的具体功能及创建方式的不同，查询可以分为选择查询、交叉表查询、参数查询、操作查询和SQL查询等类型。查询的创建方式有两种，一是通过查询向导创建，另一种是在设计视图中创建。

选择查询是最常见的查询类型，它可以从一个或多个表中筛选记录，并能对记录进行分组、总计、计数、求平均值及其他类型的计算。选择查询产生的结果是一组记录，是表中记录的动态镜像。选择查询可以通过查询向导创建和在设计视图中两种方式创建，尤其是创建带条件的查询，对于逻辑表达式的应用一种是在“条件”中输入，另一种是在“或”中输入。

交叉表查询用于对数据汇总或其他计算，并对这些数据进行分组。在分组字段中，如果用两个分组字段，必须用表查询完成。利用交叉表向导只能创建基于一个表的查询。

Access 的计算有两种：预定义计算和自定义计算。预定义计算是系统设定的一些计算，如求最大值、最小值、平均值、总和等；自定义计算是用户自己定义的计算，使用比较灵性。在查询中计算时可以用“查询重复项查询向导”和“查找不匹配项查询向导”创建查询。

参数查询也是条件查询，它在运行查询时输入参数，每次运行参数查询所输入的参数不同，所得到的查询结果也不同。参数查询可以创建单一条件查询，也可以创建多条件查询。

操作查询可以改变操作目的表中的数据，可以对数据源表中数据进行追加、删除、更新，并可在查询的基础上创建新表。

SQL 语言因其结构简洁、功能强大、简单易学受到广大计算机用户的欢迎。SQL 语言有数据定义、数据操纵和数据控制语言 3 部分，利用 SQL 可以实现单表查询、联合查询、子查询、数据定义查询和传递查询等操作。

编辑查询是在查询创建后，对查询中的字段进行添加、删除、修改，或者改变数据源以及对查询结果进行筛选、排序等操作。

通过学习应该达到下列要求：

(1) 掌握查询的基本概念。

(2) 掌握创建选择查询的方法和步骤。

(3) 掌握创建查询交叉的方法和步骤。

(4) 掌握在查询中计算的方法。

(5) 掌握创建参数查询的方法和步骤。

(6) 掌握创建操作查询的方法和步骤。

(7) 掌握 SQL 语言的使用方法和创建 SQL 查询的步骤。

(8) 掌握编辑查询的基本操作。

思考题与习题

一、选择题

1. 以下关于查询的叙述正确的是______。

   (A) 只能根据表建立查询　　(B) 只能根据已建查询创建查询

   (C) 可以根据表和已建查询创建查询　　(D) 不能根据已建查询创建查询

2. Access 支持的查询类型有______。

   (A) 选择查询、交叉表查询、参数查询、SQL 查询和操作查询

   (B) 基本查询、选择查询、参数查询、SQL 查询和操作查询

   (C) 单表查询、多表查询、交叉表查询、参数查询和操作查询

   (D) 选择查询、统计查询、参数查询、SQL 查询和操作查询

3. 以下合法的表达式是______。

(A) 基本工资 between 2000 and 3000　　(B) [性别] = "男"or [性别]= "女"

(C) [基本工资] between 2000 and 3000　　(D) [性别]like "男"= [性别]= "女"

4. 要查询成绩在70~85之间(包括70，不包括85)的学生信息，成绩字段的查询准则应该设置为______。

(A) 成绩 In(70，85)　　(B) 成绩>=70And 成绩<85

(C) 成绩>70and 成绩<85　　(D) 成绩>70or 成绩<85

5. 操作查询主要不是用于数据库中数据的______。

(A) 更新　　(B) 删除　　(C) 索引　　(D) 生成新表

6. 参数查询中的参数应设置在设计器的______。

(A) 字段　　(B) 排序　　(C) 显示　　(D) 条件

7. 完整的交叉表查询必须选择______。

(A) 行标题、列标题和值　　(B) 只选择行标题

(C) 只选择列标题　　(D) 只选值

8. 利用对话框提示用户输入参数的查询过程称为______。

(A) 选择查询　　(B) 参数查询　　(C) 操作查询　　(D) SQL 查询

9. 用 SQL 语句维护数据应选择“SQL 特定查询”菜单选项中的______。

(A) 联合　　(B) 嵌入　　(C) 数据定义　　(D) 传递

10. 用 SQL 创建统计分析查询的语句是______。

(A) Insert　　(B) Delete　　(C) Update　　(D) Select

二、填空题

1. 查询用于在一个表或多个表内查找某些特定的________，完成数据的检索、定位和计算功能。

2. 查询的记录集实际上并不存在，每次使用查询时，都是从创建查询所提供的数据源中创建记录集，该数据源是__________或__________。

3. Access 的查询向导有__________、__________、“查找重复项查询向导”和________。

4. 查询常常作为_________、__________数据访问页的数据基础。

5. 创建参数查询时，在条件栏中应将参数提示文本文放置在__________中。

6. 创建查询的首要条件是要有__________________。

7. 若要查询所有姓“李”的同学，查询准则应该设置为___________。

8. Access 中，在表、查询或窗体中对记录进行筛选，筛选的含义是将不需要的记录隐藏，而只______出我们需要的记录。

9. SQL 查询是一种简单易学的关系数据库语言，是集__________、_________、数据操纵与数据控制为一体的结构化查询语言。

10. SQL 语言必须在__________的基础上创建。

三、简答题

1. 什么是查询？查询的作用是什么？

2. 在查询中排序和分组的区别是什么？

3. 查询有几种类型？它们的特点是什么？

4. SQL 查询的特点是什么？

5. SQL 中，Group By、Sum 和 Count 它们的含义是什么？

四、操作题

实验一　查询的基本操作

1. 实验目的

(1) 掌握选择查询的建立方法;

(2) 掌握操作查询的创建方法并理解其作用。

2. 实验环境

Windows 操作系统、Microsoft Office Access 2003。

3. 实验内容

(1) 创建一个查询所有图书基本信息的查询 。

(2) 创建一个按图书类别统计图书种类的查询 。

(3) 创建一个参数查询，按指定的雇员姓名查询该员工的售书情况，显示“姓名”、“书名”、“作者”、“数量”、“售出日期”等信息。

(4) 创建一个更新查询，将 1980 年及其以后出生的职员的“职务”更新为“年轻职员”。

(5) 创建一个删除查询，将姓“李”职员信息从“雇员基本信息”表中删除。

(6) 创建一个显示所有职工平均年龄的查询。

(7) 创建一个显示职工最大年龄和最小年龄的查询。

实验二　SQL 查询及编辑查询操作

1. 实验目的

(1) 掌握 SQL 查询创建的方法;

(2) 掌握编辑查询操作。

2. 实验环境

Windows 操作系统、Microsoft Office Access 2003。

3. 实验内容

(1) 利用 SQL 查询年龄大于 30 岁的雇员的姓名、性别和年龄。

(2) 利用 SQL 查询雇员的人数。

(3) 利用 SQL 查询每一个雇员销售图书的数量。

(4) 利用 SQL 查询每一个雇员“科技”类图书的销售情况，包括雇员编号、姓名、图书编号、书名、作者、类别编号、类别名称、数量。

(5) 利用 SQL 查询每一种图书的销售量，包括书名、出版社、作者、销售数量和销售总额。

(6) 对每一种图书的销售量(书名、出版社、作者、销售数量和销售总额)，按销售金额从高到低排序。

第 5 章　窗体设计

窗体是 Access 数据库的重要组成对象之一。通过窗体设计可以创建出美观、方便的操作界面，从而轻松地访问数据库中的表、查询、报表等，并可对数据表中的数据进行操作。

本章内容主要包括窗体概述、创建窗体、窗体中控件及其应用、窗体和控件的事件、美化窗体和窗体的操作。

5.1　窗体概述

5.1.1　窗体的概念和功能

1. 窗体的概念

窗体是用户与 Access 应用程序之间的接口，用户可以在窗体中方便地输入数据、编辑数据、显示和查询表中的数据。在窗体上可以加入说明性文字、图形、图像等信息来美化窗体，也可以加入数据表或查询的记录数据，这些数据往往伴随所处理的数据记录的改变而变化。窗体与数据表不同，它本身不存储数据，其数据来源于数据表或查询。任何形式的窗体都是建立在表或查询基础上的。

2. 窗体的功能

在 Access 中，窗体具有下列功能：

1) 显示信息

窗体能够显示各种提示、警告和出错信息。

2) 显示编辑数据

在窗体上可以显示表或查询中的数据，通过设置窗体控件的相关属性还可以对窗体上所显示的数据表中的数据进行输入、浏览、编辑、更新和删除等操作。

3) 打印数据

打印数据是报表的主要功能，利用窗体也可以打印指定的数据，实现报表的部分功能。

4) 控制应用程序的流程

通过操作放置在窗体上的控件可以控制应用程序的执行过程。例如在窗体上设置命令按钮并和“宏”配合使用，可以打开不同的数据表、窗体，运行查询和打印报表。利用窗体可以将应用程序中相关对象有机地组织起来，形成一个完整的数据库应用系统。

5) 与用户进行交互

通过自定义对话框与用户进行交互，可以为用户的后续操作提供相应的数据和信息。

5.1.2　窗体的组成和结构

一个完整的窗体由窗体页眉、页面页眉、主体、页面页脚和窗体页脚 5 部分组成。每一部分称为一个节，大部分窗体只有主体节，其他的节根据需要通过“视图”菜单中的命令添加。在数据库的窗口对象中单击“新建”按钮，出现如图 5-1 所示的“新建窗体”对话框。

在“新建窗体”对话框中选择“设计视图”，单击“确定”，出现窗体“设计视图”。单击“视图”|“窗体页眉/页脚”命令，将“窗体页眉/页脚”添加到设计视图中；单击“视图”|“页面页眉/页脚”命令，将“页面页眉/页脚”添加到设计视图中。如图 5-2 所示为添加页眉/页脚后的窗体设计视图。

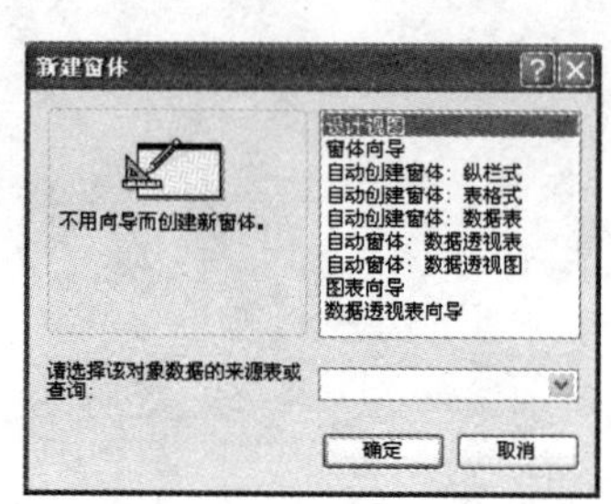

图 5-1 “新建窗体”对话框

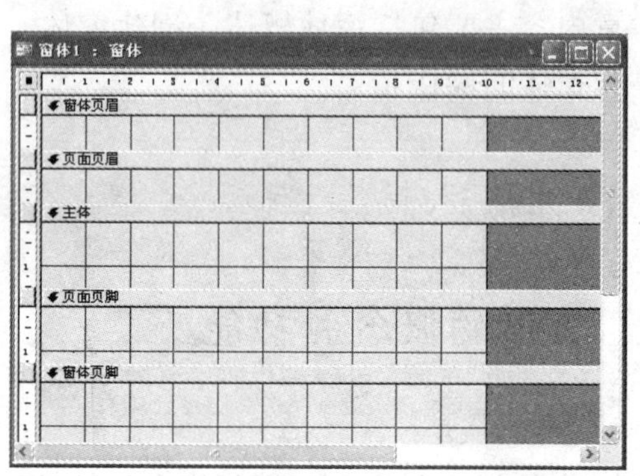

图 5-2 添加页眉/页脚后的窗体设计视图

1. 窗体页眉

窗体页眉位于窗体的首部，用于显示窗体的标题、窗体徽标、使用说明或打开相关窗体及执行其他任务的命令按钮。在“窗体视图”中，窗体页眉显示在窗体的顶部；打印窗体时，窗体页眉打印到文档的开始；在“数据表视图”中，窗体页眉不显示。

2. 页面页眉

页面页眉在窗体每一页的顶部，用来显示页码、日期、列标题等信息。页面页眉只出现在打印的窗体上。

3. 主体

主体节通常用来显示窗体数据源中的记录，可以在屏幕或页面上显示一条记录，也可以显示多条记录。

4. 页面页脚

页面页脚出现在每一页的底部，用来设置窗体在打印时底部要打印的信息，如页码、日期、摘要信息、本页汇总等数据，页面页脚只出现在打印的窗体上。

5. 窗体页脚

窗体页脚位于窗体的尾部，用于显示对所有记录都要显示的内容、使用命令的操作说明，也可以设置命令按钮，以便执行必要的控制。

5.1.3 窗体的分类

根据显示数据的方式不同，Access 提供了纵栏式窗体、表格式窗体、数据表窗体、组合式窗体、图表窗体和数据透视表窗体。

1．纵栏式窗体

纵栏式窗体是最常用的窗体，每次只显示一条纵向排列的记录。如图 5-3 所示为教师表的纵栏式窗体。

窗体中显示的记录按行分隔，每列左边显示字段名，右边显示字段值。记录的显示可以用前进、后退按钮控制。纵栏式窗体操作简单、显示直观。

2．表格式窗体

表格式窗体以表格形式显示多条记录，一行显示一条记录。如图 5-4 所示为教师表的表格式窗体。

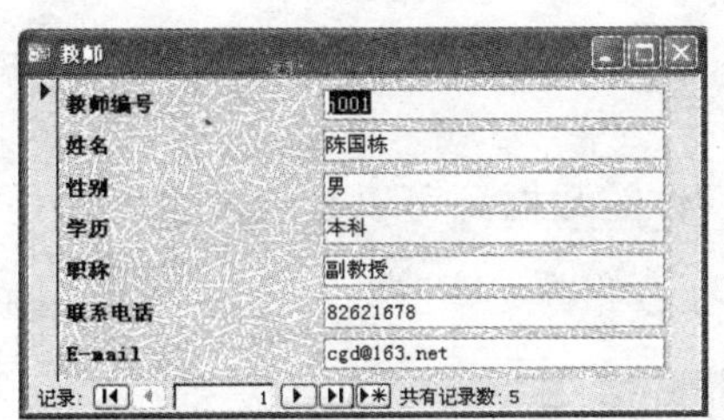

图 5-3　教师表的纵栏式窗体

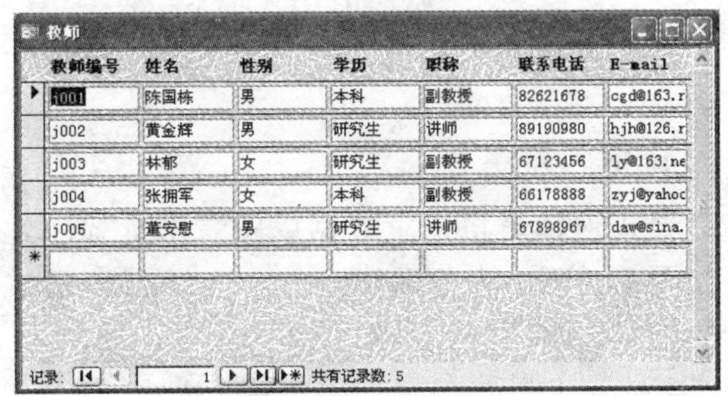

教师编号	姓名	性别	学历	职称	联系电话	E-mail
j001	陈国栋	男	本科	副教授	82621678	cgd@163.r
j002	黄金辉	男	研究生	讲师	89190980	hjh@126.r
j003	林郁	女	研究生	副教授	67123456	ly@163.ne
j004	张拥军	女	本科	副教授	66178888	zyj@yahoc
j005	董安慰	男	研究生	讲师	67898967	daw@sina.

图 5-4　教师表的表格式窗体

如果表格窗体数据太多，可以通过滚动条进行浏览信息。

3．数据表窗体

数据表窗体与数据表视图相同的形式显示多条记录，数据表窗体的主要应用是作为一个窗体的子窗体。如图 5-5 所示为教师表的数据表窗体。

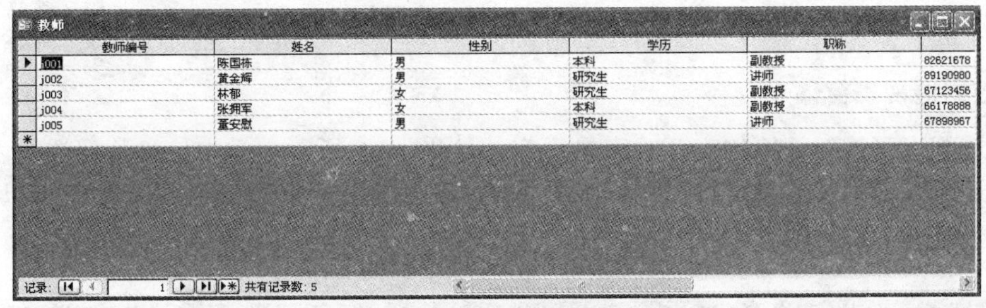

教师编号	姓名	性别	学历	职称	
j001	陈国栋	男	本科	副教授	82621678
j002	黄金辉	男	研究生	讲师	89190980
j003	林郁	女	研究生	副教授	67123456
j004	张拥军	女	本科	副教授	66178888
j005	董安慰	男	研究生	讲师	67898967

图 5-5　教师表的数据表窗体

4．组合窗体

含有表格式或数据表式子窗体的窗体称为组合窗体。

窗体中的窗体命名为子窗体，包含子窗体的基本窗体称为主窗体。主窗体和子窗体通常用于显示多个表或查询中的数据，这些表或查询中的数据具有“一对多”关系。主窗体中显示“一方”数据，而子窗体中显示“多方”数据。如图 5-6 所示为学生选课组合窗体。

在学生选课关系中，学生表和选课表是一对多的关系，一名学生记录对应多条选课记录，即一名学生可以选修多门课程。主窗体(一方)中显示学生基本信息，子窗体(多方)中显示选修课程的信息。

在组合窗体设计中，主窗体只能以纵栏式窗体显示，子窗体可以用数据表窗体显示，也可以用表格式窗体显示。当在主窗体中输入数据或添加记录时，Access 会自动保存每一条记录到子窗体对应的表中。

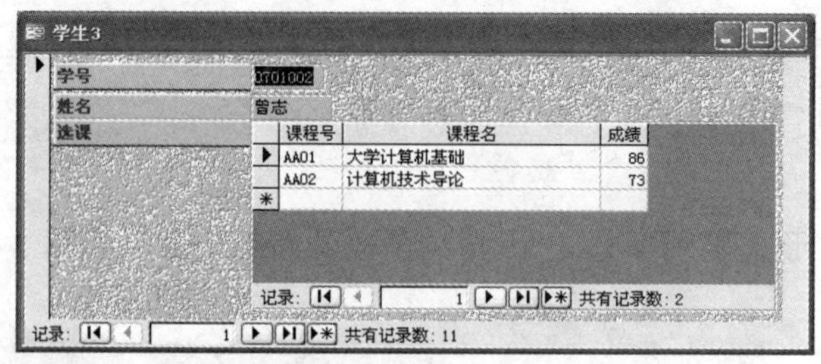

图 5-6　学生选课组合窗体

5. 图表式窗体

图表式窗体是将记录数据以图表形式显示，图表式窗体的数据源可以是表，也可以是查询。如图 5-7 所示为各系学生入学成绩图表窗体。

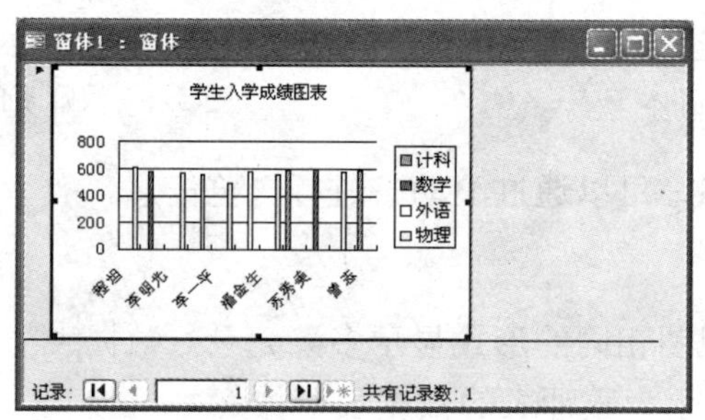

图 5-7　各系学生入学成绩图表窗体

6. 数据透视表窗体

数据透视表可进行计算的交互式表显示窗体。如图 5-8 所示为学生信息数据透视表窗体。

数据透视表窗体可以指定格式和计算方法汇总数据。在数据透视表窗体中，可以方便地查看组成数据库中的数据、明细数据和汇总数据。

教师

将筛选字段拖至此处

		姓名												林有
		陈国栋				董安慰				黄金辉				
教师编号	E-mail	学历	性别	职称	联系电话	学历	性别	职称	联系电话	学历	性别	职称	联系电话	学
j001	cgd@163.NET	本科	男	副教授	82621678									
	汇总													
j002	hjh@126.net									研究生	男	讲师	89190980	
	汇总													
j003	ly@163.net													
	汇总													
j004	zyj@yahoo.cn													
	汇总													
j005	daw@sina.com					研究生	男	讲师	67898967					
	汇总													
总计														

图 5-8　教师信息数据透视表窗体

5.1.4　窗体的视图

窗体视图有 3 种方式：设计视图、窗体视图和数据表视图。

1．设计视图

设计视图主要用于创建窗体或者修改窗体，如图 5-2 所示为添加页眉/页脚后的窗体设计视图。

2．窗体视图

窗体视图用于显示记录数据、添加或修改表中数据，如图 5-3 所示为教师表的纵栏式窗体视图。

3．数据表视图

数据表视图以行列格式显示表、查询或窗体中数据。如图 5-5 所示为教师表的数据表窗体视图，在数据表视图中可以编辑、修改、查找或删除数据。

5.1.5　窗体的属性

在窗体设计中经常需要用到窗体的属性，系统为每个窗体设计了若干属性，在图 5-2 的设计视图中，单击工具栏中的“属性”按钮，出现如图 5-9 所示的“窗体”属性窗口， 属性列表的“全部”标签选项列出了窗体的全部属性。

1．窗体属性分类

按照窗体的组成，窗体属性分为以下类别：

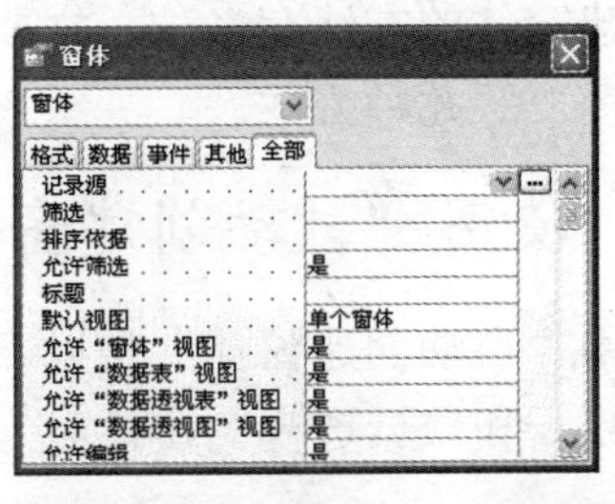

图 5-9 “窗体” 属性列表的“全部”标签选项

(1) 窗体属性。

(2) 窗体页眉属性。

(3) 窗体页脚属性。

(4) 页面页眉属性。

(5) 页面页脚属性。

(6) 主体属性。

当使用窗体工具箱中的工具在窗体中确定一个位置后，也可以设定其属性，如文本框属性、标签属性等。

2．窗体属性标签

窗体属性由格式、数据、事件、其他、全部 5 个标签。各标签的含义如下：

1) 格式

用来描述属性对象的格式，包括标题、字体、字形、颜色、大小、位置、边框、背景色等；是否允许窗体、数据表、数据透视图、数据透视表视图；图片的放置等内容。

2) 数据

数据标签用来描述属性对象的控件来源，是否允许筛选、编辑、删除、添加及其他有效性规则等。如图 5-10 所示为“窗体” 属性列表的“数据”标签选项，利用滚动条可以查看其他属性。

3) 事件

用来描述属性对象的插入、更新、删除等事件的动作特征，以及鼠标动作、打开窗体对象的事件。如图 5-11 所示为“窗体”属性列表的“事件”标签选项，利用滚动条可以查看其他属性。

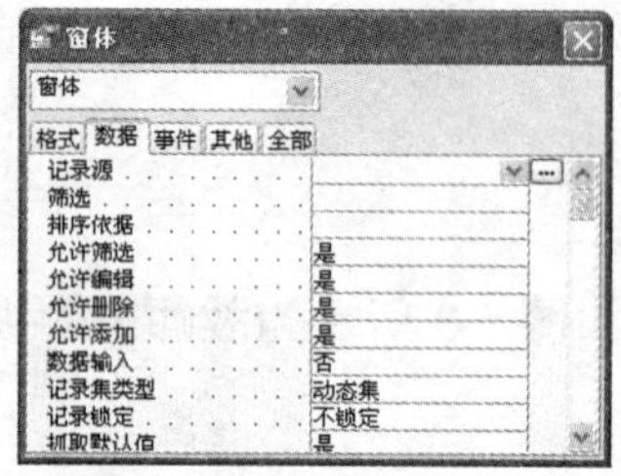

图 5-10 “窗体”属性列表的“数据”标签选项

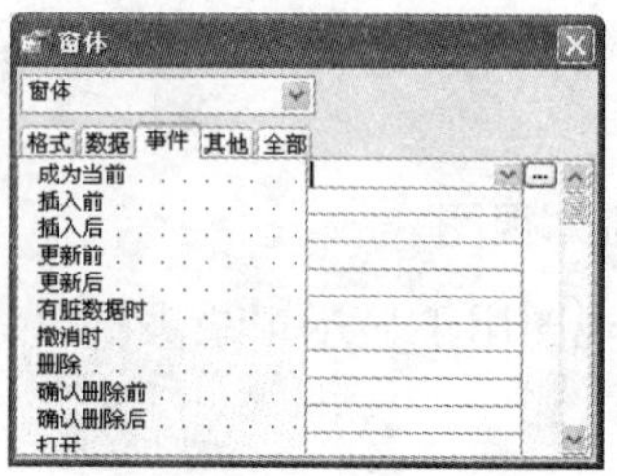

图 5-11 “窗体”属性列表的“事件”标签选项

4) 其他

用来描述属性对象的名称模式、弹出方式、快捷菜单等其他属性。

5) 全部

列出所有属性标签列表。

5.2 创建窗体

创建窗体的方法有多种，主要有“自动创建窗体”、“图表向导”、“窗体向导”和“窗体设计视图”等几种方式。

5.2.1 使用“自动创建窗体”创建窗体

使用“自动创建窗体”是以表或查询作为数据源，可以创建纵栏式、表格式、数据表、数据透视表和数据透视图窗体。

1. 使用“自动创建窗体”创建纵栏式窗体

例 5.1 在“学生管理”数据库中使用“学生”表创建纵栏式窗体。

操作步骤如下：

(1) 打开“学生管理”数据库窗口，选中“窗体”对象。

(2) 单击“新建”按钮，出现如图 5-1 所示的“新建窗体”对话框。

(3) 在对话框的“请选择该对象的来源表或查询”文件框中单击文本框右侧的下拉按钮，选择所需要的表或查询，这里选择“学生”表。

(4) 选中“自动创建窗体：纵栏式”，单击“确定”，出现如图 5-12 所示的“纵栏式学生信息窗体”窗口。

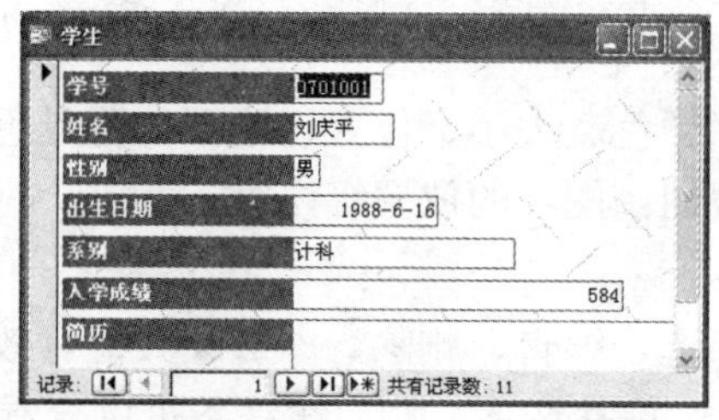

图 5-12 “纵栏式学生信息窗体”窗口

(5) 单击“文件”|“保存”命令，或单击工具栏上的“保存”按钮，在出现的“另存为”对话框中输入窗体名称“纵栏式学生信息窗体”，单击“确定”按

钮，也可以单击窗体的关闭按钮，弹出“保存提示”对话框，单击“是”按钮，出现“另存为”对话框，输入窗体名称。

2. 使用“自动创建窗体”创建表格式窗体

例 5.2　在“学生管理”数据库中使用“学生”表创建表格式窗体。

操作步骤如下：

(1) 打开“学生管理”数据库窗口，选中“窗体”对象。

(2) 单击“新建”按钮，出现如图 5-1 所示的“新建窗体”对话框。

(3) 在对话框的“请选择该对象的来源表或查询”文件框中单击文本框右侧的下拉按钮，选择“学生”表。

(4) 选中“自动创建窗体：表格式”，单击“确定”，出现如图 5-13 所示的“表格式学生信息窗体”窗口，如果信息内容在一个页面无法显示，利用滚动条可以查看全部信息。

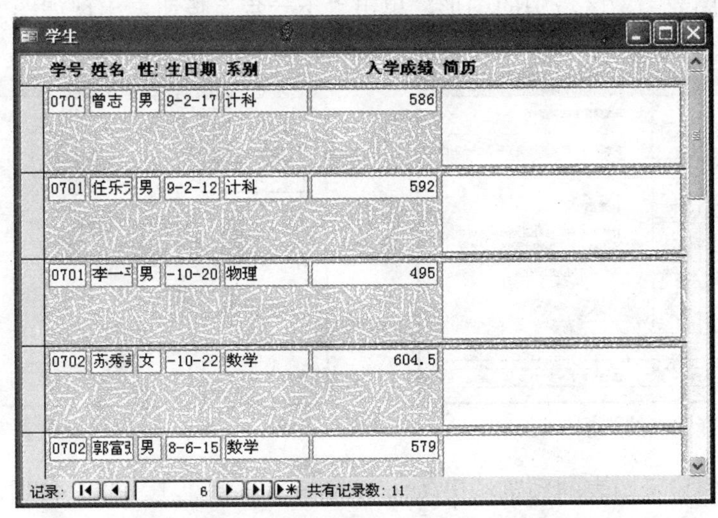

图 5-13　“表格式学生信息窗体”窗口

(5) 单击“文件”|“保存”命令，或工具栏上的“保存”按钮，在出现的“另存为”对话框中，输入窗体名称“表格式学生信息窗体”，单击“确定”按钮。

同样，可以通过自动创建窗体创建数据表、数据透视表和数据透视图窗体。相关操作请读者自己完成。

5.2.2　使用“图表向导”创建窗体

例 5.3　在“学生管理”数据库中使用“教师”表创建姓名和学历图表窗体。

操作步骤如下：

(1) 打开“学生管理”数据库窗口，选中“窗体”对象。

(2) 单击“新建”按钮，出现如图 5-1 所示的“新建窗体”对话框。

(3) 在对话框中选择“图表向导”选项，在“请选择该对象的来源表或查询”下拉列表框中，单击文本框右侧的下拉按钮，选择“教师”表。

(4) 单击“确定”按钮，出现如图 5-14 所示“图表向导－选择用于图表的字段”对话框。

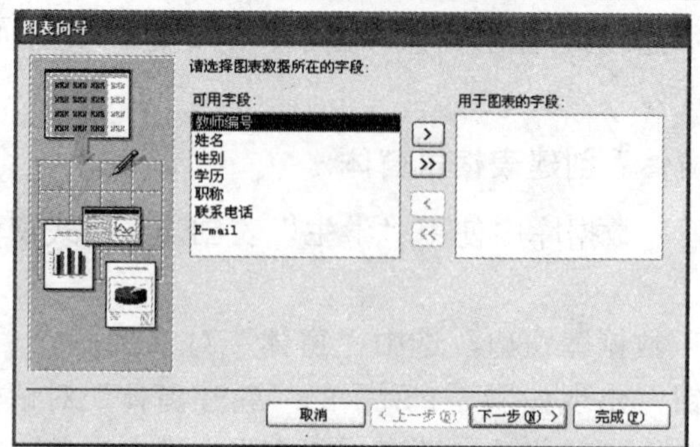

图 5-14 “选择用于图表的字段”对话框

(5) 在对话框中选定姓名和学历字段，加入“用于图表的字段”区域。

(6) 单击“下一步”按钮，出现如图 5-15 所示“图表向导－请选择图表的类型”对话框。

(7) 单击选择图表类型区域中的图形，单击“下一步”按钮，出现如图 5-16 所示的“图表向导－预览图表”对话框。

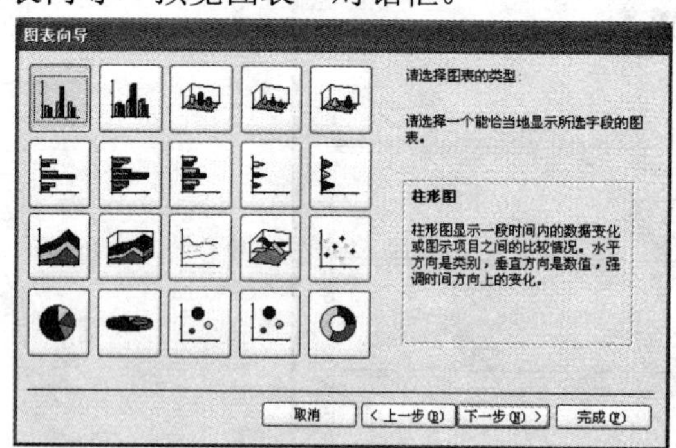

图 5-15 “请选择图表的类型”对话框

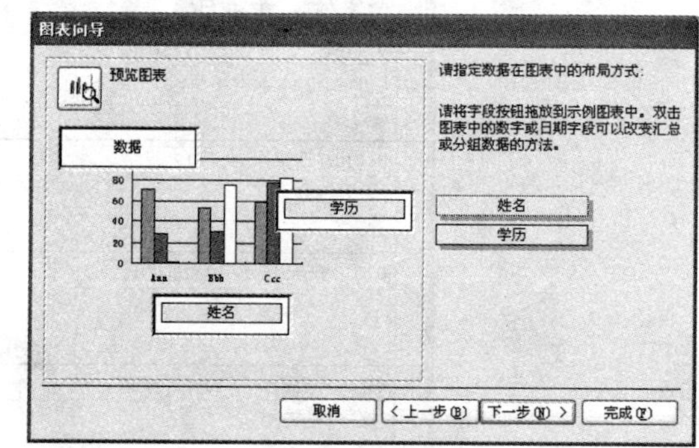

图 5-16 “预览图表”对话框

(8) 在对话框中显示图表的预览结果(如果不满意，单击“上一步”按钮，返回如图 5-15 所示的“图表向导－请选择图表的类型”对话框，重新选择)。

(9) 单击“下一步”按钮，出现如图 5-17 所示“图表向导－请指定图表的标题”对话框。

(10) 在对话框中，在“请指定图表的标题”文本框中输入图表标题“教师学历”。

(11) 单击“完成”按钮，完成窗体的创建，出现如图 5-18 所示的“教师学历”图表窗体创建结果。

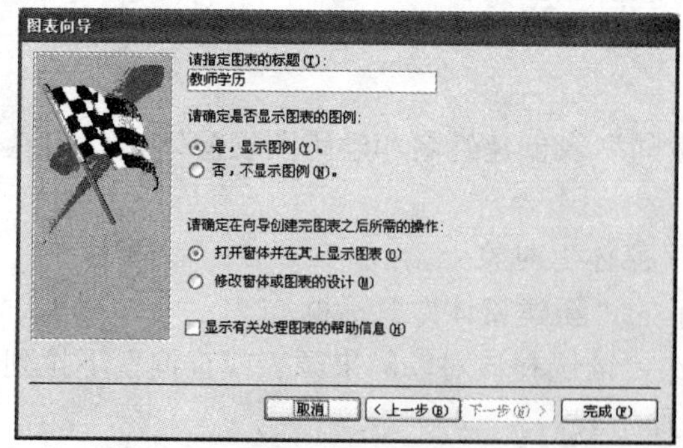

图 5-17 “请指定图表的标题”对话框

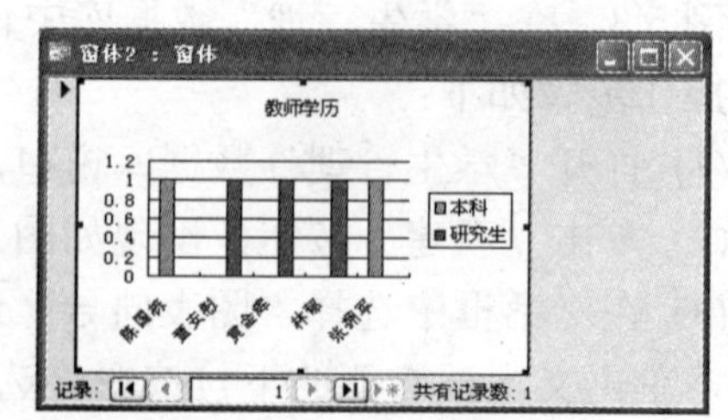

图 5-18 “教师学历”图表窗体创建结果

5.2.3　使用“窗体向导”创建窗体

使用“自动创建窗体”可以快速地创建窗体，但所创建的窗体形式、布局和外观都已经确定，只能创建基于一个表或一个查询的数据，不能选择要显示的字段。使用“窗体向导”可以灵活的创建多种风格、基于多个数据源的窗体。

1．使用“窗体向导”创建基于一个表的纵栏式窗体

例 5.4　在“学生管理”数据库中使用“学生”表创建纵栏式窗体。

操作步骤如下：

(1) 打开“学生管理”数据库窗口，单击“对象”栏中的“窗体”。

(2) 双击“窗体向导”按钮，出现如图 5-19 所示的“窗体向导－选择字段”对话框。

(3) 在对话框的“表/查询”文本框中选择“学生”表，将学生表的可用字段，添加到“选择的字段”区域。

(4) 单击“下一步”按钮，出现如图 5-20 所示的“窗体向导－请确定窗体使用的布局”对话框。

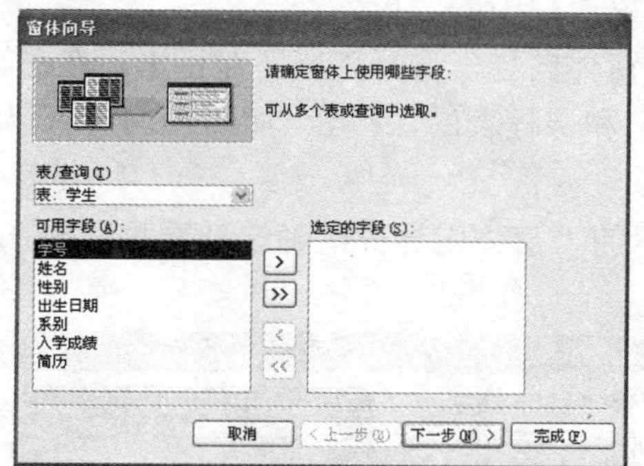

图 5-19　“窗体向导－选择字段”对话框

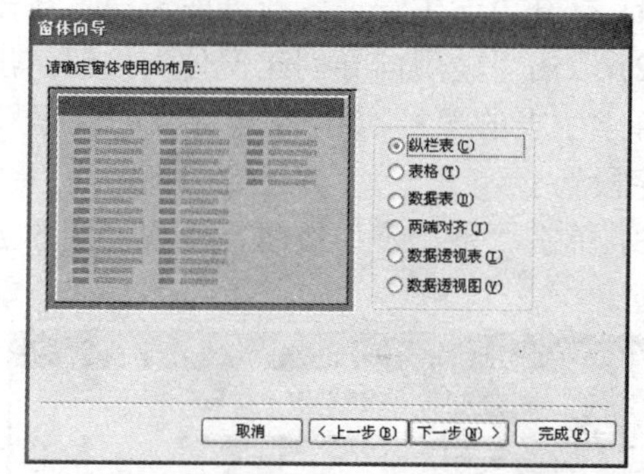

图 5-20　“请确定窗体使用的布局”对话框

(5) 在对话框中选择“纵栏式”单选按钮。

(6) 单击“下一步”按钮，出现如图 5-21 所示的“窗体向导－请确定所用样式”对话框。

(7) 在对话框中，可以选择给定的样式，单击“下一步”按钮，出现如图 5-22 所示的“窗体向导－请为窗体指定标题”对话框。

(8) 在“请为窗体指定标题”文本框中输入标题“学生表窗体”。

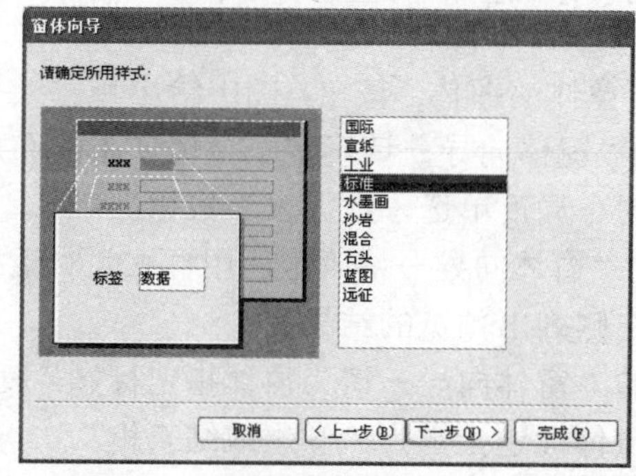

图 5-21　“请确定所用样式”对话框

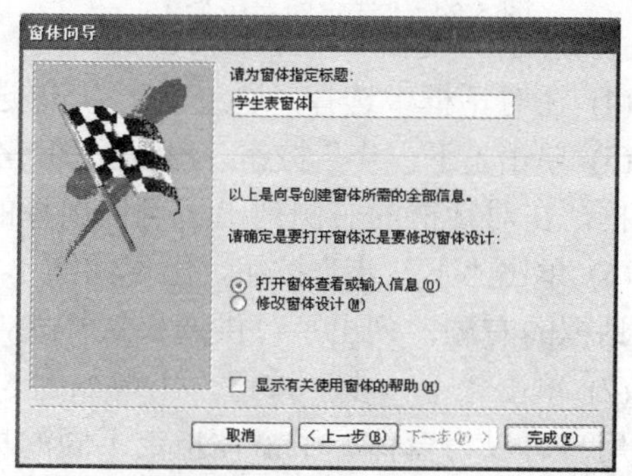

图 5-22　“请为窗体指定标题”对话框

(9) 最后单击“确定”按钮，出现如图 5-23 所示的纵栏式“学生表”窗体运行结果。

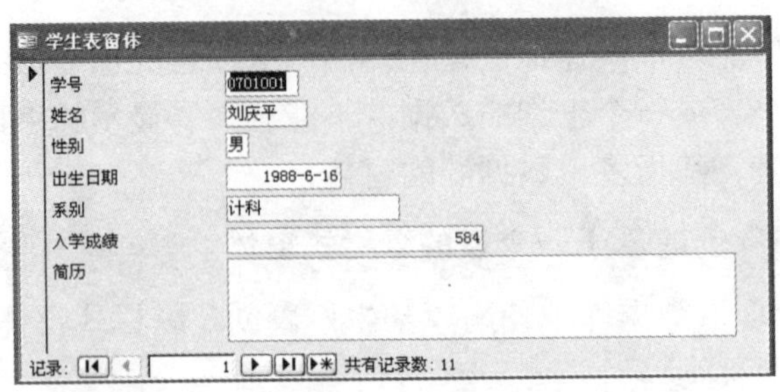

图 5-23 纵栏式“学生表”窗体运行结果

2. 使用“窗体向导”创建基于多个表的窗体

例 5.5 在“学生管理”数据库中使用“学生”、“选课”和“课程”表创建学生课程信息的窗体。

操作步骤如下：

(1) 打开“学生管理”数据库窗口，单击“对象”栏中的“窗体”。

(2) 双击“使用向导创建窗体”按钮，出现“窗体向导－选择字段”对话框，在对话框中选择学生表的学号、姓名，选课表的课程号、成绩和课程表的课程名，如图 5-24 所示为“选定的字段”。

(3) 单击“下一步”按钮，出现如图 5-25 所示的“窗体向导－请确定查看数据的方式”对话框。

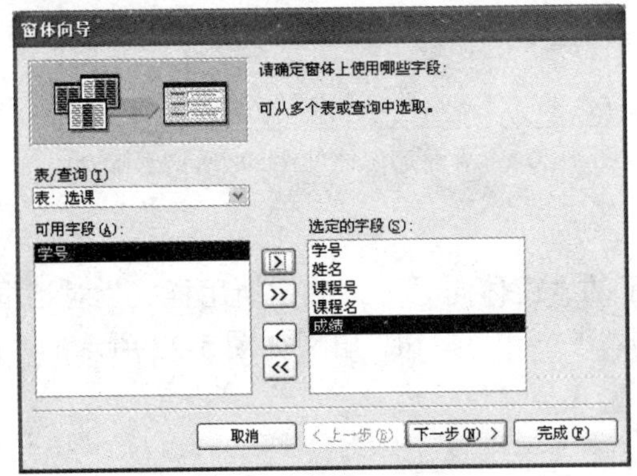

图 5-24 “选定的字段”

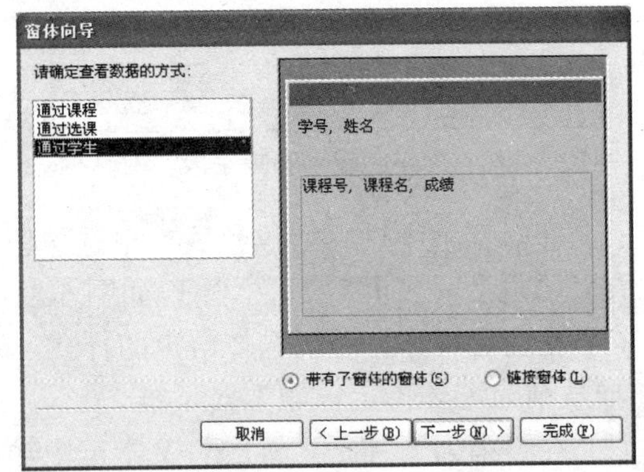

图 5-25 “请确定查看数据的方式”对话框

(4) 在对话框中选择“通过学生”，单选“带有子窗体的窗体”按钮，图中给出预览结果。

(5) 单击“下一步”按钮，出现如图 5-26 所示的“窗体向导－请确定子窗体使用的布局”对话框，在对话框的右侧列出了可供选择的子窗体的布局，单选“数据表”按钮。

(6) 单击“下一步”按钮，出现如图 5-27 所示的“窗体向导－请确定所用样式”对话框，在对话框的右侧，列出了可供选择的样式，选定后左侧列出预览的结果。

(7) 单击“下一步”按钮，出现如图 5-28 所示的“窗体向导－请为窗体指定标题”对话框，用户可以为窗体、子窗体指定不同的标题，将窗体标题指定为“学生成绩查询”。

(8) 最后，单击“完成”按钮，出现如图 5-29 所示的“学生成绩查询”窗体运行结果。

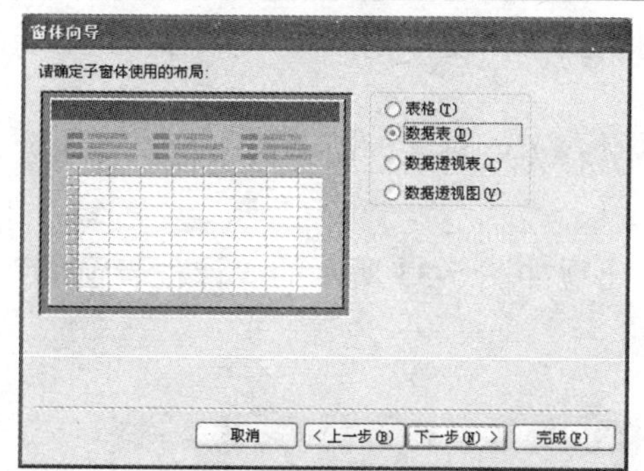

图 5-26 “请确定子窗体使用的布局”对话框

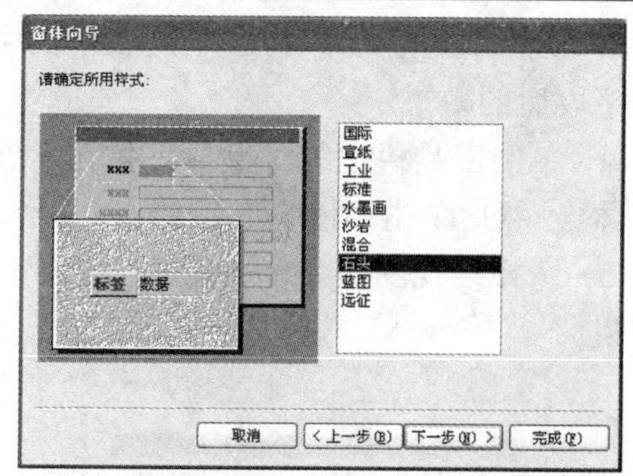

图 5-27 “请确定所用样式”对话框

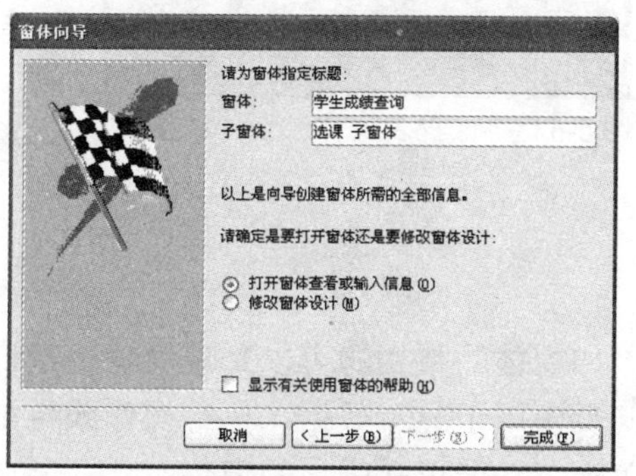

图 5-28 “请为窗体指定标题”对话框

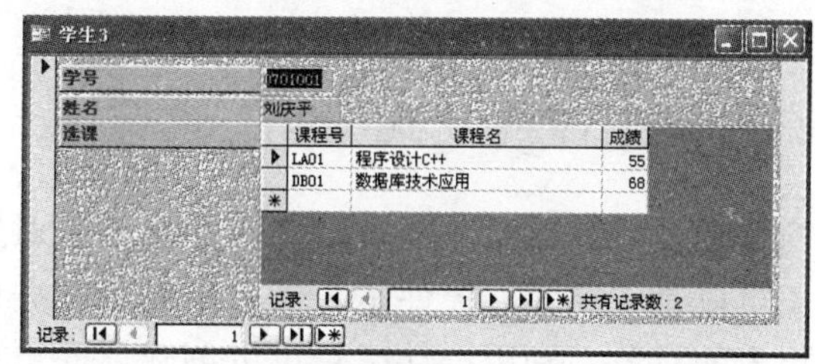

图 5-29 “学生成绩查询”窗体运行结果

5.2.4　窗体设计视图

利用“窗体向导”可以方便地创建窗体，但有时需要创建一些有特殊要求的窗体，就需要选用窗体“设计视图”来创建和修改窗体。在窗体设计视图中，可以具体设置窗体的属性，改变窗体中字段的排列、增加控件、设置操作、编写代码等。

利用设计视图创建窗体时，需要将数据源表或查询中的字段添加到窗体上。

例 5.6　使用窗体设计视图创建“课程”表的窗体。

操作步骤如下：

(1) 在“学生管理”数据库窗口的“窗体”对象中双击“在设计视图中创建窗体”选项，出现如图 5-30 所示的空白“窗体设计视图”窗口。

(2) 单击工具栏上的“属性”按钮，出现属性窗口，在“记录源”属性的下拉列表中选择“课程”表作为数据源，出现如图 5-31 所示的“课程”表的字段列表框，如果字段列表框没有打开，可以选择“视图”菜单中的“字段列表”命令。

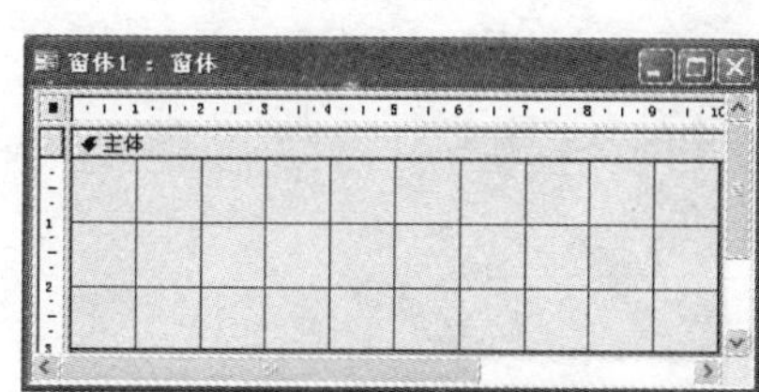

图 5-30 “窗体设计视图”窗口

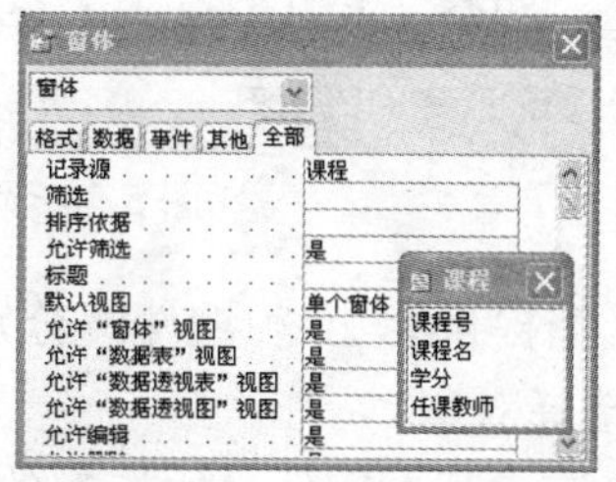

图 5-31　窗体属性窗口和“课程”表的字段列表框

(3) 关闭属性窗口，将字段列表中的字段逐个拖动到窗体设计视图中，如图 5-32 所示为添加字段后的效果。

(4) 单击工具栏上的“保存”按钮，在出现的“另存为”对话框中输入窗体名称“课程表窗体”，然后单击“确定”按钮。

(5) 选择“视图”菜单中的“窗体视图”命令，出现如图 5-33 所示的“课程表窗体”设计结果。

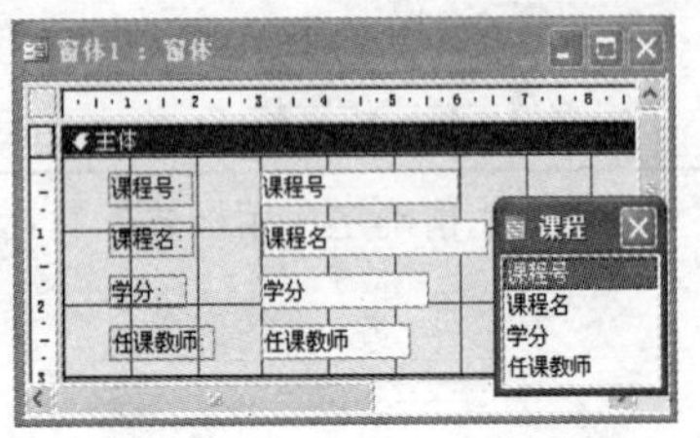

图 5-32　在设计视图中添加字段

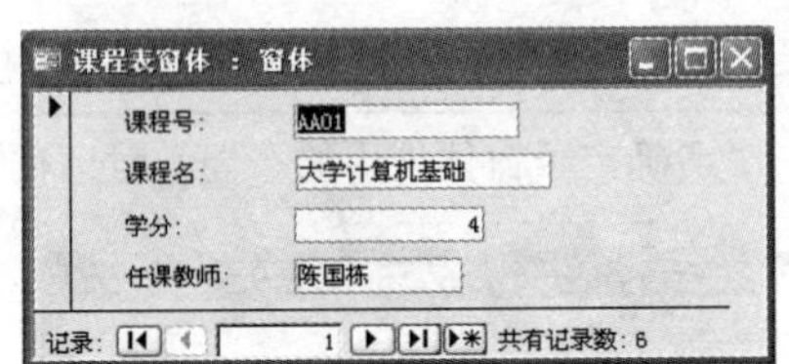

图 5-33　“课程表窗体”设计结果

5.3　窗体中控件及其应用

窗体是一个容器对象，可以包含其他若干对象。如窗体的数据源可以是表对象、查询对象，也可以是子窗体。控件是窗体、报表或数据访问页中用于显示数据、执行操作或装饰窗体和报表的对象。利用控件工具可以创建界面更加美观、功能更加强大的窗体。

窗体中的控件主要包括标签控件、文本框控件、复选框控件、切换按钮控件、选项按钮控件、选项组控件、列表框与组合框控件、命令按钮控件、选项卡与图像控件等。

5.3.1　工具箱的使用

Access 提供了功能强大的窗体设计工具箱，创建窗体所使用的控件都包含在工具箱中，利用窗体设计工具箱用户可以创建自定义窗体。

1. 打开工具箱

用下列方法都可以打开工具箱：

(1) 单击“窗体设计”工具栏上的“工具箱”按钮。

(2) 单击“视图”|“工具栏”命令，在级联菜单中，选择“工具箱”。

(3) 单击“视图”|“工具箱”命令。

如果要关闭工具箱，只需要再次执行打开工具箱的操作。如图 5-34 所示为“工具箱”按钮在工具栏中的显示格式，工具箱中包含所有控件，当鼠标指向某控件时，将出现该控件的名称提示。如表 5-1 所示为“工具箱”中控件按钮及其名称。

图 5-34　“工具箱”按钮在工具栏中的显示格式

工具箱提供了 20 种控件，分别具有不同的功能。

1) 选择对象。

用来选定某一控件，所选定的即为当前控件，单击该控件可以释放前面锁定的控件，以后的操作，如改变大小、编辑等均对这个控件起作用。

2) 控件向导

用于打开或关闭“控制向导”。单击该控件后，在使用其他控件时即可在向导的引导下一步步完成设计。

3) 标签

通常用于显示字段的标题、说明等描述性文本。

表 5-1　给出“工具箱”中控件按钮及其名称

控件按钮	名称	控件按钮	名称
	选择对象		命令按钮
	控件向导		图像
Aa	标签		非绑定对象
ab|	文本框		绑定对象
	选项组		分布符
	切换按钮		选项卡
	选项按钮		子窗体
	复选框		直线
	组合框		矩形
	列表框		其他控件

4) 文本框

用于输入、编辑窗体数据源的数据，显示计算结果。通常作为文本、数字、货币、日期、备注等类型字段的绑定控件。

注意：绑定意为控件从表、查询或 SQL 语句中获得内容。

5) 选项组

用于对选项按钮控件进行分组。每个选项组控件中可包含多个单选钮、复选钮以及切换按钮控件。目的是在窗体上显示一组限制性的选项值，从而使选择值变得更加容易。

6) 切换按钮

具有弹起和按下两种状态的命令按钮，可用做“是/否”型字段的绑定控件；也可作为定制对话框或选项组的一部分，以接受用户输入。

7) 单选按钮

代表具有“是/否”值的小圆圈，选中时圆圈中间显示一个小黑点，常作为互相排斥(每次只能选一项)的一组选项中的一项，以接受用户输入。

8) 复选框

具有选中和不选两种状态，常作为可同时选中的一组选项中的一项，可用做“是/否”型字段的绑定控件。

9) 组合框

包含一个文本框和一个下拉列表框。既可在文本框部分输入数据，也可用列表部分选择输入。

10) 列表框

显示一个可滚动的数据列表。当窗体、数据访问页处于打开状态时，可从列表中做出选择，以便在新记录中输入数据或更改现存的数据记录。

11) 命令按钮

用来完成各种操作，通过设置该控件的事件属性来实现。

12) 图像

用于在窗体中显示静态图片，美化窗体。由于静态图片不是 OLE 对象，所以添加到窗体的图片不能进行编辑。

13) 非绑定对象框

用于在窗体中显示非结合 OLE 对象，如 Excel 电子表。当在记录间移动时，该对象保持不变。

14) 绑定对象框

用于在窗体中显示结合 OLE 对象，这些对象与数据源的字段有关。当在记录间移动时，该对象随着移动。

15) 分页符

控制多页窗体时用来分页位置。

16) 选项卡

用于创建多页选项卡窗体或选项卡对话框，可以在选项卡控件上复制或添加其他控件。

17) 子窗体

用于显示来自多个表的数据。

18) 直线

用于在窗体中隔离对象。

19) 矩形

在窗体中绘制矩形，将相关数据组织在一起，突出某些数据的显示。

20) 其他控件

单击“其他控件”将弹出一个列表，可以从中选择所需要的控件添加到当前窗体内。

5.3.2 标签控件及应用

1. 标签控件

标签控件主要用来在窗体中显示说明性文本信息。控件具有各种属性，窗体中添加的控件一般要对其相关属性进行设置。在标签控件中，主要是“格式”和“事件”属性。如图 5-35 所示为“标签属性”对话框的“格式”选项卡；如图 5-36 所示为“标签属性”对话框的“事件”选项卡。

“格式”属性主要包括标题、前景颜色、背景颜色、特殊效果(平面、凹陷、凸起、阴影)、字体名称、字体大小、字体粗细和超级链接地址等。“事件”属性主要是鼠标的事件，单击、

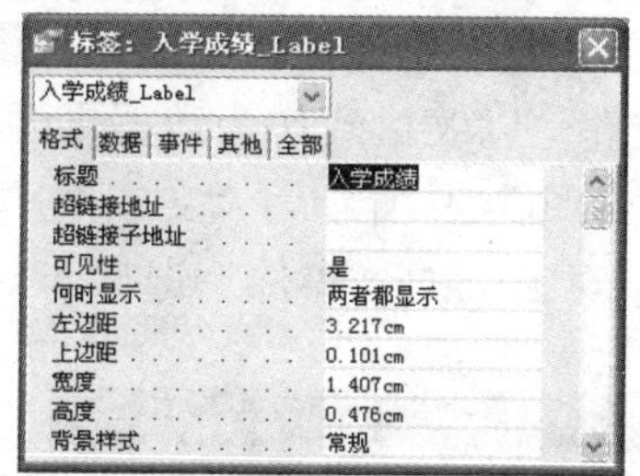

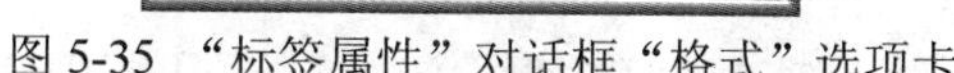
图 5-35　“标签属性”对话框“格式”选项卡

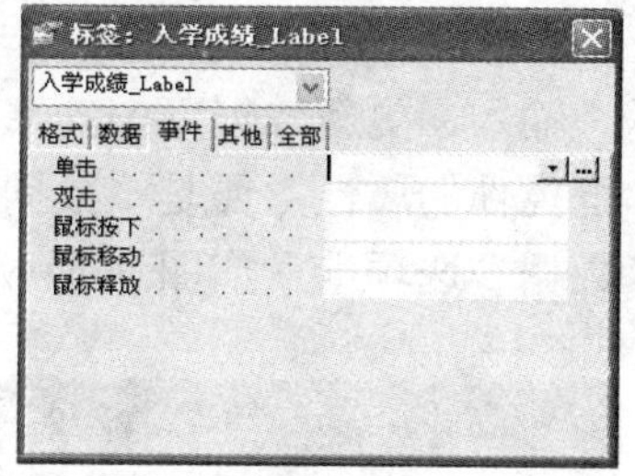

图 5-36　“标签属性”对话框“事件”选项卡

双击、鼠标按下、鼠标释放和鼠标移动。在标签的各种属性中，最常用的是“标题”属性，标签显示的信息是通过“标题”属性来设置的。

2．标签控件的应用

例 5.7　在例 5.6 创建的“课程表窗体”上添加“课程表”窗体标题。

操作步骤如下：

(1) 在“学生管理”数据库窗口的“窗体”对象中选中“课程表窗体”，然后单击“设计”按钮，打开该窗体的“设计视图”窗口。

(2) 选择“视图”菜单中的“窗体页眉/页脚”命令，设计视图中显示出“窗体页眉/页脚”节，单击窗体页眉的“节选定器”。

(3) 单击选中工具箱中的“标签”控件按钮，然后单击要放置标签的窗体页眉处，在标签中输入“课程表”，并按键盘上的回车键。

(4) 单击工具栏上的“属性”按钮，出现“属性”窗口，在“属性”窗口中设置“字体名称”为楷体、“字体大小”为 18 号、“边框颜色”为蓝色、“背景色”为黄色、“边框宽度”为 3 磅、“文本对齐”为居中，如图 5-37 所示为设置标题后的窗体效果。

(5) 单击工具栏上的“保存”按钮。

运行课程表窗体，如图 5-38 所示为“课程表窗体”运行结果。

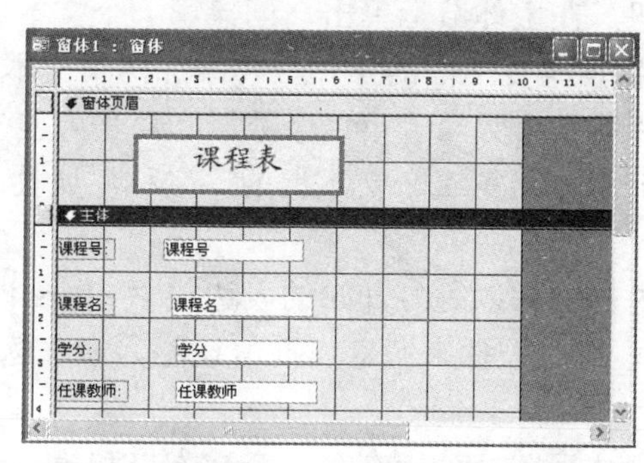

图 5-37　设置标题后的窗体效果

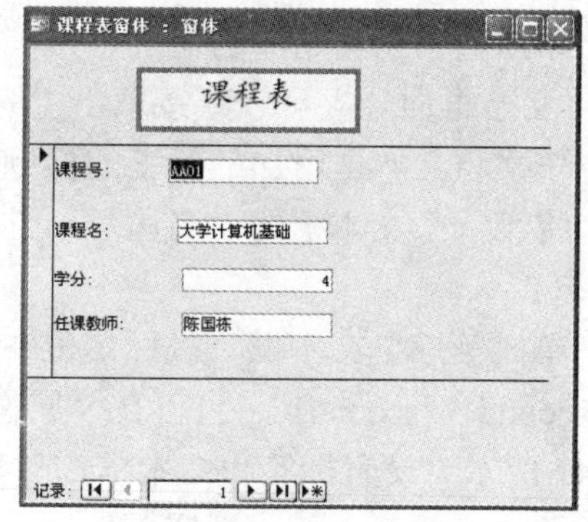

图 5-38　“课程表窗体”运行结果

5.3.3　文本框控件及应用

1．文本框控件

文本框控件是窗体中用于显示指定的数据，并接收数据的输入和更改数据的对应记录的窗体控件。文本框控件可以是结合、非结合或计算型的，结合型文本框控件与表或查询相连，用于显示、输入、更新数据库中的字段。计算型文本框控件是以表达式作为数据来源。

文本框控件的属性主要是“数据”和“事件”属性。如图 5-39 所示为“文本框属性”对话框的“数据”选项卡；如图 5-40 所示为“文本框属性”对话框的“事件”选项卡。

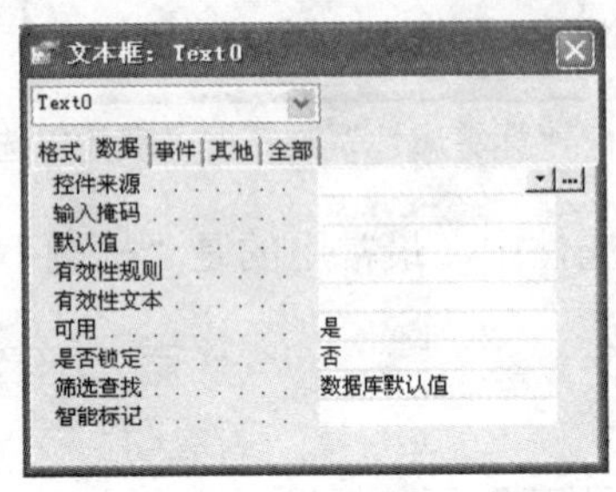

图 5-39 “文本框属性”对话框“数据”选项卡

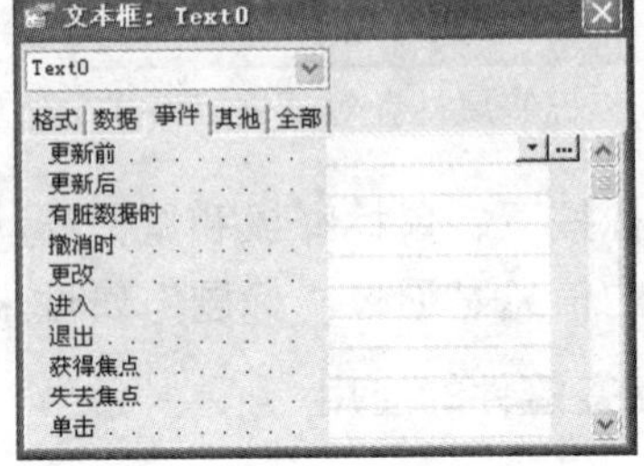

图 5-40 “文本框属性”对话框“事件”选项卡

“数据”属性主要包括控件来源、输入掩码、有效性规则、有效性文本。“事件”属性主要设置某一事件发生时如何做出处理。各种属性中，最常用的是“名称”和“控件来源”属性。通过对文本框的“控件来源”属性的设置，可以让文本框与数据源表中的字段“绑定”，从而实现在窗体中显示或修改表中的数据。也可以在设置文本框的“控件来源”属性时输入一个计算表达式，通过文本框的“名称”属性引用其他文本框内的数据。

2．文本框控件的应用

例 5.8 创建一个窗体，窗体上有 3 个文本框，在两个文本框中随机输入数值，在第三个文本框中显示两个数的平方差计算结果。

操作步骤如下：

(1) 在“学生管理”数据库窗口中的“窗体”对象中双击“在设计视图中创建窗体”选项，则打开空白的“窗体设计视图”窗口。

(2) 单击选中工具箱中的“文本框”控件按钮，在主体节上单击，创建第一个文本框，若出现“文本框向导”可以直接单击“完成”按钮，重复上面的操作，再添加两个文本框。

(3) 依次将文本框附加的标签的标题设置为“第一个数”、“第二个数”和“平方差”。

(4) 将第一个文本框的“名称”属性改为“first”，将第二个文本框的“名称”属性改为“second”。

(5) 单击第三个文本框，鼠标定位在文本框内并输入以等号开始的表达式“= [first]* [first]- [second]* [second]”，也可在“属性”窗口内把“控件来源”属性值设置为该表达式，如图 5-41 所示为设置标签和文本框控件后的设计结果。

(6) 单击工具栏上的“视图”按钮，切换到窗体视图，分别在第一个文本框和第二个文本框输入两个数，然后按 Enter 键，则在第三个文本框中会显示这两个数的平方差，如图 5-42 所示为窗体视图显示计算型文本框表达式计算结果。

(7) 单击工具栏上的“保存”按钮，在“另存为”对话框中输入窗体名称“文本框的应用”，单击“确定”按钮。

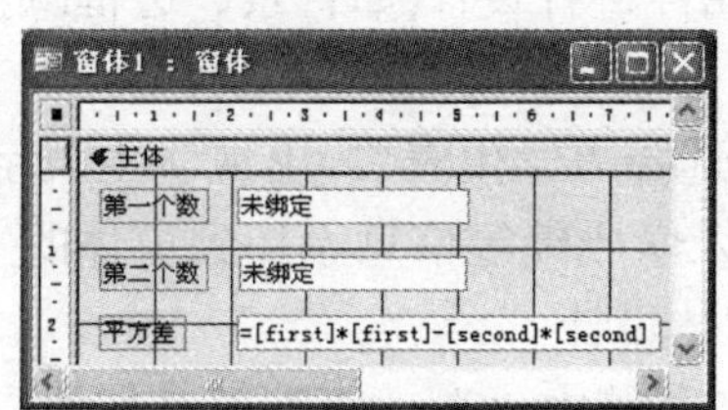

图 5-41　设置标签和文本框控件后的结果

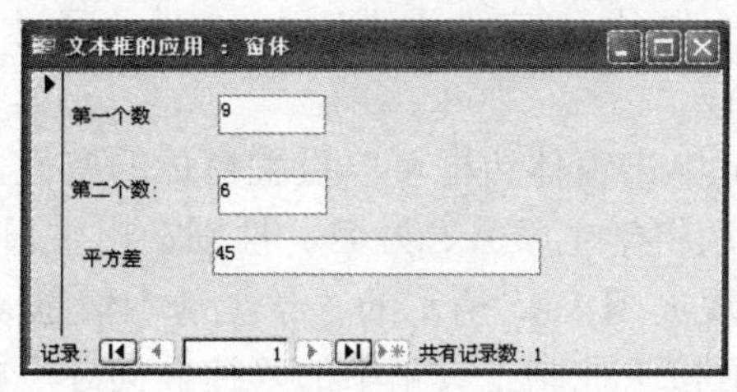

图 5-42　窗体视图显示计算型文本框表达式计算结果

5.3.4　选项组控件及应用

1．选项组控件

选项组是一个容器控件。在窗体或报表中，选项组由一个选项组框架和一组复选框、复选按钮或切换按钮组成。选项组控件可以在窗体或报表中使用选项组来选择一组限定性的选项值。选项组使选择变得比较容易。

选项组控件属性主要是“数据”属性和“事件”属性。如图 5-43 所示为“选项组属性”对话框的“数据”选项卡；如图 5-44 所示为“选项组属性”对话框的“事件”选项卡。

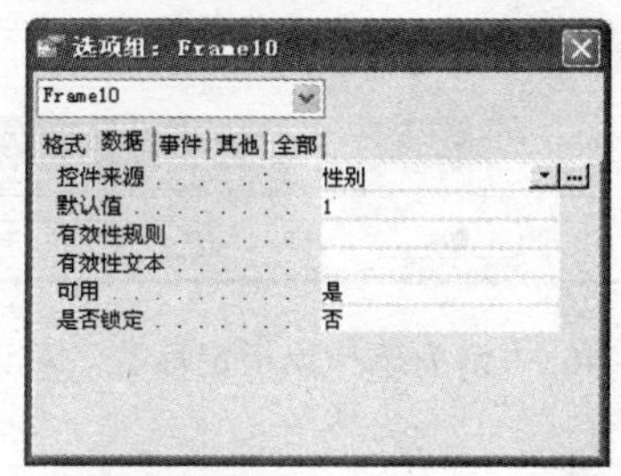

图 5-43　“选项组属性”对话框“数据”选项卡

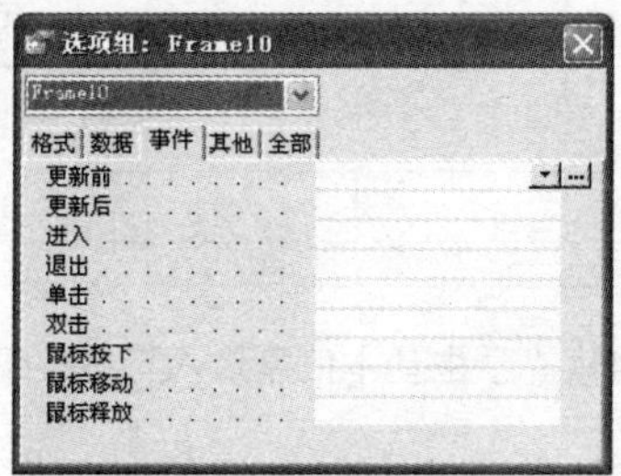

图 5-44　“选项组属性”对话框“事件”选项卡

“数据”属性主要包括控件来源、默认值、有效性规则、有效性文本。“事件”属性主要是鼠标和数据更新的状态事件。选项组的选项值只能取“数字”型，如果要选择其他类型的字段，最好使用列表框或组合框。

2．选项组控件的应用

例 5.9　创建一个输入学生基本信息窗体，“性别”字段使用选项组控件，选择输入“男”或“女”。

操作步骤如下：

(1) 在“学生管理”数据库窗口的“窗体”对象中双击“在视图中创建窗体”，出现窗体的“设计视图”窗口。

(2) 选择“视图”菜单中的“窗体页眉/页脚”命令，设计视图中显示出“窗体页眉/页脚”节，单击窗体页眉的“节选定器”。

(3) 单击选中工具箱中的“标签”控件按钮，然后单击要放置标签的窗体页眉处，在标签中输入“学生基本信息录入”，并按键盘上的回车键。

(4) 单击工具栏上的“属性”按钮，出现“属性”窗口，在“属性”窗口中设置“字体名称”为楷体、“字体大小”为 18 号，同时可以对其他属性进行设计(如背景、边框颜色、边框宽度)。

(5) 单击窗体边框可以设置窗体的属性，“记录源”选择“学生表”，出现学生表字段列表，依次将学生学号、姓名、性别、出生日期、系别、入学成绩等信息添加到窗体的主体区域，出现如图 5-45 所示的“学生基本信息录入”标签窗体设计。

(6) 按下控制工具箱中的“控件向导”按钮，单击工具箱中“选项组”工具按钮，在窗体上单击要放置的“选项组”位置，出现如图 5-46 所示的“选项组向导－请为选择项指定标签”对话框。

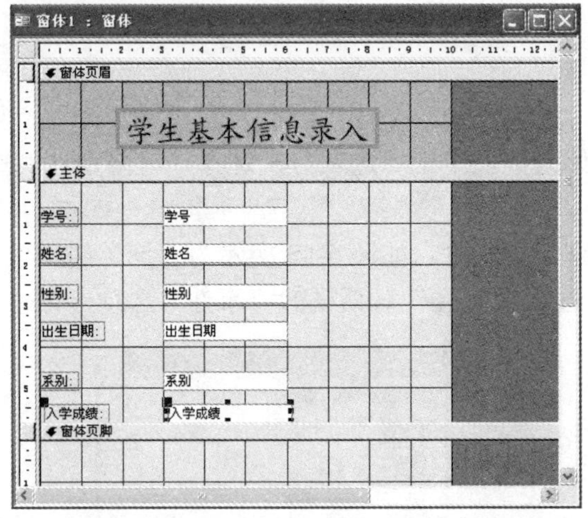

图 5-45 “学生基本信息录入”标签窗体设计

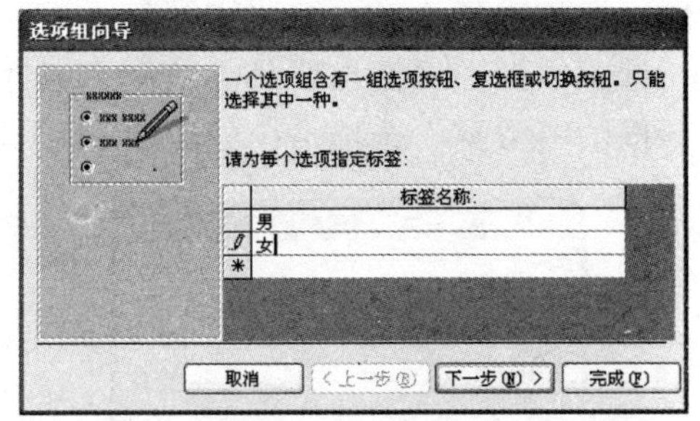

图 5-46 “请为选择项指定标签”对话框

(7) 在对话框中，在标签名称框内输入性别的取值，“男”、“女”。

(8) 单击“下一步”按钮，出现如图 5-47 所示的“选项组向导－请确定是否使选项成为默认选项”对话框，在对话框中，可以设置默认选项。

(9) 单击“下一步”按钮，出现如图 5-48 所示的“选项组向导－请为每个选项赋值”对话框，可以为每个选项赋予一个值，这里用系统默认的值。

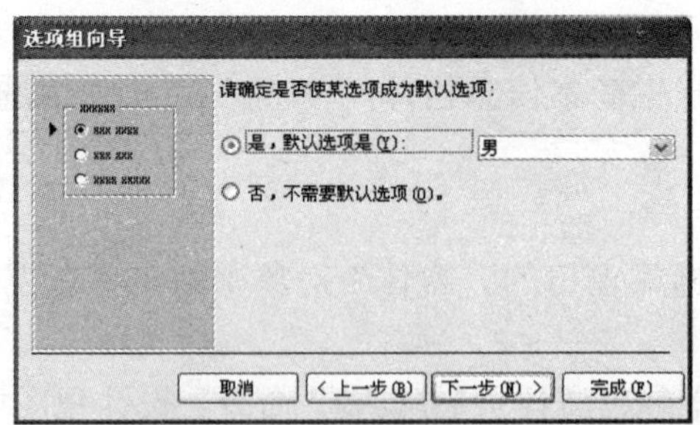

图 5-47 “请确定是否使选项成为默认选项”对话框

(10) 单击“下一步”按钮，出现如图 5-49 所示的“选项组向导－请确定对所选项的值采取的动作”对话框，选择“在此字段中保存值”单选按钮，在右侧的下拉列表中选择“性别”字段。

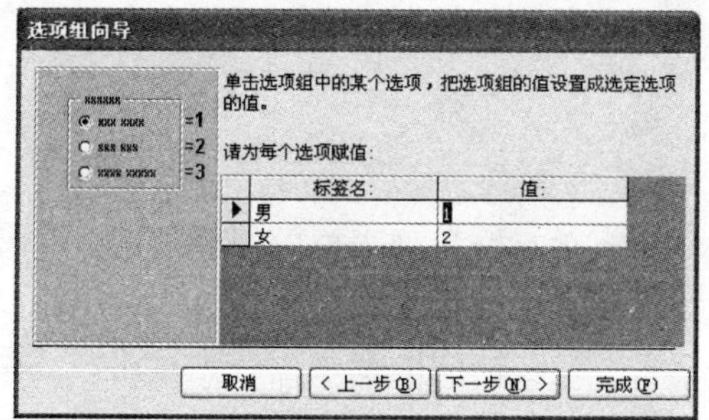

图 5-48 “请为每个选项赋值”对话框

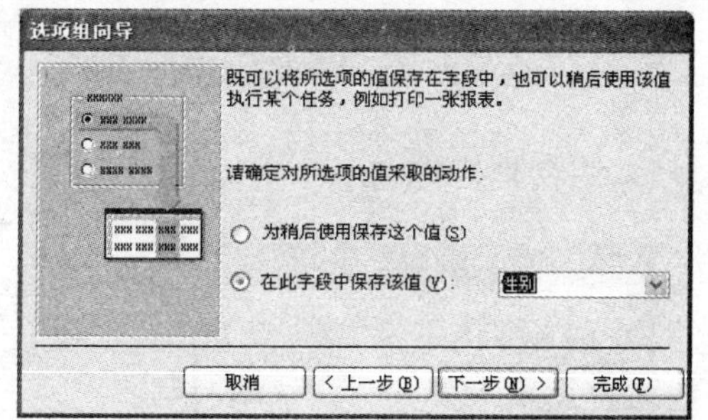

图 5-49 “请确定对所选项的值采取的动作”对话框

(11) 单击“下一步”按钮，出现如图 5-50 所示的“选项组向导－请选择选项组类型”对话框，在“控件类型”中选择“选项按钮”，在“请确定所用样式”中选择一种样式。

(12) 单击“下一步”按钮，出现如图 5-51 所示的“选项组向导－请为选择指定标题”对话框，指定标题“选择性别”。

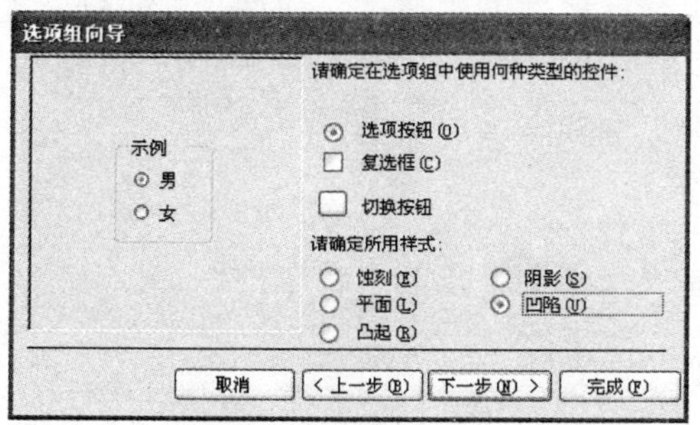

图 5-50 “请选择选项组类型”对话框

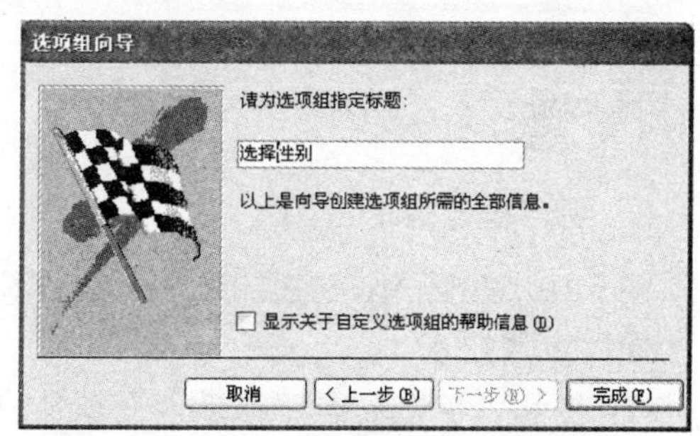

图 5-51 “请为选项组指定标题”对话框

(13) 单击“下一步”按钮，出现如图 5-52 所示的“性别”选项组控件设计视图。

(14) 单击工具栏上的“保存”按钮，在“另存为”对话框中输入窗体名称“学生基本信息录入”，单击“确定”按钮。如图 5-53 所示为“学生基本信息录入”窗体的执行结果。

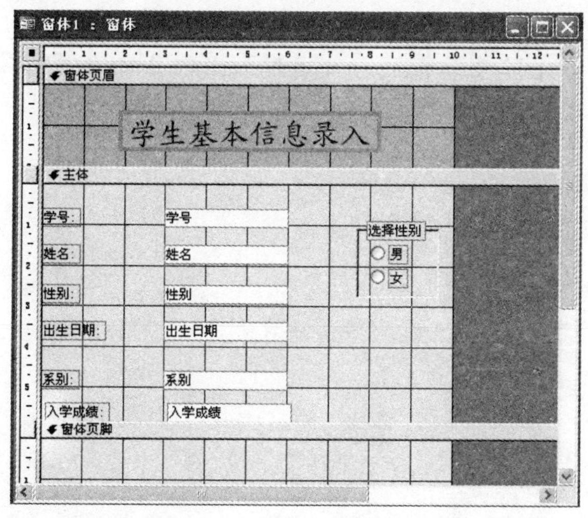

图 5-52 “性别”选项组控件设计视图

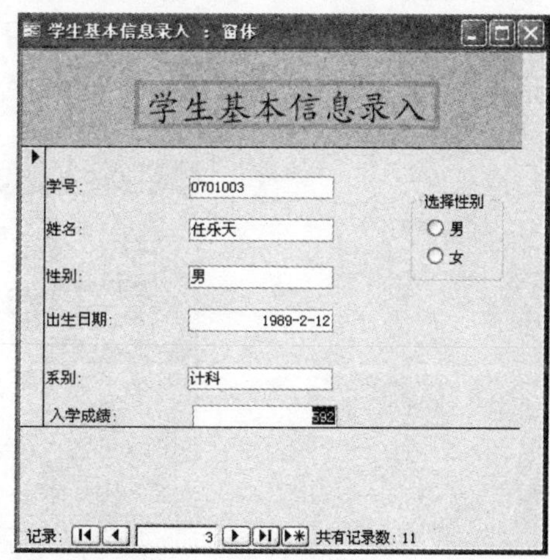

图 5-53 “学生基本信息录入”窗体的执行结果

5.3.5 组合框控件及应用

1. 组合框控件

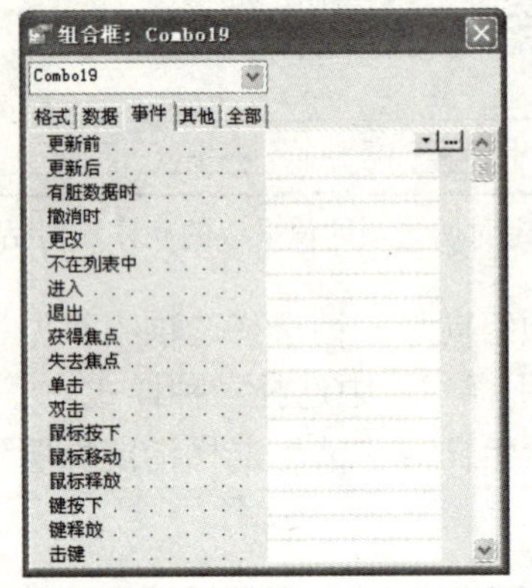

图 5-54 “组合框属性”对话框“事件”选项卡

组合框类似于文本框和列表框的组合，因此它需要的空间更少。可以在组合框中键入新值，也可以从列表选择一个值。组合框中的列表由数据行组成。数据行可以有一个或多个列，这些列可以显示或不显示标题。组合框中输入文本或选择某个值时，输入或选择的值将插入到组合框所绑定到的字段内。如果多列组合框是绑定的组合框，Access 只会保存来自绑定列的值。

组合框属性一般不需要设置，通常是在创建时选择默认值。组合框属性的“事件”属性功能较强，尤其是鼠标、操作事件。如图 5-54 所示为“组合框属性”对话框“事件”选项卡。

2. 组合框控件的应用

例 5.10 在例 5.9 创建的选项组控件窗体中添加“系别”字段的组合框控件。

操作步骤如下：

(1) 打开“学生基本信息录入”窗体设计视图。

(2) 按下“工具箱”中的“控制向导”按钮，单击“组合框”按钮，在窗体主体节的适当位置拖动鼠标，创建一个适当大小的组合框，出现如图 5-55 所示的“组合框向导－确定组合框获取数据的方式”对话框。

(3) 在对话框中，在“获取数据的方式中”选择“自行键入所需的值”。

(4) 单击“下一步”按钮，出现如图 5-56 所示的“组合框向导－确定在组合框中显示哪些值”对话框，在第 1 列中输入“系别”字段的可能取值(“计科”、“数学”、“物理”、“外语”)。

(5) 单击“下一步”按钮，出现如图 5-57 所示的“组合框向导－选择数据后 Access 动作”对话框，选择“将该数值保存在这个字段中”单选按钮，在右侧的下拉列表中选择“系别”。

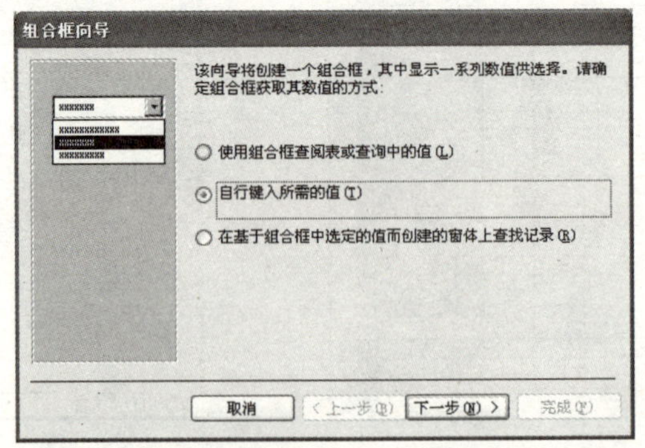

图 5-55 “确定组合框获取数据的方式”对话框

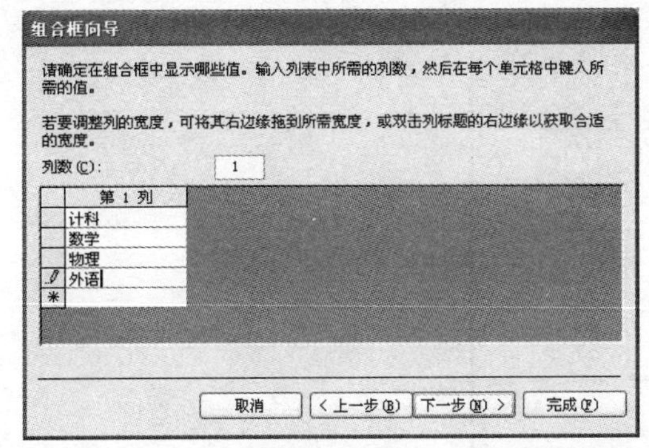

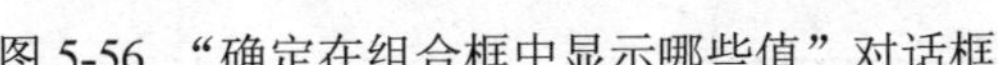

图 5-56 “确定在组合框中显示哪些值”对话框

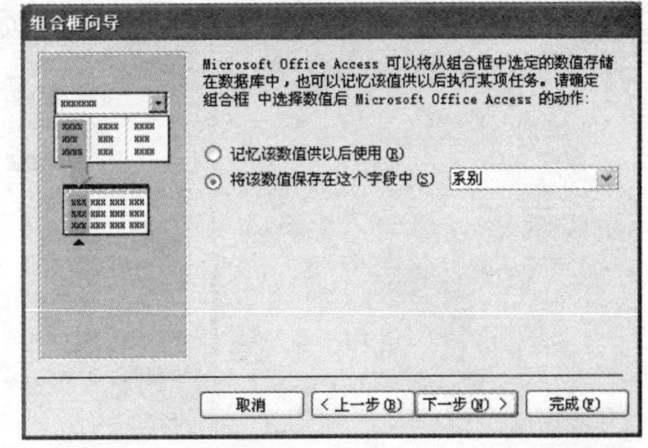

图 5-57 “选择数据后 Access 动作”对话框

(6) 单击“下一步”按钮，出现如图 5-58 所示的“组合框向导－请为组合框指定标签”对话框，在文本框中键入“系别”。

(7) 单击“完成”按钮，出现如图 5-59 所示的“学生基本信息录入”组合框窗口。

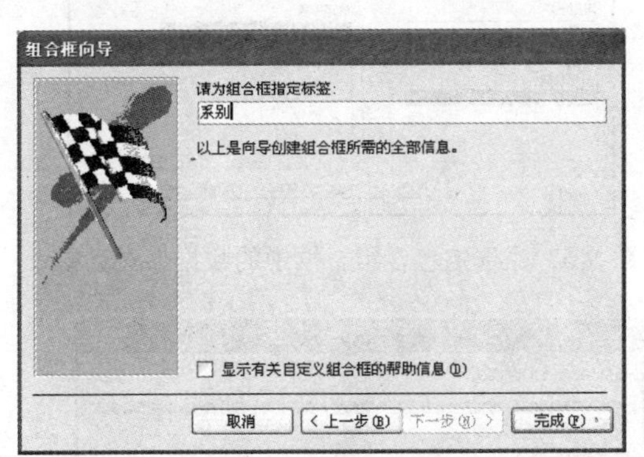

图 5-58 “请为组合框指定标签”对话框

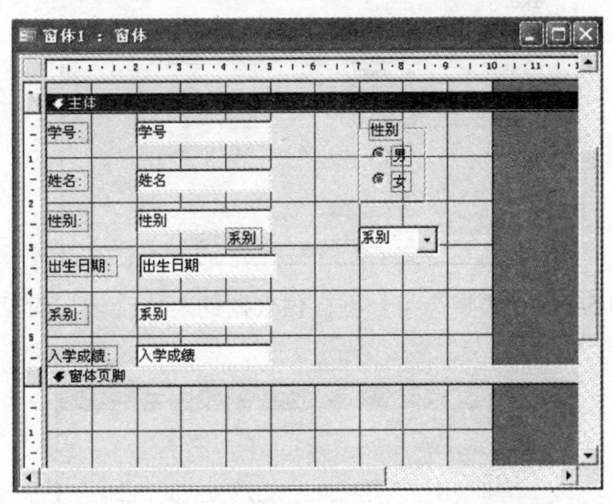

图 5-59 “学生基本信息录入”组合框窗口

(8) 单击工具栏上的“保存”按钮，如图 5-60 所示为“学生基本信息录入” 组合框窗体的执行结果。

在如图 5-55 所示的“组合框向导－确定组合框获取数据的方式”对话框中，若选择“使用列表框查阅表或查询中的值”单选按钮，出现如图 5-61 所示的“选择为组合框提供数据的表或查询”对话框，选择“学生”表。

在图 5-61 中，单击“下一步”按钮，出现如图 5-62 所示的“选定包含组合框中的数据”对话框，在“选定字段”区域中选择“系别”。

在图 5-62 中，单击“下一步”按钮，出现如图 5-63 所示的“请选定列表使用的排列次序”对话框，选择“系别”并用“升序”排列。

在图 5-63 中，单击“下一步”按钮，出现如图 5-64 所示的“请指定组合框中列的宽度”对话框，用户可以根据需要调整列宽；同时，在复选框中选中“隐藏键列”。

在图 5-64 中，单击“下一步”按钮，出现如图 5-57 所示的“组合框向导－选择数据后 Access 动作”对话框，其后操作与前面相同。

图 5-60 “学生基本信息录入”组合框窗体的执行结果

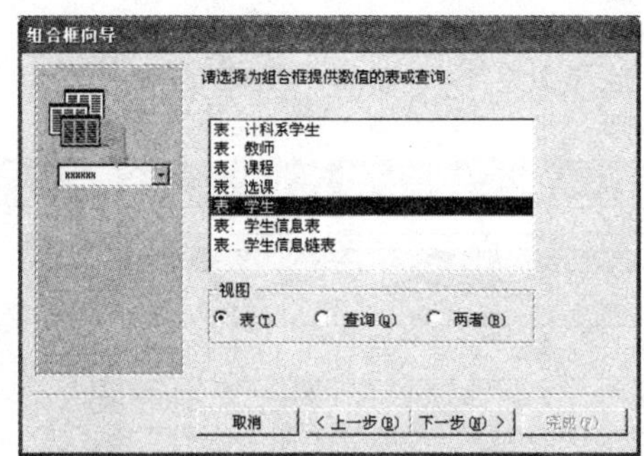

图 5-61 “选择为组合框提供数据的表或查询”对话框

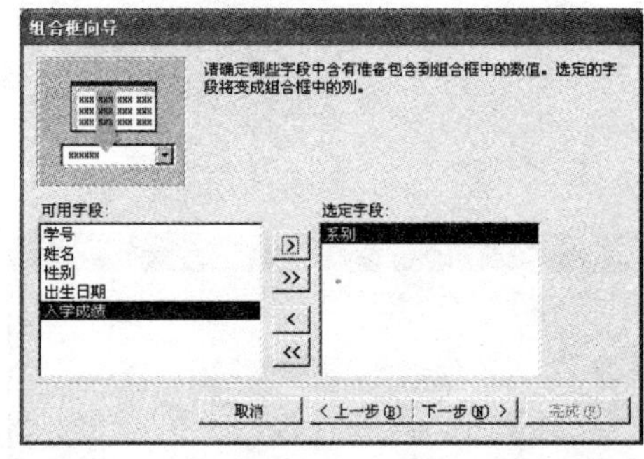

图 5-62 “选定包含组合框中的数据”对话框

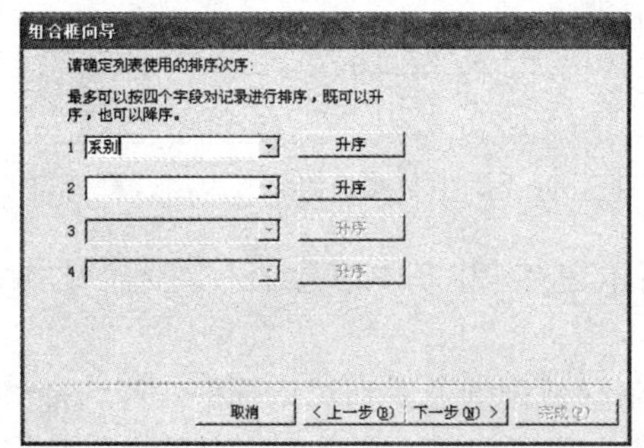

图 5-63 “请选定列表使用的排列次序”对话框

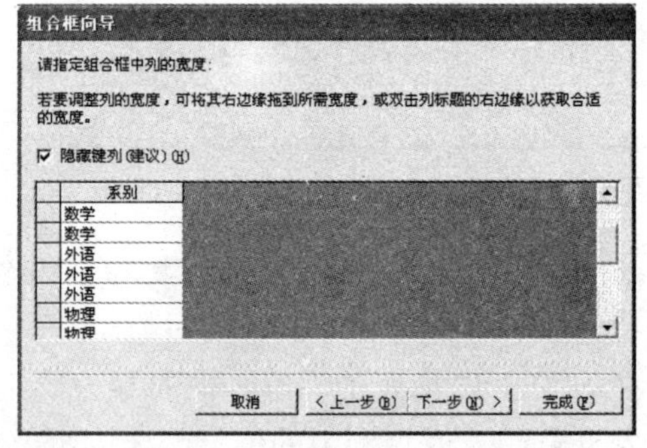

图 5-64 “请指定组合框中列的宽度”对话框

5.3.6 命令按钮控件及应用

1. 命令按钮

命令按钮控件是最常用、最重要的控件之一。利用命令按钮控件可以打开另一个窗体，也可以使用命令按钮来启动一项操作或一组操作。命令按钮功能较多，使用“命令按钮向导”可以创建 30 多种命令按钮。

命令按钮常用“格式”和“事件”属性。“格式”属性包括标题、图片、左边距、上边距、链接地址、字体名称、大小等。命令按钮的“事件”属性功能较强，主要是鼠标操作事件。

如图 5-65 所示为“命令按钮”对话框“格式”选项卡，如图 5-66 所示为“命令按钮”对话框“事件”选项卡。

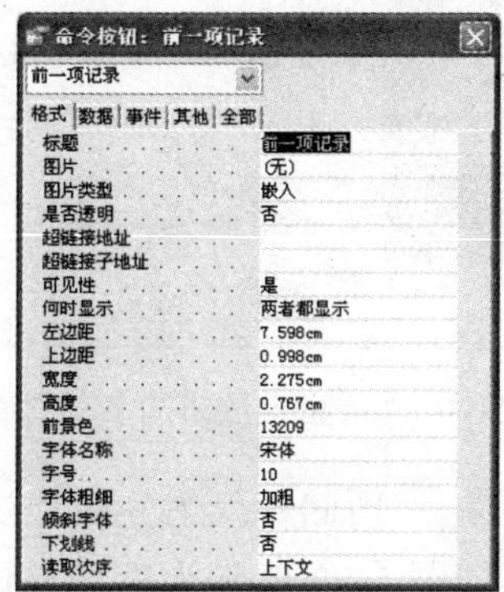

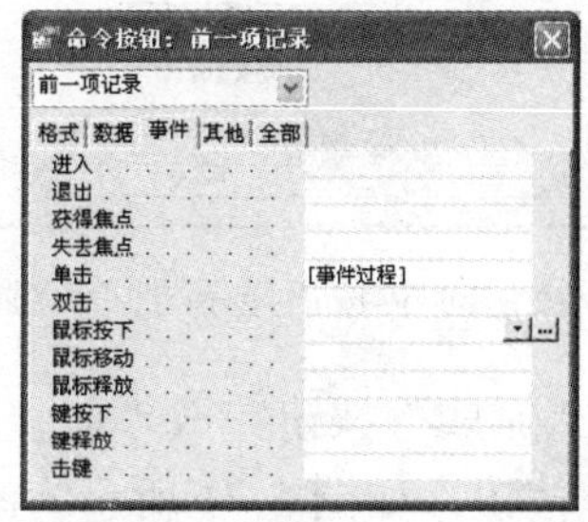

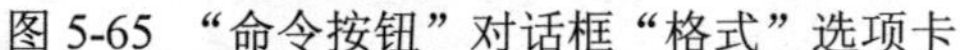

图 5-65 “命令按钮”对话框“格式”选项卡　　图 5-66 “命令按钮”对话框“事件”选项卡

2. 命令按钮控件的应用

例 5.11 在例 5.1 创建的“学生信息”纵栏式窗体中添加一个“前一项记录”和一个“后一项记录”两个命令按钮。

分析：在“学生信息”窗体中，由于系统自身有“导航按钮”(前一记录、后一记录、第一条记录和最后一条记录按钮)，在创建命令按钮前可将导航按钮去掉。

操作步骤如下：

(1) 打开例 5.1 创建的“学生信息”纵栏式窗体的设计视图。

(2) 打开“窗体”中的属性对话框，单击“窗体属性”的“格式”选项卡，出现如图 5-67 所示的“窗体属性”的“格式”选项卡，在“导航按钮”列表框中，选择“否”，隐藏系统默认的窗体记录导航按钮。

(3) 选中“工具箱”中的“控件向导”，单击“命令按钮”，在窗体主体上单击要放置“命令按钮”的位置，出现如图 5-68 所示的“命令按钮向导-按下按钮时产生的动作”对话框。

(4) 在对话框中的“类别”中选择“记录导航”，在“操作”中选择“转至前一项记录”。

(5) 单击“下一步”按钮，出现如图 5-69 所示的“命令按钮向导-按钮显示方式”对话框，在这里选择“文本”，在文本框中输入“前一项记录”。

(6) 单击“下一步”按钮，出现如图 5-70 所示的“命令按钮向导－请指定按钮的名称”对话框，在文本框中输入“前一项记录”。

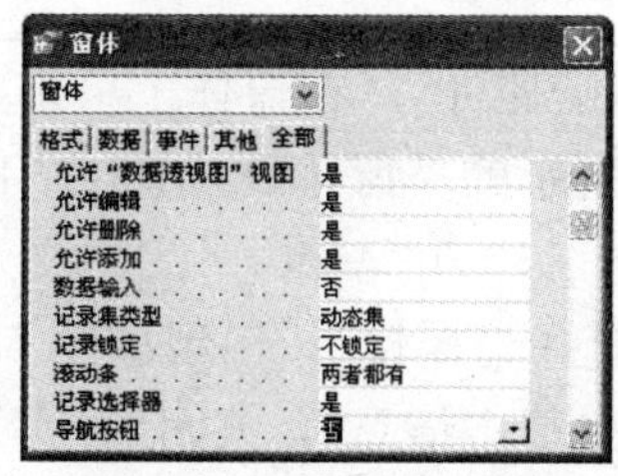

图 5-67 “窗体属性”的“格式”选项卡

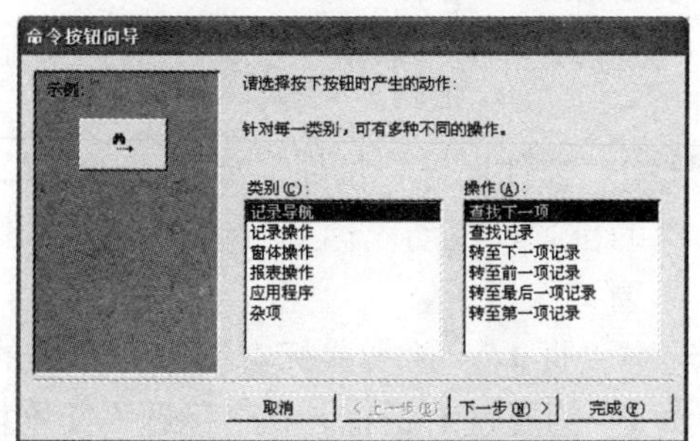

图 5-68 “按下按钮时产生的动作”对话框

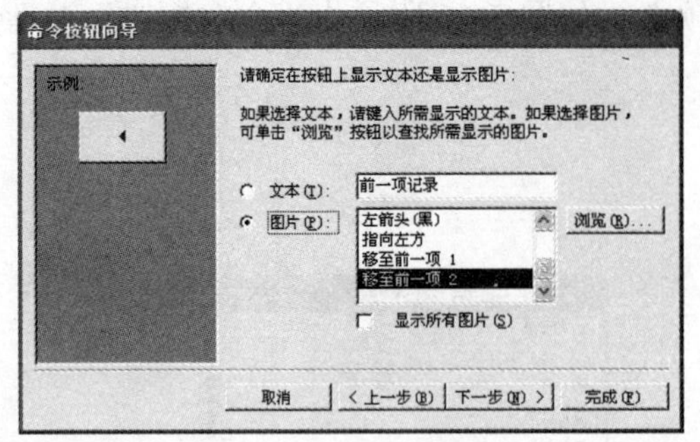

图 5-69 “命令按钮向导-按钮显示方式”对话框

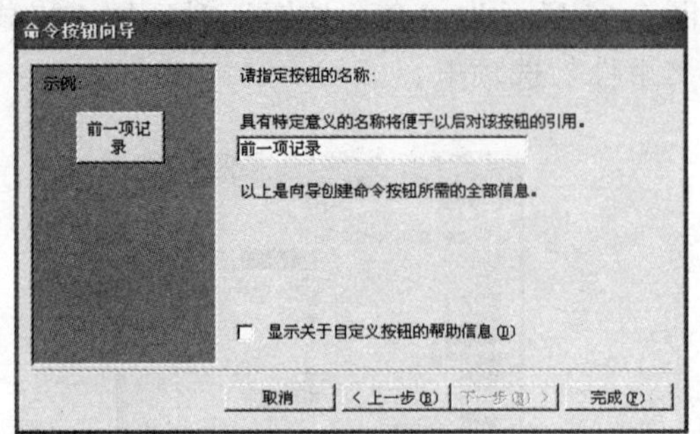

图 5-70 “请指定按钮的名称”对话框

(7) 单击“完成”按钮完成“前一项记录”按钮的添加，用同样的方法可以添加“后一项记录”命令按钮，如图 5-71 所示为添加按钮的结果，如图 5-72 所示为添加按钮后窗体的执行结果。

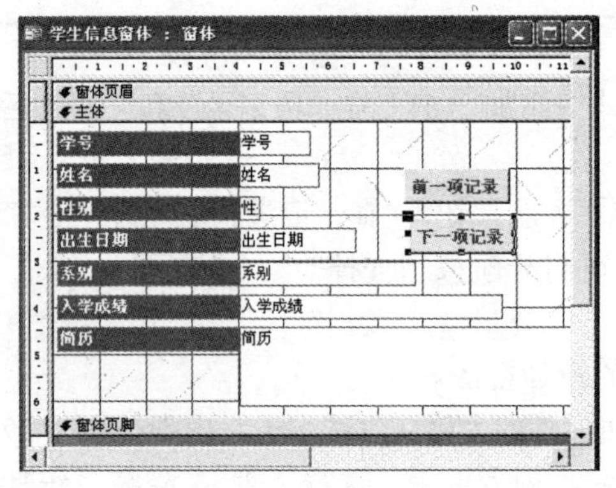

图 5-71　添加按钮的结果

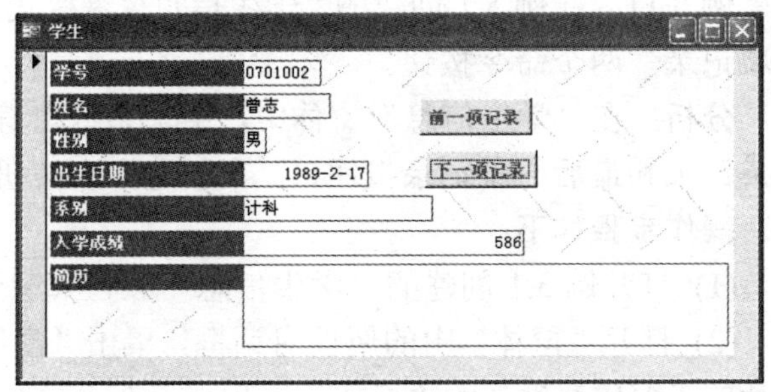

图 5-72　添加按钮后窗体的执行结果

5.3.7　选项卡控件及应用

在窗体中，由于内容太多，可能在一页无法显示，常常用选项卡进行分页，控制数据的显示，通过单击选项卡上的标签来进行数据显示的切换。

例 5.12　用选项卡控件创建一个包含“学生基本信息”和“学生选课信息”的两页内容的窗体。

操作步骤如下：

(1) 在“学生管理”数据库“窗体”中双击“在设计视图中创建窗体”，出现窗体“设计视图”窗口。

(2) 选中“控件向导”按钮，单击“工具箱”中的“选项卡控件”，在窗体上单击要放置“选项卡”的位置，拖动鼠标到合适的大小，出现如图 5-73 所示的“窗体设计视图”的添加“选项卡”窗口。

(3) 选中“页 1”，单击鼠标右键，在弹出的快捷菜单中选择“属性”，出现如图 5-74 所示“页：页 1”的属性对话框，在“标题”文本框中输入“学生基本信息”，关闭属性对话框。

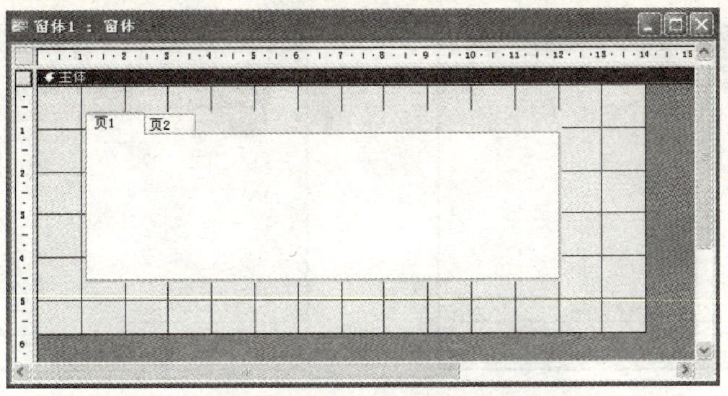

图 5-73 “窗体设计视图”的添加“选项卡”窗口

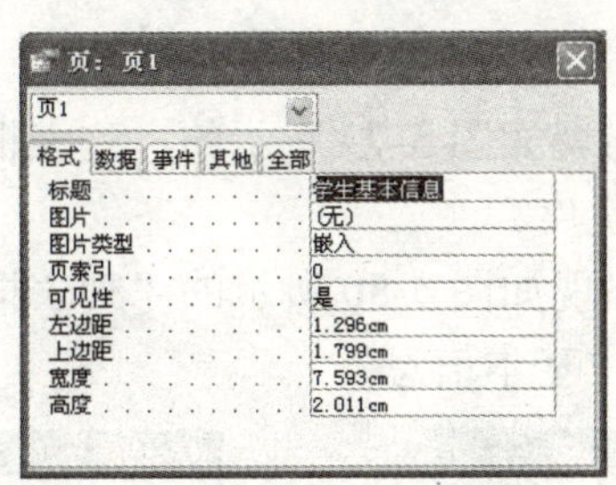

图 5-74 “页：页 1”的属性对话框

(4) 单击“工具箱”中的“列表框”按钮，在选项卡的“学生基本信息”页上单击要放置的“列表框”位置，出现如图 5-75 所示的“列表框向导－请确定获取数据方式”对话框，选择“使用列表框查阅表或查询中的值”单选按钮。

(5) 单击“下一步”按钮，出现如图 5-76 所示的“列表框向导－请选择为列表框提供数值的表或查询”对话框，选择“学生”表。

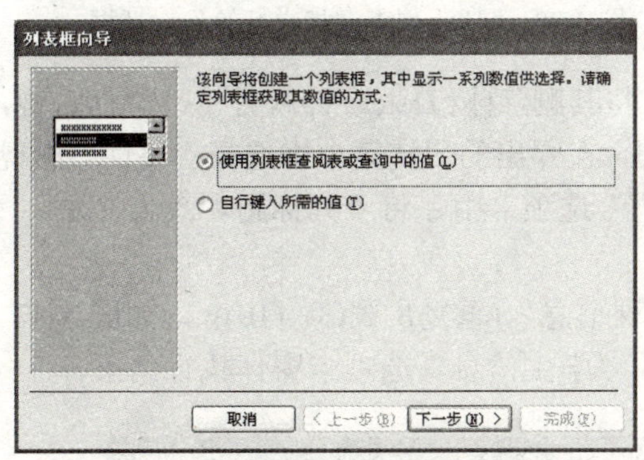

图 5-75 “请确定获取数据方式”对话框

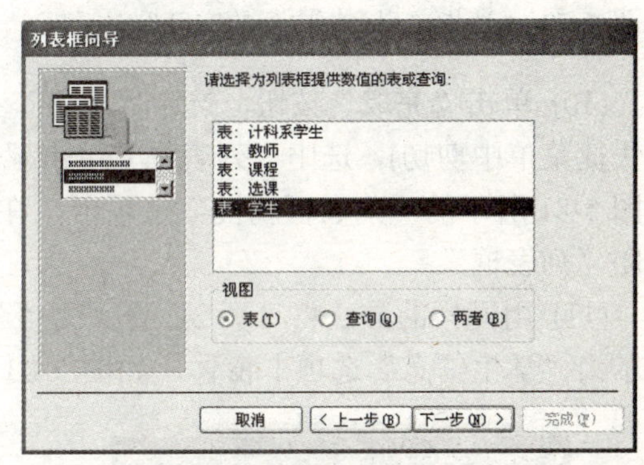

图 5-76 “请选择为列表框提供数值的表或查询”对话框

(6) 单击“下一步”按钮，出现如图 5-77 所示的“列表框向导－请确定哪些字段中含有列表框中的数值”对话框，将“可用字段”中的学号、姓名、入学成绩字段加入到“选定字段”中。

(7) 单击“下一步”按钮，出现如图 5-78 所示的“列表框向导－请确定列表使用的次序”对话框，选择“学号”并选择“升序”。

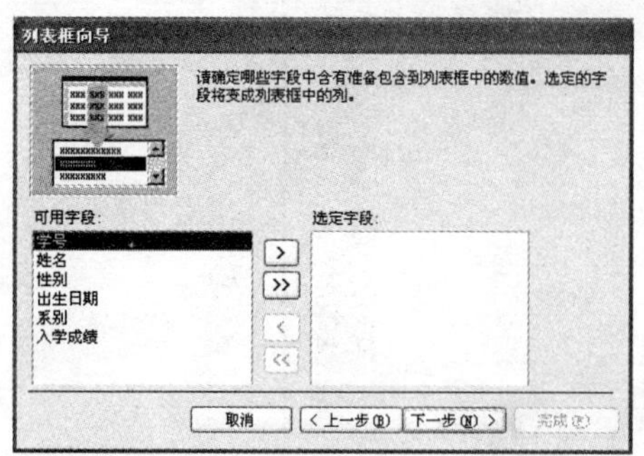

图 5-77 “请确定哪些字段中含有列表框中的数值”对话框

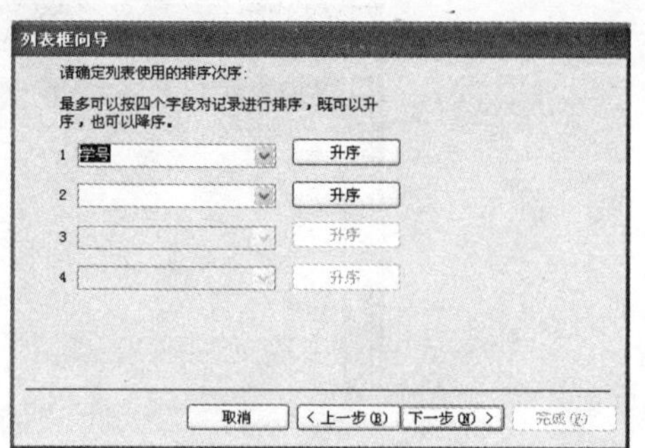

图 5-78 “请确定列表使用的次序”对话框

(8) 单击“下一步”按钮，出现如图 5-79 所示的“列表框向导－请指定列表框中列的宽度”对话框，根据需要调整列的宽度。

(9) 单击“下一步”按钮，出现如图 5-80 所示的“列表框向导－请为列表框指定标签”对话框，在文本框中，输入“学生基本信息”。

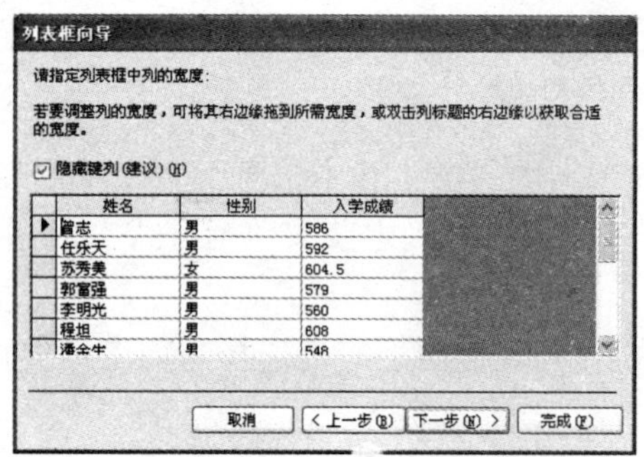

图 5-79 “请指定列表框中列的宽度”对话框

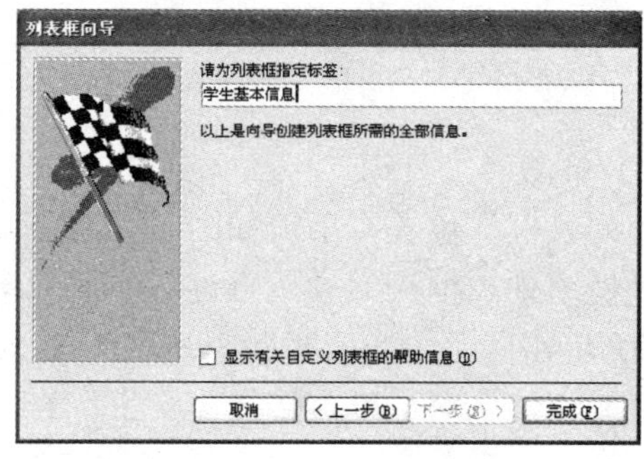

图 5-80 “请为列表框指定标签”对话框

(10) 单击“完成”按钮，选中“标签”控件，将其删除(按 Delete 键或者单击鼠标右键，在快捷菜单中剪切)，选中“列表框”单击鼠标右键，在弹出的快捷菜单中选择“属性”出现如图 5-81 所示的“列表框属性”选项卡，在“格式”选项卡中，将“列标题”改为“是”，关闭“列表框”。

(11) 用同样的方法将“页 2”设置为“学生选课信息”(重复步骤(3)~(10))，如图 5-82 所示为“学生信息”选项卡窗体，如图 5-83 所示为“学生信息”选项卡窗体执行结果。

图 5-81 “列表框属性”选项卡

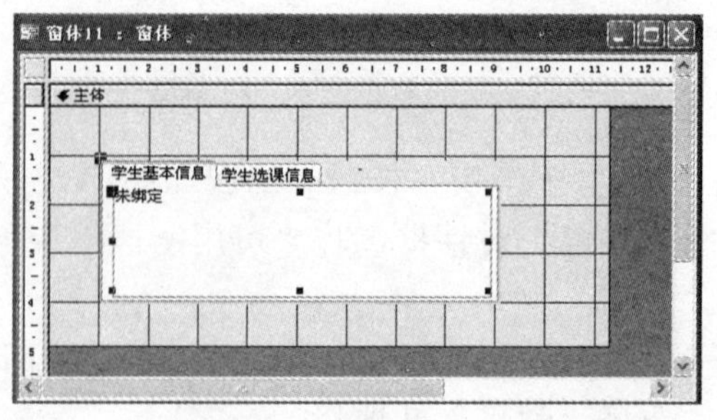

图 5-82 “学生信息”选项卡窗体

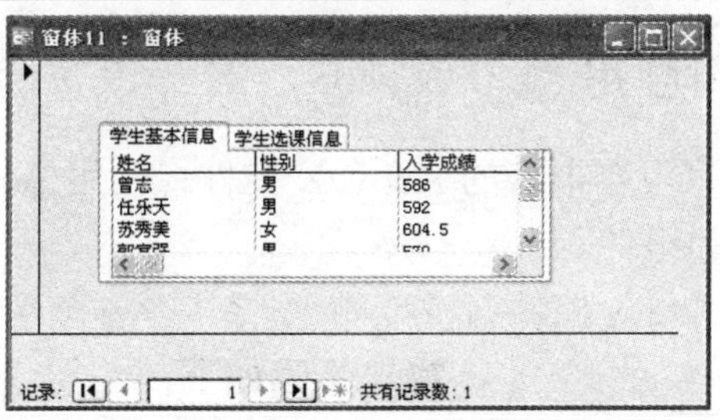

图 5-83 “学生信息”选项卡窗体执行结果

5.3.8 图像控件及应用

为了使窗体美观、直观，通常在窗体上要放置图像，按照向导，可以方便地创建“图像”控件。

例 5.13 在“学生”窗体中添加图像控件。

操作步骤如下：

(1) 在“学生管理”数据库的“窗体”对象中打开“学生”窗体设计视图。

(2) 单击“工具箱”中的“图像”，在窗体中单击插入图像的位置，出现如图 5-84 所示的“插入图片”对话框。

(3) 在对话框的“查找范围”中找到图像的位置，选中图像文件，单击“确定”按钮，出现如图 5-85 显示插入图像控件后的窗体，保存窗体的修改。

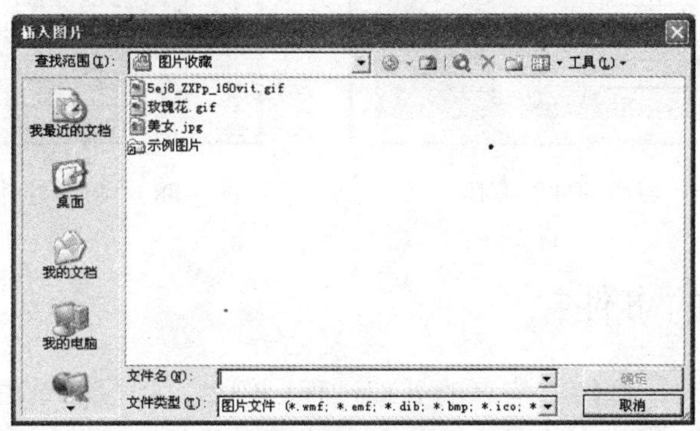

图 5-84 “插入图片”对话框

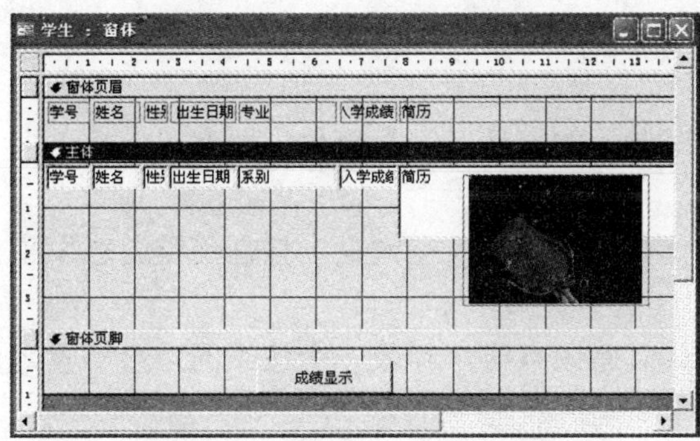

图 5-85 插入图像控件后的窗体

5.3.9 ActiveX 控件及应用

Access 提供了功能强大、内容丰富的 ActiveX 控件，利用 ActiveX 控件可以直接在窗体中添加并显示一些特殊功能的组件。

例 5.14 在窗体中添加“日历控件”。

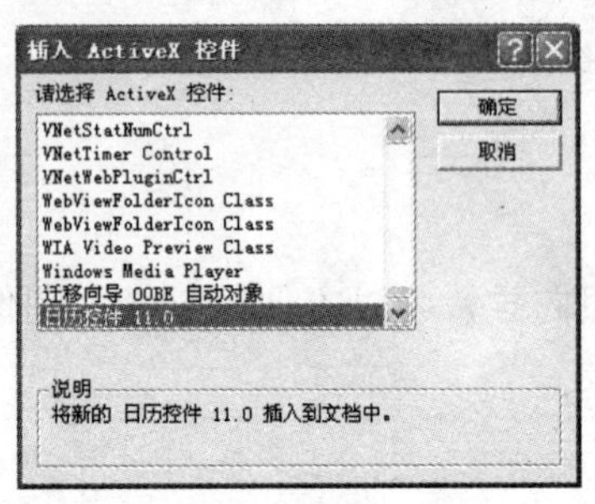

图 5-86 “插入 ActiveX 控件”对话框

操作步骤如下：

(1) 在“学生管理”数据库的“窗体”对象中双击“在设计视图中创建窗体”，出现“设计视图”窗口。

(2) 选择“插入”|“ActiveX 控件”菜单，出现如图 5-86 所示的“插入 ActiveX 控件”对话框。

(3) 在“请选择 ActiveX 控件”列表区域中选择“日历控件 11.0”，单击“确定”按钮，出现如图 5-87 所示的插入“日历控件”窗体。

如图 5-88 所示为“日历控件”窗体执行结果。

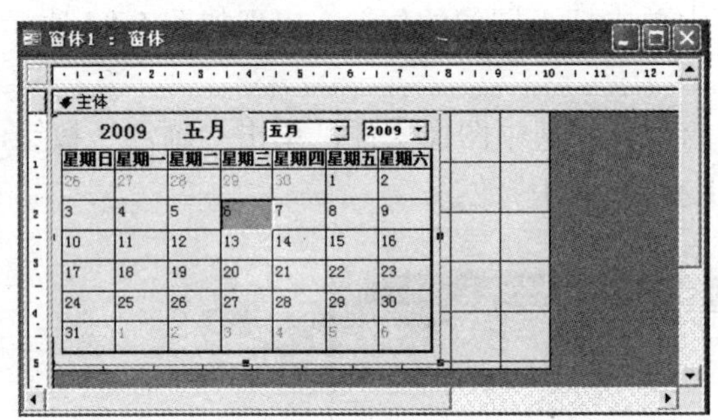

图 5-87 插入“日历控件”窗体

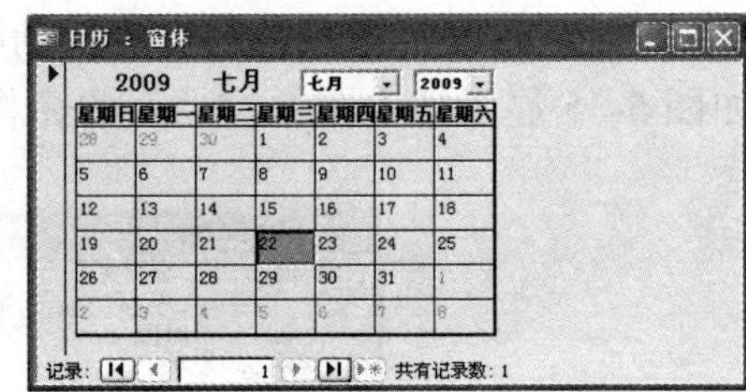

图 5-88 “日历控件”窗体执行结果

5.4 窗体和控件的事件

事件是窗体和控件对一些特定信息的处理过程。例如，用鼠标单击命令按钮就会触发命令按钮的单击事件过程。Access 提供多种事件，常用的有键盘事件、鼠标事件、窗口事件、对象事件和操作事件。

5.4.1 键盘事件

键盘事件是操作键盘时触发的事件，键盘事件主要有“键按下”、“键释放”和“击键”。

1) 键按下

键按下是在控件或窗体具有焦点时，在键盘上按任何键会触发事件。

2) 键释放

键释放是在控件或窗体具有焦点时，释放一个按下的键会触发事件。

3) 击键

击键是在控件或窗体具有焦点时，当按下并释放一个键或键组合时会触发事件。

5.4.2　鼠标事件

鼠标事件是操作鼠标时触发的事件，鼠标事件主要有：

1) 单击

当鼠标在该控件上单击时会触发事件。

2) 双击

当鼠标在该控件上双击左键时触发事件。在窗体中，鼠标双击空白区域或窗体上的记录定位器会触发事件。

3) 鼠标按下

当鼠标在控件上按下左键时会触发事件。

4) 鼠标释放

当鼠标指针位于窗体或控件上时，释放一个按下的鼠标键时会触发事件。

5) 鼠标移动

当鼠标在窗体、窗体选择内容或控件上移动时会触发事件。

5.4.3　窗口事件

窗口事件是操作窗口时触发的事件。常用的窗口事件有：打开、关闭和加载。

1) 打开

打开窗体，在第一条记录显示之前会触发事件。

2) 关闭

关闭窗体，在屏幕上移除窗体时会触发事件。

3) 加载

打开窗体，在显示第一条记录时会触发事件；在“打开”事件之后，会触发事件。

5.4.4　对象事件

对象事件是与对象有关的事件。通常包括获取焦点、失去焦点、更新前、更新后和更改。

1) 获取焦点

当控件或窗体接收焦点时会触发事件。

2) 失去焦点

当“获取焦点”事件或“失去焦点”事件发生后，窗体只能在窗体上的所有可见控件都失效，或窗体上没有控件时，才能重新获取焦点。

3) 更新前

控件或记录用更改了的数据更新之前会触发事件。控件或记录失去焦点，或单击“记录”菜单中的“保存记录”命令时会触发事件。在新记录或已经存在的记录上发生。

4) 更新后

控件或记录用更改了的数据更新之后发生的事件。控件或记录失去焦点，或单击“记录”菜单中的“保存记录”命令时会触发事件。在新记录或已经存在的记录上发生。

5) 更改

当文本框或组合框的部分内容更改时会触发事件。

5.4.5 操作事件

操作事件是指与操作有关的事件。常用的操作事件有：插入前、插入后、删除、确认删除前、确认删除后、成为当前记录和不在列表中。

1) 插入前

新记录中插入第一个字符，但还未将记录添加到数据库之前触发事件。

2) 插入后

当一条新记录插入到数据库之后触发事件。

3) 删除

当删除一条记录时，但在确认删除后实际执行删除之前触发事件。

4) 确认删除前

当删除一条或多条记录时，Access 显示一个对话框提示确认或取消删除之前触发事件，此事件在“删除”之后会触发事件。

5) 确认删除后

当确认删除记录并且记录实际上已经删除，或在取消删除之后触发事件。

6) 成为当前记录

当焦点移动到一条记录，使它成为当前记录，或当重新查询窗体的数据源时，触发事件。

7) 不在列表中

当输入一个不在组合框列表框中的值时，触发事件。

5.5 美化窗体

此前创建的窗体格式单调，为使窗体界面美观、大方，需要对其格式、结构进行美化。

5.5.1 调整控件布局

在窗体中，有时需要添加多个控件，因此控件的位置经常出现不协调，为了使窗体中的控制更加整齐、美观，应该设置控件的对齐位置。

操作步骤如下：

(1) 在设计视图中打开需要调整格式的窗体，调整其大小与位置。

(2) 用鼠标选择要调整的控件。

(3) 单击“格式”|“对齐”命令，在级联菜单中选择对齐方式(靠左、靠右、靠上、靠下、对齐网络)，保存更改。

5.5.2 使用自动套用格式

在使用向导创建窗体时，用户可以从系统提供的固定样式中选择窗体的格式，这些样式就是窗体的自动套用格式。

例 5.15 在“学生选课”窗体中选用“自动套用格式”。

操作步骤如下：

(1) 在设计视图中打开“学生选课”窗体“设计视图”。

(2) 单击“格式”|“自动套用格式”命令，出现如图 5-89 所示“自动套用格式”对话框。

(3) 对话框中提供了 10 种“窗体自动套用格式”，选定一种格式(如宣纸)，单击“确定”按钮保存修改。如图 5-90 所示为设置格式后的“学生选课”窗体执行结果。

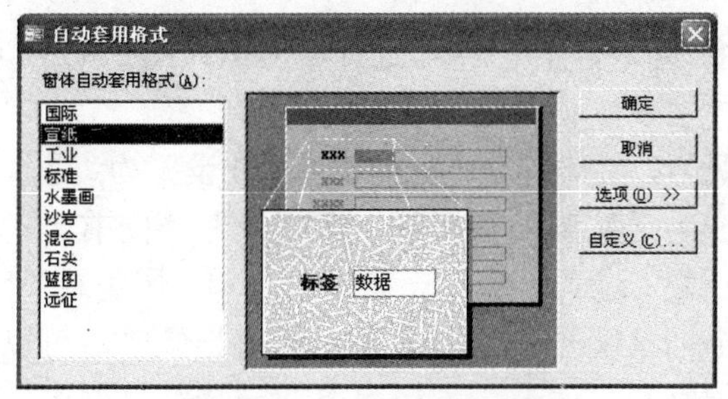

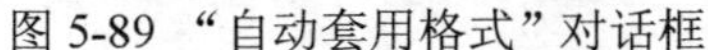
图 5-89 “自动套用格式”对话框

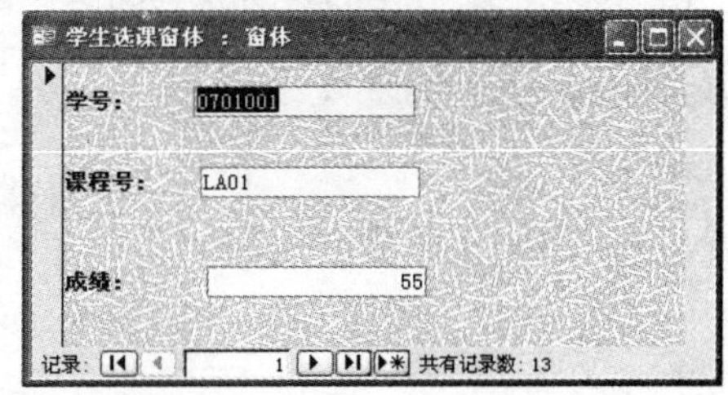

图 5-90　设置格式后的“学生选课”窗体执行结果

在图 5-89 中，当单击“自定义”按钮，出现如图 5-91 所示的“自定义自动套用格式”对话框，在对话框中可以选择一个选项，将当前窗体中的样式添加到自动套用格式中。

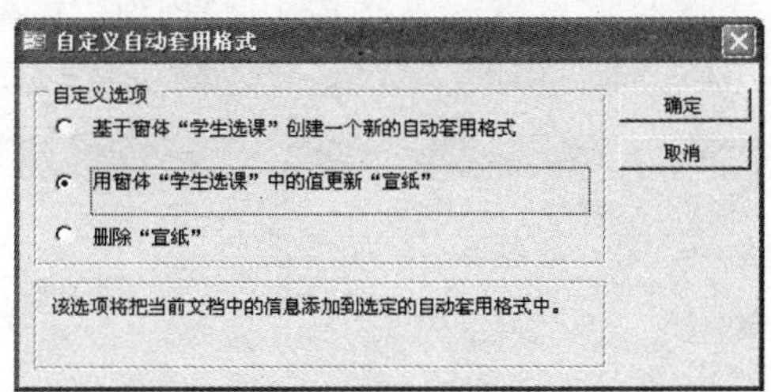

图 5-91 “自定义自动套用格式”对话框

5.5.3　添加日期和时间

在窗体中可以为设计好的窗体添加当前日期和时间。

操作步骤如下：

(1) 在数据库的窗体对象中打开要添加“日期和时间”窗体的“设计视图”。

(2) 单击“插入”|“日期和时间”命令，出现如图 5-92 所示的“日期和时间”对话框。

(3) 在对话框中选择日期和时间格式，单击“确定”按钮，保存设置。

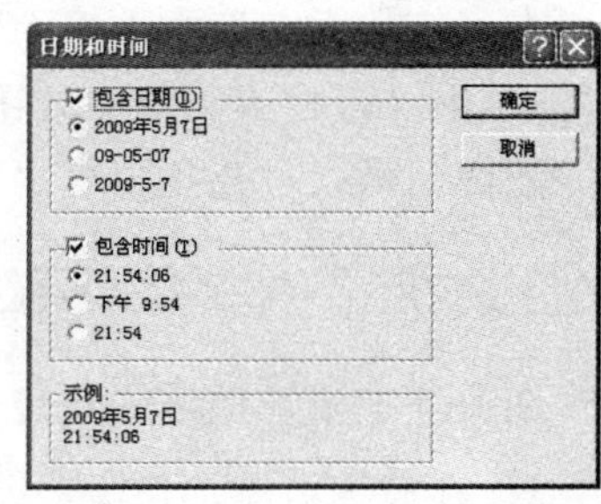

图 5-92 “日期和时间”对话框

5.6　窗体的操作

在数据库中建立窗体之后，可以利用窗体对窗体来源表或查询中的数据进行各种操作。主要包括浏览、定位、查找、添加、删除和更改记录，在窗体中排序和筛选记录等。在窗体中操作记录有两种方式：一是使用窗体设计者安排在窗体上的控件完成数据操作；二是使用窗体运行视图工具栏上的工具完成数据操作。

5.6.1 在窗体中浏览和定位记录

1. 在窗体中浏览和定位记录

在 Access 数据库的窗体对象中双击选定的窗体(如学生 1)将其打开，出现如图 5-93 所示的“学生 1 窗体”视图窗口。

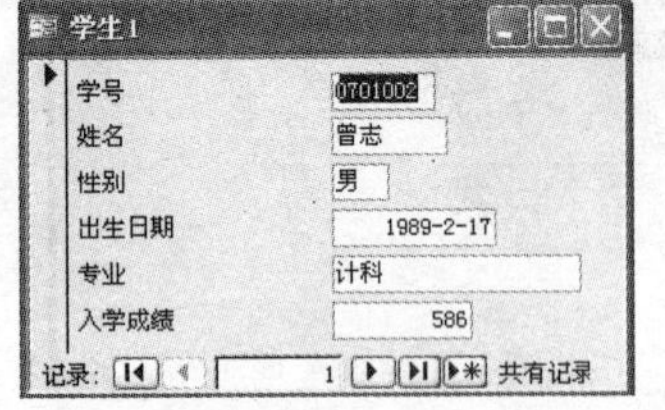

图 5-93 “学生 1 窗体”视图窗口

在默认情况下，窗体的“导航按钮”属性设置为“是”，在窗体下方有一个导航条，有“第一条记录”、“向前一条记录”、“向后一条记录”、“最后一条记录”和“尾记录”5 个按钮，和一个记录编号框，用来显示当前记录号。可以按导航按钮来浏览和定位记录，也可以在记录编号框内，输入记录号，按回车键，定位到指定记录。

2. 在窗体中查找记录

如果要在当前窗口中按字段查找记录，可以先在窗体视图中选中该字段，然后单击“编辑”|“查找”命令，出现如图 5-94 所示的“查找”记录对话框。

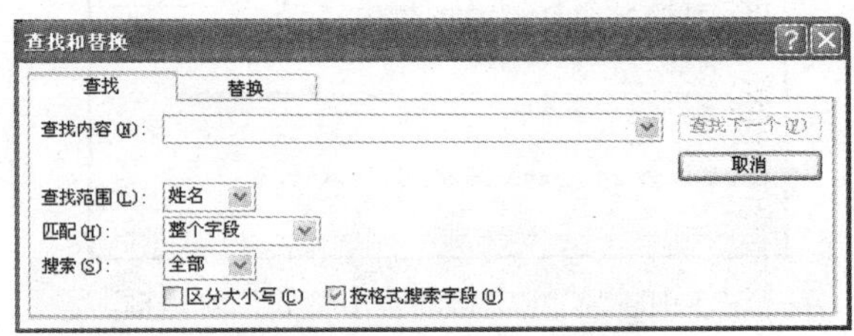

图 5-94 “查找”记录对话框

在“查找内容”文本框中输入要查找的内容，可以再选择“查找范围”、“匹配”和“搜索”，单击“查找下一个”按钮可以在当前窗体中查找需要内容。

同样，可以对查找内容“替换”，在此不再介绍。

5.6.2 在窗体中编辑记录

在窗体中编辑记录主要包括添加、删除和更改记录。

1. 在窗体中添加记录

在窗体视图下方的导航按钮区域中单击导航按钮中的转移“尾记录▶*”按钮，可以打开如图 5-95 所示的空白记录。在该记录中可以为每一个字段添加数据，然后单击“记录”|“保存记录”命令，可以保存新记录。

2. 在窗体中删除记录

在窗体视图下用导航按钮定位到要删除的记录，单击“编辑”|“删除记录”命令，出现如图 5-96 所示的“确认删除记录”对话框，单击“是”确认删除，单击“否”取消删除操作。

3. 在窗体中修改记录

在窗体视图中，使用导航按钮定位到需要修改的记录，直接在需要修改的记录上进行修

图 5-95　空白记录

图 5-96 “确认删除记录”对话框

改即可。如果要取消对当前记录的修改，可以按 ESC 键。如果要对记录进行修改，可以单击“编辑”|“撤消已保存记录”命令。

修改后，可以单击“记录”|“保存记录”命令，或者按 Shift+Enter 组合键。

5.6.3　在窗体中排序记录

默认情况下，窗体中的记录是按照来源对象中记录的顺序显示的，也可以按照用户的要求进行排序。

例 5.16　对“学生 1”窗体的记录按“入学成绩”的降序进行排序。

操作步骤如下：

(1) 在学生管理数据库的窗体对象中双击“学生 1”窗体，打开学生窗体视图。

(2) 在窗体上选中“入学成绩”字段，单击“记录”|“排序”命令，在级联菜单中选择“降序排序”。

5.6.4　在窗体中筛选记录

默认情况下，窗体显示来源对象中的全部记录。如果只查看部分记录，则需要在窗体中对记录进行筛选。筛选方式包括按窗体筛选、按内容筛选、输入筛选目标和高级筛选。

1．按窗体筛选

例 5.17　对“学生 1”窗体的记录按窗体筛选出入学成绩高于 550 分的学生记录。

操作步骤如下：

(1) 在学生管理数据库的窗体对象中双击“学生 1”窗体，打开学生窗体视图。

(2) 单击“记录”|“筛选”命令，在级联菜单中选择“按窗体筛选”命令，出现如图 5-97 所示的“按窗体筛选”窗口。

(3) 在“入学成绩”文本框中输入窗体的筛选条件“>550”。

(4) 单击“筛选”|“应用筛选/排序”命令，出现如图 5-98 所示的按窗体筛选结果。

(5) 如果要取消筛选，单击“记录”|“取消筛选/排序”命令。

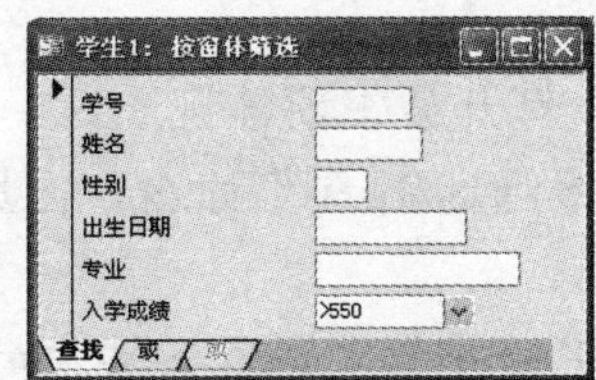

图 5-97 “按窗体筛选”窗口

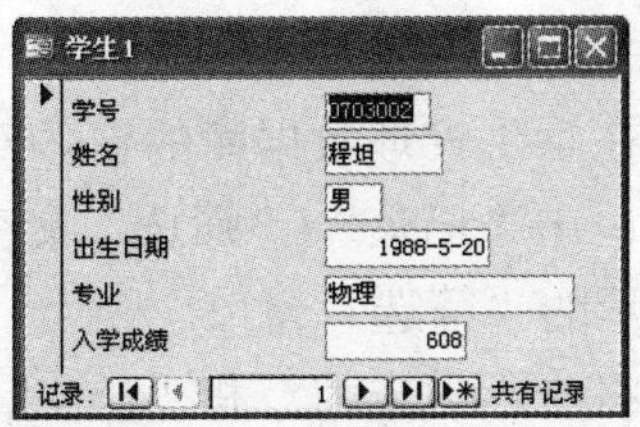

图 5-98　按窗体筛选结果

2. 按选定内容筛选

例 5.18 对“学生 1”窗体的记录按内容筛选出专业为“计科”的学生记录。

操作步骤如下：

(1) 在学生管理数据库的窗体对象中双击“学生 1”窗体，打开学生窗体视图。

(2) 在窗体中，将记录定位到专业为“计科”的记录，并选中“专业”字段，单击“记录”|“筛选”命令，在级联菜单中选择“按选定内容筛选”命令，窗体自动筛选出所有专业为“计科”的记录。

(3) 如果要取消筛选，单击“记录”|“取消筛选/排序”命令。

3. 输入筛选目标

例 5.19 对“学生 1”窗体的记录通过输入筛选条件选出所有 20 世纪 70 年代出生的学生记录。

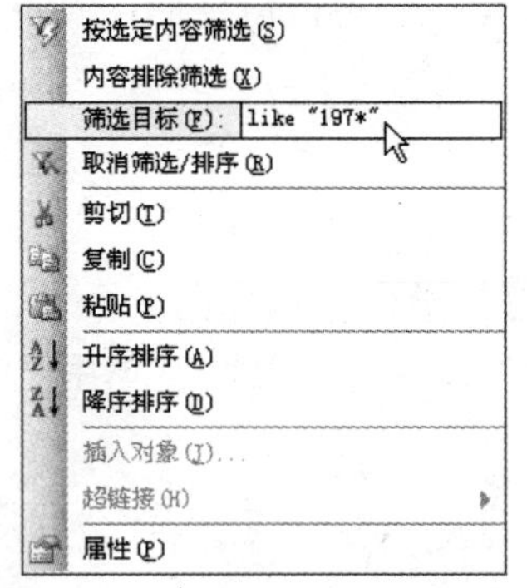

图 5-99 输入筛选条件快捷菜单

操作步骤如下：

(1) 在学生管理数据库的窗体对象中双击“学生 1”窗体，打开学生窗体视图。

(2) 右击“出生日期”字段，弹出如图 5-99 所示的输入筛选条件快捷菜单。

(3) 在“筛选目标”文本框中输入筛选条件“like "197*"”，按回车键，出现如图 5-100 所示的“按筛选目标”筛选结果。

(4) 如果要取消筛选，单击“记录”|“取消筛选/排序”命令。

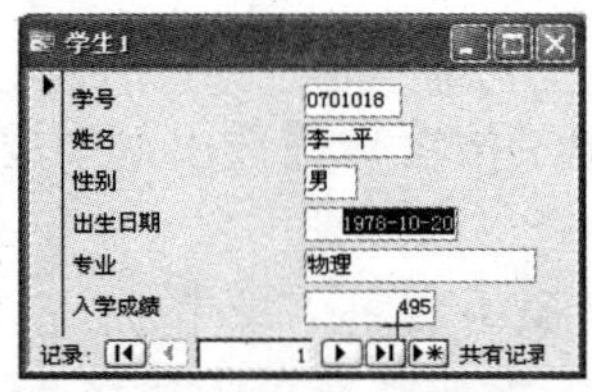

图 5-100 “按筛选目标”筛选结果

4. 高级筛选/排序

例 5.20 对“学生 1”窗体的记录使用高级筛选，选择出“计科”入学成绩 550 分以上的学生记录。

操作步骤如下：

(1) 在学生管理数据库的窗体对象中双击“学生 1”窗体，打开学生窗体视图。

(2) 单击“记录”|“筛选”命令，在级联菜单中选择“高级筛选/排序”命令，出现如图 5-101 所示的“筛选”窗口。

(3) 将“入学成绩”和“出生日期”字段添加到筛选窗口中，并分别设置条件“>550”、“计科”。

(4) 单击“筛选”|“应用筛选/排序”命令，出现如图5-102所示“高级筛选/排序”结果。

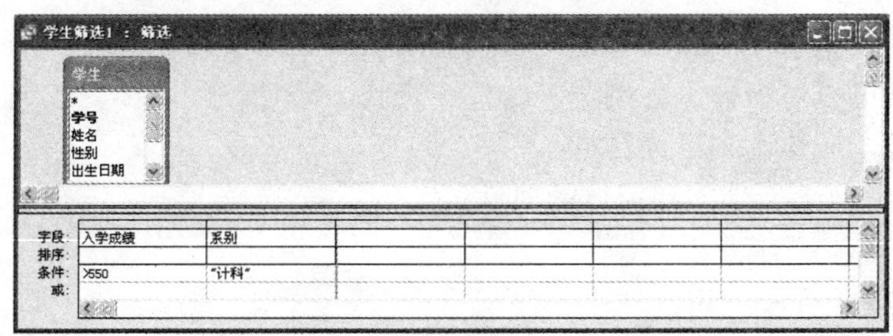

图5-101 “筛选”窗口

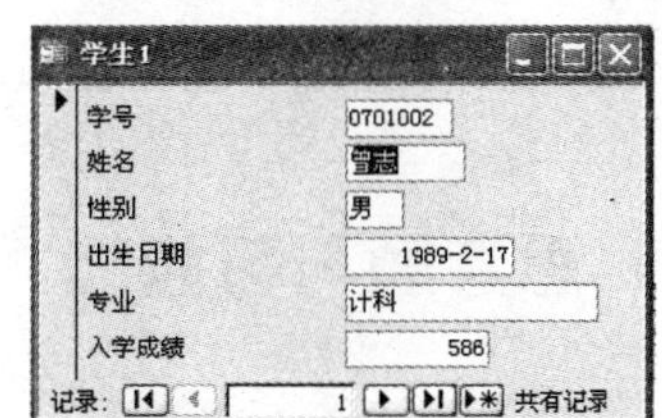

图5-102 “高级筛选/排序”结果

5.6.5 窗体的打印和打印预览

在Access的数据库对象中，窗体对象是可以打印的，有时可以利用直接打印窗体的方法代替创建报表。

在窗体运行视图中单击常用工具栏上的“打印预览”按钮或者单击“文件”|“打印预览”命令，即可完成打印预览操作

如果要在打印机上打印窗体，单击常用工具栏上的“打印”按钮或者单击“文件”|“打印”命令，即可完成打印操作。

本章小结

窗体是Access的一个重要的容器对象，是用户与Access应用程序之间的接口，用户可以在窗体中方便地输入数据、编辑数据、显示和查询表中的数据。通过窗体设计，用户可以创建出外形美观、操作方便的操作界面，从而可以轻松地访问数据库中的表、查询、报表等，并可对数据表中的数据进行操作。窗体由窗体页眉、页面页眉、主体、页面页脚和窗体页脚5部分组成。根据显示数据的方式不同，Access提供了纵栏式窗体、表格式窗体、数据表窗体、组合式窗体、图表窗体和数据透视表窗体。

创建窗体的方法有多种，主要有“自动创建窗体”、“窗体向导”和“窗体设计视图”等方式。

控件是窗体的一个重要对象，控件集中存放在工具箱中，窗体中的控件主要包括标签控件、文本框控件、复选框控件、切换按钮控件、选项按钮控件、选项组控件、列表框与组合框控件、命令按钮控件、选项卡与图像控件等。在窗体中，应用这些控件可以方便的实现窗

体操作。Access 提供了多种窗体和控件事件，常用的有键盘事件、鼠标事件、窗口事件、对象事件和操作事件。

用户可以通过调整窗体的布局、使用自动套用格式、添加日期和时间来美化窗体。

窗体创建后，可以对窗体进行浏览、定位、查找、添加、删除和更改记录等各种操作。

通过本章学习，应该达到下列目标：

(1) 掌握窗体的概念、功能和窗体的属性。

(2) 掌握创建窗体的方法。

(3) 掌握窗体的控件及应用。

(4) 了解窗体和控件的事件。

(5) 掌握窗体的美化。

(6) 掌握窗体的编辑操作。

思考题与习题

一、选择题

1. 下面哪个不是 Access 窗体的类型______。

   (A) 纵栏式　　(B) 表格式　　(C) 数据表式　　(D) 数据库式

2. 以下操作不能在窗体中查找记录的是______。

   (A) “编辑”菜单　　(B)单击“查找”按钮

   (C) “文件”菜单　　(D) Ctrl+F 组合键

3. “文本框”控件和“标签”控件的主要区别是使用不同的______。

   (A) 方法　　(B) 格式　　(C) 显示方式　　(D) 数据源

4. 能接受用户输入“数据”的控件是______。

   (A) 文本框　　(B) 标签　　(C) 命令按钮　　(D) 图像

5. 下列不属于窗体类型的是______。

   (A) 纵栏式窗体　　(B) 表格式窗体　　(C) 开放式窗体　　(D) 数据表窗体

6. 不可以创建“表格式”窗体的方法是______。

   (A) 将表格另存为窗体　　(B) 使用“自动窗体向导”创建窗体

   (C) 使用向导创建窗体　　(D) 使用设计视图创建窗体

7. “命令按钮”控件的响应，决定命令按钮的______。

   (A) 功能　　(B) 属性　　(C) 事件代码　　(D) 鼠标操作

8. 以下操作能在窗体中筛选记录的是______。

   (A) “编辑”菜单　　(B) 单击“按窗体筛选”按钮

   (C) “视图”菜单　　(D) Ctrl+L 组合键

二、填空题

1. 窗体中的数据来源主要包括表和__________。
2. 窗体中创建一个标题，可使用__________控件。
3. 根据功能和用途可以将窗体类型分为________、________和__________三种类型。

4. 窗体最多可以包含5个节，它们分别是________、________、________、________和________。

5. 工具箱的作用是向窗体__________________。

6. 如果要隐藏控件，应该将____________属性设置为“否”。

三、简答题

1. 创建窗体的方法主要有哪几种？

2. 简述窗体的主要功能？

3. 窗体有几种视图？各有什么区别？

4. 组合框和列表框有何区别？

5. 为什么要为操作者设计窗体对象作为操作数据的界面，而不允许他们在对应的数据表对象上操作数据？

6. 创建带有子窗体的窗体需要满足什么条件？

7. 如果需要对“命令按钮”控件的“单击”事件编程，应如何操作？

四、操作题

实验一　窗体的设计与建立

1. 实验目的

(1) 掌握建立窗体的几种常用方法。

(2) 能使用窗体向导创建简单的窗体。

(3) 掌握窗体设计视图的操作。

2. 实验环境

Windows操作系统、Microsoft Office Access 2003。

3. 实验内容

(1) 利用窗体向导创建一个纵栏式窗体，用于浏览或录入图书信息。

(2) 在窗体设计视图中对前面所建立的窗体进行修改，在窗体页眉中添加“图书信息”标题，并适当设置该标签控件的主要属性。

(3) 利用窗体设计视图设计一个窗体，统计每本书的销售量。

(4) 设计一个窗体，统计每个雇员销售书的数量和销售额。

(5) 设计一个窗体，统计销售数量最大和销售数量最小的图书编号和书名。

实验二　窗体中控件的使用

1. 实验目的

(1) 掌握窗体中控件的使用。

(2) 能使用窗体向导创建简单的窗体。

(3) 掌握窗体设计视图的操作及常用窗体控件的设置方法。

2. 实验环境

Windows操作系统、Microsoft Office Access 2003。

3. 实验内容

(1) 创建一个窗体，窗体上有3个文本框，在两个文本框中随机输入数值，在第三个文本框中显示两个数的乘积。

(2) 在图书基本信息中，添加一个图像控件。

(3) 设计一个窗体，并设计相应的控件，单击记录按钮可以向前、向后查看每一本图书的信息。

(4) 在图书基本信息窗体中，添加日期和时间。

(5) 输入圆的半径，计算圆的面积和周长。

第 6 章　报　表

报表是 Access 的容器对象之一，利用报表可把数据库中的数据及其统计计算的结果以规范的格式打印出来，这也正是数据库应用的最终目的。使用报表来打印格式数据是一种非常有效的方法，用户可以控制报表上每个控件的大小和外观，按所需的方式输出信息。在 Access 报表中还可以实现一些复杂的计算，如对数据进行分组、统计、汇总等。

本章主要内容包括报表概述、快速创建报表、报表设计视图的使用、报表中数据的排序与分组、创建子报表和打印报表。

6.1　报表概述

报表可以将数据库中的数据以格式化的形式打印和输出。报表不仅可以显示数据库中的原始数据，还可以将统计计算的结果以多种形式输出。报表与窗体有许多相同之外，但它们的作用具有很大的区别。

6.1.1　报表的类型

Access 系统提供了比较丰富的报表样式，主要有纵栏式报表、表格式报表、图表报表和标签报表 4 种类型。

1．纵栏式报表

纵栏式报表在报表的一页上以垂直方式显示表中记录的字段名及字段内容，与纵栏式窗体类似，有时也称窗体报表。如图 6-1 所示为纵栏式学生基本信息报表。

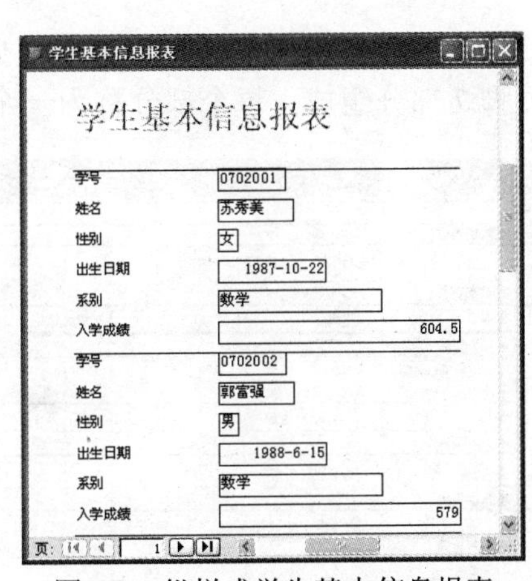

图 6-1　纵栏式学生基本信息报表

2．表格式报表

表格式报表的格式与表格式窗体类似，以行列的形式输出数据，通常一行显示一条记录，每个字段显示为一列，因此可以在一页上输出报表的多条记录内容。此类格式的报表适宜输出记录较多的情况，便于阅览，应用较为广泛。如图 6-2 所示为表格式学生基本情况报表。

3．图表报表

类似 Excel 中的图表，Access 中的图表报表可将报表数据源中的数据以图表的形式直观地显示出来，便于展现数据之间的关系。如图 6-3 所示为图表式各系学生人数报表。

4．标签报表

标签报表是报表的一种特殊格式，主要用于打印名片、书签、信封、物品标签等。如图 6-4 所示为标签式学生选课成绩通知单报表。

学生基本情况报表

学号	姓名	性别	出生日期	系别	入学成绩
0702001	苏秀美	女	1987-10-22	数学	604.5
0702002	郭富强	男	1988-6-15	数学	579
0703001	李明光	男	1989-2-8	物理	560
0703002	程坦	男	1988-5-20	物理	608
0703003	潘金生	男	1987-8-25	物理	548
0704010	吴娟	女	1989-3-28	外语	572.5
0704011	李小明	男	1988-9-17	外语	551
0704012	刘晓华	女	1987-12-29	外语	578.5
0701001	刘庆平	男	1988-6-16	计科	584
0701002	曾志	男	1989-2-17	计科	586
0701003	任乐天	男	1989-2-12	计科	592

图 6-2　表格式学生基本情况报表

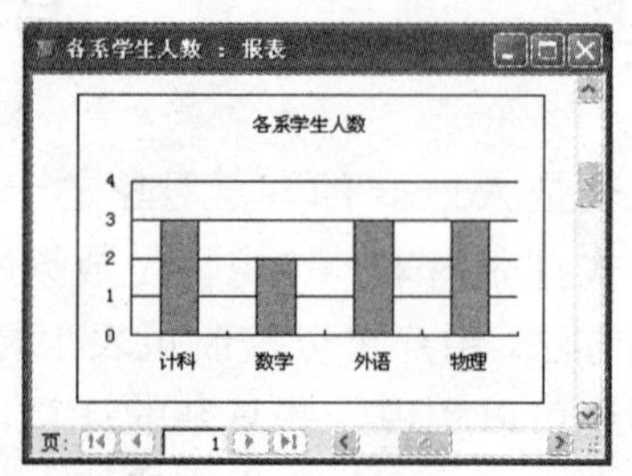

图 6-3　图表式各系学生人数报表

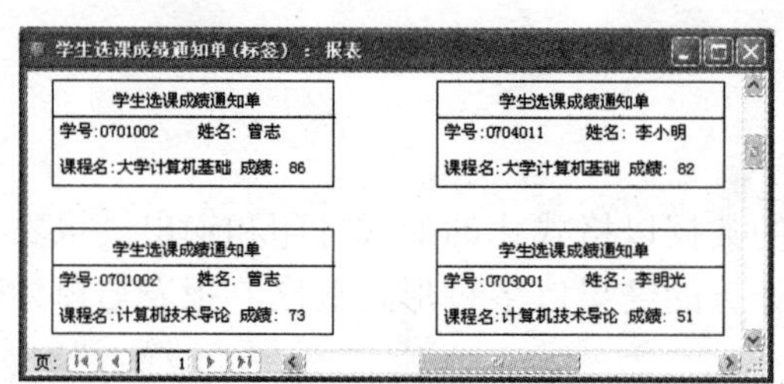

图 6-4　标签式学生选课成绩通知单报表

6.1.2　报表的组成

Access 报表一般由报表页眉、页面页眉、组页眉、报表主体、组页脚、页面页脚和报表页脚 7 部分组成，每个部分称为一个“节”。所有的报表都有一个主体节，报表可以根据需要随时添加报表页眉、页面页眉、组页眉、组页脚、页面页脚和报表页脚节。如图 6-5 所示为报表组成区域。

图 6-5　报表组成区域

报表中各节的都有特定的用途，应根据实际需要放置相应的内容。

1．报表页眉

报表页眉在整个报表中只出现一次，显示在报表第一页的最上方，一般用于设置报表标题、使用说明等信息。可以在单独的报表页眉中输入任何内容，通过设置控件“格式”属性特殊显示标题文字。通常，报表页眉主要应用在报表封面。

2．页面页眉

页面页眉显示在报表每一页的上方，页面页眉通常用来显示字段名称等信息，主要用于显示数据的列标题。

3．组页眉

组页眉是在报表“视图”菜单中执行了“排序与分组”命令，才可以设置“组页眉/组页脚”，组页眉一般用来显示各组名称等信息，且节标题内容依据分组的情况而变化。如图 6-5 所示的报表按“系别”进行分组，故这个节的标题为“系别页脚”。

4．主体

主体是报表中显示数据的主要区域，一般用来设计每行输出数据表或查询中一条记录的字段内容。在报表设计窗口中主体节的高度即是报表打印时每一行的高度，此节的高度越高，报表打印时各条记录之间的距离就越大。

5．组页脚

组页脚主要用来显示分组统计数据，组页脚一般用来放置分组的小计、平均值等。在实际应用中，组页眉和组页脚可以单独设置使用。

6．页面页脚

页面页脚在报表每一页的下方显示，主要用来显示本页的统计数据、页码或日期等信息，数据显示通常安排在文本框或其他一些类型的控件中。

7．报表页脚

报表页脚显示在最后一条记录的下方，适合显示报表的计算汇总或其他统计数据。

需要说明的是，在报表第一页，页面页眉出现在报表页眉的下方，与其他各页的页面页眉的位置不同；而在报表的最后一页，报表页脚紧跟在最后一条记录之后，显示在此页的页面页脚之上，这与在设计窗口中的显示的情况正好相反。

6.1.3　报表与窗体的区别

报表和窗体是 Access 数据库的两个不同的对象，是 Access 数据库的主要操作界面，两者显示数据的形式很类似，但其输出目的不同。

窗体是交互式界面，可用于屏幕显示，用户通过窗体可以对数据进行筛选、分析，也可以对数据进行输入和编辑。而报表是数据的打印结果，不具有交互性。

窗体可以用于控制程序的操作流程，其中包含一部分功能控件，如命令按钮、单选按钮、复选框等，这些控件是报表所不具备的。报表中使用较多的控件是标签和文本框，以实现报表对数据的显示、分类、汇总等功能。

6.1.4　报表的视图

Access 中，报表有设计视图、打印预览和版面预览 3 种视图。“设计视图”可以定义报表中要输出的所有数据及其输出格式、创建和编辑报表的结构和布局。“打印预览”视图可以查看报表的页面数据输出形式，对报表将要打印的实际效果进行预览，并在报表中显示出全部数据。“版面预览”可以预览报表的版面，在该视图中只显示报表中的几条记录作为示例。

6.2　快速创建报表

建立报表与建立窗体很相似，可以首先利用自动报表功能或报表向导快速创建报表，然后再在设计视图中对所创建的报表进行修改。

6.2.1 自动创建报表

自动创建报表可以由系统自动生成包含指定数据源所有记录数据的报表，Access 提供了“纵栏式”和“表格式”两种类型的自动创建报表。使用“自动创建报表”功能是快速创建报表的方法之一。在创建报表时，首先选择用来创建报表的一个数据表或查询作为数据源，然后选择报表类型：纵栏式或者表格式，系统会自动生成显示数据源中所有字段的记录数据的报表。

例 6.1 使用“自动创建报表”创建如图 6-1 所示的纵栏式学生基本信息报表。

操作步骤如下：

(1) 打开“学生管理”数据库窗口中，选中“报表”对象。

(2) 单击“新建”按钮，出现如图 6-6 所示的“新建报表”对话框。

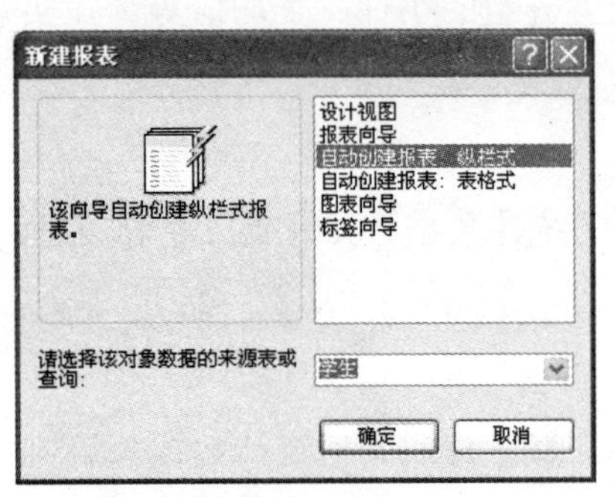

图 6-6 “新建报表”对话框

(3) 在对话框的右边列表框中选择“自动创建报表：纵栏式”，在选择数据来源时选择“学生”表作为报表的数据源。

(4) 单击“确定”按钮，出现如图 6-7 所示的纵栏式“学生基本信息”报表预览窗口。

(5) 单击“文件”|“保存”命令，出现如图 6-8 所示的“另存为”对话框。

(6) 在对话框的“报表名称”框内输入“纵栏式学生基本信息报表”。

(7) 单击“确定”按钮。

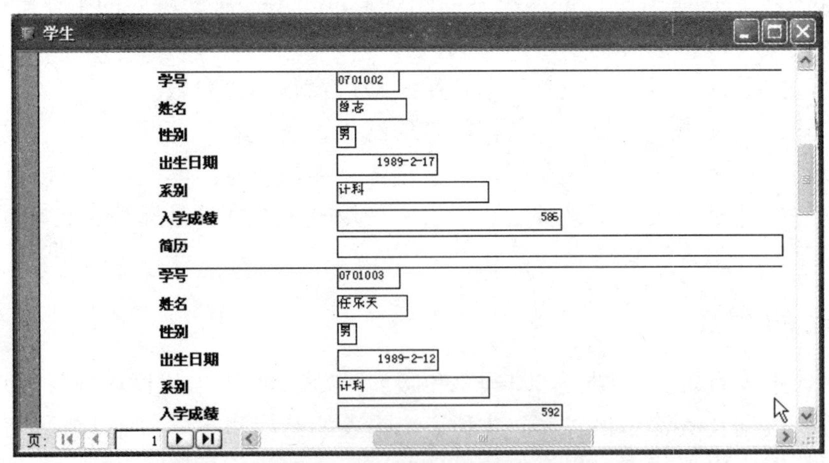

图 6-7 纵栏式“学生基本信息”报表预览窗口

图 6-8 “另存为”对话框

6.2.2　使用“报表向导”创建报表

使用“报表向导”可以在向导的提示下，完成报表设计的大部分操作，从而加快报表创建的过程。使用“报表向导”创建报表时，用户可以选择多个数据表或查询作为数据源，并可以对数据源中的字段进行选取，同时还能对报表中的数据进行分组统计操作。

1. 使用向导创建基于单表的报表

例 6.2　使用“报表向导”创建一个“各系学生信息”报表，显示学生的“学号”、“姓名”、“性别”和“入学成绩”，并按系别分组统计各系学生人数据及入学成绩的平均分。

操作步骤如下：

(1) 打开“学生管理”数据库窗口中，选中“报表”对象。

(2) 单击“新建”按钮，出现如图 6-6 所示的“新建报表”对话框。

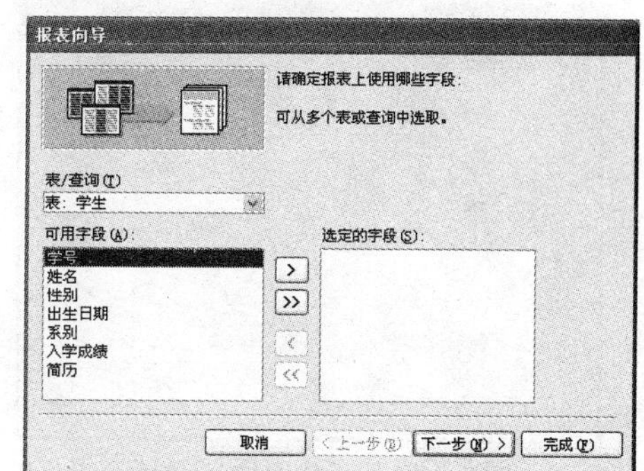

图 6-9　“请确定报表上使用哪些字段”对话框

(3) 选择“报表向导”，并指定“学生”表作为报表的数据源。

(4) 单击“确定”，出现如图 6-9 所示的“报表向导”的“请确定报表上使用哪些字段”对话框。

(5) 在对话框中，在“表/查询”下选择“学生”表，将“可用字段”列表框中的“学号”、“姓名”、“性别”、“系别”、“入学成绩”字段添加到“选定的字段”列表框中。

(6) 单击“下一步”，出现如图 6-10 所示的“报表向导”的“请确定是否添加分组级别”对话框，选择“系别”作为分组字段。

(7) 单击“下一步”，出现如图 6-11 所示的“报表向导”的“请确定明细使用的排序次序和汇总信息”对话框，选择“入学成绩”作为排序字段，并指定排序方式为“降序。

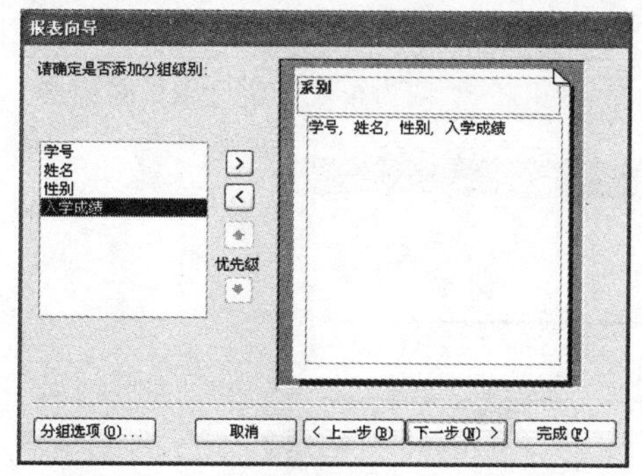

图 6-10　“请确定是否添加分组级别”对话框

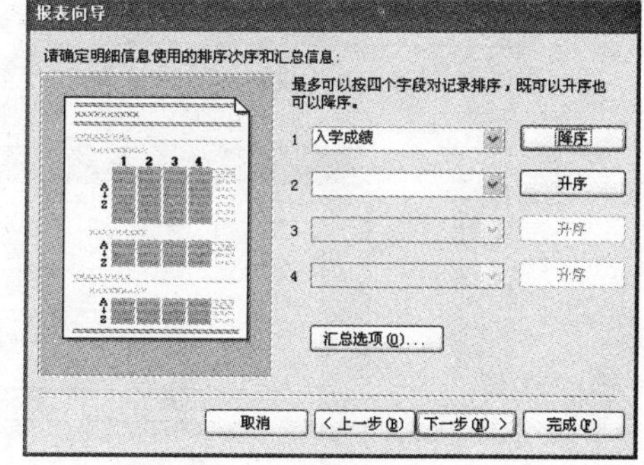

图 6-11　“请确定明细使用的排序次序和汇总信息”对话框

(8) 单击“汇总选项”按钮，出现如图 6-12 所示的“汇总选项”对话框，在“请选择需要计算的汇总值”选项区域中列出了当前所选字段中的数值型字段及需要计算的项目，(如果所选字段中无数值型字段，则如图 6-11 所示的对话框中就没有“汇总选项”按钮)，选中“入学成绩”字段的“平均”复选框，单击“确定”按钮，返回到如图 6-11 所示“报表向导”的

“请确定明细使用的排序次序和汇总信息”对话框。

(9) 单击“下一步”，出现如图 6-13 所示的“报表向导”的“请确定报表的布局方式”对话框，这时可以对报表的布局方式进行设置，这里各项选用默认值。

(10) 单击“下一步”，出现如图 6-14 所示的“报表向导”的“请确定所用样式”对话框，可选取标题所用的样式，这里选择“正式”样式。

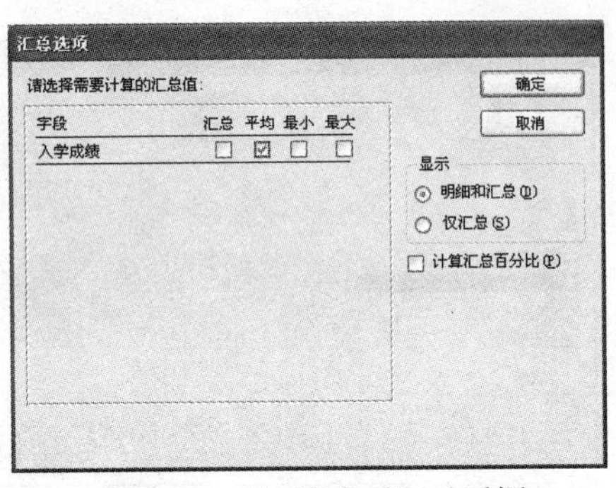

图 6-12 “汇总选项”对话框

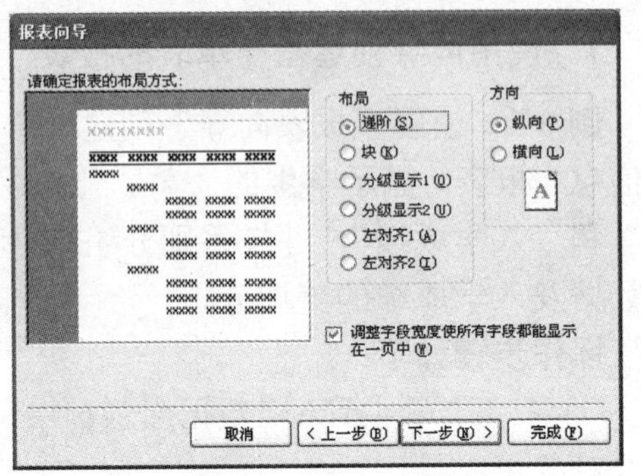

图 6-13 “请确定报表的布局方式”对话框

(11) 单击“下一步”，出现如图 6-15 所示的“报表向导”的“请为报表指定标题”对话框，输入“各系学生信息”作为报表的标题，并选中“预览报表”单选按钮。

(12) 单击“完成”按钮，系统自动打开如图 6-16 所示“各系学生信息”报表的预览视图。

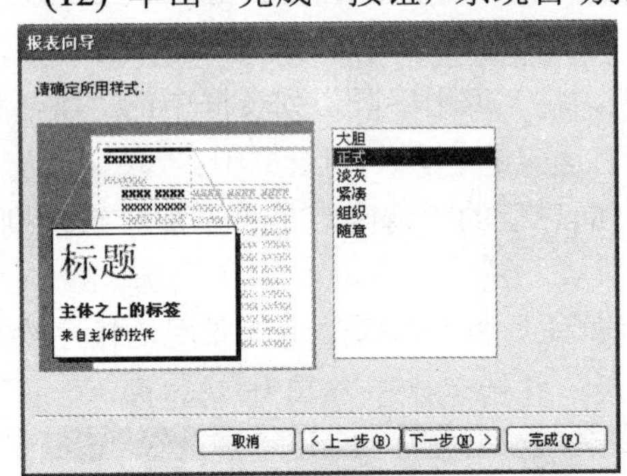

图 6-14 “请确定所用样式”对话框

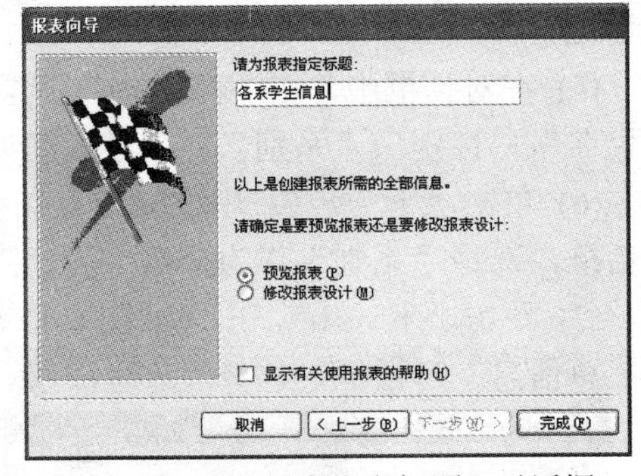

图 6-15 “请为报表指定标题”对话框

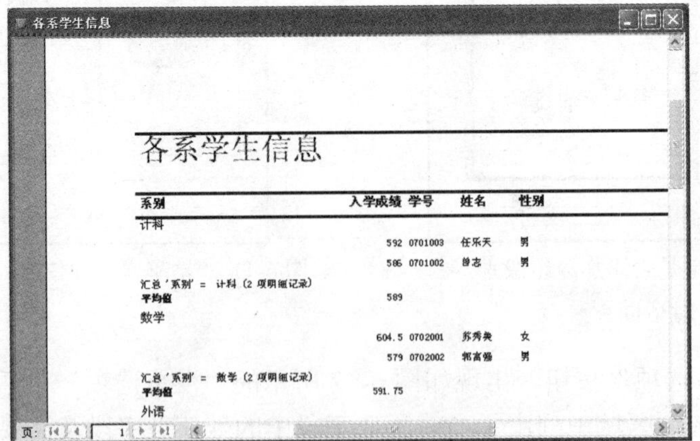

图 6-16 “各系学生信息”报表的预览视图

2．利用“报表向导”创建基于多表的报表

利用“报表向导”也可为基于多个表或查询的数据源创建报表。特别强调的是，创建报表之前首先要建立表之间的关系。

例 6.3　使用“报表向导”创建一个“学生成绩单”报表，显示学生的“学号”、“姓名”、“课程名”和“成绩”。

分析：这里涉及到学生表、选课表和课程表已经建立了“学生”表、“课程”表和“选课”表之间的关联。

操作步骤如下：

(1) 打开“学生管理”数据库窗口中，单击“报表”对象。

(2) 双击“使用向导创建报表”，出现如图 6-17 所示的“报表向导”的“请确定报表上使用哪些字段”对话框。

(3) 在对话框中选择“表/查询”下的“学生”表，将“可用字段”列表框中的“学号”、“姓名”字段添加到“选定字段”列表框中，再选择“表/查询”下的“课程”表，将“可用字段”列表框中的“课程名”字段添加到“选定字段”列表框中，再次选择“表/查询”下的“选课”表，将“可用字段”列表框中的“成绩”字段添加到“选定字段”列表框中。

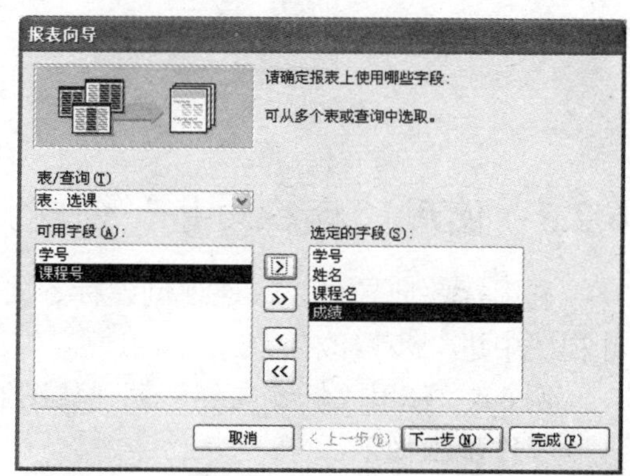

图 6-17　“请确定报表上使用哪些字段”对话框

(4) 单击“下一步”，出现如图 6-18 所示的“报表向导”的“请确定查看数据的方式”对话框，这里选择“通过学生”，这样便于查看每个学生的所选课程及成绩(若想便于查看每门课程各学生的成绩，则可选择“通过课程”)。

(5) 单击“下一步”，出现如图 6-19 所示的“报表向导”的“请确定是否添加分组级别”对话框。

(6) 单击“下一步”按钮，后面操作与创建单表向导类似，在此不再详细介绍。

(7) 最后，单击“完成”，出现如图 6-20 所示的“学生成绩单”预览结果。

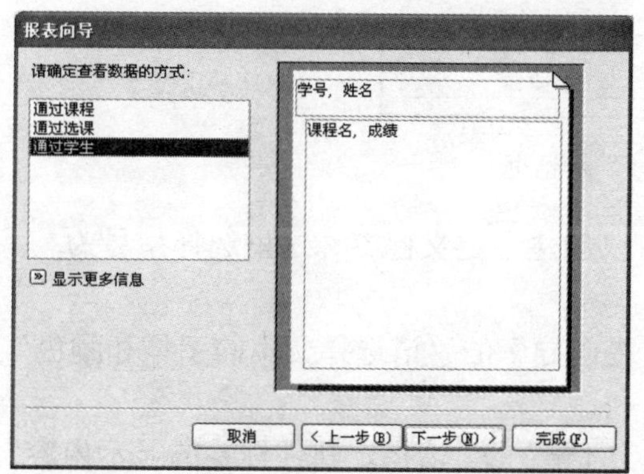

图 6-18　“请确定查看数据的方式”对话框

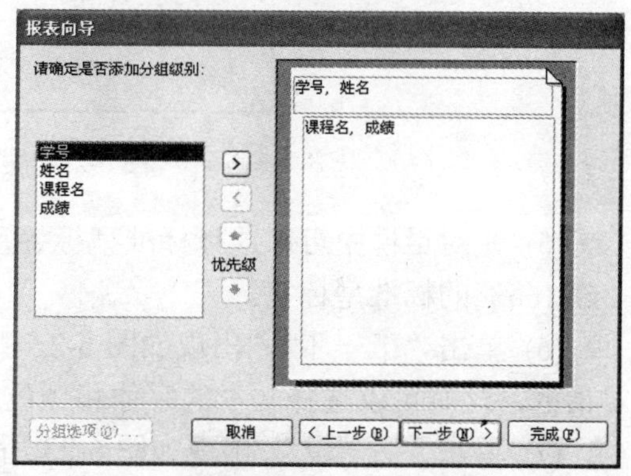

图 6-19　“请确定是否添加分组级别”对话框

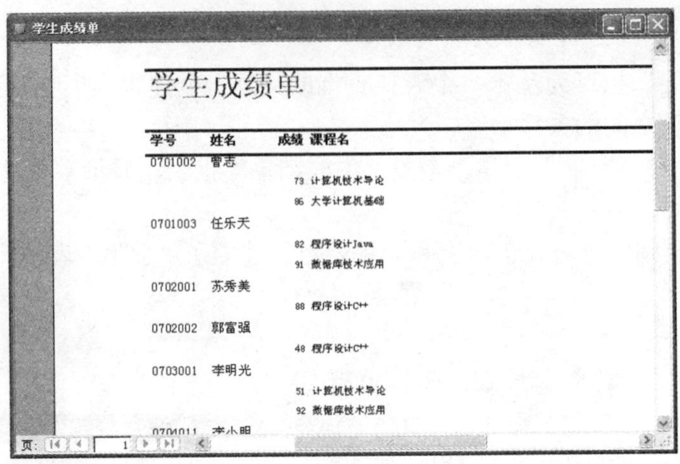

图 6-20 “学生成绩单”表预览结果

6.2.3 使用“标签向导”创建报表

利用标签向导可以快速地创建标签式报表，利用标签向导创建的标签式报表一般要在设计视图中进一步修改完善。

例 6.4 使用“标签向导”创建如图 6-4 所示的“标签式学生选课成绩通知单”报表。

操作步骤如下：

(1) 打开“学生管理”数据库窗口中，单击“报表”对象。

(2) 单击“新建”按钮，出现如图 6-6 所示的“新建报表”对话框。

(3) 选择“报表标签向导”，并指定“学生选课成绩”查询作为报表的数据源。

(4) 单击“确定”，出现如图 6-21 所示的“标签向导”的“指定标签尺寸”对话框。

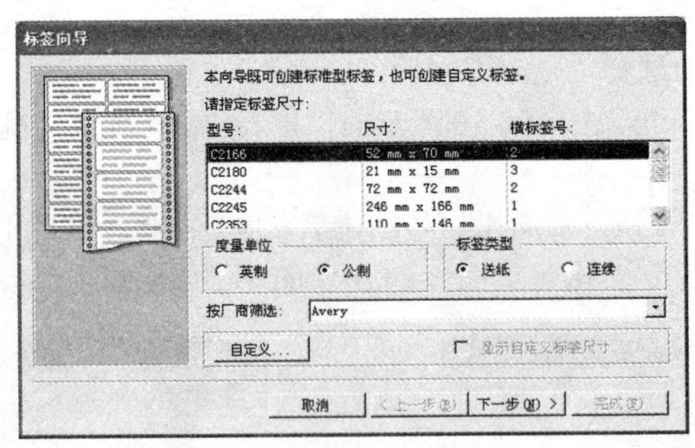

图 6-21 “指定标签尺寸”对话框

(5) 在对话框中可以选择标准型标签尺寸，也可以创建自定义标签，这里选择型号为“C2166”的标准型标签。

(6) 单击“下一步”，出现如图 6-22 所示的“标签向导”的“请选择文本的字体和颜色”对话框，这时可以选择文本的字体和颜色。

(7) 单击“下一步”，出现如图 6-23 所示的“标签向导”的“请指定邮件标签的显示内容”对话框，可以设置标签上显示的内容，在“原型标签”上可放置可用字段及输入相关文本，

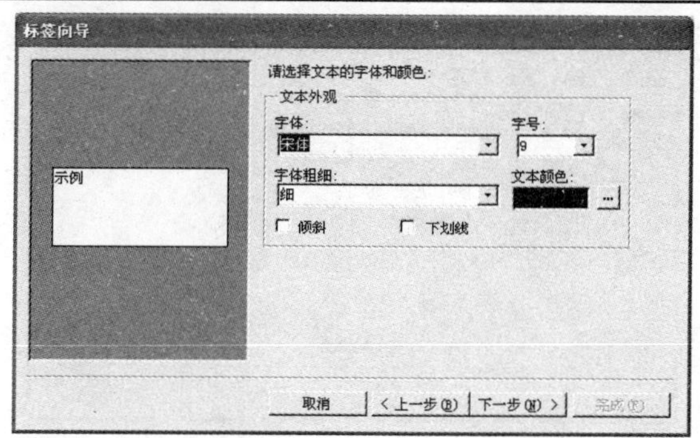

图 6-22　“请选择文本的字体和颜色”对话框

第一行上输入“学生选课成绩通知单”，第三行上先输入“学号：”，再双击“可用字段”列表框中的“学号”，则把该字段添加到光标位置，且以“{学号}”表示，用类似的方法将“姓名”、“课程名”、“成绩”添加到原型标签。

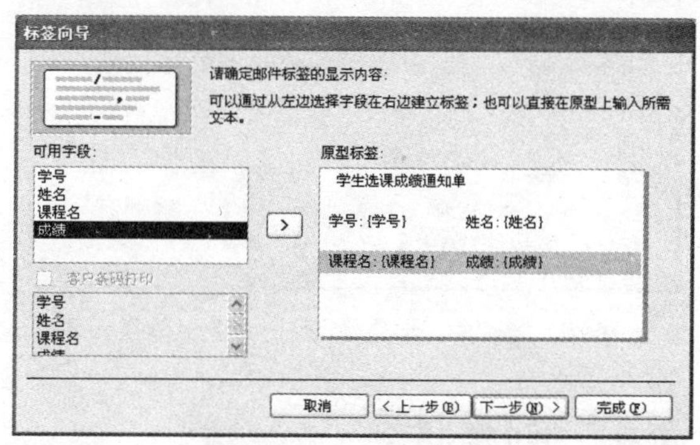

图 6-23　“请指定邮件标签的显示内容”对话框

(8) 单击“下一步”，出现如图 6-24 所示的“标签向导”的“请选择按哪些字段排序”对话框，这里指定“学号”为排序依据。

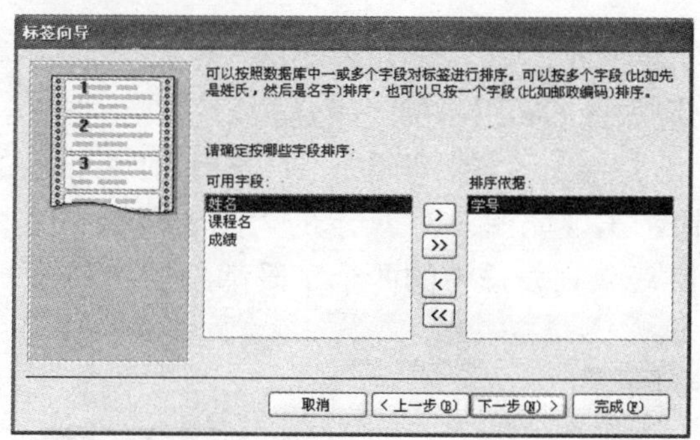

图 6-24　“请选择按哪些字段排序”对话框

(9) 单击“下一步”，出现如图 6-25 所示的“标签向导”的“请指定报表的名称”对话框，输入报表的名称为“学生选课成绩通知单”。

(10) 单击“完成”按钮，出现如图 6-26 所示的“标签：学生选课成绩通知单”报表。

若要生成如图 6-4 所示带有框线的标签报表，则需要在设计视图中添加“矩形”控件及“线条”控件，并设置相应的属性(参见 6.3 节)。

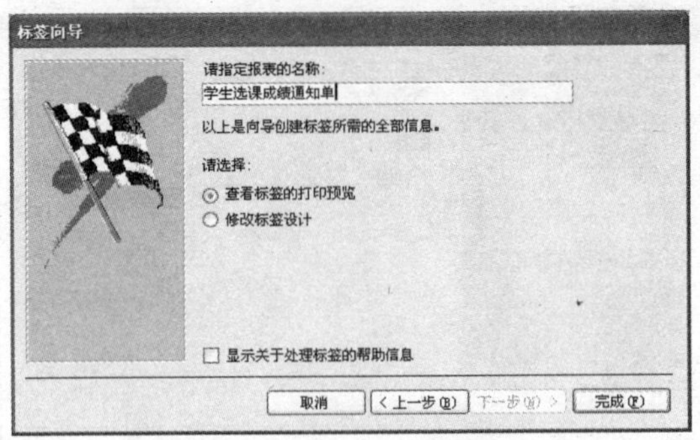

图 6-25 “请指定报表的名称”对话框

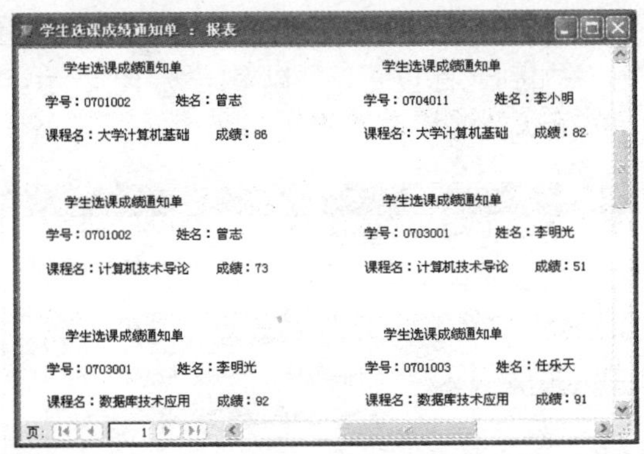

图 6-26 “标签：学生选课成绩通知单”报表

6.2.4 使用“图表向导”创建报表

图表向导便于快速生成图表报表，将 Access 中的数据以图表的形式直观地展现出来。

例 6.5 使用“图表向导”创建如图 6-3 所示的“各系学生人数图表报表”。

操作步骤如下：

(1) 打开“学生管理”数据库窗口，选中“报表”对象。

(2) 单击“新建”，出现如图 6-6 所示的“新建报表”对话框。

(3) 选择“图表向导”，并指定“各系学生人数”查询作为报表的数据源。

(4) 单击“确定”按钮，出现如图 6-27 所示的“图表向导”的“请选择图表数据所在的字段”对话框，将“可用字段”列表框中的两个字段都添加到“用于图表的字段”列表框中。

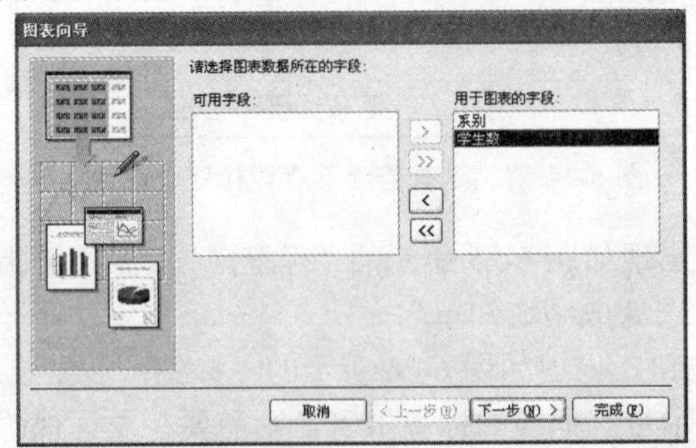

图 6-27 “请选择图表数据所在的字段”对话框

(5) 单击“下一步”，出现如图 6-28 所示的“图表向导”的“请选择图表的类型”对话框，这里选择“柱形图”。

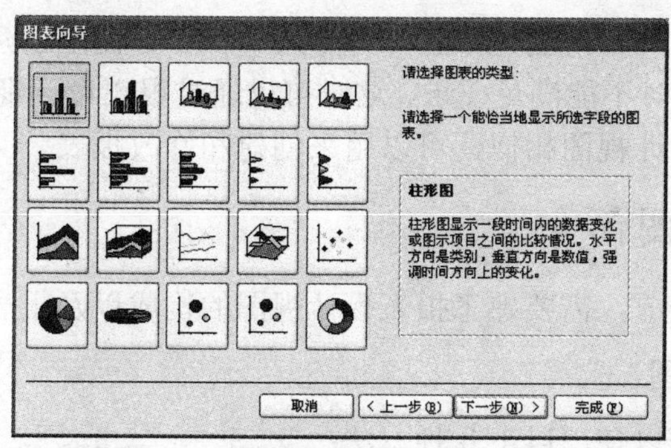

图 6-28 “请选择图表的类型”对话框

(6) 单击“下一步”，出现如图 6-29 所示的“图表向导”的“请指定数据在图表中的布局方式”对话框，可以指定数据在图表中的布局方式，可以用鼠标拖动字段到目标位置。

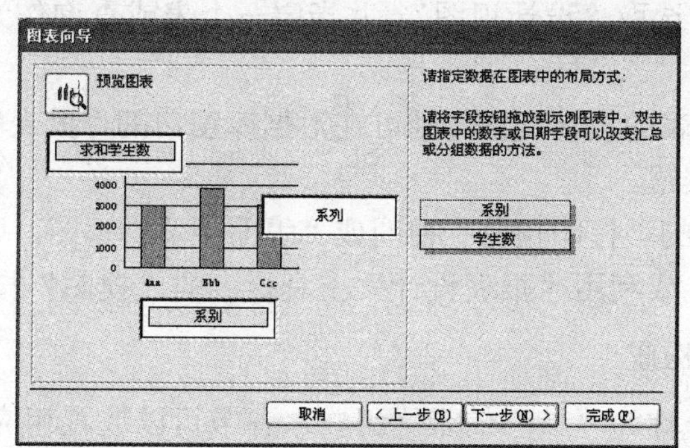

图 6-29 “请指定数据在图表中的布局方式”对话框

(7) 单击“下一步”，出现如图 6-30 所示的“图表向导”的“请指定图表的标题”对话框，输入图表标题“各系学生数”，选中“否，不显示图例”单选按钮，再选中“打开报表并在其上显示图表”单选按钮。

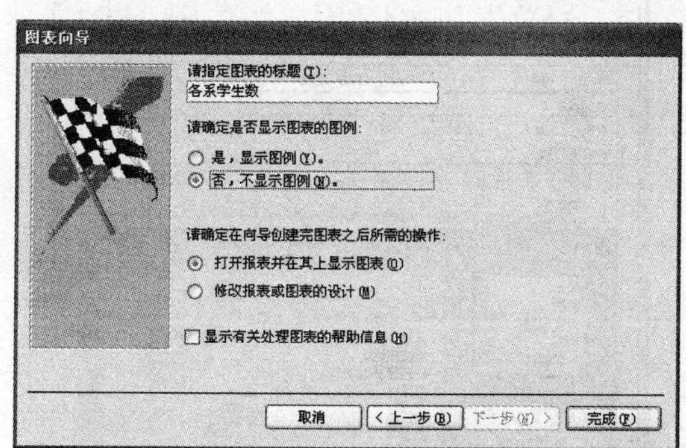

图 6-30 “请指定图表的标题”对话框

(8) 单击“完成”按钮，生成如图 6-3 所示的“各系学生数”图表报表。

6.3 报表设计视图的使用

使用“报表向导”和“自动创建报表”等方式可以很方便地创建报表，但以这两种方法创建的报表比较简单，有时不能满足要求，这时可以通过报表设计视图对报表做进一步修改。报表设计视图和窗体的设计视图相似，可以用来创建和修改报表。

6.3.1 报表设计视图简介

在使用报表设计视图前，需要熟悉报表设计视图的构成以及报表设计视图的使用方法。

1．打开报表设计视图

打开报表设计视图可以使用以下几种方法：

(1) 在数据库窗口中选中“报表”对象，单击工具栏上的“设计”按钮，或双击数据库窗口中的“在设计视图中创建报表”选项。

(2) 在数据库窗口中选中“报表”对象，单击工具栏上的“新建”按钮，在如图 6-6 所示的“新建报表”对话框中选取“设计视图”，并指定一个表或查询作为报表的数据源，再单击“确定”按钮。

(3) 若要打开已有报表的设计视图，则可在数据库窗口的“报表”对象中选中该报表，单击工具栏上的“设计”按钮。

(4) 若正处于某报表的“打印预览”视图或“版面预览”视图，则可以选择“视图”菜单中的“设计视图”命令，或利用“报表设计”工具栏上的“视图”按钮切换到“设计视图”。

2．报表设计视图的构成

报表设计视图由若干称为“节”的带区组成，各节可以放置相应的控件。其中“主体”节是必不可少的，而“页面页眉”、“页面页脚”、“报表页眉”、“报表页脚”等节可根据需要显示或隐藏。如图 6-31 所示为“学生基本信息”报表设计视图的基本构成。

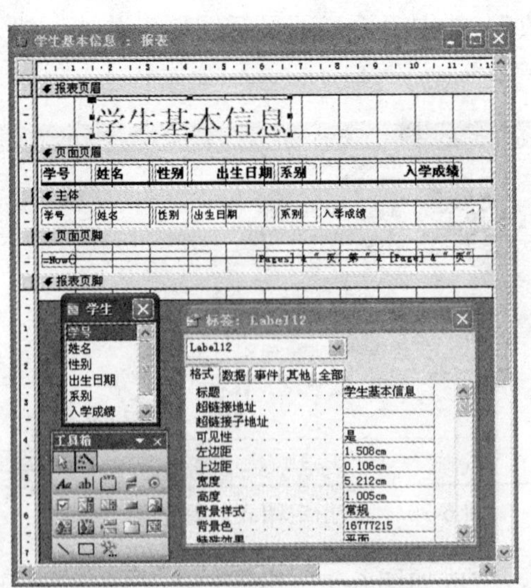

图 6-31 报表设计视图的构成

在报表视图中，添加或删除“页面页眉/页脚”、“报表页眉/页脚”的操作方法如下：

(1) 单击“视图”菜单，弹出如图6-32所示的报表视图下拉菜单，在下拉菜单中选择“页面页眉/页脚”、“报表页眉/页脚”，若前面有“√”标记，说明已经选中。

(2) 在报表的空白处右击，弹出如图6-33所示的报表快捷菜单，在快捷菜单中选择相应的操作命令。

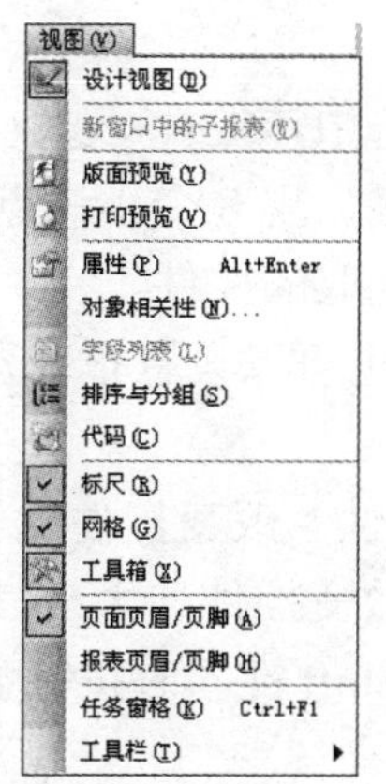

图6-32　报表“视图”下拉菜单

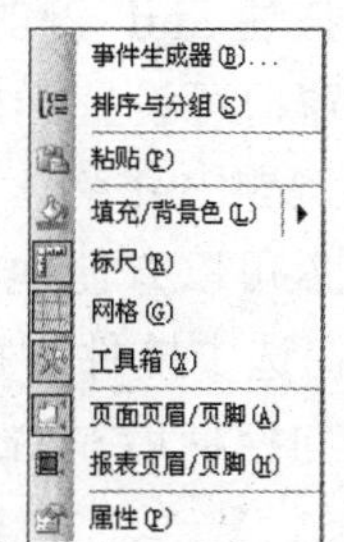

图6-33　报表快捷菜单

打开报表设计视图后，一般都显示“控件工具箱”、“属性”窗口及报表数据源的“字段列表”。通过单击图6-34中的“报表设计”工具栏上的相应按钮，可以方便地显示或隐藏“属性”窗口、“工具箱”和“字段列表”。

图6-34　“报表设计”工具栏

3．添加控件的方法

报表上的所有内容都是通过在报表设计视图中放置相应的控件来实现的。向报表各节中添加控件可使用“工具箱”、“字段列表”和“插入”菜单。

1) 使用“工具箱”

“工具箱”中共有17个控件按钮，在设计窗体时基本上都可使用，但有些功能控件在报表中不能使用，如命令按钮、选项按钮等。报表中常用的控件有标签、文本框、直线、矩形等，有时也可能用到图像、分页符、子窗体/子报表等控件。

利用“工具箱”向报表中添加控件的方法是：在工具箱中选中该控件，然后在报表中的相应位置拖动鼠标至适当大小，放开鼠标即可。

2) 使用“字段列表”

利用“字段列表”可以方便地向报表的“主体”节中添加文本框控件。其操作方法是把“字段列表”中的某字段直接拖动到相应的位置。

使用这种方法添加的文本框控件已具有“数据来源”属性，不必再次指定数据来源。

3) 使用“插入”菜单

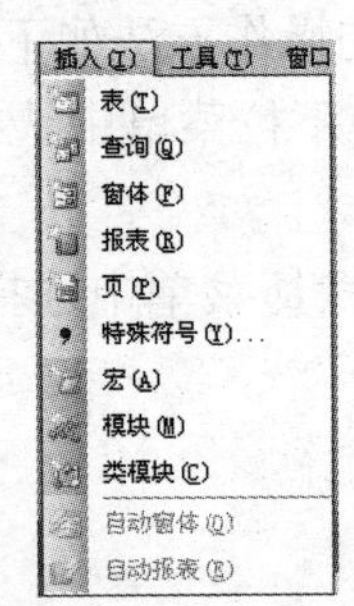

图 6-35 “插入”下拉菜单

在报表设计视图中，单击“插入”菜单，弹出如图 6-35 所示的“插入”下拉菜单，利用“插入”菜单可以很容易地在报表中插入页码、日期和时间、图片等内容。

4．设置控件的属性

报表中的控件具有很多属性，如位置、大小、字体、字号、颜色等。

设置控件属性时应首先选中该控件。选取单个控件可直接单击该控件，被选中的控件周围出现 8 个小黑点(控柄)。若要同时选中多个控件，可按住 Shift 键的同时用鼠标逐个单击要选取的控件。

利用“属性”窗口可设置当前选中控件的所有属性，也可以设置报表及各“节”的属性，具体操作在后面的例题中介绍。

使用鼠标或键盘可以方便地设置控件的位置和大小属性。改变控件的位置可用鼠标直接拖动该控件，也可在选中控件时按键盘上的 4 个方向键；改变控件的大小(宽度或高度)可在选中控件时用鼠标指向控柄后左右或上下拖动，也可在按住 Shift 键同时按键盘上的 4 个方向键。

6.3.2 使用设计视图创建报表

使用报表的设计视图创建报表，操作过程一般有打开报表设计视图并指定数据源、添加控件并设置属性、调整布局并对报表进行修饰等几个阶段。

例 6.6 使用“设计视图”创建“学生平均成绩报表”。

操作步骤如下：

(1) 打开“学生管理”数据库窗口，选中“报表”对象。

(2) 单击“新建”按钮，出现如图 6-6 所示的“新建报表”对话框。

(3) 在“新建报表”对话框中选择“设计视图”选项，并在“请选择该对象数据的来源表或查询”下拉列表框中选择“学生平均成绩”查询作为报表的数据源。

(4) 单击“确定”按钮，打开如图 6-36 所示的报表的“设计视图”窗口(如果没有显示“报表页眉/页脚”，可以在“视图”菜单中添加)。

图 6-36 报表的“设计视图”窗口

(5) 在报表页眉节中添加一个标签控件，将标签的标题属性设置为“学生平均成绩报表”，字体设置为“隶书”，字号为16，并将文本居中显示。

(6) 将字段列表中的“学号”、“姓名”、“成绩之平均值”3个字段分别拖动到报表的主体节中，然后再把它们所关联的3个标签控件分别复制到页面页眉节中，并按如图6-35所示对它们的位置进行适当的调整，使之能上下及水平基本对齐(利用“格式”菜单更方便)。

(7) 同时选中页面页眉节中的3个标签控件，设置他们的字体粗细属性为“加粗”，如图6-37所示为“学生平均成绩报表”的设计视图。

图6-37　“学生平均成绩报表”的设计视图

(8) 单击“插入”菜单的“页码”命令，出现如图6-38所示的“页码”对话框，将格式选择为“第N页”，位置选择为“页面底端(页脚)”，对齐选择为“中”，单击“确定”按钮。

(9) 单击“插入”菜单的“日期和时间”命令，在如图6-39所示的“日期和时间”对话框中取消对“包含时间”复选框的选中，单击“确定”按钮，新插入的控件出现在报表的最上面，把它拖动到报表页脚节的适当位置。

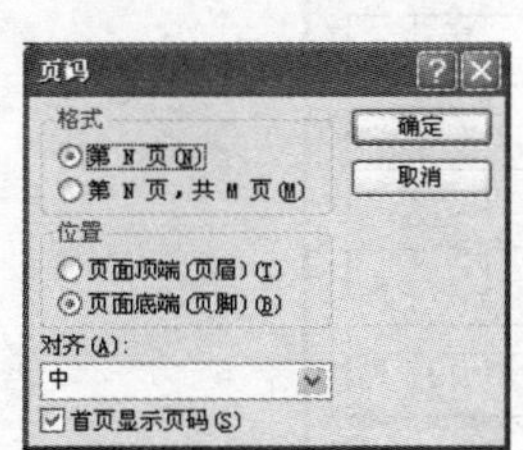

图6-38　“页码”对话框

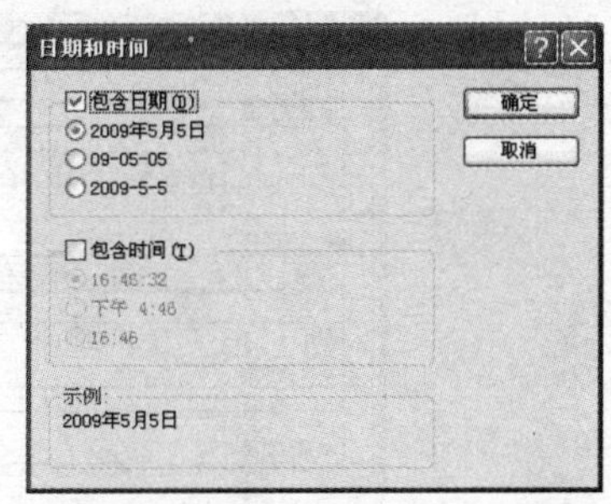

图6-39　“日期和时间”对话框

(10) 单击工具栏上的“保存”按钮，在“另存为”对话框中输入“学生平均成绩报表”，单击“确定”。

报表设计完毕，单击工具栏上“打印预览”按钮，出现如图6-40所示所示的“学生平均成绩报表”预览视图。若对报表的行距大小不满意，可再进入到设计视图对主体节的高度进行调整。

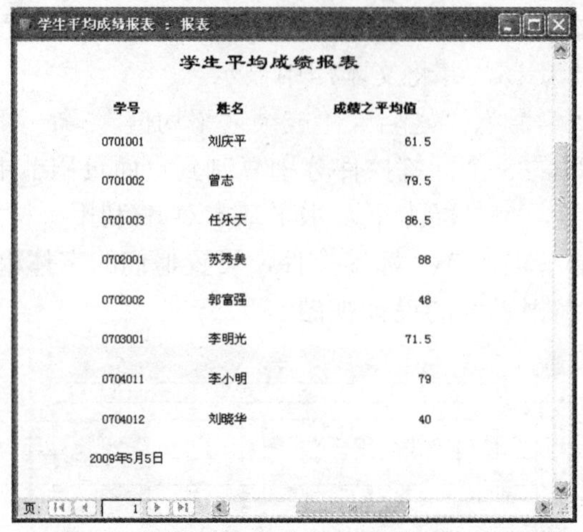

图 6-40 “学生平均成绩报表”的打印预览视图

6.3.3 丰富报表的内容

在报表上除了可以显示文本及数据库中的数据外，可以通过设置文本框控件的数据来源属性在报表中显示数据库中没有直接存储的数据。同时还可以绘制线条和矩形，从而设计出带有表格线的实用报表。也可为报表添加背景图片，使设计的报表更加美观。

例 6.7 创建一个带表格线的“学生信息登记表”报表，含有“学号”、“姓名”、“性别”、“出生日期”、“入学成绩”栏目，在报表页脚中统计本报表内所有学生的入学成绩平均值，并为报表设置背景图片。

操作步骤如下：

(1) 使用“报表向导”快速生成“学生信息登记表”，在“报表向导”的“请为报表指定标题”对话框中，输入标题内容“学生信息登记表”，并选中“修改报表设计”单选按钮，单击“完成”按钮，出现如图 6-41 所示的“学生信息登记表”报表设计视图。

图 6-41 报表向导创建的“学生信息登记表”报表设计视图

(2) 将“报表页眉”节中的“学生信息登记表”标签向右拖动至居中位置，并删除“页面页眉”节中的粗直线(删除报表控件的方法是：选中欲删除的控件，按 Del 键)。

(3) 选中“页面页眉”节中的“入学成绩”标签控件和“主体”节中的“入学成绩”文本框控件，按“Shift+←”，这两个控件的宽度调小至合适值。

(4) 用鼠标拖出选取框的方法同时选中“页面页眉”节中的 5 个标签控件和“主体”节中

的 5 个文本框控件，单击“报表设计”工具栏上“线条/边框宽度”右边的下箭头，出现如图 6-42 所示的“线条边框”按钮，再选择“1”选项按钮，则为所选的 10 个控件加上了细边框。

(5) 单击“格式”|“水平间距”命令，在级联菜单中选择“减少”命令，取消各控件间的水平间距。

(6) 调整“页面页眉”节的高度，使各控件下面无空白区域，再调整“主体”节的高度，使各控件上面和下面都无空白区域。单击“打印预览”按钮，显示如图 6-43 所示的带表格线的“学生信息登记表”报表。

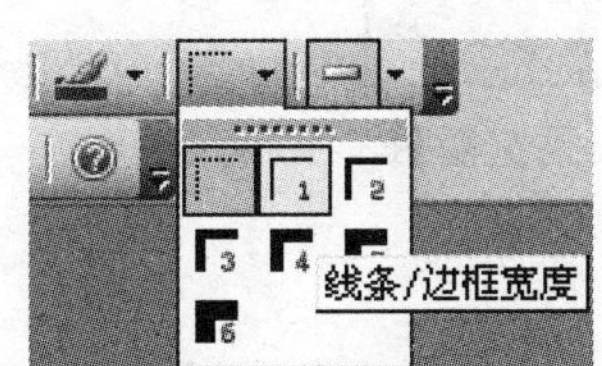

图 6-42 “线条/边框宽度”按钮

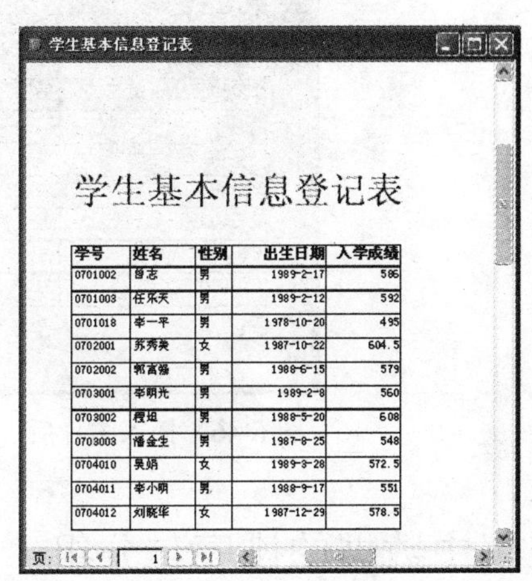

学号	姓名	性别	出生日期	入学成绩
0701002	曾志	男	1989-2-17	586
0701003	任乐天	男	1989-2-12	592
0701018	李一平	男	1978-10-20	495
0702001	苏秀美	女	1987-10-22	604.5
0702002	郭高强	男	1988-6-15	579
0703001	李明光	男	1989-2-8	560
0703002	程坦	男	1988-5-20	608
0703003	潘金生	男	1987-8-25	548
0704010	吴娟	女	1989-3-28	572.5
0704011	李小明	男	1988-9-17	551
0704012	刘晓华	女	1987-12-29	578.5

图 6-43 带表格线的“学生信息登记表”报表

(7) 单击工具栏上“视图”按钮返回到报表的设计视图，在“报表页脚”节中插入一个文本框控件，使之与“主体”节中的“入学成绩”字段纵向对齐，在文本框中输入“=AVG([入学成绩])”，或在其属性窗口中将“控件来源”属性设置为“=AVG([入学成绩])”，将左边与此关联的标签控件的“标题”属性设置为“入学成绩平均分:”，如图 6-44 所示为编辑后的“学生信息登记表”报表设计视图(为了清晰地看到控件的边框，此时隐藏了设计视图的网格线)。

(8) 单击水平标尺与垂直标尺交叉处的“报表选定器”按钮，选中整个报表，在报表的属性窗口中单击“图片”属性栏右侧的“三点”按钮，打开“插入图片”对话框，选择所要插入的图片后单击“确定”按钮，图片即插入到报表中，将“图片缩放模式”属性设置为“拉伸”，将“图片对齐方式”属性设置为“中心”，将“图片平铺”属性设置为“是”，将“图片出现的页”属性设置为“所有页”，如图 6-45 所示为报表“图片”属性设置。

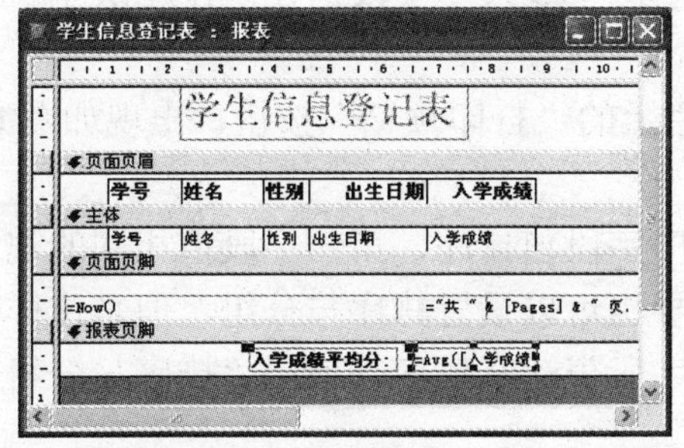

图 6-44 编辑后“学生信息登记表”报表设计视图

图 6-45 报表“图片”属性设置

(9) 单击“打印预览”按钮，显示如图 6-46 所示的插入背景图片后“学生信息登记表”的报表预览视图。

图 6-46　插入图片后“学生信息登记表”预览视图

6.4　报表中数据的排序与分组

在默认情况下，报表中的记录是按照数据输入的先后顺序进行显示的。排序可以使数据的排列具有规律性，便于使用。分组是将报表中的记录按某个或几个字段值是否相等将记录分成不同的组，将数据归类，便于产生组内数据的统计和汇总。“排序与分组”是报表与窗体的最大区别。

6.4.1　排序数据

若要使报表输出的数据按某个字段值的升序或降序排列，可以使用报表的“排序”操作。

例 6.8　将“学生信息登记表”报表按“入学成绩”进行降序排列。

操作步骤如下：

(1) 打开“学生信息登记表”报表的设计视图。

(2) 单击工具栏上的“排序与分组”按钮，或选择“视图”菜单中的“排序与分组”命令，出现如图 6-47 所示的“排序与分组”对话框。

(3) 单击“字段/表达式”列的第一行，选择“入学成绩”字段，在“排序次序”栏中选择“降序”。

(4) 关闭“排序与分组”对话框，单击工具栏上的“打印预览”按钮，出现如图 6-48 所示的按“入学成绩”排序的结果。

在报表中设置多个排序字段时，先按第一排序字段值排序，第一字段值相同的记录再按第二字段值排序，以此类推。前面介绍的报表向导也可以设置排序与分组，但是这样生成的报表最多只能按照 4 个字段排序，而且不能按照字段表达式排序，使用“排序与分组”则可最多按 10 个字段或字段表达式进行排序与分组。

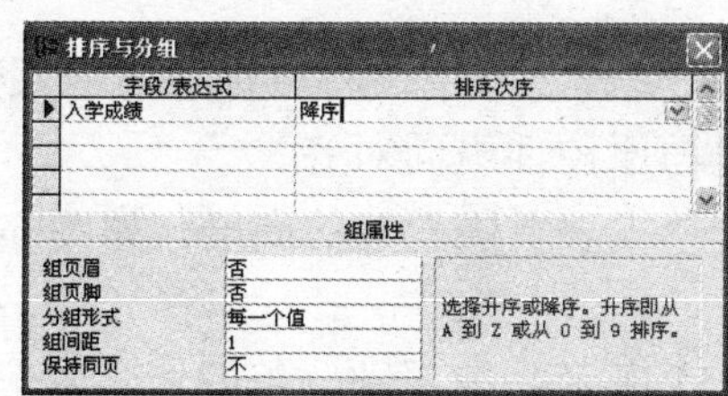

图 6-47 “排序与分组”对话框

学生信息登记表

学号	姓名	性别	出生日期	入学成绩
0703002	程坦	男	1988-5-20	608
0702001	苏秀美	女	1987-10-22	604.5
0701003	任乐天	男	1989-2-12	592
0701002	曾志	男	1989-2-17	586
0701001	刘庆平	男	1988-6-16	584
0702002	郭富强	男	1988-6-15	579
0704012	刘晓华	女	1987-12-29	578.5
0704010	吴娟	女	1989-3-28	572.5
0703001	李明光	男	1989-2-8	560
0704011	李小明	男	1988-9-17	551
0703003	潘金生	男	1987-8-25	548
			入学成绩平均分:	578.5

图 6-48 报表排序后的结果

6.4.2 数据分组

分组是报表的重要功能。目的是以某指定字段为依据，将与此字段有关特征相同的记录归为一组。对记录的分组是通过设置排序字段的“组页眉”和“组页脚”属性来实现的。

组页眉显示在每组记录的前面，可以用来显示适用于整个组的信息，如组名称等；组页脚显示在每组记录的后面，可以用来显示分组统计数据等信息。

例 6.9 将“学生信息登记表”报表按“系别”进行分组，统计计算各系人数和入学成绩平均分数，并在报表后统计计算总人数和入学成绩平均分数。最后，把修改过的报表另存为“分系学生信息登记表”。

操作步骤如下：

(1) 打开“学生信息登记表”报表的设计视图。

(2) 单击工具栏上的“排序与分组”按钮，或选择“视图”菜单中的“排序与分组”命令，出现图 6-47 所示的“排序与分组”对话框。

(3) 在对话框中单击“字段/表达式”列的第一行，选择“系别”字段，在“排序次序”栏中选择“降序”，然后在对话框下半部分的“组属性”中，将“组页眉”和“组页脚”属性都设置为“是”，如图 6-49 所示为“排序与分组”对话框设置结果，这时报表设计视图中依次出现“系别页眉”节和“系别页脚”节。

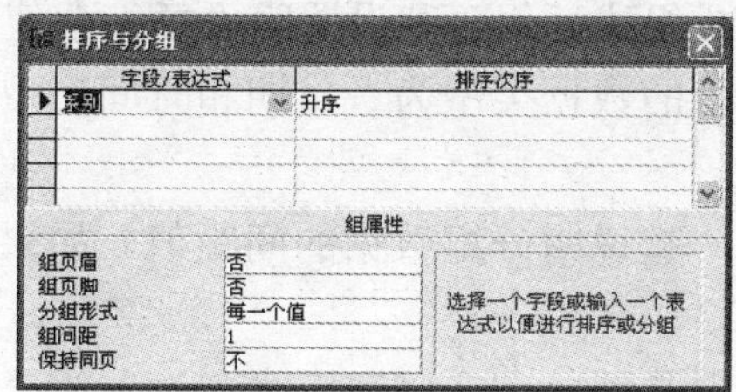

图 6-49 “排序与分组”对话框设置结果

(4) 在“系别页眉”节中，添加一个文本框控件，将文本框的“控件来源”属性设置为“系别”字段，将与该文本框相关联的标签控件的“标题”属性设置为“系别:”，并适当调整这两个控件的位置及大小。

(5) 在“系别页脚”节中先添加一个文本框控件，将文本框的“控件来源”属性设置为“=COUNT([学号])”，将与该文本框相关联的标签控件的“标题”属性设置为“人数:”，然后再添加第二个文本框控件，将文本框的“控件来源”属性设置为“= AVG([入学成绩])”，将与该文本框相关联的标签控件的“标题”属性设置为“总人数:”，适当调整这 4 个控件的位置及大小。

(6) 将“系别页脚”节中的 4 个控件复制到“报表页脚”节中，将原标题为“人数:”的标签控件的标题修改为“总人数:”，并调整位置使之与原控件纵向对齐。

(7) 适当调整“系别页眉”节、“系别页脚”节和“报表页脚”节的高度，如图 6-50 所示为设置分组后报表设计视图。

(8) 单击工具栏上的“打印预览”按钮，如图 6-51 所示为按系别分组的“学生信息登记表”预览效果。

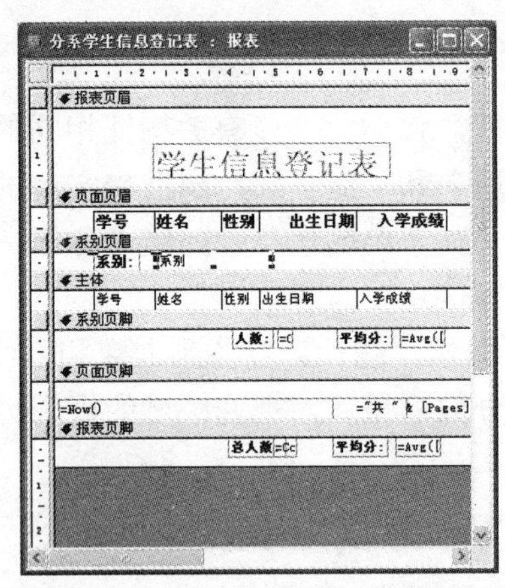

图 6-50 设置分组后的报表设计视图

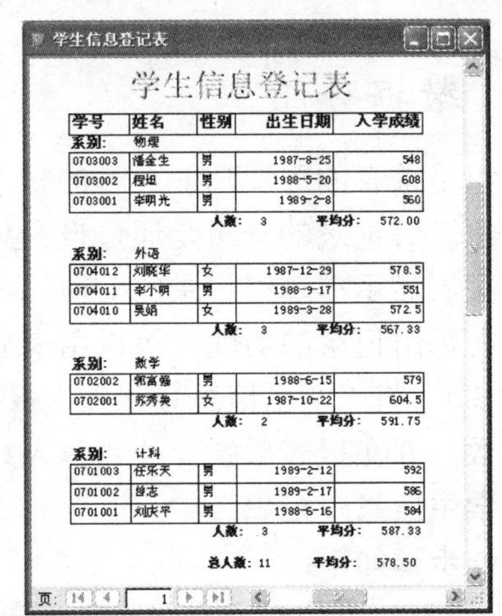

图 6-51 按系别分组的“学生信息登记表”预览效果

(9) 单击“文件” | “另存为”命令，在出现的另存为对话框中输入报表名称“分系学生信息登记表”，最后单击“确定”按钮。

在“排序与分组”对话框中，“组属性”内各项的含义如下：

组页眉和组页脚：决定选择的字段是否包含组页眉和组页脚。选择“是”，表示添加组页眉和组页脚；选择“否”，表示不添加或删除已添加的组页眉和组页脚。

分组形式：决定按何种方式组成新组。若设置为“每一个值”，表示分组字段值相同的记录划分在同一个组。当分组字段的数据类型为“日期和时间”型时，分组形式可设置为“年、季、月、周、日”等。

组间距：和分组形式属性一起说明分组数据的间距值。如果分组形式是“每一个值”，组间距必须设置为 1。

保持同页：决定同组的数据是否打印在同一页上。设置为“不”，表示打印时不把整个同组数据打印在同一页上，而是依次打印。设置为“整个组”，则组页眉、主体和组页脚在同一页显示。设置为“与第一条详细记录”，则只有在可以同时打印第一条详细记录时，才将组页眉打印在页面上。

在报表设计时，可以使用计算控件来进行各种类型的计算并输出显示。在文本框控件的“控件来源”属性框中输入一个以等号开始的计算表达式即可产生计算控件。计算表达式中常用的函数有 Sum(求和)、Avg(平均)、Max(最大值)、Min(最小值)、Count(计数)等。

把计算控件放置在报表视图的不同节中，产生的计算结果也会不一样。

如果是对一个记录内的数据进行统计计算，计算控件文本框应该放置在报表的“主体”节中。例如，在“学生信息登记表”报表的主体节添加一个文本框，并将其“控件来源”属性设置为“=Year(Date( ))－Year([出生日期])”，则可显示出各学生的年龄。

如果是对分组记录进行统计计算，计算控件文本框应该放置在报表的“组页眉”或“组页脚”中。

如果是对所有记录进行统计计算，计算控件文本框应该放置在报表的“报表页眉”或“报表页脚”中。

需要说明的是，页面页眉和页面页脚中虽然也可使用计算控件，但其计算表达式中不能调用数据源中的字段，即无法针对一页中的数据做统计计算。

6.5 创建子报表

在 Access 中可以在报表内再插入一个报表，而插入另一个报表中的报表就称为子报表，被插入的报表称为主报表。

创建子报表可以在已有的报表中新建，也可以通过将已有报表作为子报表添加到另一个报表中来创建。

在创建子报表之前，应确保已经正确建立了表间关系，这样就可以保证子报表中打印的记录与主报表中的数据有正确的对应关系。

6.5.1 在已有报表中创建子报表

要在已有的报表中创建子报表，首先要打开作为主报表的报表设计视图，调整其主体节的高度以容纳子报表。然后在主体节添加“子窗体/子报表”控件，利用“子报表向导”完成创建子报表的操作。

例 6.10 在“学生平均成绩报表”中添加一个子报表，用来详细显示各学生所选修课程的课程号、课程名、学分及成绩。

操作步骤如下：

(1) 打开“学生平均成绩报表”的设计视图，调整主体节的高度，以便给将要创建的子报表足够的空间。

(2) 在确认控件工具箱中的“控件向导”按钮处于选中状态后，单击控件工具箱中的“子窗体/子报表”控件按钮，在报表设计视图的主体内适当位置单击，出现如图 6-52 所示的“子报表向导”的“选择子报表的数据来源”对话框，选中“使用现有的表和查询”单选按钮。

(3) 单击“下一步”按钮，出现如图 6-53 所示的“子报表向导”的“请确定在子窗体或子报表中包含哪些字段”对话框。

(4) 在对话框中，首先在“表/查询”下拉列表框中选择“表：课程”，将“可用字段”框中的“课程号”、“课程名”、“学分”字段移动到“选定字段”框中，再次在“表/查询”下拉列表框中选择“表：选课”，将“可用字段”框中的“成绩”字段移动到“选定字段”框中。

(5) 单击“下一步”， 出现如图 6-54 所示的“子报表向导”的“确定链接方式”对话框，单击“从列表中选择”单行按钮。

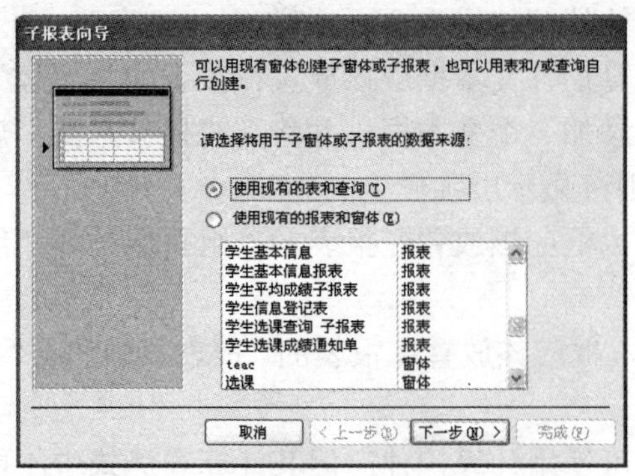

图 6-52 “选择子报表的数据来源”对话框

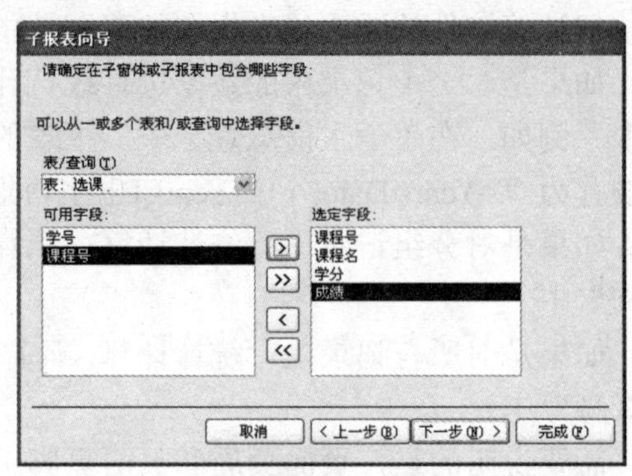

图 6-53 “请确定在子窗体或子报表中包含哪些字段”对话框

(6) 单击“下一步”，出现如图 6-55 所示的“子报表向导”的“确定子报表的名称”对话框，输入子报表的名称“学生平均成绩子报表”。

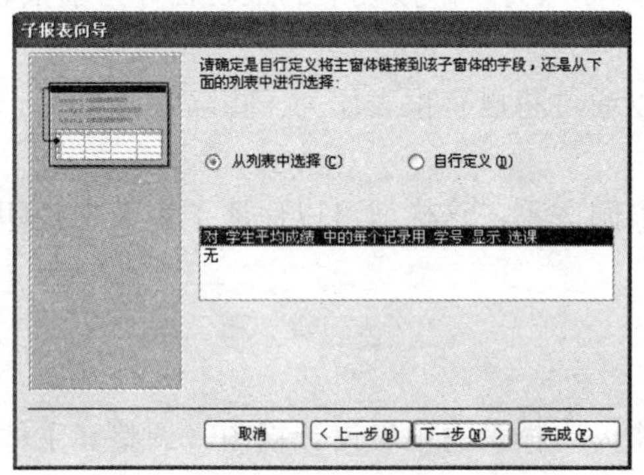

图 6-54 “确定链接方式”对话框

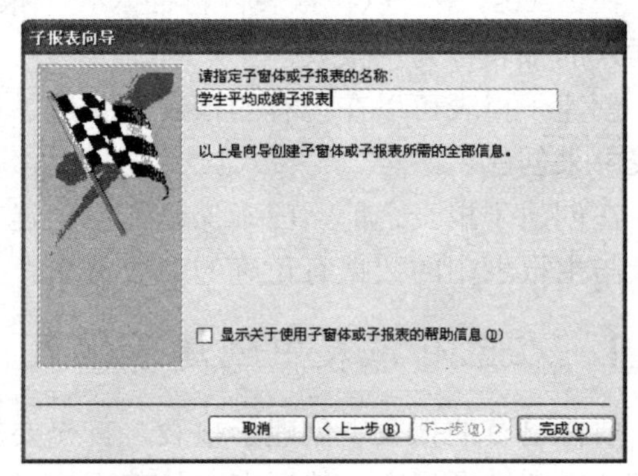

图 6-55 “确定子报表名称”对话框

(7) 单击“完成”按钮，完成子报表的创建。

(8) 单击“文件”|“另存为”命令，在出现的“另存为”对话框中为修改后的主报表指定文件名“学生平均成绩主子报表”，如图 6-56 所示为添加子报表后报表设计视图。

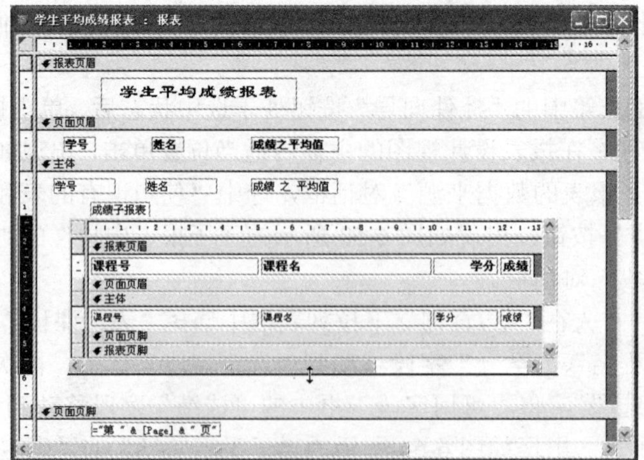

图 6-56 主报表添加子报表后设计视图

为了使打印出来的报表更加美观，在设计视图中可对主报表中的各控件(包括子报表控件)及子报表中的控件做进一步的设置，如调整位置、大小，设置字体、字号，选择“子报表”控件的“边框样式”属性等，如图 6-57 所示为重新编辑后带子报表的报表打印预览视图。

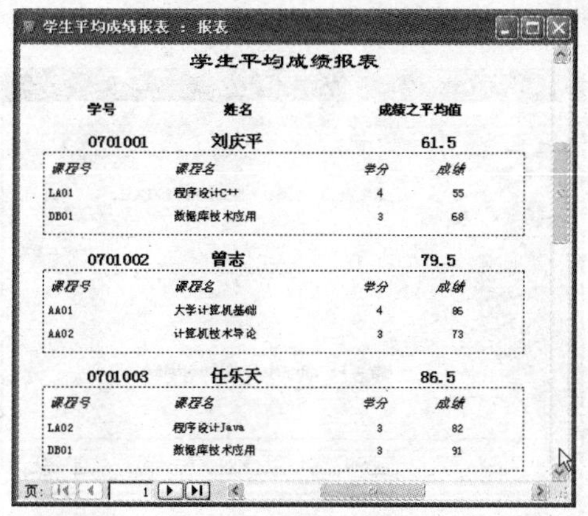

图 6-57　带子报表的报表打印预览视图

6.5.2　将某个已有报表添加为子报表

若要将已建立好的子报表添加到当前报表中，同样可以利用子报表向导进行操作。

例 6.11　利用“子报表向导”将上例所建立的“学生平均成绩子报表”添加到“学生平均成绩报表”中。

操作步骤如下：

(1) 打开“学生平均成绩报表”的设计视图，调整主体节的高度，以便给将要创建的子报表足够的空间。

(2) 在确认控件工具箱中的“控件向导”按钮处于选中状态后，单击控件工具箱中的“子窗体/子报表”控件按钮，在报表设计视图的主体内适当位置单击，出现如图 6-58 所示的“子报表向导”的“选择子报表的数据来源”对话框。

(3) 在对话框中选中“使用现有的报表和窗体”单选按钮，在列表框中选择“学生平均成绩子报表”。

(4) 单击“下一步”按钮，出现如图 6-59 所示的“子报表向导”的“设置主子报表链接方式”对话框。

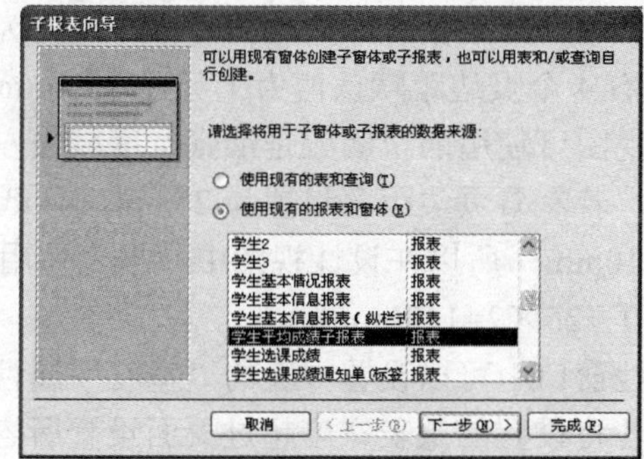

图 6-58　“选择子报表的数据来源”对话框

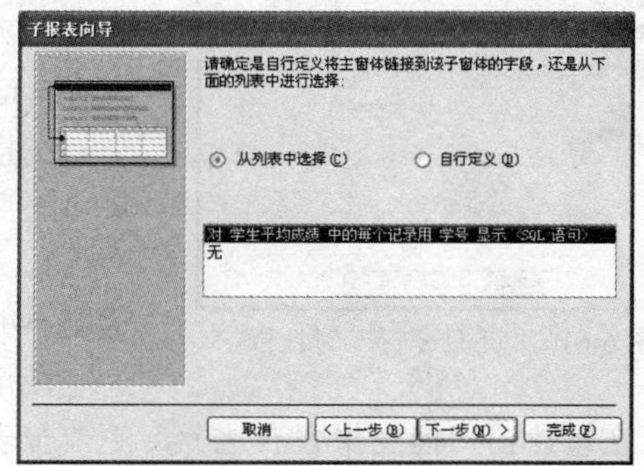

图 6-59　“设置主子报表链接方式”对话框

(5) 在对话框中选中“从列表中选择” 单选按钮，然后在列表框中选择“对学生平均成绩中的每个记录用学号显示<SQL 语句>”选项。

(6) 单击“下一步”按钮，出现如图 6-60 所示的“子报表向导”的“请指定子报表名称”对话框。

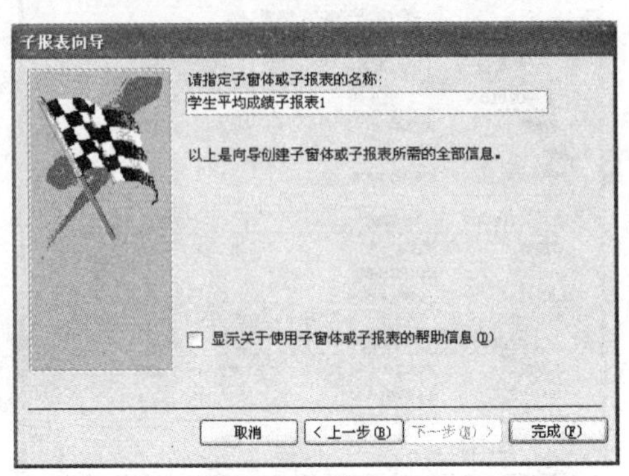

图 6-60 “请指定子报表名称”对话框

(7) 为子报表指定名称，输入“学生平均成绩子报表 1”，单击“完成”按钮。

(8) 单击“文件”|“另存为”命令，在出现的“另存为”对话框中为修改后的主报表指定文件名“学生平均成绩主子报表 1”。

6.6 打印报表

打印输出报表是报表设计的最终目的，为了能够打印出布局合理、格式规范、样式美观的报表，需要对报表中的各种参数进行设置。

6.6.1 报表页面设置

页面设置指报表页面在打印时的设置，如纸张大小、上下左右页边距、打印方向等。报表的页面设置是在“页面设置”对话框中进行的。打开报表的设计视图，选择“文件”|“页面设置”命令，打开如图 6-61 所示的“页面设置”对话框。

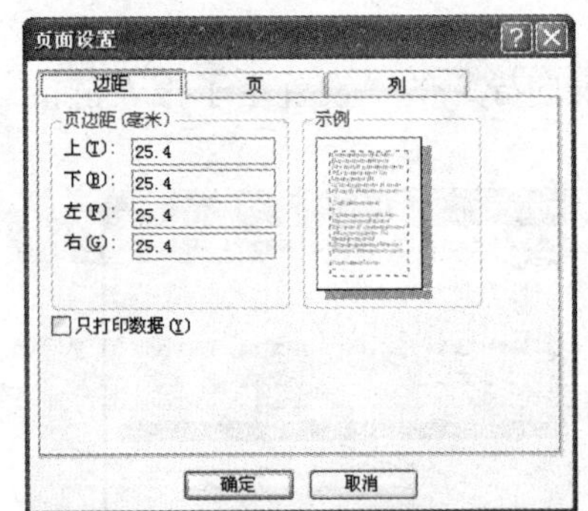

图 6-61 “页面设置”对话框

在“页面设置”对话框的“边距”选项卡中，可以设置报表打印内容(页芯)与纸边的距离，也就是报表的边界。此段距离会在报表四周形成不打印数据的外框，单位为毫米(mm)。上下左右 4 个页边距默认值为 1 英寸(25.4mm)。

在报表设计视图可使用的空间应是纸张宽度减去左右页边距后的空间。若左右页边距各设置为 25mm，且纸张为 A4、宽度是 210mm，所以在设计视图中，报表使用的宽度不能超过 210－25×2=160(mm)。

在报表的属性窗口中可以设置报表的“宽度”属性，也可在设计窗口拖曳报表右边界，更改报表宽度。若将设置的报表宽度超过页面设置所容许的宽度，则报表在打印预览或打印输出时出现如图 6-62 所示的“报表过宽”提示框。

图 6-62 “报表过宽”提示框

此时，若单击“确定”按钮仍可打印，但超出部分将无法打印。解决此问题有两种方案：一是在“页面设置”对话框中缩小左右页边距；二是调小报表本身的宽度。若是无法缩小报表的宽度，必定是有控件超出允许的宽度。

解决报表过宽的另一种方法，是在“页面设置”对话框的“页”选项卡中，将打印纸张设置为“横向”。

6.6.2 分页打印报表

在默认情况下，报表会依纸张大小及各节的高度自动分页，本页打满后，其余的数据自动移到下一页打印。当然，也可以为报表指定固定的分页位置或方式。

报表中的每一节都具有“强制分页”属性，如图 6-63 所示为“组页眉”节设置属性，若将“组页眉”的“强制分页”属性设置为“节前”，则表示每组的数据都将另起新页。

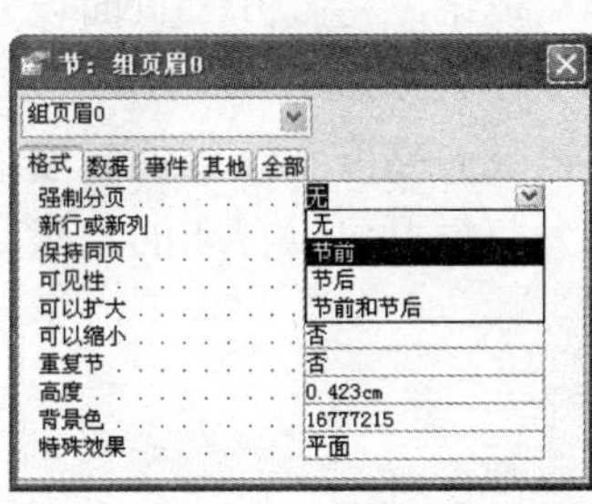

图 6-63 “组页眉”节属性设置

在如图 6-47 所示的“排序与分组”对话框中，通过设置“保持同页”属性也可实现对分组报表的分页控制。

在工具箱中还有一个“分页符”控件，可将此控件拖至报表的各节中。“分页符”控件的唯一功能是跳页，不论它在什么位置，打印时只要遇到此控件就会另起新页。

6.6.3 分列打印报表

对于字段较少、宽度较窄的报表，为了节省纸张，可以采用多列打印的方式。

如要多列打印，先要将页面页眉中的字段标签复制、粘贴，再将粘贴的标签移动到适当的位置(页面页眉的右半部分)，然后调整好布局。选择“文件”菜单中的“页面设置”命令，打开“页面页眉”对话框，再选择“列”选项卡，如图 6-64 所示。在对话框中设置相应的列数、列宽、列布局。

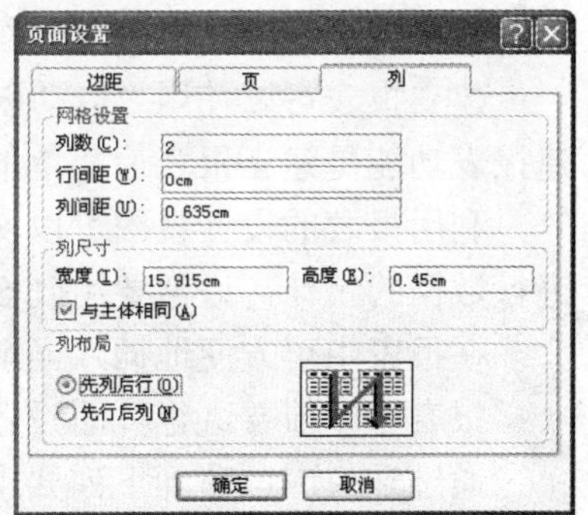

图 6-64 打印页面的“列”设置

在对话框中设置的“列布局”直接影响主体数据的打印方式。若为“先列后行”，主体会打印在“组页眉”之下；若为“先行后列”，则主体会交替打印在两列中，适用主体较多时的情况。

6.6.4 指定打印机及执行打印报表

报表设计完成后，首先要进行打印预览。对报表的预览效果满意后，便可进行打印操作。

打印报表时，可以直接单击工具栏上的“打印”按钮，使用默认打印机进行打印。如果要在指定的打印机上打印报表，单击“文件”菜单中的“打印”命令，打开如图 6-65 所示的“打印”对话框。

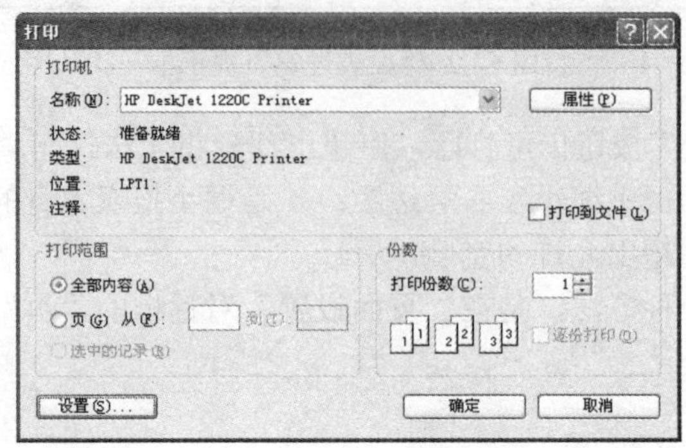

图 6-65 “打印”对话框

在“打印”对话框中，可以指定打印机，还可以选择打印范围、打印份数等。单击“设置”按钮，将打开“页面设置”对话框，可再次进行页面设置。

在 Access 中，用户无法设定一页打印固定的记录数。每页可以打印多少条记录取决于每条记录的高度和纸张的高度，每条记录的高度等于设计窗口中主体节的高度。主体节的高度越大，每页可以打印的记录数就越少，即每页可打印的记录数与主体节的高度成反比。

本 章 小 结

报表是 Access 的重要容器对象之一，利用报表可以预览打印效果，并可以实现数据的统计功能。

Access 提供了纵栏式报表、表格式报表、图表报表和标签报表 4 种类型。报表有设计视图、打印预览和版面预览 3 种视图方式。报表一般有报表页眉、页面页眉、报表主体、页面页脚、报表页脚等几个“节”组成，其中主体节是必不可少的。

建立报表可以使用“自动创建报表”、报表向导和设计视图 3 种方法。使用向导和自动创建报表功能是建立报表最简单的方式，但有时不能满足用户的设计要求。

利用报表的设计视图可以实现报表的复杂操作，可以对报表数据进行排序和分组，并可进行数据的统计，通常要用到 Sum、Avg、Max、Min、Count 等常用函数。

在报表中可方便地插入当前日期和时间、添加页码、选择主题、设置背景。

报表打印前要进行页面设置、打印预览，符合要求后便可打印输出。

通过学习应该达到下列要求：

(1) 了解报表的基本概念、分类和报表视图。

(2) 熟练掌握快速创建报表的方法和步骤。

(3) 熟练掌握报表设计视图的使用。

(4) 掌握报表中数据排序与分组的操作。

(5) 了解在报表中创建子报表的方法。

(6) 掌握报表的打印技巧。

思考题与习题

一、选择题

1. 报表的功能是______。

(A) 只能输入数据　(B) 只能输出数据

(C) 可以输入输出数据　(D) 不能输入输出数据

2. 在报表每一页的底部都输出的信息，应放置在______。

(A) 报表页眉　(B) 报表页脚

(C) 页面页眉　(D) 页面页脚

3. 报表的数据源______。

(A) 可以是任意对象　(B) 只能是表对象

(C) 只能是查询对象　(D) 只能是表对象或查询对象

4. 要实现报表的总计，其操作区域是______。

(A) 报表页眉　(B) 报表页脚

(C) 页面页眉　(D) 页面页脚

5. 设计图表报表要使用______。

(A) 报表向导　(B) 图表向导

(C) 自动报表　(D) 报表视图

6. 修改报表的结构应该在下列哪种情况下进行______。

(A) 报表向导　(B) 报表设计器

(C) 浏览器　(D) 新建报表

7. 打开报表后，添加报表页码正确的操作是______。

(A) 单击“插入”|“页码”菜单命令，设置页码

(B) 单击“插入”|“对象”菜单命令，设置页码

(C) 单击“视图”|“代码”菜单命令，设置页码

(D) 单击“视图”|“属性”菜单命令，设置页码

8. 在表设计器中，可以使用的控件是______。

(A) 标签、域控件　(B) 标签、文本框

(C) 布局、数据源　(D) 排序与分组、文本框

9. 利用设计视图创建报表时，默认包含的节是______。

(A) 页面页眉、主体、页面页脚　(B) 分组页眉、主体、分组页脚

(C) 报表页眉、主体、报表页脚　(D) 以上都有

10. 要计算报表中所有学生的“入学成绩”平均值，在报表页脚节中添加一个文本框计算控件，应设置其控件来源属性为______。

(A) =Sum([入学成绩])　(B) Sum([入学成绩])

(C) =Avg([入学成绩])　(D) Avg([入学成绩])

二、填空题

1. 通常情况下，报表窗口由________部分组成，每个部分称为一个__________。

2. Access 的报表有 3 种视图，分别是________、________和__________。

3. 表达式 = “Page” &[Page]在报表中显示的结果是____________。

4. 要实现报表的分组统计，对报表操作的节是____________。

5. 如果对报表进行了分组设计，报表会自动包含__________和_________2 个节。

6. 在 Access 中，使用“自动创建报表”功能可以创建______和______2 种报表。

7. 报表中的页面设置主要应该设置报表的________、________和列。

三、思考题

1. 报表的 3 种视图是什么？各有什么特点？

2. 报表页眉、页脚与页面页眉、页脚有何关系？

3. 报表中如何实现对数据的排序与分组？

4. 怎样在报表中插入页码和日期？

5. 打印时报表过宽，如何解决？

四、操作题

实验一 报表的创建

1. 实验目的

(1) 掌握快速创建报表的方法。

(2) 报表设计视图物使用。

2. 实验环境

Windows 操作系统、Microsoft Office Access 2003。

3. 实验内容

(1) 利用“自动创建报表”功能创建“表格式”图书基本信息报表。

(2) 利用“报表向导”创建一个“各类图书基本信息”报表，显示图书编号、书名、作者、并按类别分组统计各类图书数据及平均单价。

(3) 利用“图表向导”创建一个显示每一个雇员和销售数量的图表。

(4) 利用“标签向导”创建一个显示图书基本信息的标签。

实验二 报表设计视图和打印报表

1. 实验目的

(1) 掌握报表设计视图的使用。

(2) 掌握报表的打印。

2. 实验环境

Windows 操作系统、Microsoft Office Access 2003。

3. 实验内容

(1) 利用报表“设计视图”创建一个雇员平均销售量的报表。

(2) 在“雇员平均销售量报表”中添加一个子报表，用来详细显示各雇员销售图书的图书编号、书名、单价、销量等信息。

(3) 打印雇员销售情况表(雇员号、姓名、图书编号、书名、销售量、销售额)。

第 7 章　数据访问页

在网络应用越来越普及的今天，通过网络来进行存取数据显得越来越重要。本章将介绍如何通过数据访问页来实现对 Access 数据库的网络存取。

数据访问页即 Web 页，也称为数据页，是 Access 数据库的一种对象。Access 支持将数据库中的数据通过数据访问页的形式发布到网络上，使用户可以方便地通过 Internet 网络在 Web 页上查看和操作 Access 数据库中的数据。

作为 Access 数据库的一种对象，在 Access 数据库的“页”对象中可以打开或设计数据访问页。数据访问页与 Access 数据库中的其他对象不同的是，它是作为一个单独的.htm 格式的文件存储于磁盘上，而不是保存在 Access 数据库文件(.mdb)中，它仅在 Access 数据库的页对象窗口中保留一个快捷方式。

设计数据访问页与设计窗体和报表类似，也要用到字段列表、工具箱、控件、“排序与分组”对话框等。但在设计和访问方式上，数据访问页与窗体和报表具有显著的差异。

本章主要内容包括数据访问页视图，创建数据访问页，编辑数据访问页和在 IE 中查看数据访问页。

7.1　数据访问页视图

数据访问页对象有设计视图、页面视图、网页预览 3 种视图方式。在设计视图中可以打开现有的数据访问页进行修改，也可以新建数据访问页。在页面视图中可以查看数据访问页布局，浏览或修改数据访问页内显示的数据库中的数据。网页预览即通过 Internet Explorer 预览数据访问页的设计结果。

7.1.1　设计视图

在设计视图中可以新建数据访问页或修改现存的数据访问页。

打开数据库，单击“页”对象，出现如图 7-1 所示的“数据访问页”窗口。窗口内显示出“在设计视图中创建数据访问页”、“使用向导创建数据访问页”、“编辑现有的网页”命令项，以及现存的数据访问页快捷方式列表。

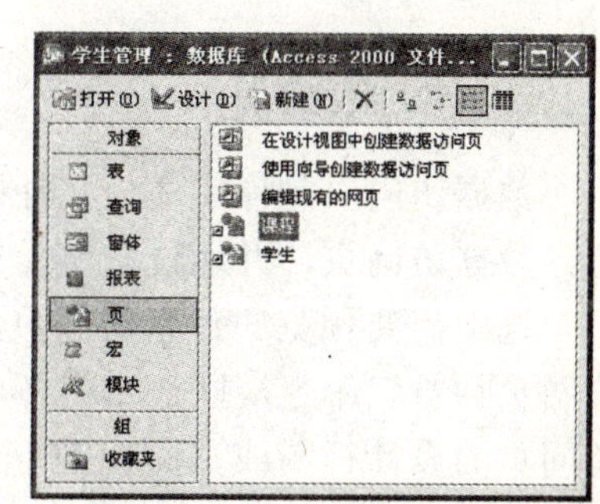

图 7-1 “数据访问页”窗口

用户可以使用工具在设计视图内创建数据访问页、使用向导创建数据访问页或在数据库的页对象中添加现存的 Web 页的快捷方式。

创建数据访问页的操作步骤如下：

(1) 在“页”窗口内选择现存的数据访问页快捷方式或单击数据库窗口的“设计”按钮，出现如图 7-2 所示的“数据访问页”设计视图。

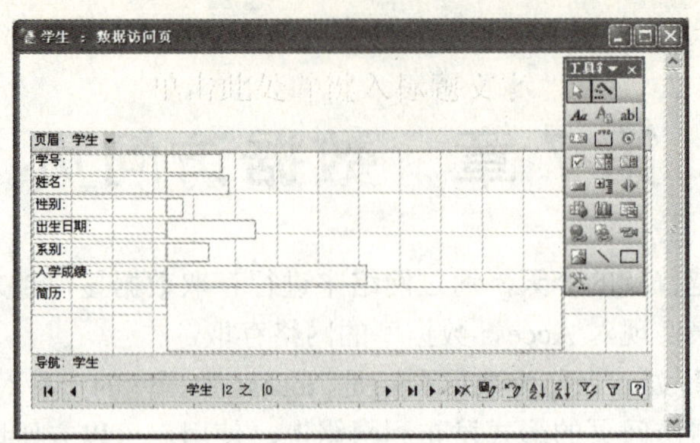

图 7-2 数据访问页的设计视图

(2) 双击“在设计视图中创建数据访问页”命令，进入设计视图并新建一个空白的数据访问页。

在数据访问页的设计视图内用户可以调整数据访问页的页面布局、更改页面格式设置或设计数据访问页内对象的属性等，也可以使用工具箱中的控件为数据访问页添加新对象。

7.1.2 页面视图

页面视图用于查看数据访问页的效果，并能通过数据访问页界面浏览或修改数据库中的数据。

双击页对象窗口内的数据访问页，或在数据访问页的设计视图下单击工具栏中的“视图”切换按钮，出现如图 7-3 所示的数据访问页的页面视图。

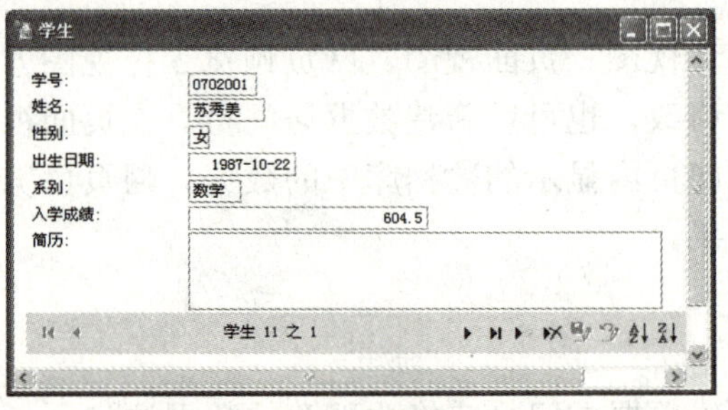

图 7-3 数据访问页的页面视图

7.1.3 网页预览

数据访问页制作完成后，可将其发布到网络上，网络用户可以通过 Internet Explorer 远程打开数据访问页，并通过它浏览或更新数据库内的数据。

选中需要预览的数据访问页，选择“文件”|“网页预览”菜单命令或单击快捷菜单中的“网页预览”命令，打开如图 7-4 所示的 Internet Explorer 预览该数据访问页。也可以在数据访问页的设计视图或页面视图下单击工具栏上的“视图”，打开 Internet Explorer 并预览该数据访问页。

Internet Explorer 启动后，在 IE 浏览器的地址栏中输入本机上数据访问页的保存地址，然后单击“转到”按钮，即可在 IE 中打开数据访问页。

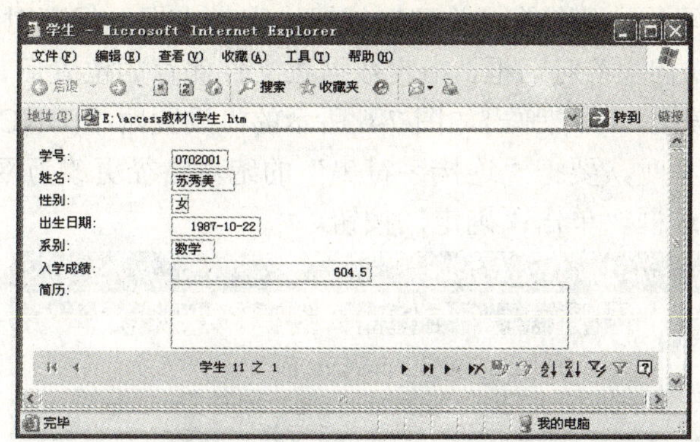

图 7-4　数据访问页的网页预览视图

7.2　创建数据访问页

同 Access 数据库的其他对象(如表、查询、窗体和报表)类似，数据访问页的创建也分为自动创建、使用向导创建数据访问页和在设计视图创建数据访问页 3 种方式。

7.2.1　自动创建数据访问页

在 Access 中可以利用系统提供的模板快速自动生成数据访问页。但这种方法不具灵活性，使用自动创建数据访问页功能生成的数据访问页将包含数据源表或查询中的所有记录和字段(除存储图片的字段之外)，且只支持纵栏式格式。数据访问页生成后通常还需要在设计视图中进行适当修改才能达到满意的效果。

例 7.1　使用“自动创建数据访问页”功能创建“学生”表的纵栏式数据访问页。

操作步骤如下：

(1) 打开“学生管理”数据库，选择“页”对象，打开“页”对象窗口。

(2) 单击工具栏上的“新建”按钮，出现如图 7-5 所示的“新建数据访问页”对话框。

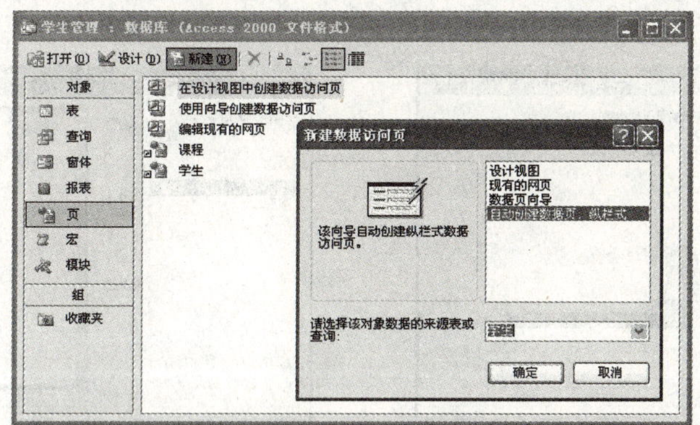

图 7-5　“新建数据访问页”对话框

(3) 在打开的对话框中选择“自动创建数据访问页：纵栏式”选项，并在“请选择该对象数据的来源表或查询”栏中选择“学生”表。

(4) 单击“确定”按钮，完成数据访问页的创建并打开其页面视图，如图 7-3 所示。

(5) 单击数据访问页页面视图的“关闭”按钮，则弹出提示保存对话框，单击“是”按钮，打开“另存为数据访问页”对话框，指定数据页文件保存的位置后，输入文件名“学生”。

(6) 单击“保存”按钮，系统弹出如图 7-6 所示的“设置网络(UNC)路径”提示框，提示以后在网上发布此数据页时，要把“连接字符串”的绝对路径更改为网络路径，在这里选中“不再显示此警告”复选框，单击“确定”按钮。

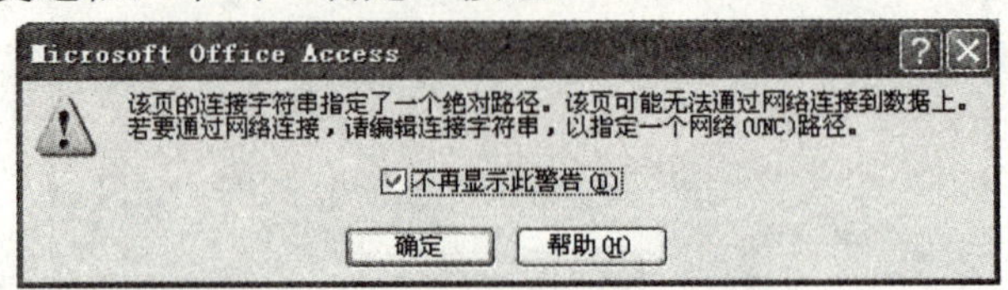

图 7-6 “设置网络(UNC)路径”提示框

此时，在“页”对象窗口中可以看到所创建的数据访问页“学生”(快捷方式)，同时在指定的文件夹中生成一个独立的网页文件“学生.htm”。

7.2.2 使用向导创建数据访问页

利用数据访问页向导也是一种比较方便的创建数据访问页的方法。相对“自动创建数据访问页”方式，数据访问页向导可以让用户在创建过程中有更多的选择，如选择所要的字段、设置分组、指定排序字段等。

例 7.2 使用数据访问页向导创建“学生成绩”数据访问页。

操作步骤如下：

(1) 打开“学生管理”数据库，单击“页”对象，打开“页”对象窗口。

(2) 双击“使用向导创建数据访问页”选项，出现如图 7-7 所示的“数据页向导”的“请确定数据页上使用哪些字段”对话框。

(3) 在对话框中，将“学生”表的“学号”和“姓名”字段、“课程”表的“课程名”字段、“选课”表的“成绩”字段添加到“选定的字段”列表框中。

(4) 单击“下一步”，出现如图 7-8 所示的“数据页向导”的“是否添加分组级别”对话框，这里将“学号”字段作为分组字段；

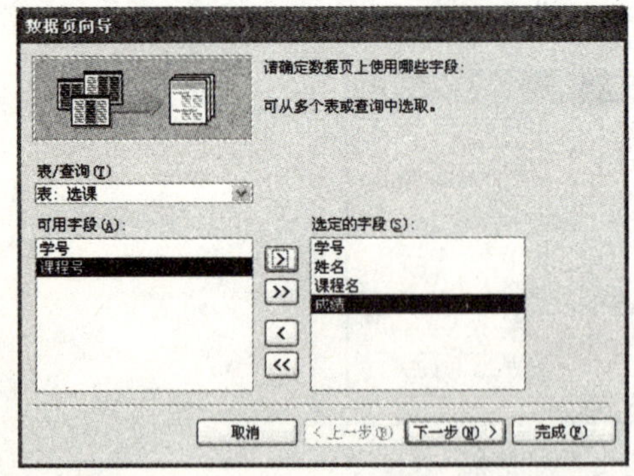

图 7-7 “请确定数据页上使用哪些字段”对话框

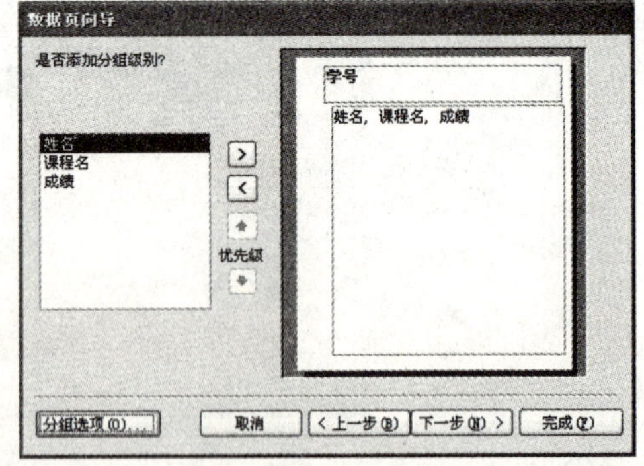

图 7-8 “是否添加分组级别”对话框

(5) 单击“下一步”，出现如图 7-9 所示的“数据页向导”的“请确定记录所用的排序顺序”对话框，这里选择“成绩”降序排列。

(6) 单击“下一步”按钮，出现如图 7-10 所示的“数据页向导”的“请为数据页指定标题”对话框，输入“学生成绩数据页”作为数据页标题。

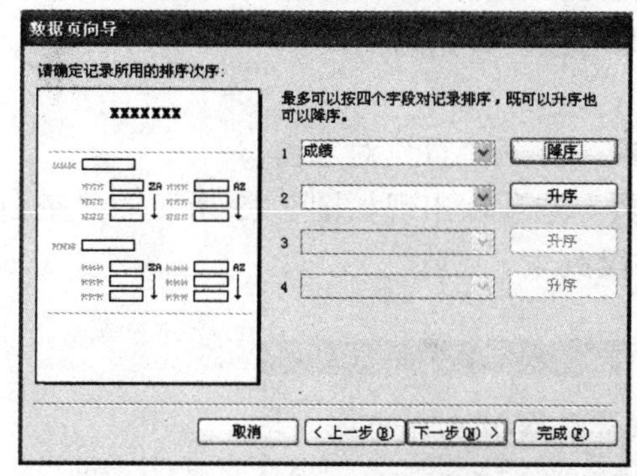

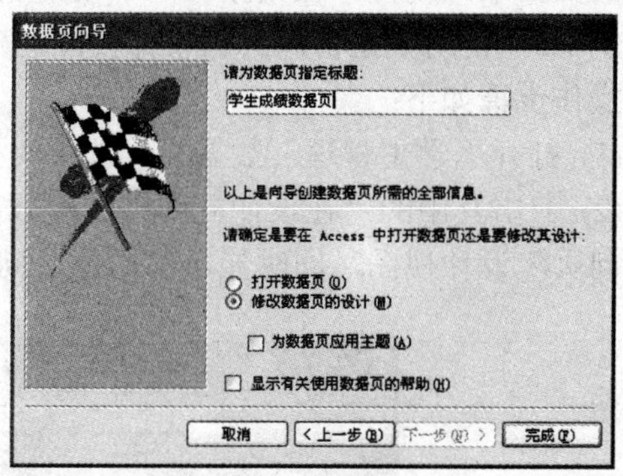

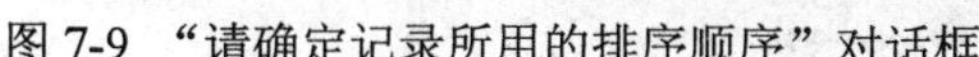

图 7-9 “请确定记录所用的排序顺序”对话框　　图 7-10 “请为数据页指定标题”对话框

(7) 单击“完成”按钮，完成数据页设置，如图 7-11 所示为生成的学生成绩数据页的设计视图。

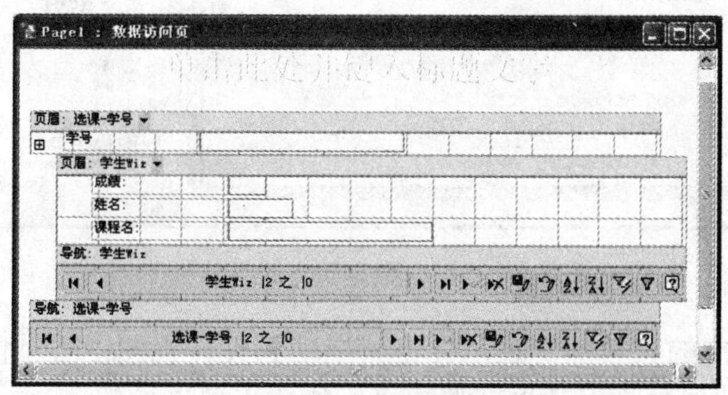

图 7-11　学生成绩数据页的设计视图

(8) 单击工具栏上的“视图”按钮，切换到如图 7-12 所示的学生成绩数据页的页面视图。

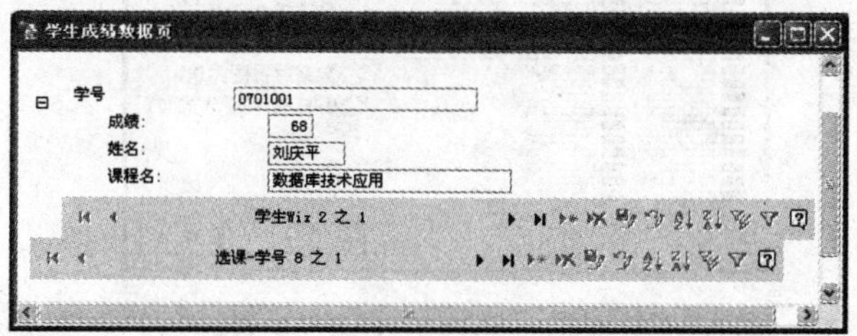

图 7-12　学生成绩数据页的页面视图

(9) 单击工具栏上的“保存”按钮，出现“另存为数据访问页”对话框，指定数据页文件保存的位置后，输入文件名“学生成绩数据页”，单击“保存”按钮。

7.2.3　在设计视图中创建数据访问页

利用数据访问页的设计视图可以灵活地创建所需要的数据访问页，也可以自由地指定数据访问页的格式、内容和布局。

与窗体和报表的设计视图不同，在数据访问页的设计视图内不需要建立与数据访问页相对应的数据来源属性。在数据页的字段列表中会显示出数据库内所有数据表或查询的字段。

例 7.3 使用数据访问页的设计视图创建“教师信息”数据访问页。

操作步骤如下：

(1) 打开“学生管理”数据库，选中“页”对象，打开“页”对象窗口。

(2) 双击其中的“在设计视图中创建数据访问页”选项，出现如图 7-13 所示的“空白数据访问页”设计视图，同时显示出数据访问页的字段列表。

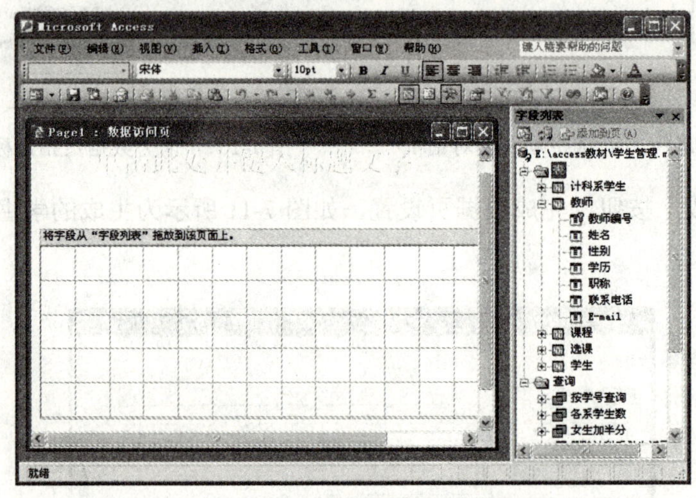

图 7-13 “空白数据页”设计视图

(3) 选择字段列表中的“教师”表，并将其拖动到设计视图中心空白处，释放鼠标，出现图 7-14 所示的“版式向导”对话框，选中“纵栏式”单选按钮。

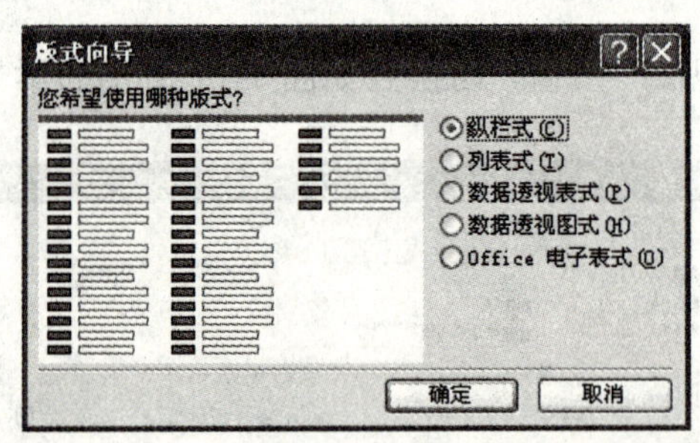

图 7-14 “版式向导”对话框

(4) 单击“确定”，出现如图 7-15 所示的“教师信息”数据页设计视图，此时“教师”表中的所有字段全部添加到数据页中。

(5) 单击“单击此处并键入标题文字”区域，输入“教师表信息”作为数据页的标题。

(6) 单击“保存”按钮，将数据页保存为“教师信息”数据页，在“学生管理”数据库的“页”对象中自动出现“教师信息”数据页的快捷方式。

(7) 单击工具栏上的“视图”按钮，出现如图 7-16 所示“教师信息”数据页的页面视图。

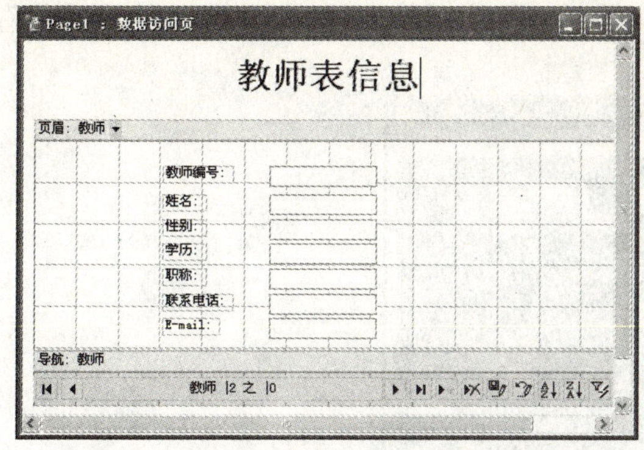

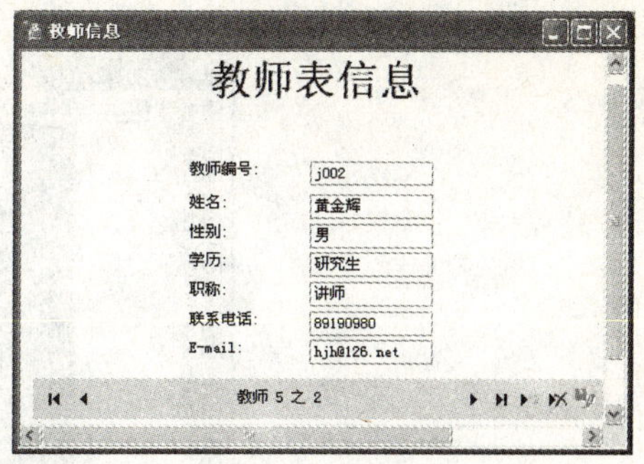

图 7-15 “教师信息”数据页设计视图　　图 7-16 “教师信息”数据页页面视图

在此例中，通过从字段列表中拖动整个数据表一次把该表中的所有字段添加到数据页中的方法来快速创建数据页。当然，也可以有选择地从字段列表中把所需要的字段逐个拖到数据页中，再对这些字段的位置和大小进行调整。

7.3　编辑数据访问页

使用向导或自动创建方式创建的数据访问页建立后，常常还需要对数据访问页做进一步的修改或装饰，或者需要为数据访问页增加新的功能，这些操作可以通过在数据访问页的设计视图中对数据访问页进行编辑来实现。

7.3.1　设置数据访问页格式

常用的数据访问页的格式设置有“主题”和“背景”。

Access 将一些预先设置好格式的页面样品做成模板，这里称为ì主题î。“主题”用来设置数据页的背景图案、文字格式等，主题是项目符号、字体、水平线、背景图像和其他数据访问页的设计元素及颜色方案的统一体。利用主题有助于方便地创建专业化设计的数据访问页。

在编辑数据访问页时，可以直接将主题应用于页面设计。主题应用于数据访问页时，将会自定义数据访问页中的以下元素：正文和标题样式、背景色彩或图形、表边框颜色、水平线、项目符号、超级链接颜色以及控件。

“背景”用来设置数据页的背景图片或颜色。

例 7.4　为“教师信息”数据访问页设置主题与背景。

操作步骤如下：

(1) 打开“学生管理”数据库，单击“页”对象，选择“教师信息”数据访问页，单击“设计”按钮打开“教师信息”数据访问页的设计视图。

(2) 选择“格式”菜单中的“主题”命令，出现如图 7-17 所示的“主题”对话框，在“请选择主题”列表框中选择“旅行”。

(3) 单击“确定”按钮，出现如图 7-18 所示的数据访问页设计视图。

(4) 选择“格式”|“背景”命令，在级联菜单中选择“图片”，打开“插入图片”对话框，选择“C:\Windows\Web\Wallpaper\1024×768_6.jpg”图片，单击“插入”按钮插入背景图片，

出现如图 7-19 所示的“添加背景图片的数据访问页”，单击“保存”按钮将所作的修改保存。

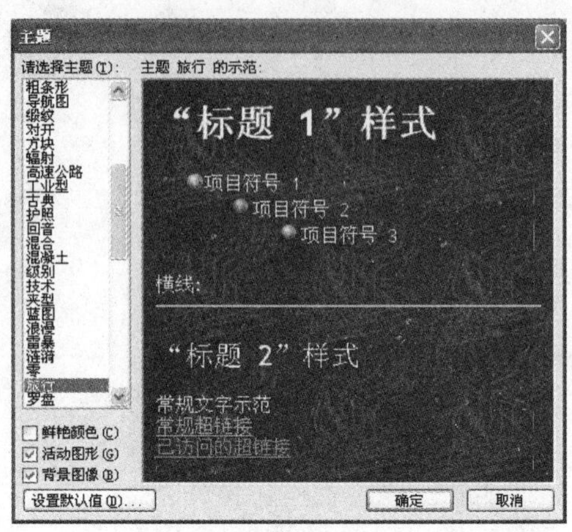

图 7-17　数据访问页“主题”对话框

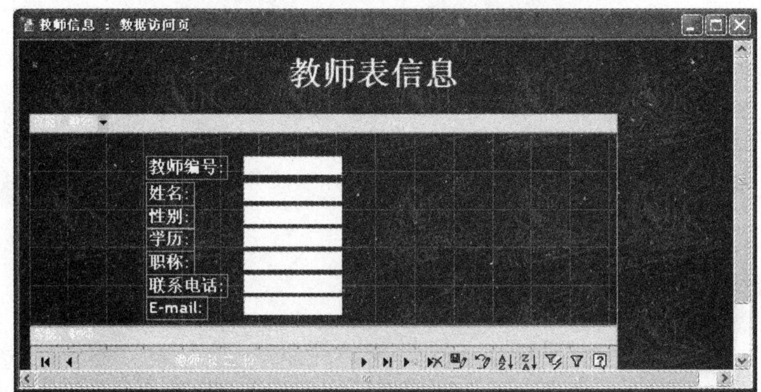

图 7-18　数据访问页设计视图

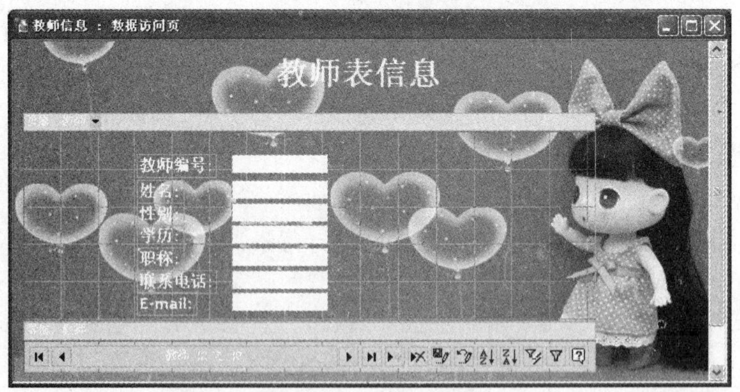

图 7-19　添加背景图片的数据访问页

从以上的操作可以看到，当为数据访问页设置了“主题”后，同时为它设置了文字格式和背景图案。再次为数据访问页设置背景图片，数据页中的文字格式仍然保留，而背景图案则由新指定的背景图片所代换。

7.3.2　修改数据访问页属性

对已经建立的数据访问页，如果要使它更规范、美观，可以通过设置其相关属性来实现。

在数据访问页的设计视图中，可以设定数据访问页的页面属性、组级属性、节属性、对象属性、元素属性等。

设置属性一般利用各种“属性”对话框进行。在数据访问页的相应区域单击右键，弹出如图 7-20 所示的数据访问页快捷菜单。在快捷菜单中选择相应的项目，即可打开对应的属性对话框。

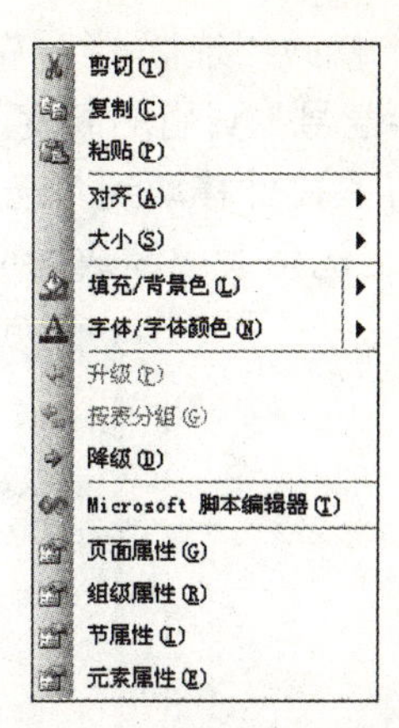

图 7-20　数据访问页快捷菜单

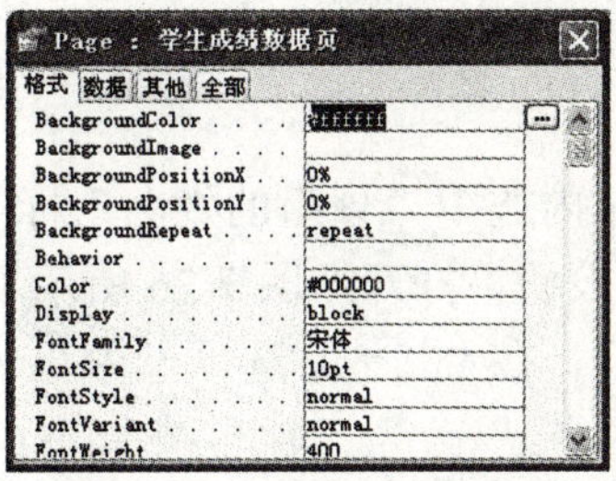

例如，在如图 7-11 所示的“学生成绩数据页”的设计视图中，可以分别打开如图 7-21 所示的“页面(Page)属性”对话框、如图 7-22 所示的“组级(Group)属性”对话框和如图 7-23 所示的“节(Section)属性”对话框。

图 7-21　页面属性对话框

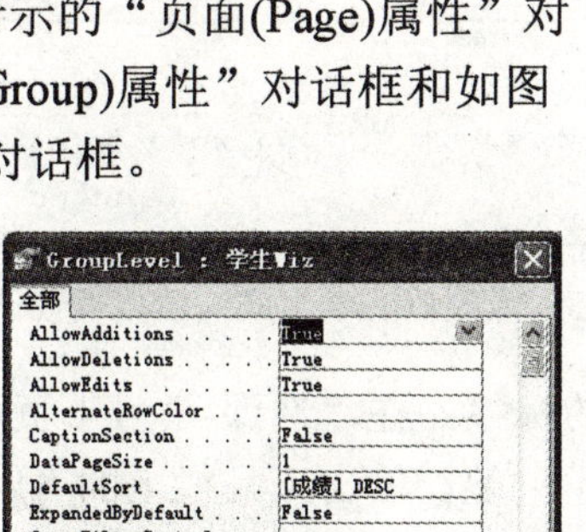

图 7-22　组级属性对话框

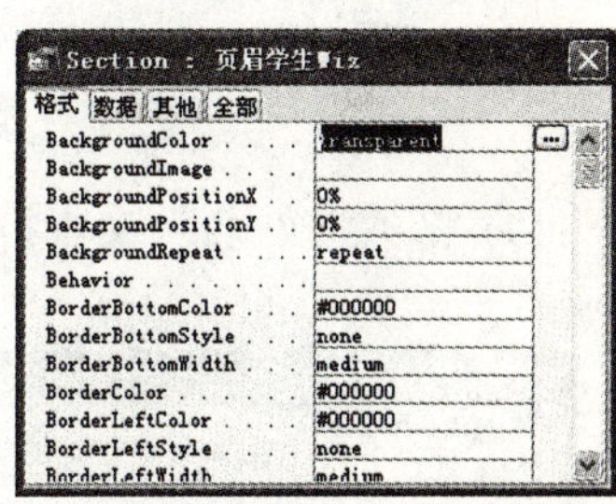

图 7-23　节属性对话框

由于可以设置的属性项目非常多，限于篇幅这里不作详细介绍。下面通过一个例子说明如何优化数据访问页、设置分组信息、添加计算字段以及设置相关的属性。

例 7.5　修改完善“学生成绩数据页”。

操作步骤如下：

(1) 打开“学生管理”数据库，单击“页”对象，选择“学生成绩数据页”数据访问页，单击“设计”按钮，打开如图 7-24 所示的“学生成绩数据页”设计视图。

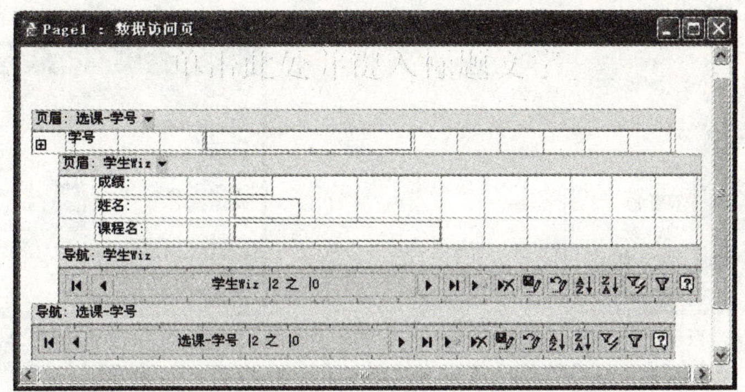

图 7-24　“学生成绩数据页”设计视图

(2) 添加标题：单击“单击此处并键入标题文字”区域，然后输入数据页标题文字“学生成绩”。

(3) 修改“选课-学号”页眉：首先删除“选课-学号”页眉内的“展开”控件，然后增加“选课-学号”页眉的高度，再把“学生 Wiz”页眉中的“学生”文本框及“课程名:”和“成绩:”标签控件移动到“选课-学号”页眉区域，并适当调整各对象的位置和大小。图 7-25 给出修改后的学生成绩数据页设计视图。

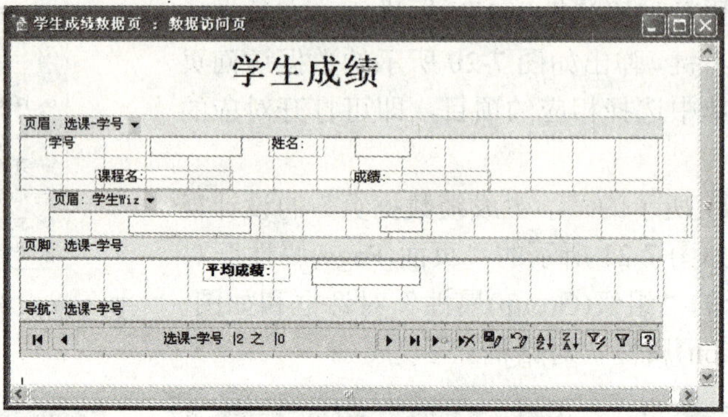

图 7-25　修改后的学生成绩数据页设计视图

(4) 修改“姓名”文本框前的标签：在“选课-学号”页眉区域内选中“分组的姓名”标签，单击工具栏上的“属性”按钮，打开如图 7-26 所示的“姓名组_标签”属性对话框，在“其他”选项卡内将 InnerText 的属性值“分组的姓名:”改为“姓名:”。

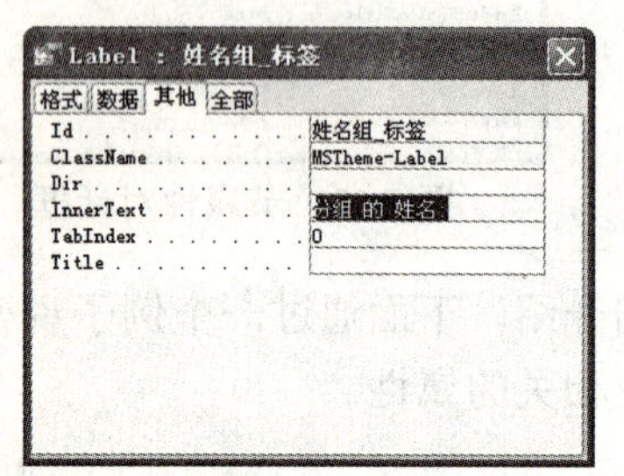

图 7-26 “姓名组_标签”属性对话框

(5) 调整“学生 Wiz”页眉的布局：调整“学生 Wiz”页眉区域内“课程名”和“成绩”两个文本框的位置和大小，并减小该区域的高度。

(6) 修改“学生 Wiz”页眉的组级属性：单击“学生 Wiz”页眉的组级属性按钮，出现如图 7-27 所示的页眉的组级属性下拉菜单，单击其中的“组级属性”选项，出现如图 7-28 所示的“学生 Wiz”页眉的组级属性对话框，将 DataPageSize 属性值更改为“全部”，关闭属性对话框，再次单击“学生 Wiz”页眉的组级属性按钮，在出现的下拉菜单中取消选中“记录浏览”选项。

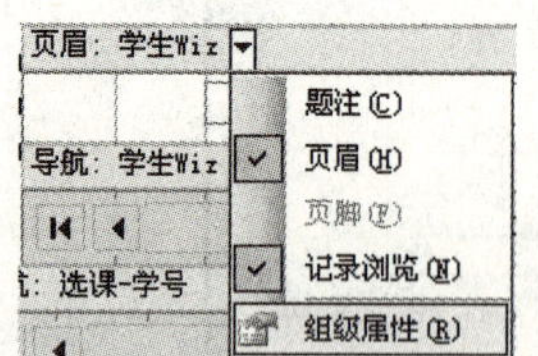

图 7-27 “学生 Wiz”页眉的组级属性对话框

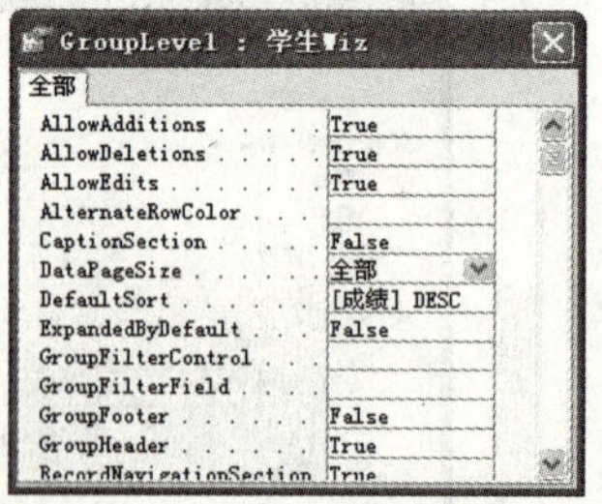

图 7-28 “组级属性”对话框

(7) 添加“选课-学号”分组页脚：单击“选课-学号”页眉的组级属性按钮，在出现的下拉菜单中选中“页脚”选项，此时将在设计视图中显示出“选课-学号”分组页脚节。

(8) 在“选课□学号”分组页脚中添加文本框控件：选择工具栏内的文本框控件(关闭控件向导)，在“选课□学号”分组页脚中单击添加文本框控件，右击新添加的文本框标签，在弹出的快捷菜单中选择“元素属性”，打开标签属性对话框，在“其他”选项卡内将其 InnerText 的属性值设置为“平均成绩：”，右击新添加的文本框，在弹出的快捷菜单中选择“元素属性”，打开文本框属性对话框，在“数据”选项卡内将其 ControlSource 属性值选择为“成绩”，并将 TotalType 属性选择为“dscAvg”，如图 7-29 所示为文本框属性对话框的“数据”选项卡。

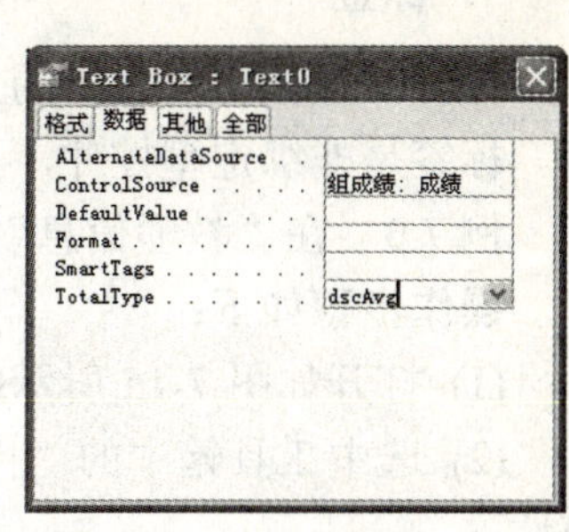

图 7-29　文本框属性对话框的“数据”选项卡

(9) 选择“文件”菜单中的“另存为”命令，在出现的“另存为”对话框中为修改后的数据页命名为“新学生成绩数据页”。

如图 7-30 所示为修改后的学生成绩数据页的页面视图。

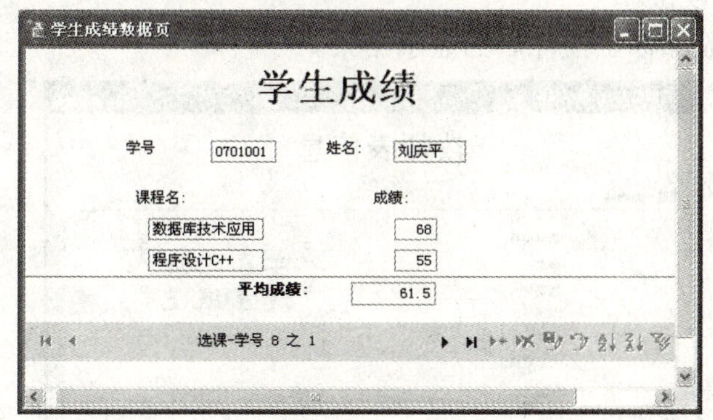

图 7-30　修改后的学生成绩数据页页面视图

7.3.3　在数据访问页内添加对象

在数据访问页的设计视图中可以根据需要在数据访问页上添加各种控件。利用这些控件可以方便用户的应用，也可以使页面更加美观。

如图 7-31 所示为“数据访问页”的控件工具箱中的各种控件。

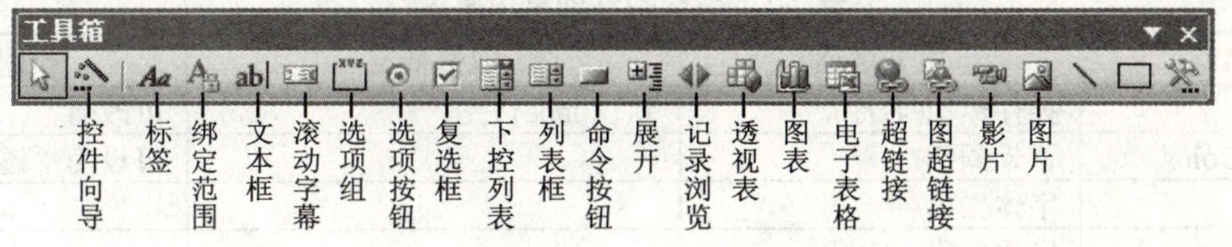

图 7-31　数据访问页的控件工具箱

在设计视图中，如果要在数据访问页上添加控件，只需单击控件工具箱中相应控件的图标，然后单击设计视图网页编辑区域中的所需位置，再调整控件到所需的大小，并对其设置有关的属性。

下面介绍数据访问页中一些常用控件。

1．标签

标签在数据访问页中的主要作用是用于显示说明文字，如字段的名称、标题或提示信息等。标签是非绑定型控件，不能用于显示字段或表达式的值。

例 7.6 在“教师信息”数据页上添加标签控件。

操作步骤如下：

(1) 打开如图 7-15 所示的“教师信息”数据访问页的设计视图。

(2) 选中工具箱中的“标签”按钮，单击“教师”页眉区域内相应位置，添加一个标签控件。

(3) 在标签上直接输入标题文字“学高为师德高是范”。

(4) 利用“格式”工具栏，设置标签的字体为“华文隶书”、字号为“28”、字体颜色为“红色”、对齐方式为“居中”，并适当调整标签控件的宽度和高度。

(5) 单击“保存”按钮。

如图 7-32 所示为添加标签控件后的显示结果。

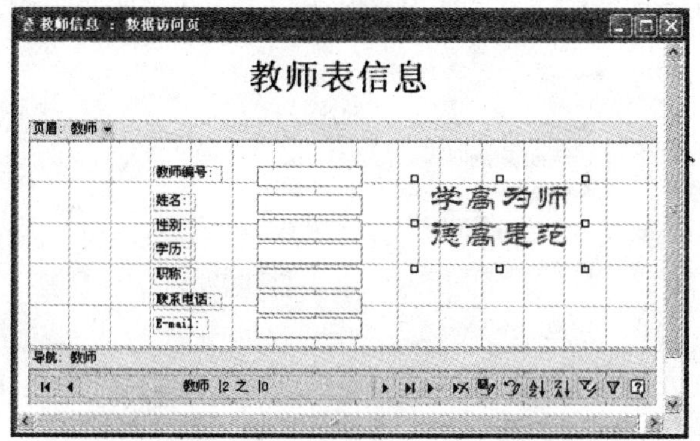

图 7-32 添加标签控件后的显示结果

例中设置标签控件的格式使用的是“格式”工具栏，该方式较为直观方便。使用标签控件的“属性”对话框设置相应的属性也可达到同样的效果，但需要熟悉各属性的名称及作用。

如表 7-1 所示为标签控件的常用属性。

表 7-1 标签控件的常用属性

属性名称	中文名称	取值情况	说明
ID	控件标识(名称)	默认 label1 等	可改名
BackgroundColor	背景颜色		可设为“透明”
Color	字体颜色		
FontFamily	字体名称		
FontSize	字体大小(字号)	8pt～32pt 或更大	
Height	高度	单位是 mm、cm、px 等	可设为“Auto”
InnerText	内部文字(标题)		
Left	左边距	单位是 mm、cm、px 等	可设为“Auto”
TextAlign	对齐方式	Left、right、center 等	
Top	上边距	单位是 mm、cm、px 等	可设为“Auto”
Width	宽度	单位是 mm、cm、px 等	可设为“Auto”

2．文本框

文本框主要用于在数据访问页上显示数据。显示数据源中数据的文本框称为绑定文本框；接收用户输入或者用于为绑定文本框显示计算结果的文本框称为非绑定文本框；显示和接受表达式计算结果的文本框称为计算文本框(或称计算字段)。

添加文本框控件的方法与标签控件类似，但对于绑定文本框可以用从字段列表中直接拖曳的方式添加，利用“格式”工具栏或“属性”对话框可以对文本框控件进行设置。

文本框控件所具有属性大部分与标签控件相同，但它具有几个“数据”方面的重要属性。其中最常用的是 ControlSource(控件来源)、TotalType(汇总类型)和 Value(当前值)属性。

3．滚动文字

滚动文字控件的主要用途是在数据访问页上显示重要的提示或者声明，且能增强网页的动态效果。

单击工具箱中的“滚动文字”控件，然后在数据页上单击即可添加滚动文字控件，在滚动文字控件内输入所需的文本或者设置滚动文字的“InnerText”属性为所要显示的文本，则创建一个非绑定的滚动文字控件。若要创建一个绑定型的滚动文字控件，就要将滚动文字控件的“ControlSource”属性设置为所要显示的字段名，这样字段值将作为滚动的内容。

图 7-33　滚动文字控件的属性对话框

在滚动文字控件的属性对话框中对滚动文字控件做进一步的设置，例如设置文字的滚动速度、滚动方向和重复次数等。如图 7-33 所示为滚动文字控件的属性对话框。

4．图像

插入图像时，只需单击控件工具箱中的“图像”按钮，然后单击数据访问页中要插入图像的位置，按住鼠标左键，拖动鼠标至所需大小，然后松开鼠标，从弹出的对话框中选择所要插入的图像文件，单击“确定”按钮即可。

5．超级链接

添加超级链接，操作步骤如下：

(1) 选中控件工具箱中的“超级链接”按钮，单击数据访问页中要插入超链接的位置。

(2) 按住鼠标左键，拖动鼠标至所需大小，然后松开鼠标，弹出如图 7-34 所示的“插入超链接”对话框。

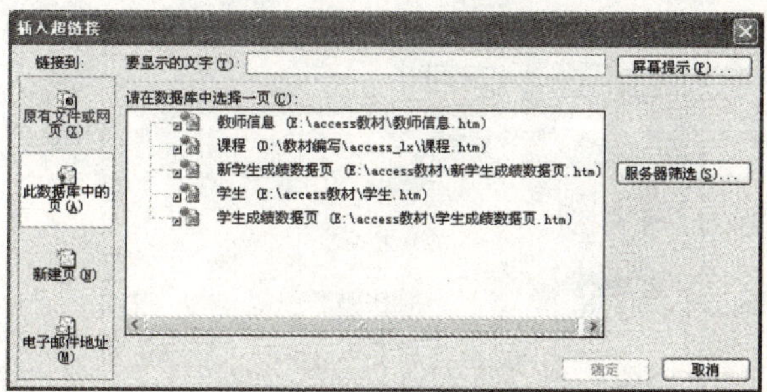

图 7-34　“插入超链接”对话框

图 7-35 “设置超链接屏幕提示”对话框

(3) 选择所要插入的超链接目标，单击“确定”按钮。

(4) 单击“屏幕提示”按钮，出现如图 7-35 所示的“设置超链接屏幕提示”对话框，设置鼠标指针指向超链接时的提示信息。

6．命令按钮

用户可以自己设计命令按钮或使用向导来创建所需的命令按钮。

例 7.7 利用命令按钮向导在“教师信息”数据页上添加记录导航命令按钮控件。

操作步骤如下：

(1) 打开如图 7-32 所示的“教师信息”数据访问页的设计视图。

(2) 在“控件向导”按下的状态下选中工具箱中的“命令按钮”控件，然后单击数据访问页中要放置命令按钮的位置，出现如图 7-36 所示的“命令按钮向导”的“请选择按下按钮时产生的动作”对话框。

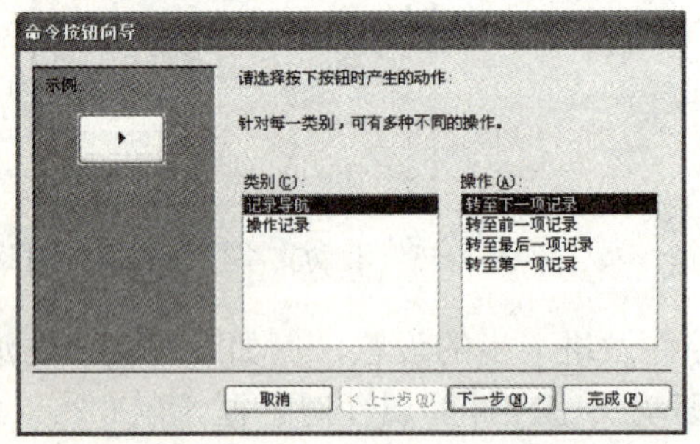

图 7-36 “请选择按下按钮时产生的动作对话框

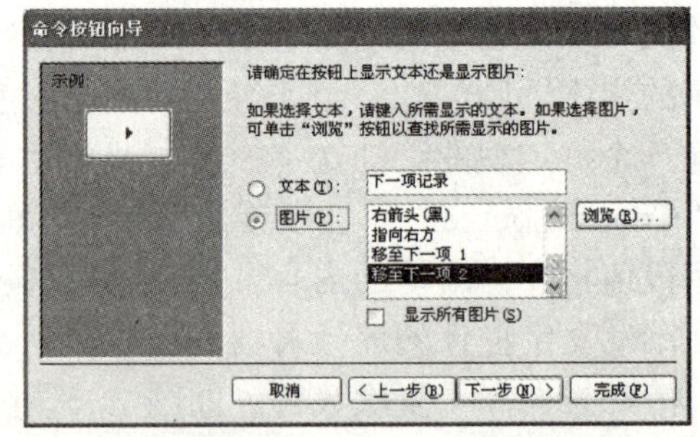

图 7-37 “请确定在按钮上显示文本还是显示图片”对话框

(3) 在“类别”列表框中选择“记录导航”，在“操作”列表框中选择“转至下一项记录”；

(4) 单击“下一步”按钮，出现如图 7-37 所示的“命令按钮向导”的“请确定在按钮上显示文本还是显示图片”对话框。

(5) 选择“图片”列表框中的“移至下一项 2”选项，单击“下一下”按钮，出现如图 7-38 所示的“命令按钮向导”的“请指定按钮的名称”对话框。

(6) 将命令按钮命名为“ccmdNext”，单击“完成”按钮，完成“转至下一项记录”命令按钮的创建。

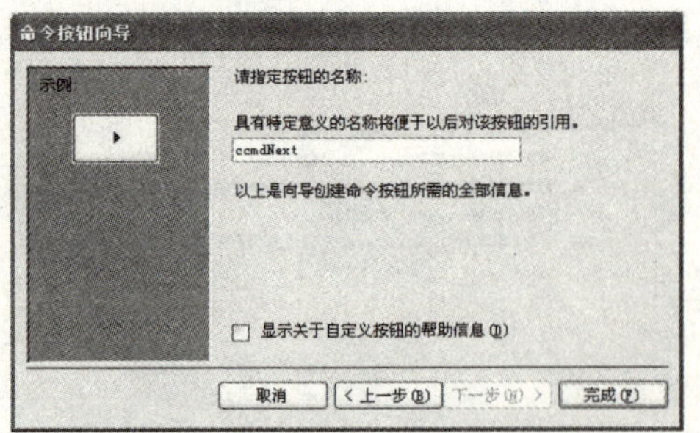

图 7-38 “请指定按钮的名称”对话框

按照类似的方法，建立“转至前一项记录”、“转至第一项记录”、“转至最后一项记录”等命令按钮的建立，其名称分别为：ccmdPrev，ccmdFirst，ccmdLast，并适当调整它们的位置。如图 7-39 所示为添加了命令按钮的“教师信息”数据页设计视图。

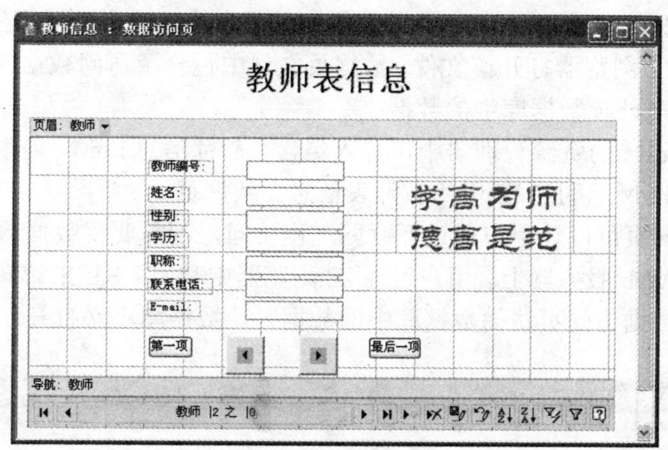

图 7-39　添加了命令按钮的“教师信息”数据页设计视图

7．输入文本

在数据访问页的第一个页眉以上的区域和最后一个浏览节或页脚以下区域中，可以直接输入文本，并指定文本的格式。

8．添加 Office 电子表格

在数据页中添加 Office 电子表格对象，浏览该数据页时会显示一个与 Microsoft Excel 相同的电子表格区域，可以实现电子表格具备的功能。

单击控件工具箱中的“电子表格”控件按钮，然后单击数据访问页中要放置电子表格控件的位置，即可在数据页中添加一个电子表格控件，再根据需要调整电子表格控件的大小。

如图 7-40 所示为“教师信息”数据页中添加了“电子表格”控件后设计视图。

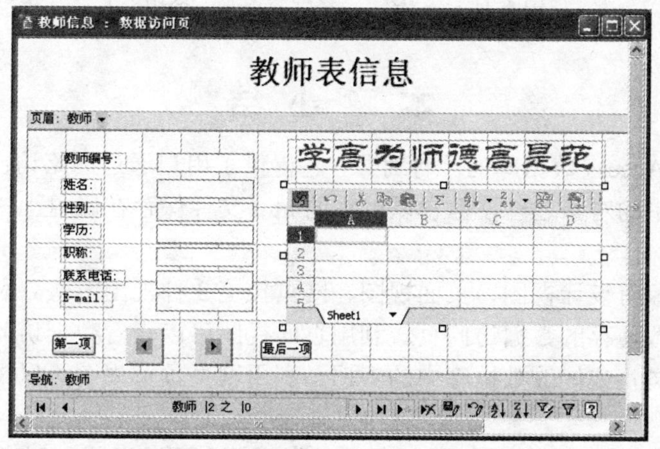

图 7-40　“教师信息”数据页中添加了“电子表格”控件后设计视图

7.4 在 IE 中查看数据访问页

在 IE 中查看数据访问页有两种方式：一种是在数据库的“页”对象中打开数据页快捷方式的“网页预览”视图，参见本章 7.1.3 节；另一种是直接双击由数据库生成的数据页文件，系统就会自动调用 IE 浏览器打开该文件。数据页文件中包含了访问数据库的引擎，可以使用户通过互联网访问 Access 数据库中的数据。

例如，在 Windows 的资源管理器中，进入包含“教师信息.htm”文件的文件夹，双击该文件，出现如图 7-41 所示的在 IE 中“教师表信息”数据页。

若要使数据访问页可以让用户通过互联网远程访问，则需要将数据访问页文件和数据库文件都上传到远程 Web 服务器上。用户可在 IE 浏览器中利用 URL 来访问，与访问普通的网页一样。通过浏览数据访问页访问数据库中的数据时，数据库不必打开。

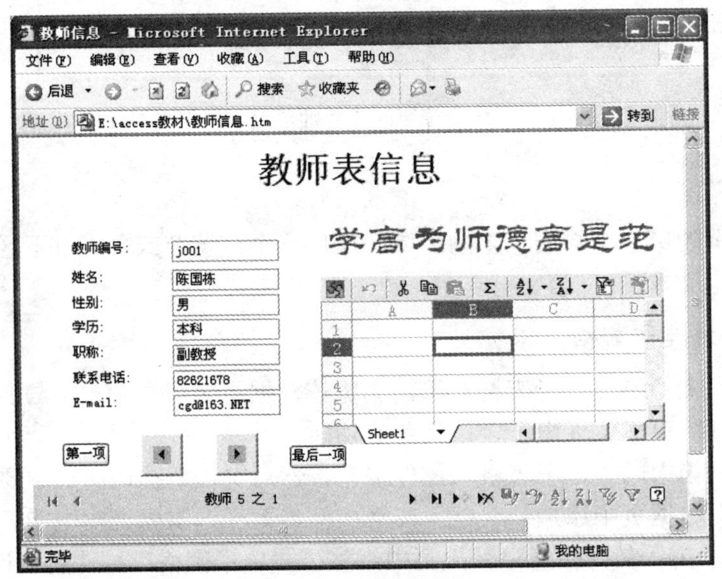

图 7-41 在 IE 中“教师表信息”数据页

本 章 小 结

数据访问页是 Access 数据库的一种对象，它提供了用户通过网络访问数据库的途径。数据访问页是数据库中的对象之一，但它以单独的.htm 文件保存在磁盘上，在数据库中只保留了一个快捷方式。

数据访问页对象有设计视图、页面视图、网页预览 3 种视图方式。利用设计视图可以新建数据访问页或修改现存的数据访问页。利用页面视图可以查看数据访问页的效果，并能通过数据访问页界面浏览或修改数据库中的数据。利用网页预览视图可以浏览或更新数据库内的数据。

数据访问页的创建可以自动创建、使用向导创建和在设计视图中创建 3 种方式。使用“自动创建数据页”及使用向导的方法可以快速地创建数据访问页。使用设计视图可以更详细地创建及修改数据访问页，包括放入字段、加入控件、设置属性、进行修饰等。

在 IE 中，可以通过数据库的“页”对象，打开数据页快捷方式的“网页预览”视图查看数据访问页，也可以直接双击由数据库生成的数据页文件查看数据访问页。在 IE 中浏览数据访问页，可以查看或修改数据库中的数据。

通过本章学习应该达到下列要求：

(1) 了解数据访问页的概念和视图方式。

(2) 掌握创建数据访问页的方法。

(3) 掌握数据访问页的属性设置和修饰。

(4) 熟悉在 IE 中查看数据访问页的方法。

思考题与习题

一、选择题

1. 将 Access 中的数据在网络上发布可通过______。

(A) 查询　(B) 窗体　(C) 报表　(D) 数据访问页

2. Access 数据访问页的存放格式是______。

(A) DOC　(B) HTML　(C) XLS　(D) TXT

3. 数据访问页工具箱与窗体、报表工具箱有许多控件是相同的，下面哪个控件是数据访问页工具箱所独有的______。

(A) 标签　(B) 文本框　(C) 滚动文字　(D) 命令按钮

4. Access 通过数据访问页可以发布的数据______。

(A) 只能是静态数据　(B) 只能是数据库中保持不变的数据

(C) 只能是数据库中变化的数据　(D) 是数据库中保持不变的数据

5. 使用快速创建方式可以创建哪些类型的数据访问页______。

(A) 纵栏式　(B) 列表式　(C) 电子表格式　(D) 图表式

二、填空题

(1) 数据访问页是将 Access 中的“表”或“查询”转换成可以在 Internet 上进行______的数据对象。

(2) 创建数据访问页可以使用自动创建数据访问页、________和_________方式。

(3) 创建数据访问页后，Access 会自动在_________文件夹中产生与数据访问页同名的 HTML 文件。

(4) 数据访问页一旦创建变可以利用_______使用数据访问页，也可以直接在 IE 中使用数据访问页。

(5) 使用_______菜单中的“导出”命令可以将其他的 Access 对象导出到数据访问页中。

三、简答题

(1) 什么是数据访问页？Access 数据库的数据访问页是以什么形式存放的？

(2) 使用向导与自动创建数据页有何不同？

(3) 数据访问页工具箱中哪几个控件在设计数据页时最常用？

(4) 数据访问页与窗体、报表有何异同？

(5) 如何查看数据访问页？

四、操作题

实验　数据访问页的基本操作

1. 实验目的

(1) 掌握数据访问页创建的方法。

(2) 掌握编辑数据访问的基本操作。

2. 实验环境

Windows 操作系统、Microsoft Office Access 2003。

3. 实验内容

(1) 使用数据访问页向导创建一个数据访问页。

(2) 使用设计视图创建一个有分组项和滚动文字并带有图片和超链接的数据访问页。

第 8 章　宏

宏的概念源自于程序设计，指一个或多个操作命令的集合，其中每个操作实现特定的功能。除 Access 外，在 Word、Excel 等其他 Office 办公软件的高级应用中也经常用到宏。宏的使用很方便，不需记住各种语法，也不需编程。实现宏的中间过程完全是自动的。

本章主要内容包括宏的概述、创建宏、宏的运行和调试、宏的其他操作。

8.1　宏的概述

在 Access 中，宏是一种特殊的对象，通过它可以将其他的对象例如表、窗体、报表和数据访问页等有机地组合起来。

宏的优点在于使用它可以大幅简化重复的操作过程，无须通过实际的编程就可完成对数据库的各种操作。使用宏时，只需给出操作的名称、参数和条件，就可自动完成特定的操作。

8.1.1　宏与宏组

1．宏

宏是指一个或多个操作命令的集合，其中的每个操作都可实现特定的功能。在 Access 中可以为宏定义各种类型的操作，例如打开和关闭窗体、保存数据库、打印报表等。通过执行宏，Access 可以按照顺序自动执行一系列的操作。因此，宏就是一个简单的程序，创建宏也叫做宏编程。

宏记录了一些操作过程或模式，将它们与相应的对象相联系。形象地说，如同傻瓜相机把摄影师的经验凝结为相机上几个按钮，一是使内行可以省去重复之烦，二是使外行免去学习之苦。宏编程建立在深刻理解各种数据库对象和相关操作的基础上，标志着高效、灵活使用数据库的新阶段。

创建宏时需要给宏起一个名字，宏名是宏的唯一标识。系统就是通过宏名来调用宏，执行宏中的操作命令。

2．宏组

多个宏还可以组合成一个宏组，当需要一次对多个宏进行操作或管理时，用户可将这些相关的宏组成一个宏组。每个宏组都需要一个唯一的名字来标识。宏组是若干个宏的集合，是更大规模的宏。使用宏组可避免对单个宏逐个进行操作和管理，能够进一步提高操作效率。

8.1.2　宏的基本功能与类型

1．宏的基本功能

对于某些简单的操作，例如打开和关闭窗体、运行报表等，使用宏是一种很方便的方法。

宏可以简捷迅速地将已经创建的数据库对象联系在一起，而不需要记住各种语法，并且每个操作的参数都显示在宏设计视图中。

宏的主要功能如下：

(1) 执行查找和定位记录等对记录的自动操作。

(2) 执行对窗体和报表等数据库对象的打开、关闭和保存等操作。

(3) 设置和使用快捷键。

在 Access 中，系统一共提供了 50 多个基本的宏操作，用户可以使用它们来创建自己的宏。如表 8-1 所示为 Access 中常用的宏操作。

表 8-1 Access 中常用的宏操作

分类	宏 操 作	说 明
打开或关闭对象	OpenTable	打开一个数据表，同时指定打开数据表的视图模式，指定数据编辑模式
	OpenForm	打开一个窗体，同时指定打开窗体的视图模式、编辑模式、窗口模式并筛选记录
	OpenReport	打开一个报表，同时指定报表的视图模式并筛选记录(默认视图模式为“打印”)
	OpenQuery	打开一个查询，同时指定打开查询的视图模式、数据编辑模式
	Close	关闭数据库对象，如表、窗体、报表、查询、宏、数据页等(默认关闭活动窗口)
显示消息	Beep	使计算机发出嘟嘟声，用于提示错误或重要的变化
	MsgBox	显示消息框，并可设置消息框的类型
	SetWarnings	打开或关闭系统警告消息
记录操作	GoToRecord	将表、窗体或查询中指定记录设置为当前记录
	FindRecord	查找活动的表、查询或窗体内由 FindRecord 参数所指定条件的记录
	FindNext	查询下一个符合前面 FindRecord 操作中指定条件的记录
	ReQuery	更新活动对象指定控件中的数据
显示控制	Maximize	最大化活动窗口使其充满 Access 窗口
	Minimize	将活动窗口最小化为 Access 窗口底部的标题栏
	Restore	将处于最大化或最小化的窗口恢复为原窗口模式
	PrintOut	打印激活的数据库对象，可以打印表、报表、窗体和模块
运行与退出	RunMacro	运行宏
	RunSQL	运行 Access 的操作查询或数据定义查询
	RunApp	运行应用程序，如 Word、Excel、PowerPoint 等
	StopMacro	终止当前正在运行的宏
	Quit	退出 Access
其 他	SetValue	为窗体、窗体数据表或报表上的控件、字段或属性的值进行设置
	GoToControl	将焦点移动到活动数据表或窗体特定的字段或控件上
	CancelEvent	取消导致该宏运行的 Access 事件

2．宏的类型

根据宏的驱动方式不同，可以将宏分为事件宏和条件宏两类。

1) 事件宏

事件宏是指由某一个特定事件而触发的宏或宏组。这些事件可以是打开窗体、鼠标单击或者按下键盘上某个特定的键等。

触发宏的事件主要有数据处理事件、焦点处理事件、键盘输入事件和鼠标操作事件。

2) 条件宏

条件宏是指仅当某个特定条件成立时才执行宏中的一个或一系列操作。例如，如果要使用宏来验证某个窗体中数据，就可能希望显示一条信息来响应记录的某些输入，再另外显示一条信息来响应另一些不同的值。

条件是一个计算结果为“是/否”的逻辑表达式。条件宏将根据条件的真或假执行不同的操作。

宏的这种分类并不是绝对的，有的宏既由某控件的一个事件驱动，其中的宏操作也依据某些条件有选择地执行。

8.2 创建宏

创建宏也就是宏编程，只不过这些宏程序不需要用户直接编写程序代码，而是选择由系统设置好的宏操作命令，并设定这些宏操作的执行次序及条件，运行宏即可完成一系列的操作。一般说来，可以通过宏设计视图配合宏设计视图工具栏来创建宏。

8.2.1 宏设计视图

1. 打开宏设计视图

打开 Access 的数据库窗口，在“对象”栏中单击“宏”对象，在数据库窗口的对象显示栏出现如图 8-1 所示的数据库中的宏对象，显示已经创建的宏的图标和名称。

单击工具栏中的“新建”按钮，打开如图 8-2 所示的宏设计视图。宏设计视图由 3 部分组成，上半部分是宏定义区域，默认状态下有两列，一列是“操作”列，可以在其中填入宏执行的操作；另一列是“注释”列，可以在其中填写对宏操作的解释说明。设计视图的下半部分左边是操作参数区，用来设置与所选操作有关的参数；右边是提示信息区，用来显示帮助信息。

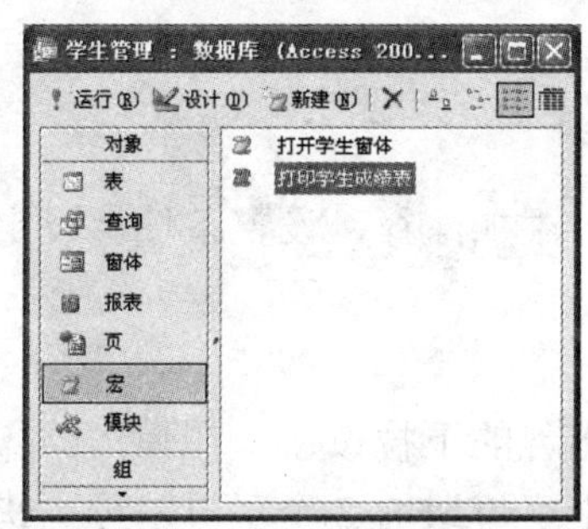

图 8-1 数据库中的宏对象

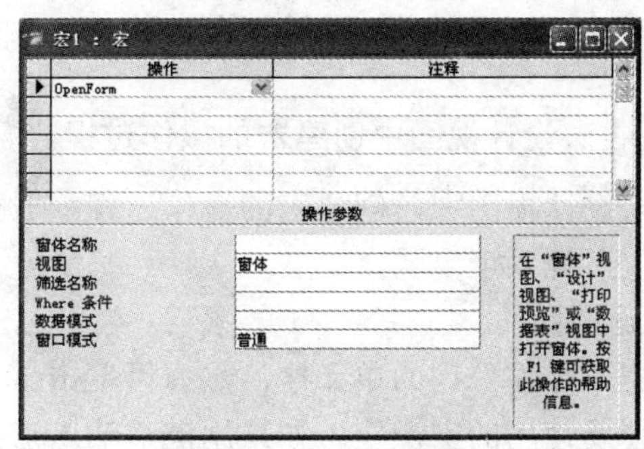

图 8-2 宏设计视图

打开宏设计视图时会显示如图 8-3 所示的宏设计视图工具栏。

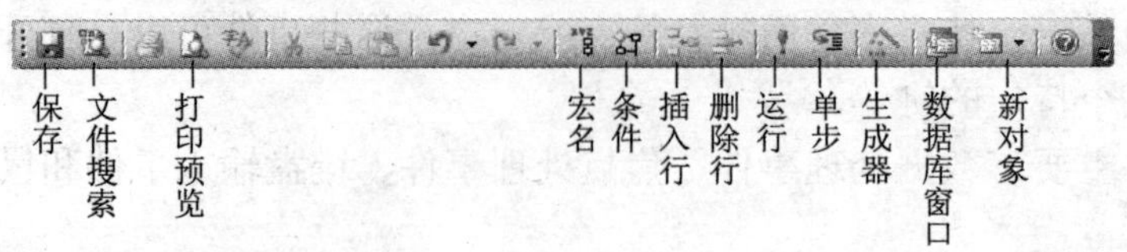

图 8-3 宏设计视图工具栏

2. 增加“条件”和“宏名”列

在宏设计视图中，除了默认的“操作”和“注释”列以外，还可以增加“条件”和“宏名”列。

“条件”列用于输入宏运行的条件。在执行宏时，Access 先计算条件表达式，如果结果为“真”，则执行该行操作列所设置的操作，紧接着该操作且在“条件”栏中有“…”的所有操作。“条件”栏为空，等价于填入“Yes”，无条件执行；填入“No”，则永不执行。可采用 StopMacro、RunMacro 中止或重定向宏的运行流程。

“宏名”列用于输入宏名。在创建由多个操作组成的宏组时，必须填写“宏名”列。

在宏定义区域中，增加“条件”或“宏名”列只需要分别单击宏设计视图工具栏中的“条件”或“宏名”按钮即可。如图 8-4 所示为增加了“条件”和“宏名”列的宏设计视图。

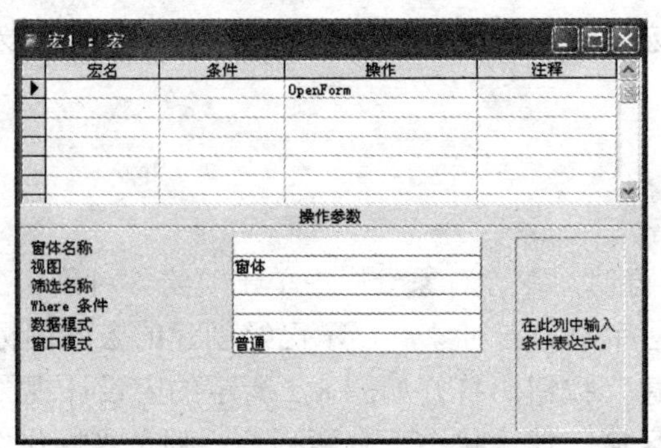

图 8-4 增加了“条件”和“宏名”列的宏设计视图

另外，利用“视图”|“条件”菜单或“视图”|“宏名”菜单命令，也可实现宏设计视图中“条件”和“宏名”列的显示或隐藏。

8.2.2 在宏设计视图中创建宏

1. 在宏设计视图中创建宏的操作过程

在宏设计视图中，创建宏的操作过程一般有选择操作、添加注释、设置条件、设定参数及指定宏名等几个步骤。

1) 选择操作

单击“操作”列的单元格，然后再单击该单元格右端出现的下拉按钮，在弹出的操作列表中选择要使用的宏操作。如果用键盘输入宏操作的第 1 个字母或前 2 个字母，可更快速地找到所需操作。

2) 添加注释

在“注释”列输入对操作的解释说明。“注释”列不是必须填写的，但它可以使宏更利于理解和维护。

3) 设置条件

如果要创建条件宏，就要设置宏操作的执行条件。在“条件”列中输入一个逻辑型的条件表达式，当此条件表达式的值为真时将执行该宏操作。若下一个或下面几个宏操作也满足此条件时执行，则不必重复输入此条件，可在这些操作的“条件”列输入3个圆点“…”。

在输入条件表达式时，可能要引用窗体或报表上的控件值，相应的语法如下：

[Forms]![窗体名].[控件名]

[Reports]![报表名].[控件名]

4) 设定参数

在宏设计视图下半部分的“操作参数”区域中，可以使用填表的方式设置该宏操作的操作参数。操作参数一般用来指定该宏操作的操作对象及其操作方式。

5) 指定宏名

如果要创建宏组，则需要在“宏名”列中为宏组的各个宏分别指定一个宏名。各宏所包含的宏操作为从宏名所在行开始到下一个宏名之间的所有宏操作。对宏组中某宏的引用方式为：<宏组名>.<宏名>。

如果要在两个“操作”行之间插入一个操作，可单击插入行下面操作行的行选定按钮，然后单击工具栏中的“插入行”按钮。Access将按照操作列表上的顺序执行操作。如果要删除某行，则先选中该行，然后单击工具栏中的“删除行”按钮。

2. 在宏设计视图中创建简单的宏

下面通过一个实例来说明如何在宏的设计视图中创建宏。

例8.1　创建一个宏，实现自动打开“学生基本信息窗体”，同时显示一个消息框，并使窗体自动最大化。

操作步骤如下：

(1) 打开“学生管理”数据库，单击数据库窗口中的“宏”对象，再单击工具栏中的“新建”按钮，打开宏设计视图。

(2) 单击“操作”列的第一行单击格，出现如图8-5所示的“选择宏操作对象”窗口，从打开的宏操作下拉列表中选中“OpenForm”，在右侧的“注释”单元格中输入对该操作的注释，例如“打开学生信息窗体”。

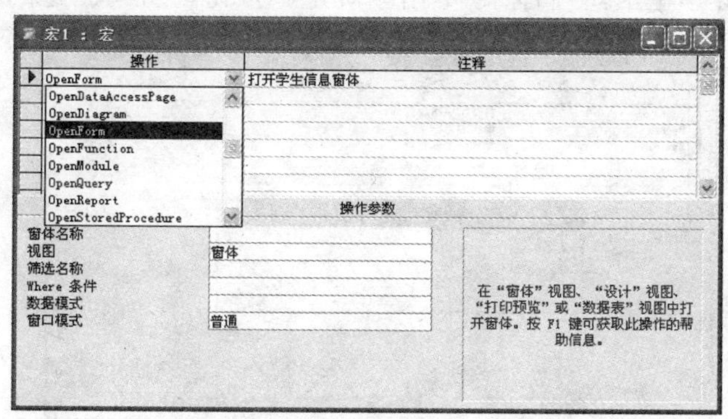

图8-5　选择“OpenForm”宏操作

(3) 在“操作参数”区域中单击“窗体名称”右侧的列表框，从下拉列表中选择“学生信息窗体”，从“视图”右侧的列表框中选择“窗体”视图，如图 8-6 所示为“OpenForm”操作参数的选择结果。

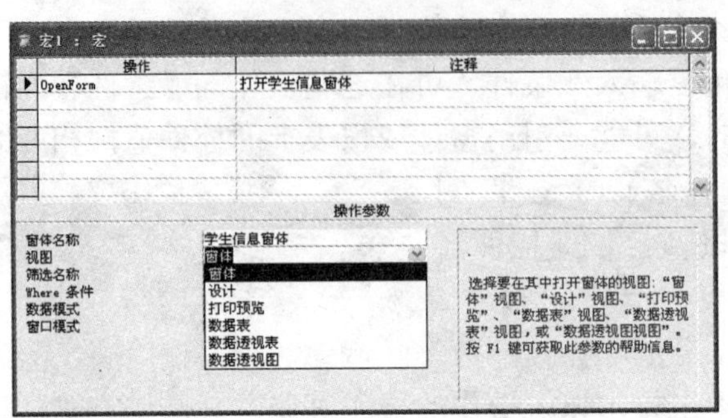

图 8-6 “OpenForm”操作参数的选择结果

(4) 单击“操作”列的第二行单元格，从打开的下拉列表中选择“MsgBox”，在右侧的“注释”单元格中输入对该操作的解释“弹出消息框”，在“操作参数”区域内的“消息”文本框中输入“学生信息窗体已自动打开”，如图 8-7 所示为“MsgBox”操作对象的选择结果；

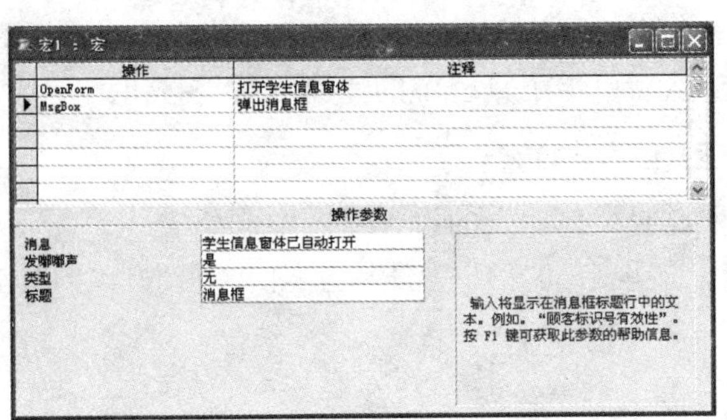

图 8-7 设置 MsgBox 宏操作

(5) 单击“操作”列的第三行单元格，从打开的下拉列表中选择“Maximize”，然后在右侧的“注释”单元格中输入对该操作的解释“最大化当前窗体”。

(6) 单击工具栏中的“保存”按钮，弹出如图 8-8 所示的“另存为”对话框，在“宏名称”文本框输入宏名“打开学生信息窗体”，单击“确定”按钮，将新创建的宏保存到数据库中。

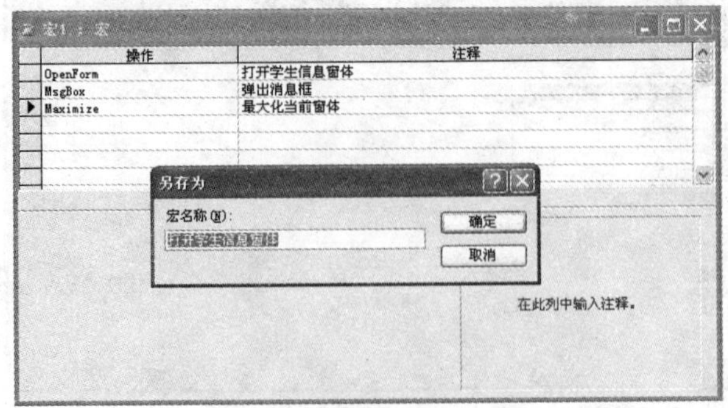

图 8-8 保存新创建的宏

(7) 单击宏设计视图工具栏中的“运行”按钮查看运行效果，如图 8-9 所示为宏的运行效果，单击消息框中的“确定”按钮，“学生信息窗体”就会自动最大化。

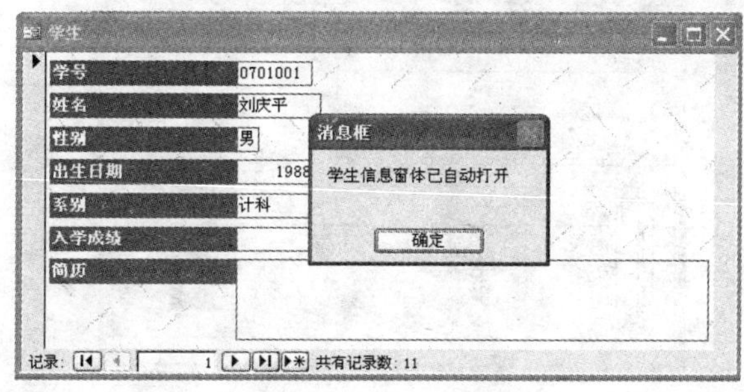

图 8-9　宏的运行效果

8.2.3　创建事件宏

宏通常由控件的事件触发启动，所以创建事件宏通常有三步：控件准备、宏编程和触发设置。

例 8.2　在“学生信息窗体”中添加一个“成绩信息”的命令按钮，当单击该按钮时，将打开“学生成绩主窗体”，并显示对应学生的成绩信息。本例所用到的窗体可用“窗体向导”快速创建。

操作步骤如下：

1) 控件准备

首先利用“窗体向导”创建“学生信息窗体”，打开其窗体设计视图进一步修改，在“窗体页眉”中添加标签控件“学生信息”，在“窗体页脚”中添加一个命令按钮，并将命令按钮的标题文字更改为“成绩信息”。如图 8-10 所示为修改后的“学生信息窗体”的设计视图。

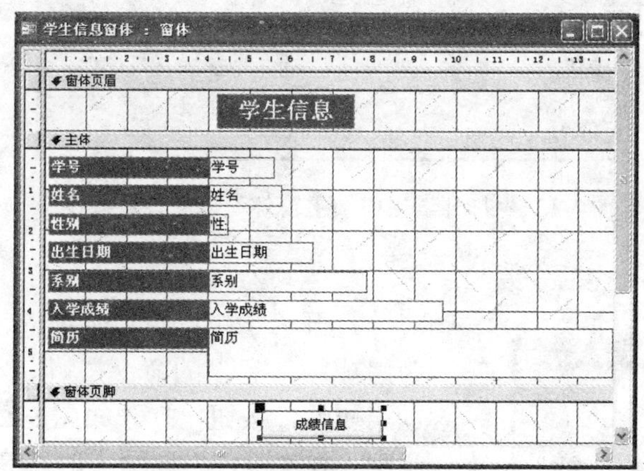

图 8-10　修改后的“学生信息窗体”的设计视图

再利用“窗体向导”创建如图 8-11 所示的“学生成绩主窗体”，其中含有“学生成绩子窗体”。

2) 宏编程

在“学生管理”数据库窗口中选中“宏”对象，单击“新建”按钮，打开宏设计器。在新建的宏中添加如表 8-2 所示的宏操作。

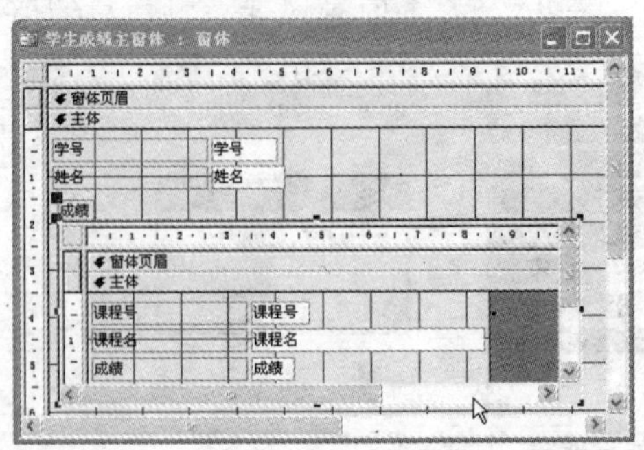

图 8-11 “学生成绩主窗体”的设计视图

表 8-2 “打开学生成绩主窗体”宏的宏操作序列

宏 操 作	参 数 设 置	注 释
OpenForm	窗体名称：学生成绩主窗体 视图：窗体	打开“学生成绩主窗体”
GoToControl	控件名称：学号	将光标移动到“学号”文本框
FindRecord	查找内容：[Forms]! [学生信息窗体]. [学号]	查找并显示与“学生信息窗体”中学号相同的记录

单击“保存”按钮，保存所建的宏，并取名为“打开学生成绩主窗体”。如图 8-12 所示为“打开学生成绩主窗体”宏的设计视图。

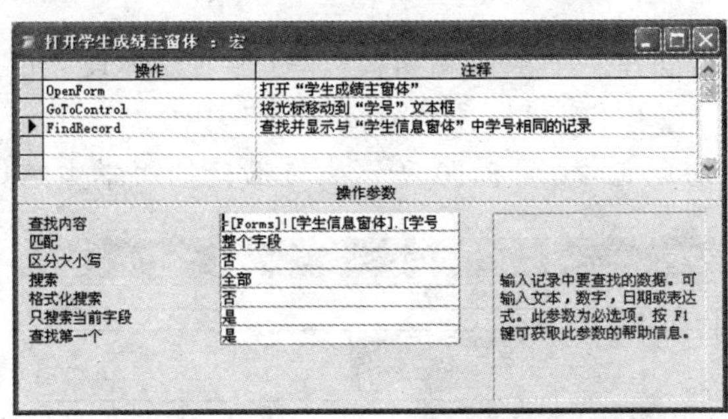

图 8-12 “打开学生成绩主窗体”宏的设计视图

3) 触发设置

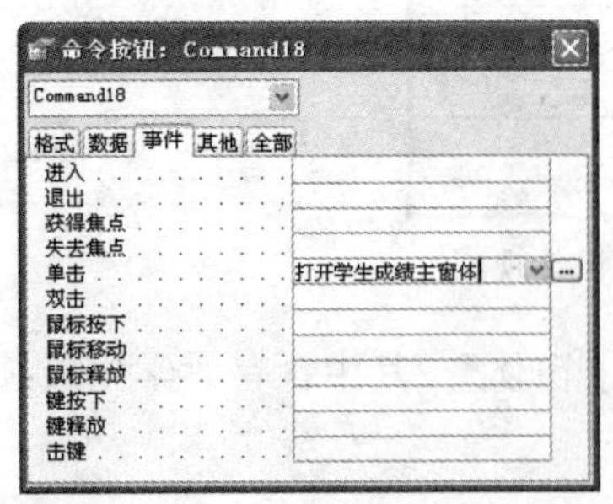

图 8-13 设置命令按钮的“单击”事件

打开“学生信息窗体”的设计视图，选中标题为“成绩信息”的命令按钮，单击数据库工具栏上的“属性”按钮，打开如图 8-13 所示的“属性”对话框，在“事件”选项卡的“单击”事件内选择宏，打开“学生成绩主窗体”。

4) 观察宏的运行

打开如图 8-14 所示的“学生信息窗体”的窗体视图，单击几次导航按钮中的“下一条”按钮浏览不同学生的信息。单击标题为“成绩信息”的命令按钮，将执行宏“打开学生成绩主窗体”内的宏操作序列，自动打开如图 8-15 所示的“学生成绩主窗体”，并将记录移动到与“学生信息窗体”相同的学生上，显示该学生的成绩信息。

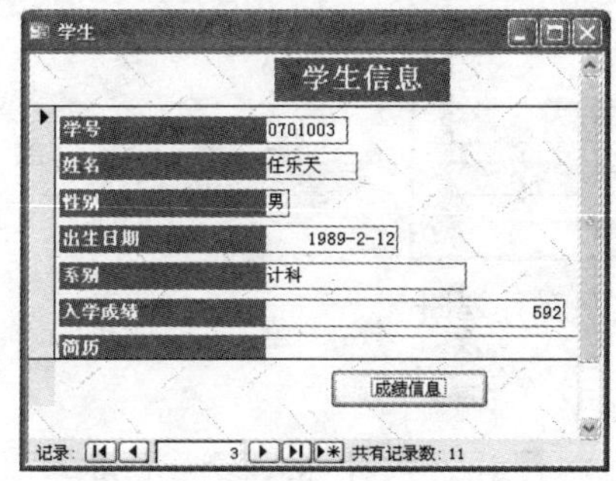

图 8-14 “学生信息窗体”的窗体视

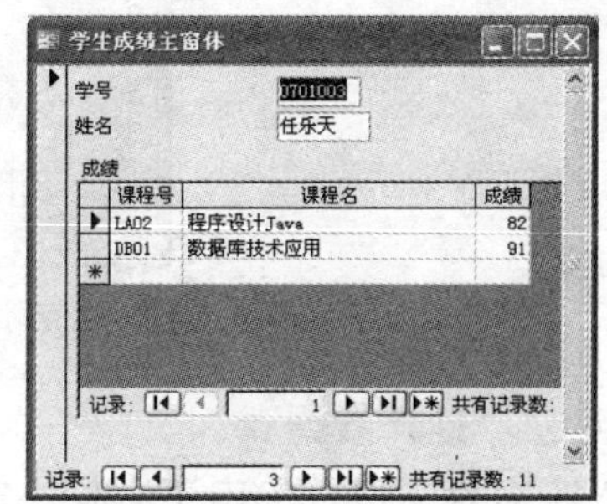

图 8-15 “学生成绩主窗体”的窗体视图

8.2.4 创建条件宏

创建条件宏，首先需要在宏的设计视图内添加“条件”列，然后在相关宏操作的左边的宏条件列中输入表示条件的关系表达式。只有当表达式为真时相应的宏操作才被执行。

宏的条件经常会引用窗体或报表中的控件值，引用了窗体或报表中控件值的宏在运行时需要首先打开相关窗体的窗体视图或报表的打印预览视图。如果宏条件中引用了非活动窗体或报表内的对象，需要使用对象名的完整引用格式。

如果相邻的宏操作引用同一条件，则只需要在第一条宏操作的条件列输入条件表达式，其余宏操作的条件列内不必重复输入相同条件，可以输入三个相连的半角小数点“…”，表示与上一条件相同。

例 8.3 创建如图 8-16 所示的“打开数据表窗体”窗体视图窗体，在选项组内选中某一数据表后，单击“打开”按钮，则可打开该数据表并显示相应的消息框。

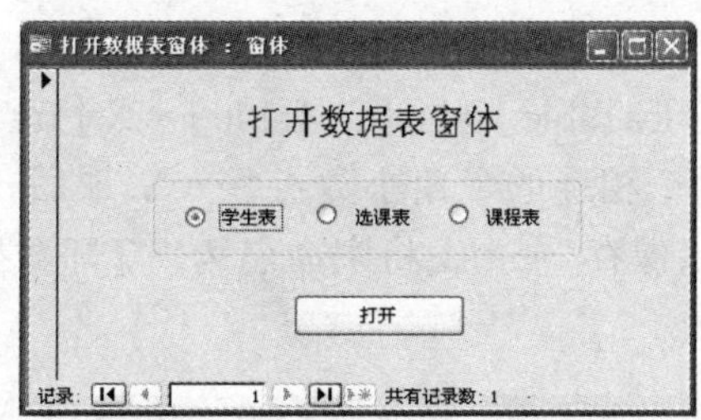

图 8-16 待设计的“打开数据表窗体”窗体视图

操作步骤如下：

1) 建立“打开数据表窗体”

新建一个窗体，在其“主体”区域内添加一个标签、一个选项组和一个命令按钮控件。选项组控件可用“控件向导”创建，将 3 个单选按钮的标签分别设置为“学生表”、“选课表”和“课程表”，选项值分别为 1、2、3。再手工调整其布局为水平排列，并利用“属性”对话框将选项组控件的“名称”属性设置为“**fraTable**”。然后将该窗体保存为“打开数据表窗体”，如图 **8-17** 所示为“打开数据表窗体”设计视图。

图 8-17 “打开数据表窗体”设计视图

2) 建立“打开数据表”宏

进入宏对象窗口，单击工具栏中的“新建”按钮，打开宏设计器，参考表 8-3 在其中添加 3 个 OpenTable 宏操作和 4 个 MsgBox 宏操作。

表 8-3 “打开数据表”宏的宏操作序列

宏 操 作	参 数 设 置	注 释
OpenTable	表名称：学生 视图：数据表 数据模式：编辑	打开“学生”表
MsgBox	消息：“学生”表已打开	显示“‘学生’表已打开”消息框
OpenTable	表名称：选课 视图：数据表 数据模式：编辑	打开“选课”表
MsgBox	消息：“选课”表已打开	显示“‘选课’表已打开”消息框
OpenTable	表名称：课程 视图：数据表 数据模式：编辑	打开“课程”表
MsgBox	消息：“课程”表已打开	显示“‘课程’表已打开”消息框
MsgBox	消息：操作完成	显示“操作完成”消息框

单击工具栏中的“条件”按钮，在宏设计器中添加条件列，然后在各个 OpenTable 宏操作的条件列中分别加入条件：[fraTable]=1、[fraTable]=2、[fraTable]=3，在前 3 个 MsgBox 宏操作的条件列中分别填入 3 个相连的半角小数点“…”，最后一个 MsgBox 宏操作的条件列中不填入任何内容。然后单击“保存”按钮，将宏命名为“打开数据表”。如图 8-18 所示为“打开数据表”宏的设计视图。

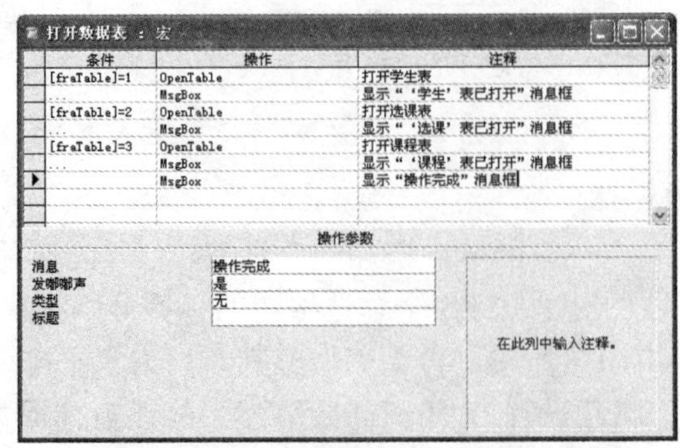

图 8-18 “打开数据表”宏的设计视图

在宏的条件中，引用的“fraTable”对象是当前活动窗体“打开数据表窗体”的选项组控件，因而可以直接用［fraTable］引用，其前不必加上“［Forms］!［打开数据表窗体］.”前缀。

3) 在“打开数据表窗体”中应用宏

打开“打开数据表窗体”的设计视图，选择标题文字为“打开”的命令按钮控件，单击工具栏中的“属性”按钮，打开如图 8-19 所示的“命令按钮属性”对话框，选择“事件”选项卡的“单击”事件，设置其内容为宏“打开数据表”。关闭属性对话框，单击“保存”按钮将对“打开数据表窗体”的修改保存。

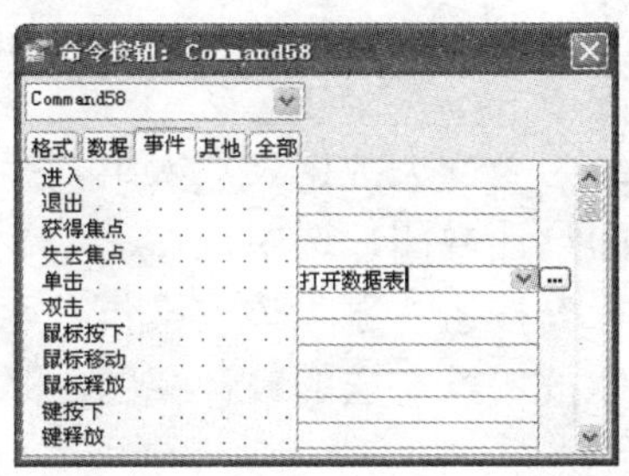

图 8-19　“命令按钮属性”对话框

(4) 观察宏的运行。

打开“打开数据表窗体”的窗体视图，选择选项组中的“学生表”单选项，这时“fraTable”对象的值为 1，单击“打开”命令按钮，将执行宏“打开数据表”，第一个宏操作的条件成立，因而执行打开学生表操作，并显示“'学生'已打开”消息框。单击消息框中的“确定”按钮，由于其后的两个条件不成立，相应的宏操作将不执行，而操作系列的最后一项“MsgBox”宏操作没有指定条件，因此将执行此操作显示“操作完成”消息框。

8.2.5　创建宏组

当数据库中使用了大量的宏时，我们就会感觉操作混乱，很难统一维护管理。Access 提供的宏组可以将相关的宏集中在一起。使用宏组除了可以大大减少编写与维护宏的工作量外，还有助于数据库的管理控制。

建立宏组与建立宏的操作方法相同，只是要在宏设计视图中添加“宏名”列，将其中的不同操作系列分别用不同的宏名命名，从而形成多个宏，再用一个宏组名保存就建立了一个宏组。通常，可以将一个数据库对象(例如某个窗体或报表) 所使用的宏设计为一个宏组，并以该对象的名称作为整个宏组的名称。

在调用时，用户既可以用“宏组名．宏名”的格式调用宏组中的某一个宏，也可以通过宏组名调用整个宏组。若使用宏组名调用，则仅执行该宏组中的第一个宏。

例 8.4　在例 8.3 所创建的“打开数据表窗体”上再添加一个“关闭”命令按钮，在选项组内选中某一数据表后再单击“关闭”按钮，则可关闭所选的数据表并显示“数据表已关闭”的消息框。

操作步骤如下：

(1) 修改“打开数据表窗体”。打开“打开数据表窗体”设计视图，添加一个命令按钮，设置该命令按钮的标题为“关闭”，如图 8-20 所示为修改后的“打开数据表窗体”设计视图。

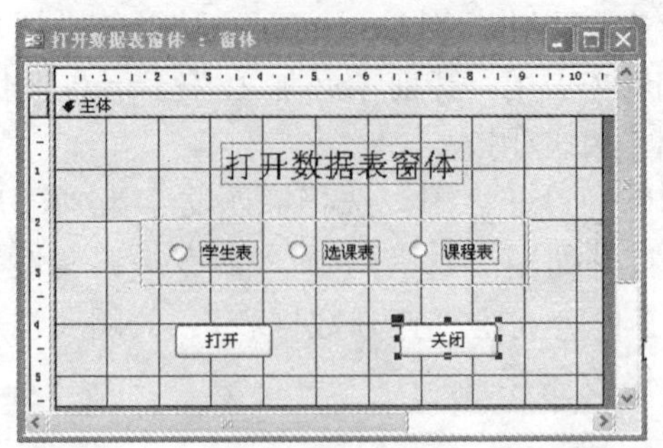

图 8-20　修改后的"打开数据表窗体"设计视图

(2) 将"打开数据表"宏修改为"开关数据表"宏组。操作步骤如下：

(1) 打开"打开数据表"宏的设计视图，选中最后一个 MsgBox 宏操作。

(2) 单击工具栏中的"删除行"按钮，删除该宏操作。

(3) 单击工具栏中的"宏名"按钮，在宏的设计视图内添加宏名列，在第一个宏操作的宏名列内输入宏名"Open"。

(4) 在原有宏操作序列的后面添加 3 个 Close 宏操作和一个 MsgBox 宏操作，如表 8-4 所示为各宏操作的设置。

表 8-4　为宏组添加 Close 操作序列

宏 操 作	参 数 设 置	注　释
Close	对象类型：表 对象名称：学生 保存：否	关闭学生表
Close	对象类型：表 对象名称：选课 保存：否	关闭选课表
Close	对象类型：表 对象名称：课程 保存：否	关闭课程表
MsgBox	消息：数据表已关闭	显示"数据表已关闭"消息框

(5) 依次在 3 个 Close 宏操作的条件列中分别加入条件：[fraTable] =1、[fraTable] =2、[fraTable] =3，并在第一个 Close 宏操作的宏名列内输入宏名"Close"。

(6) 选择"文件" | "另存为"菜单命令，出现如图 8-21 所示的"另存为"对话框，输入宏组名"开关数据表"，再单击"确定"按钮。

如图 8-22 所示为"开关数据表"宏组的设计视图。

图 8-21　"另存为"对话框

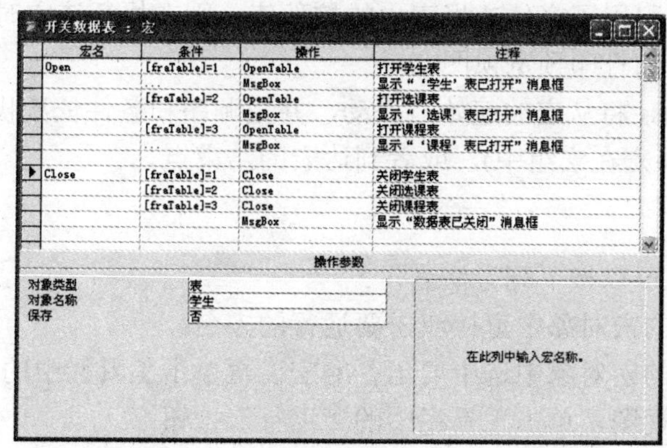

图 8-22 “开关数据表”宏组的设计视图

(3) 调用宏组中的宏。

调用宏组中的宏操作步骤如下：

① 进入“打开数据表窗体”设计视图，打开“关闭”命令按钮的属性对话框，出现如图 8-23 所示的“命令按钮：关闭”属性对话框。

② 在对话框中选中“事件”选项卡，将其“单击”事件设置为“开关数据表. Close”。

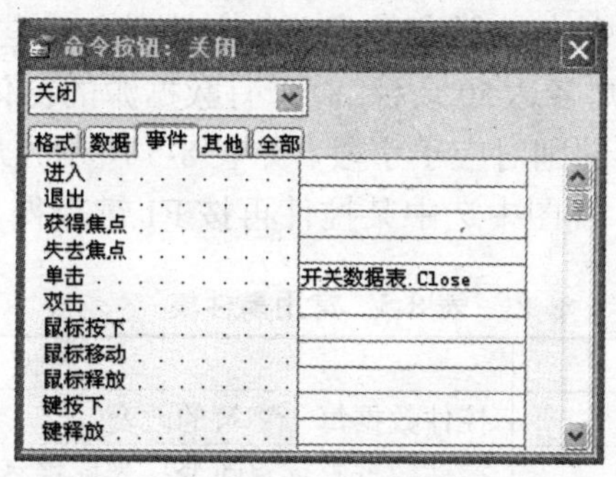

图 8-23 “命令按钮：关闭”属性对话框

③ 用类似的方法将“打开”命令按钮的“单击”事件修改为“开关数据表．Open”。

④ 单击“保存”按钮，保存对“打开数据表窗体”的修改。

(4) 观察宏的运行。

打开“打开数据表窗体”的窗体视图，分别选择“学生表”、“选课表”或“课程表”单选项，单击“打开”按钮将打开选中的数据表，单击“关闭”按钮则将该数据表关闭。

8.3 宏的运行与调试

创建好宏之后，就可以运行宏。如果创建的宏比较复杂，在运行前还需要对宏进行调试。

8.3.1 宏的运行方式

宏的运行有直接运行、通过窗体或报表内的控件事件运行和自动运行 3 种方式。若在宏的条件列或操作参数中引用了窗体或报表内的控件值，则在执行该宏时，应该首先打开相应窗体的窗体视图或报表的打印预览视图。

在运行宏时，Access 将从宏的起始点启动，并按顺序和条件依次执行宏中所有的操作，直到到达另一个宏(如果宏在宏组中)，或者到达宏的结束点。

1．直接运行宏

若要直接运行宏，可以按下列方法之一：

(1) 在数据库窗口的宏对象中直接双击要运行的宏名。

(2) 在数据库窗口的宏对象中选中要运行的宏，再单击工具栏中的“运行”按钮。

(3) 打开宏的设计视图，单击工具栏中的“运行”按钮。

(4) 在窗体设计视图或者报表设计视图中选择“工具”|“宏”|“运行宏”菜单命令。

一般情况下，直接运行宏是为了测试的需要。在测试宏的设计无误后，可以将宏附加到其他对象中，以对事件做出响应。

2．在事件中调用宏

宏可以被添加到窗体或报表的各个对象事件中执行。在前面所设计的“开关数据表”宏组中，两个宏“开关数据表．Open”和“开关数据表．Close”就分别附加到了命令按钮“打开”和“关闭”对象的“单击”事件。

文本框、命令按钮等各种控件大致都涉及几十种事件，有些控件是共有的，有些则是某类对象所特有的。窗体的事件则多达 50 余种。对于有数据源的窗体(可打开字段列表为特征)，窗体事件对应于记录，控件事件则对应于字段。如表 8-5 所示为最常用的 10 余种事件的简单说明，详细解释可在窗体设计视图中选中某控件再按 F1 键获得。

表 8-5 常用事件集

对 象 事 件	说 明
控件名．更改	控件数据每一字符的改变
控件名．更新前	控件数据整体将改变，光标将离开原对象
控件名．更新后	控件数据整体改变，光标已离开原对象
控件名．进入	通过键盘或鼠标使控件成为当前对象
控件名．退出	控件不再是当前对象
控件名．单击	按鼠标、放鼠标
控件名．双击	规定时间内的 2 次单击
控件名．按鼠标	单击的前一半
控件名．放鼠标	单击的后一半
窗体名．成为当前	另一记录成为当前记录
窗体名．插入后	新记录产生
窗体名．更新后	修改记录已经存盘
窗体名．打开	窗体打开
窗体名．关闭	窗体关闭

在数据库的应用中，经常在对象的“更新前”事件中加入宏，以检验对象内的信息是否符合数据库的约定。

例 8.5　创建一个“学生基本信息”窗体，并设计窗体“更新前”事件所调用的宏，使其在将窗体内容写入“学生”表时对“姓名”文本框的内容进行判断，如果“姓名”文本框的内容为空，系统将不更新“学生”表，并提示警告信息，同时将光标移回到“姓名”文本框。

操作步骤如下：

1) 创建窗体

利用“窗体向导”创建如图 8-24 所示的“学生基本信息”窗体。

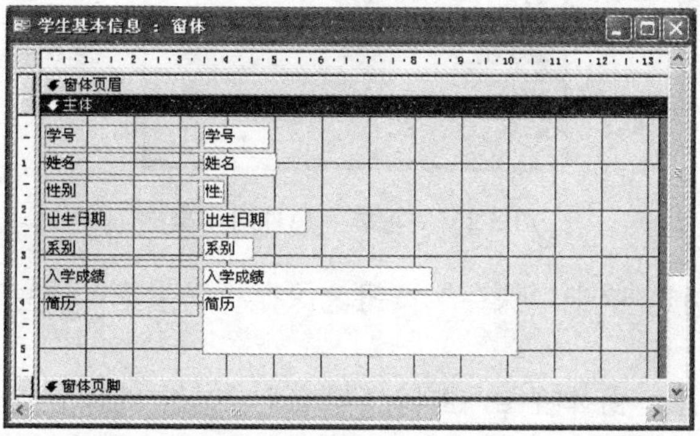

图 8-24　“学生基本信息”窗体的设计视图

2) 建立“姓名检测”宏

在“学生管理”数据库窗口中选中“宏”对象，单击“新建”按钮打开宏设计器，在新建的宏中添加如表 8-6 所示的“姓名检测”宏操作序列。

表 8-6　“姓名检测”宏的操作序列

宏 操 作	参 数 设 置	注 释
MsgBox	消息：姓名不可为空 类型：警告！	若“姓名”文本框为空，显示消息框“姓名不可为空”
CancelEvent	无	取消“更新”事件
GoToControl	控件名称：姓名	将焦点移到“姓名”文本框上

单击工具栏中的“条件”按钮，在宏设计视图中添加条件列。在第一个宏操作的条件列内输入“IsNull ([姓名])”，在后续的两个宏操作的条件列内输入“…”，表示与上面条件相同。单击“保存”按钮，以“姓名检测”为宏名保存宏。如图 8-25 所示为“姓名检测”宏的设计视图。

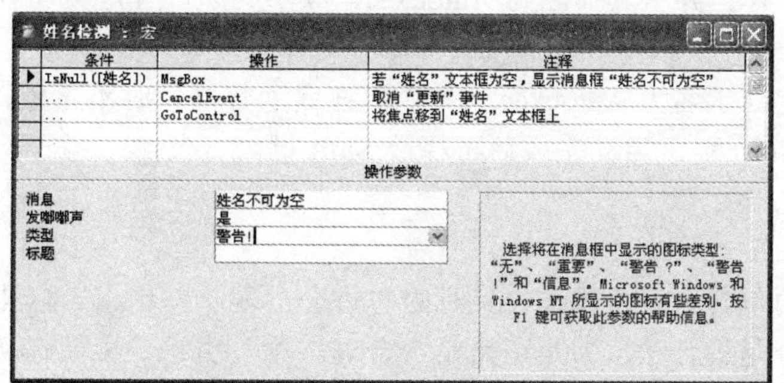

图 8-25　“姓名检测”宏

3) 在窗体的“更新前”事件中应用宏

打开“学生基本信息”窗体设计视图，单击工具栏中的“属性”按钮，出现如图 8-26 所示的“窗体”属性对话框中，设置窗体的“更新前”事件以执行“姓名检测”宏。

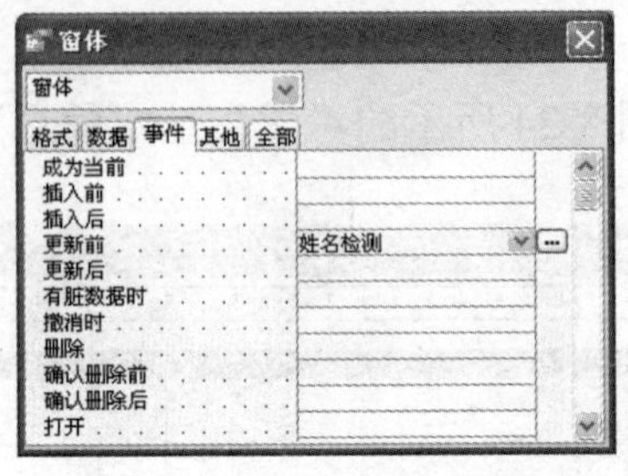

图 8-26 “窗体”属性对话框

关闭窗体属性对话框，单击“保存”按钮，保存“学生基本信息”窗体。

4) 测试宏的运行

打开“学生基本信息”窗体视图，删除“姓名”文本框的内容，单击“下一条”记录导航按钮，系统显示警告消息框，并将光标定位到“姓名”文本框内，如图 8-27 所示为“姓名”为空的警告消息框。

图 8-27 “姓名”为空时警告消息框

3．自动运行宏

Access 数据库被打开时，系统会自动查找数据库内有没有名为 Autoexec 的宏，如果有则自动执行该宏。如果需要在打开数据库时执行某些操作，如打开某窗体、报表等，可以设计一个宏来完成这些操作，并将其命名为 Autoexec，其中的宏操作序列将在打开数据库时自动运行。

如果数据库中建立了名为 Autoexec 的宏，但在启动数据库时不希望执行该宏，可以在数据库被打开时按住 Shift 键，启动完成后再释放 Shift 键。

8.3.2 宏的调试

如果在一个宏内包含了很多操作，执行时也许会出现一些错误。产生错误的原因主要有以下两类：一是指令是否合法，二是逻辑是否合理。第一类错误主要在初学阶段出现，要学会利用系统信息纠正自己的错误理解和不良习惯，快速越过这一阶段；第二类错误较难发现和排除，要对程序做较全面的调试，尽可能把所有运行状态都测试一遍。

前面介绍的各种宏的执行方式都是自动地将宏中所有操作快速执行一遍，这样当运行结果出错时，很难找到出错的位置。为此 Access 提供了在宏的设计视图中单步运行宏的方式。在宏的单步执行过程中，Access 会提示每一步执行的宏名称、条件、操作名以及操作的参数，用户可以方便地跟踪宏的执行过程，观察宏的流程和每一步的操作结果，发现宏中存在的错误。单步执行是调试宏的重要方法。

打开任意一个宏设计视图，单击工具栏中的“单步”按钮，或选择“运行”|“单步”菜单命令，便可进入宏的单步运行模式。在单步运行模式下，以各种方式运行的宏都将单步运行，运行时会打开如图 8-28 所示的“单步执行宏”对话框。

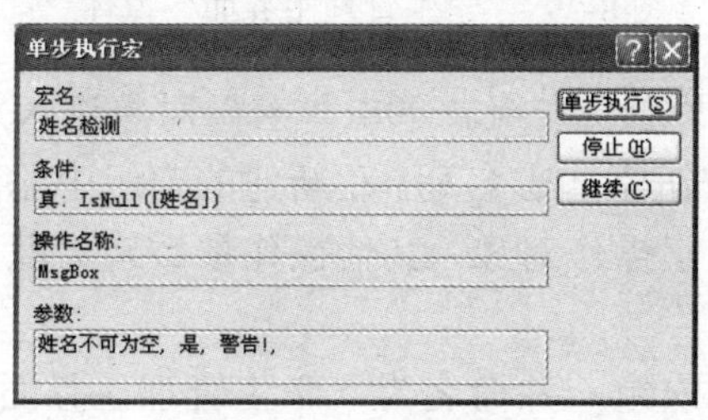

图 8-28　“单步执行宏”对话框

在“单步执行宏”对话框中，可以观察宏的执行过程，并对宏的执行进行干预。若要执行显示在“单步执行宏”对话框中的宏操作，单击“单步执行”按钮，在执行此宏操作时遇到问题时将出现相应的提示信息；若要停止宏的运行并关闭对话框，单击“停止”按钮；若要关闭单步执行模式，并执行宏的未完成部分，单击“继续”按钮。

再次单击“单步”按钮，将关闭单步运行模式。

如果要在宏运行过程中暂停宏的执行，并以单步模式运行宏，在宏运行时按 Ctrl+Break 快捷键即可。

程序调试中也可临时插入 StopAllMacro 中断语句，分段排查问题，确认前面的程序正确时再将该语句后移，直到调试完毕时删除此语句。

8.3.3　创建启动窗体

Access 除了在打开数据库时自动运行宏 Autoexec 以外，还可以设置数据库打开时自动启动的窗体或数据访问页。数据库系统可以通过设置自启动窗体，使数据库启动时自动进入数据库系统的主界面。

例 8.6　建立“学生管理主界面”窗体和相关宏组，并设置启动窗体。

操作步骤如下：

(1) 建立“学生管理主界面”窗体。打开“学生管理”数据库，单击“窗体”对象进入窗体窗口，双击“在设计视图中创建窗体”选项，打开空白的窗体设计视图。参照如图 8-29 所示的样式建立“学生管理主界面”窗体，在窗体内添加若干命令按钮，以打开数据库中不同的数据表、查询、窗体、报表等对象。用户可以自行决定窗体的外观、布局和按钮设计。设计完成后，将窗体保存为“学生管理主界面”。

图 8-29 “学生管理主界面”窗体

(2) 建立“学生管理主界面宏”宏组。单击“宏”对象进入宏窗口，单击“新建”按钮打开宏设计器，单击“宏名”按钮添加宏名列。在新建的宏组中添加如表 **8-7** 所示的宏操作(本例各宏操作的操作参数只指定了操作对象，其他操作参数皆为默认值)。用户可根据数据库的实际情况打开不同的对象。

单击“保存”按钮，保存宏组，并命名为“学生管理主界面宏”。

表 8-7 “学生管理主界面宏”宏组的操作序列

宏 名	宏 操 作	参 数 设 置
打开学生表	OpenTable	表名称：学生
打开成绩表	OpenTable	表名称：成绩
打开教师表	OpenTable	表名称：教师
打开各系学生成绩查询	OpenQuery	查询名称：各系学生成绩查询
打开各课平均成绩查询	OpenQuery	查询名称：各课平均成绩查询
打开学生信息窗体	OpenForm	窗体名称：学生信息窗体
打开学生成绩窗体	OpenForm	窗体名称：学生成绩窗体
打开教师信息窗体	OpenForm	窗体名称：教师信息窗体
打开学生成绩报表	OpenReport	报表名称：学生成绩报表

(3) 设置各按钮的单击事件。打开“学生管理主界面”窗体设计视图，为每一个命令按钮添加单击事件，分别选择“学生管理主界面宏”宏组中的相关宏，完成打开各对象的操作。然后再单击“保存”按钮保存窗体。

(4) 设置“学生管理主界面”为启动窗体。选择“工具”|“启动”菜单命令，打开如图 8-30 所示的“启动”对话框，在“显示窗体/页”下拉列表框内选择“学生管理主界面”窗体。

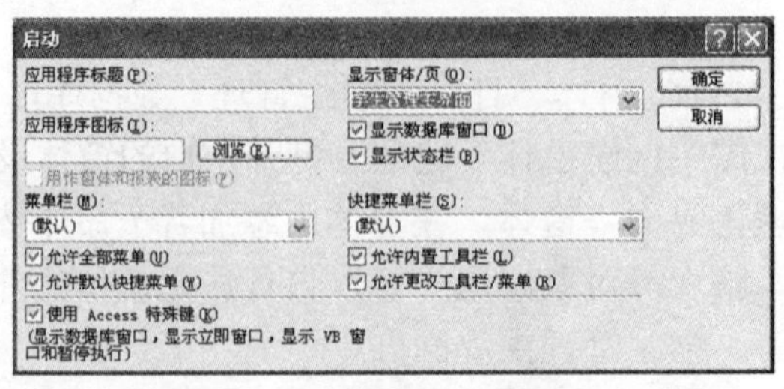

图 8-30 “启动”对话框

单击“确定”按钮保存启动设置。

“学生管理”数据库重新打开时将会自动打开“学生管理主界面”窗体的窗体视图。

8.4 宏的其他操作

本节介绍与宏相关的两个常用操作：将宏转换成模块和设置宏的安全级别。

8.4.1 将宏转换为 VBA 程序代码

宏操作可以完成对数据库常用的操作和管理，而对数据库更为全面细致的操作只能通过 Visual Basic for Application(VBA) 程序代码来实现。Access 提供了将宏操作转换为 VBA 程序代码的工具。

例 8.7 将宏转换为模块。

操作步骤如下：

(1) 打开“学生管理”数据库，单击“宏”对象进入宏窗口，选择要转换为 VBA 程序代码的宏，如“姓名检测”宏。

(2) 选择“工具”|“宏”命令，在级联菜单中选择“将宏转换为 Visual Basic 代码”命令，打开如图 8-31 所示的“转换宏”对话框。

图 8-31 “转换宏”对话框

(3) 单击“转换”按钮，出现如图 8-32 所示的 VBA 环境，并显示由宏“姓名检测”转换而成的程序代码。

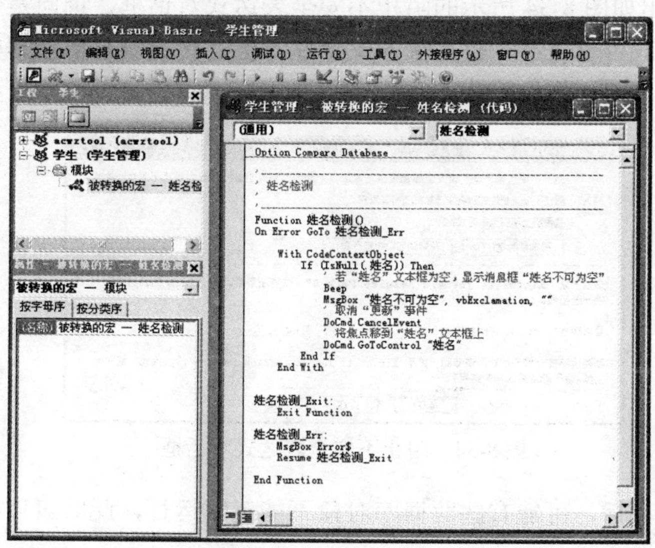

图 8-32 VBA 界面及转换的 VBA 代码

Access 还提供了另一种将宏转换为 VBA 程序代码的方法。选择需要转换为代码的宏，选择“文件”|“另存为”菜单命令，在打开的“另存为”对话框内将“保存类型”更改为“模块”，然后单击“确定”按钮进入“转换宏”对话框，再次单击“确定”按钮，系统即生成与选中的宏相对应的 VBA 程序代码。

8.4.2 更改宏的安全性级别

目前，互联网上流行的病毒很多都是宏病毒，因此在运行宏时需要特别注意。为了安全起见，需要提高宏的安全级别。

操作步骤如下：

(1) 选择“工具”|“宏”菜单命令，在级联菜单中选择“安全性”命令，出现如图 8-33 所示的“安全性”对话框。

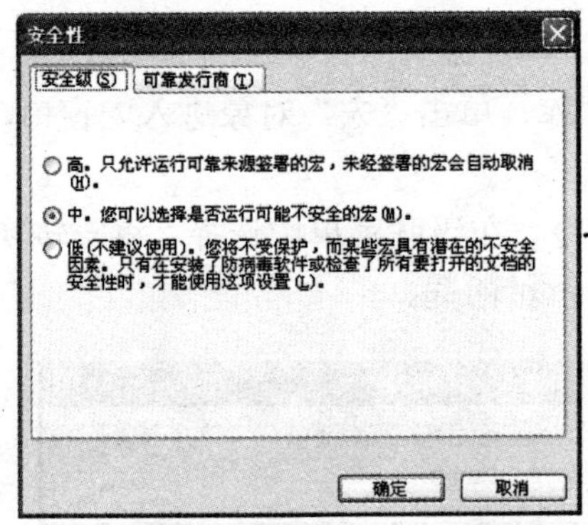

图 8-33 “安全性”对话框

(2) 在“安全性”对话框中提供了高、中、低 3 个级别的安全性设置，默认设置为“中”，如果要获得更高的安全性，可以将安全级别设置为“高”，单击“确定”按钮。

(3) 此时系统弹出如图 8-34 所示的阻止不安全表达式对话框，询问是否阻止不安全表达式，阻止不安全表达式可以进一步提高宏的安全性，但是会影响其他计算机上的所有用户，可根据需要单击“是”或“否”按钮。

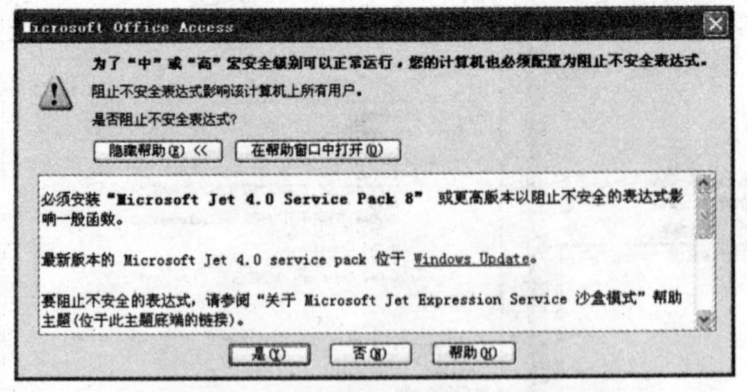

图 8-34 阻止不安全表达式对话框

宏的安全级别提高后，可能有些数据库对象不能正常运行，此时可以尝试适当降低安全性级别。

本 章 小 结

宏是 Access 的一个特殊对象，通过宏可以将表、窗体、报表和数据访问页等对象有机地组合起来。宏是一个或多个操作命令的集合，记录了一些操作过程或模式。当需要一次对多个宏进行操作或管理时，用户可以将这些相关的宏组成一个宏组。宏可以分为事件宏和条件宏两类，事件宏是指由某一个特定事件而触发的宏或宏组；条件宏是指仅当某个特定条件成立时才执行宏中的一个或一系列操作。

宏可以通过宏设计视图创建，宏创建需要通过选择操作、添加注释、设置条件、设定参数及指定宏名等几个步骤。

宏创建后，在运行之前需要对宏进行调试，对于简单的宏可以直接运行。宏的运行有直接运行、通过窗体或报表内的控件事件运行和自动运行 3 种方式。

宏可以转换成模块，在网络上由于宏病毒的影响，可以提高宏的安全级别。

通过学习应该达到下列要求：

(1) 了解宏的概念。

(2) 掌握的创建方法和步骤。

(3) 掌握宏的运行和调试方法。

(4) 了解宏的其他操作。

思考题与习题

一、选择题

1. 宏中的每个操作都有名称，用户______。

   (A) 能够更改操作名　　(B) 不能更改操作名

   (C) 能对有些宏名进行更改　　(D) 能够调用外部命令更改操作名

2. 关于宏叙述错误的是______。

   (A) 宏是 Access 的一个对象

   (B) 宏的主要功能是使操作自动进行

   (C) 使用宏可以完成许多繁杂的人工操作

   (D) 只用熟练掌握各种语法、函数，才能编写出功能强大的宏命令

3. 如何才能产生宏操作______。

   (A) 创建宏　　(B) 编辑宏　　(C) 运行宏　　(D) 创建宏组

4. 用于使计算机发出“嘟嘟”声的宏命令是______。

   (A) Echo　　(B) MsgBox　　(C) Beep　　(D) Restore

5. 用于推出 Access 的宏命令是______。

   (A) Create　　(B) Quit　　(C) Ctrl+All+Del　　(D) Close

6. 用于从其他数据库导入和导出数据的宏命令是______。

   (A) TransferDatabase　　(B) TransferText　　(C) TransferTest　　(D) TransferTxt

7. 宏命令 OpenTable 打开数据表，则可以显示该表的视图是______。

(A) “数据表”视图 (B) “设计”视图 (C) “打印预览”视图 (D) 以上都是

8. 从宏设计窗体中运行宏，应单击工具栏上的______。

(A) Ctrl+空格键 (B) Ctrl+Break 键 (C) Alt+Ctrl 键 (D) Pause 键

9. 在 Access 系统中，宏的调用是按______。

(A) 名称 (B) 标识符 (C) 编码 (D) 关键字

10. 如果不指定对象，Close 将会______。

(A) 关闭正在使用的表 (B) 关闭正在使用的数据库

(C) 关闭当前窗体 (D) 关闭相关的使用对象(窗体、查询、宏)

二、填空题

1. 宏是 Access 的一个对象，其主要功能是______。

2. 在宏中添加了某个操作以后，可以在宏设计窗体的下部设置这个操作的______。

3. 利用______，可以创建一个宏。

4. 在“宏”编辑窗口，打开“操作”栏所对应的______，将列出 Access 中的所有宏命令。

5. 宏是一个或多个______的集合。

6. 有多个操作构成的宏，执行时是按________依次执行。

7. 宏可以打开______、______和______等对象。

8. 如果要建立一个宏，希望执行该宏以后，首先打开一个表，然后打开一个窗体，那么在该宏中应该使用 OpenTable 和________两个操作命令。

9. 打开查询的宏命令是________。

10. 打开报表的宏命令是________。

三、简答题

1. 什么是宏？宏的作用是什么？

2. 简述宏与宏组的关系？

3. 通常触发的事件是什么？

4. 如何使宏与窗体进行组合使用？

5. 如何将宏转换为 VB 代码？

四、操作题

实验　宏的基本操作

1. 实验目的

(1) 掌握宏的创建方法。

(2) 掌握宏的运行与调试方法。

(3) 掌握宏转换为 VBA 程序代码的步骤。

2. 实验环境

Windows 操作系统、Microsoft Office Access 2003。

3. 实验内容

(1) 用宏创建一个菜单程序，菜单格式为图书管理系统的图书类别、图书基本信息、雇员基本信息和图书零售表。

查询	报表	退出
图书类别窗体	图书类别报表	退出系统
图书基本信息窗体	图书基本信息报表	
雇员基本信息窗体	雇员基本信息报表	
图书零售表窗体	图书零售表报表	

(2) 创建一个用于修改“图书基本信息”表的宏组，其中包括两个宏，分别具有下述功能：

① 增加记录。

② 编辑记录。

下表给出各宏的名称和操作。

宏名	宏操作	操作参数
增加记录	OpenTable	表名称：图书基本信息　数据模式：增加
编辑记录	OpenTable	表名称：图书基本信息　数据模式：编辑

第 9 章　模块与 VBA

在 Access 2003 中，借助宏对象可完成一些事件的响应处理，如打开窗口、报表和输出消息等，将宏、窗体和报表结合起来，不用编写程序就可以建立功能完善的数据库管理系统。虽然宏很好用，但其功能是有限的，只能处理一些简单的操作，运行速度较慢，也不能直接运行很多 Windows 的程序，尤其是不能自定义一些函数，当需要对某些数据进行一些特殊的分析时，它就无能为力了。由于这些局限性，所以在给数据库设计一些特殊的功能时，需要用到“模块”对象来实现，而这些“模块”都是由一种称为“VBA”的语言来实现的。使用它编写程序，然后将这些程序编译成拥有特定功能的“模块”，以便在 Access 2003 中调用。

本章主要内容包括模块的概念、VBA 程序设计基础、常用函数、DoCmd 对象及事件的常用操作、VBA 的程序结构、VBA 编程环境、VBA 的数据库编程、VBA 的运行与调试 Access 的数据库管理。

9.1　模块的概念

模块是 Access 中一个重要的数据库对象，模块中可包含一个或多个过程，过程是由一系列 VBA 代码组成的。它包含许多 VBA 语句和方法，以执行特定的操作或计算数值。模块和宏的使用很相似，Access 中的宏也可以保存成为模块，这样运行起来速度会加快。宏的每一个操作在 VBA 中都有相应的等效语句。使用这些语句可以实现所有的单个宏命令。

模块是将 Visual Basic for Application 的声明和过程作为一个单元进行保存的集合。

9.1.1　模块分类

在 Access 中，模块可以分为类模块和标准模块两大类。

1) 类模块

类模块是一种包含对象的模块，当在程序中创建一个新的对象时，窗体和报表模块都属于类模块，而且它们各自与某一个窗体和报表关联。窗体和报表模块通常都含有事件过程，用于响应窗体和报表中的事件，也可以在窗体和报表模块中创建新过程。

2) 标准模块

标准模块中含有常用的子过程和函数过程，以便在数据库的其他模块中进行调用。标准模块中通常包含一些通用过程和常用过程，并不与任何对象有关。

9.1.2　创建模块

1. 模块的组成

过程是模块的组成单元，无论是类模块还是标准模块都由 3 部分组成：声明、事件过程和通用过程部分。

1) 声明部分

用户可以在声明中定义变量、常量、用户自定义类型和外部过程。在模块中声明部分和过程部分是分开的，用户在声明部分中设定的常量和变量都是全局的，声明部分中的内容可以被模块中的所有过程调用。

2) 事件过程部分

事件过程是附加在窗体和控件上的，当发生某个事件的时候，通过执行相应的过程对该事件作出响应。

3) 通用过程部分

有时，多个不同的事件可能使用相同的代码，为此，可以将这段代码独立出来，编写一个过程，这种过程称为通用过程。它独立于事件过程之外，可供其他过程调用。通用过程只有被其他过程调用时才执行。

2．创建模块

在 Access 中，可以创建类模块、标准模块。创建模块的操作步骤如下：

(1) 打开数据库，选择“模块”对象。

(2) 单击工具栏上的“新建”按钮，出现如图 9-1 所示的“Microsoft Visual Basic”窗口。

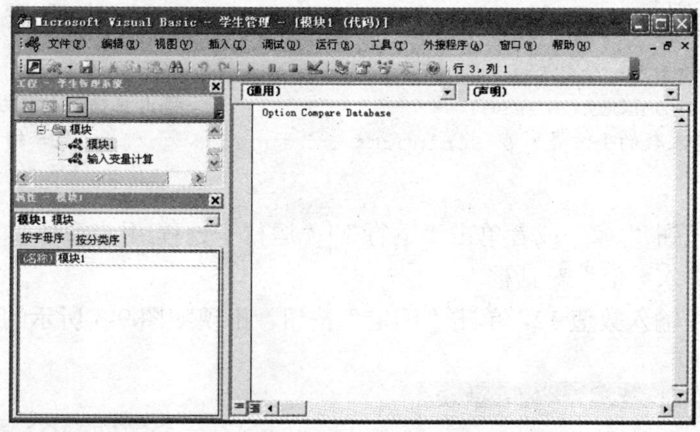

图 9-1　“Microsoft Visual Basic”窗口

(3) 单击“插入”菜单中的“过程”、“模块”、“类模块”和“文件”命令，可添加相应组件的模块。

9.1.3　子过程与函数

1．子过程

子过程又称为 Sub 过程，利用子过程可以执行一系列操作，无返回值。当录制完宏查看代码时，所看到的就是子程序。宏能录制子程序，不能录制函数过程。

定义格式如下：

```
[Private | Public | Friend] [Static]Sub 过程名([参数列表])
[程序代码]
End Sub
```

说明：

(1) 子程序以 Sub 开头，以 End Sub 结束，在 Sub 和 End Sub 之间的代码称为语句块或子过程体，它决定着子过程的功能。

(2) Private 表示只在包含其声明的模块中的其他过程可以访问该子程序。

(3) Public 表示子过程是公有过程，可以在程序的任何地方调用。缺省[Private|Public]时，系统默认为 Public。

(4) Friend 只在类模块中使用，表示该子程序在整个工程中都可见，但对对象实例的控件是不可见的。

(5) Static 表示在调用之间保留子过程的局部变量的值，Static 中的属性对在 Sub 声明的变量不会产生影响，即使过程中也使用了这些变量。

例 9.1 创建一个子过程，在键盘上输入一个数，求该数的平方。

操作步骤如下：

(1) 打开数据库，选择“模块”对象。

(2) 单击工具栏上的“新建”按钮，出现如图 9-1 所示的“Microsoft Visual Basic”窗口。

(3) 在窗口中输入下列代码(//后边的文字是说明部分，不需要输入，只需输入程序代码)。

```
Sub MyMessage()
  Dim Strmsg As String, Strinput As String    //初始化字符串
   Strmsg= "请输入一个数"                       //提示用户输入数
   Strinput=Inputbox(Strmsg)                  //将用户输入的值赋给 Strinput
   Msgbox("输入数的平方是" & Strinput* Strinput & ".") //显示输入内容
End Sub
```

(4) 单击运行按钮“ ▶ ”或者单击“运行”|“运行子过程/用户窗体”命令，出现如图 9-2 所示的“请求输入数值”对话框。

(5) 在对话框中输入数值 12，单击“确定”按钮，出现如图 9-3 所示的子过程运行结果。

图 9-2 “请求输入数值”对话框

图 9-3 子过程运行结果

(6) 单击“保存”按钮或者单击“文件”|“学生管理”命令，出现如图 9-4 所示的“另存为”对话框。

(7) 在“模块名称”文本框中输入“计算数的平方”，然后单击“确定”按钮，保存模块。

图 9-4 “另存为”对话框

子过程的调用是一条独立的语句，有两种调用形式：Call 子过程名[(参数列表)]

或

子过程名[(参数列表)]

在调用时，主程序与被调用过程之间有数据传递关系，即主程序过程的实参传递给被调用过程的形参，完成实参与形参的结合，然后执行被调用过程。

2．函数过程

函数过程通常情况下称为函数，要返回一个数值，这个数值通常是计算的结果或者是测试的结果。

例 9.2　定义一个计算平方的函数，给定一个值，求出这个数的平方。

```
Public Function Count(Number)
     Count=Number*Number
End Function
```

9.1.4　参数传递

过程定义时可以设置一个或者多个参数，所以过程调用时可以向过程传递一个或者多个参数，参数之间用逗号隔开。

1．参数的分类

参数有实际参数和形式参数两类。

形式参数简称形参，是在定义函数名和函数体的时候使用的参数，目的是用来接收调用该函数时传递的参数。在 VB 中，出现在 Sub 过程和 Function 过程的形参表中的变量名、数组名，称为形式参数，过程被调用之前，并未为其分配内存，其作用是说明自变量的类型和形态及在函数过程中的地位。

实际参数简称实参，是在调用时传递该函数的参数。

形参和实参的类型必须要一致，或者要符合隐含转换规则，当形参和实参不是指针类型时，在该函数运行时，形参和实参是不同的变量，它们在内存中位于不同的位置，形参将实参的内容复制一份，在该函数运行结束的时候形参被释放，而实参内容不会改变。

2．参数定义

参数的定义格式为：

[Optional] [ByVal | ByRef] [ParamArray] Varname [( )][As type] [=Defaultvalue]

含义如下：

Varname：形参名称是必须的，命名规则与变量相同。

Type：可选参数，传递给该过程的参数数据类型。

Optional：可选参数，如果使用了 ParamArray，则任何参数都不能使用 Optional。

ByVal：可选参数，该参数按值传递。

ByRef：可选参数，该参数按地址传递。

ParamArray：可选参数，只用于形参的最后一个参数，表明最后一个参数是一个 Variant 元素的 Optional 数组。使用 ParamArray 关键字可以提供任意数目的参数，但 ParamArray 关键字不能与 ByVal、ByRef 或 Optional 一起使用。

Defaultvalue：可选参数，可以是任何形式的常数或常数表达式，只对 Optional 参数合法。

如果类型为 Object，则显示的缺省值只能是 Nothing。

3．参数传递方式

当含有形式参数的过程被调用时，主调过程中必须提供相应的实际参数，通过实参向形参传递数据。

在过程定义时，如果形参使用 ByVal 说明为传值，则过程调用只是相应位置实参的值单向传递给形参处理，被调用过程内部对形参的任何操作引起的形参值变化均不会反馈、影响实参的值。在这个过程中，数据的传递具有单向性，称为“传值调用”的“单向”作用形式。

如果形参使用 ByRef 说明为传地址，则过程调用是将相应位置实参的地址传递给形参处理，被调用过程内部对形参的任何操作引起的形参值变化会反向影响实参的值。在这个过程中，数据的传递具有双向性，称为“传值调用”的“双向”作用形式。

由于实参可以是常量、变量或表达式，而常量与表达式在传递时，形参即使是地址说明，实际传递的也是常量或表达式的值，在这种情况下，过程参数“传址调用”的双向作用形式就不起作用。但实参是变量，形参是传址说明时，可以将实参的地址传递给形参，这时，过程参数“传址调用”的双向作用形式就会产生影响。

9.1.5 宏转换为模块

在 Access 中，可以将创建的宏转换为等价的 VBA 事件过程或模块的形式。根据要转换宏的类型不同，转换的操作有两种情况。一是转换窗体或报表中的宏，另一种是转换不属于任何窗体或报表的全局宏。

1．转换窗体或报表中的宏

转换窗体或报表中的宏，操作步骤如下：

(1) 在“窗体设计视图”中打开窗体。

(2) 单击“工具”|“宏”命令，在级联菜单中选“将窗体的宏转换为 Visual Basic 代码”命令，出现如图 9-5 所示的“转换窗体宏”对话框。

(3) 单击“转换”按钮，出现如图 9-6 所示的“转换完毕”对话框。

图 9-5 “转换窗体宏”对话框

图 9-6 “转换完毕”对话框

(4) 单击“确定”，完成转换。

2．转换全局宏

图 9-7 “另存为”对话框

转换全局宏，操作步骤如下：

(1) 在数据库中选择“宏”对象，选中要转换的宏。

(2) 单击“文件”|“另存为”命令，出现如图 9-7 所示的“另存为”对话框。

(3) 在对话框的“保存类型”中选择“模块”。

(4) 单击“确定”按钮，出现如图 9-5 所示的“转换窗体宏”对话框。

(5) 单击“转换”按钮，出现如图 9-6 所示的“转换完毕”对话框，单击“确定”，完成转换。

9.2　VBA 程序设计基础

VBA 是 Microsoft Office 系列软件的内置语言，与 Visual Basic 具有相同的语言功能。在进行 VBA 程序设计之前，首先应该掌握程序设计的基础知识，掌握 VBA 中使用的数据类型、VBA 中的变量、常量和数组、VBA 中常用的运算符及运算符运算的优先顺序和函数的知识。

9.2.1　程序设计概述

程序设计是一组用来定义计算机程序的语法规则，它是一种被标准化的交流技巧，用来向计算机发出指令。

1．程序设计的步骤

程序设计就是根据给定的问题编写程序通过计算机运行程序以解决实际问题，如图 9-8 所示为程序设计的一般步骤。

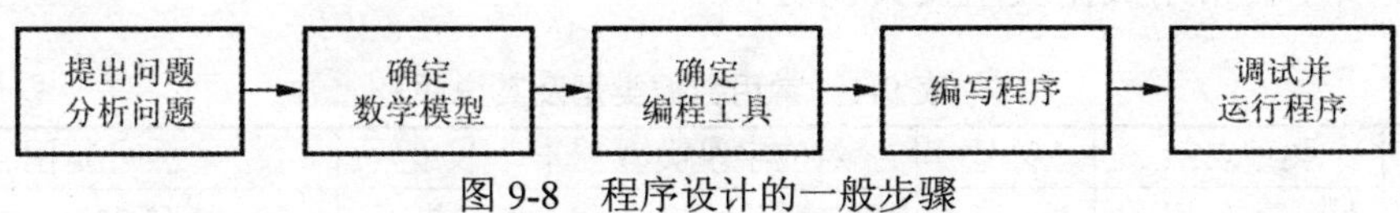

图 9-8　程序设计的一般步骤

提出问题、分析问题是程序设计的第一步，根据提出的问题，首先要分析原始信息，如何对信息加工、处理，进而建立解决问题的数学模型，用数据流程图或 NñS 图来描述问题。选择编程语言也是比较关键的，选择合适的编程语言、设计合适的算法，会减少程序设计的工作量，提高程序执行的效率。编写源代码是用具体的程序设计语言实现问题的过程。程序设计结束要对程序进行调试与运行，程序调试有一定的技巧，有一定的规律，程序调试结束要进行正常运行，最终解决问题。

2、面向对象的程序设计

所谓面向对象的程序设计，就是把面向对象的思想应用到软件工程中，并指导开发维护软件。面向对象，就是基于对象的概念，以对象为中心，类和继承为构造机制，认识了解描述客观世界以及开发出相应的软件系统。对象是由数据和容许的操作组成的封装体。

Access 内嵌的 VBA 是面向对象的编程机制和可视化的编程环境，同时也提供了访问数据库和操作表中数据的基本方法。

1) 对象和类

在 Access 中，表、查询、窗体、报表、页、宏和模块都是数据库的对象，控件是窗体或报表的对象。不同的对象通过不同的属性相互区别。

类是具有相同属性和方法的集合。在窗体或报表设计视图窗口中，工具箱中的每一个控制就是一个类，而窗体或报表中创建的具体控件则是类的对象。属于同一个类的两个对象是通过属性值来区分的。对象是通过属性、方法和事件进行描述的，对象的执行行为称为方法，事件是可以被对象识别的动作。

2) 属性、方法和事件

属性、方法和事件是构成对象的三要素。

属性描述了对象的性质，如命令按钮控件的标题、名称、图片等属性。对象属性的引用方式为：对象名. 属性。

方法描述了对象的行为，即在某个对象上执行的一个过程，如打开或关闭窗体等。对象方法的引用方式为：对象名. 方法。

事件是由 Access 定义好的，可以被窗体、报表以及窗体或报表上的控件等对象所识别的动作，如对象的单击、双击等操作。可以利用宏对象或者编写代码过程(称为事件过程或事件响应)来处理窗体、报表或控件的事件。

9.2.2 数据类型

在环境下进行计算时，常常需要临时存储数据。和其他高级语言语言类似，Visual Basic 使用变量来存储值。变量有名字和数据类型，变量的数据类型决定了如何将这些值存储到计算机的内存中。

在数据库中定义的字段类型，在 VBA 编程中，除了 OLE 对象和备注型之外，均对应存在。如表 9-1 所示为常用数据类型及其说明。

表 9-1 常用数据类型及其说明

数据类型	类型表示	符号	对应字段类型	长度	范围
整数	Integer	%	数字	2 字节	–32768 到 32767
长整数	long	&	长整数/自动编号	4 字节	–2147483648 到 2147483647
单精度数	Single	!	单精度数	4 字节	–3.402823E38 到 3.402823E38
双精度数	Double	#	双精度数	8 字节	–1.79769313486232E308 到
字符串	String	$	文本型		0 到 65500 字符
日期型	Date		日期/时间型	8 字节	0100–1–1 到 9999–12–31
货币型	Currency		货币型	8 字节	–9223372036854777.5808 到
布尔型	Boolean		是/否	2 字节	True 为 1，false 为 0
实体型	Variant		任意		数字与单精度同

9.2.3 VBA 中的变量

变量是一个存储位置，用来存放程序运行期间可修改的数据。

1. 变量声明

变量在使用时，必须先声明才能使用。变量使用时都有一个唯一的标识符。变量的数据类型可以指定。变量在用户使用期间，Visual Basic 就会在内存中建立一个区域，以便保存相应的信息。

变量声明用 Dim 语句，基本格式如下：

Dim 变量名 As 数据类型

变量名代表将要创建的变量名。在 Dim 语句中不必提供数据类型，如果没有数据类型，变量将被定义为 Variant 类型，因为 VBA 中默认的数据类型是 Variant。

如例 9.1 中的子过程

```
Sub MyMessage()                          //这是一个名为 MyMessage()的过程
  Dim Strmsg As String, Strinput As String
                 //在过程中，声明了 Strmsg Strinput 为字体串
   Strmsg= "请输入一个数"                        //提示用户输入数
   Strinput=Inputbox(Strmsg)               //将用户输入的值赋给 Strinput
   Msgbox("输入数的平方是" & Strinput* Strinput & ".") //显示输入内容
End Sub
```

2．变量的命名原则

在 VBA 的代码中，变量的命名规则和对过程的命名规则相同，规定如下：

(1) 变量名必须以字母开始，并且只能包含字母数字和特定的特殊字符，不能包含空格、句号、惊叹号，也不能包含字符“@”、“&”、“$”、“#”。

(2) 最大长度不超过 255 个字符。

(3) 不能是 Visual Basic 的关键字。关键字是在程序中具有语法作用的一部分词，包括预定义的语句、函数和运算符。

3．变量的作用范围

变量的作用范围决定了能够使用该变量的那部分代码。一旦超出了作用范围，就不能引用它的内容。变量的作用范围要在模块中声明，变量有 Public、Private、Static 和 Dim 4 种作用范围。

1) 全局变量

全局变量也称公共变量，是在所有模块中都通用的变量，用 Public 声明。全局变量中的值用于应用程序的所有过程，与所有模块变量一样，要在程序的顶部声明段来声明全局变量。例如：

```
Public abc As Integer
```

2) 模块变量

模块变量适用模块内部，对模块的所有过程都可用，但对其他模块的代码不可用。在模块的顶部声明段用 Private 关键字声明变量。例如：

```
Private abc As Integer
```

3) 过程变量

过程变量适用于过程内部，只在声明它的过程中才能被识别、使用，也称为局部变量。过程变量用 Static 或 Dim 声明。例如：

```
Dim abc As Integer
```

或

```
Static abc As Integer
```

在程序运行期间，用 Static 声明的局部变量中的值一直存在，而用 Dim 声明的变量只在过程执行期间才存在。

9.2.4 VBA 中的常量和数组

1. 常量

常量是在程序运行时其值不变的量。常量使用时要声明常量的值，需要使用 const 语句。例如：

```
Const P1=3.1416
```

声明 p1 的值为 3.1416，常量一旦声明不能再进行赋值。常量具有文字常量、数字常量、符号常量、系统常量和内部常量。如表 9-2 所示为常量分类及描述。

表 9-2 常量分类及描述

常 量 类 型	描 述
文字常量	字符串常量，如：X1、上海
数字常量	数值常量，其中包括：整型数、长整型数、货币整数
符号常量	通过 const 定义的常量，如：P1=3.1416
系统常量	如 true、false、yes、no、on、off、null
内部常量	AC 开头的作为 Docmd 语句中的参数

2. 数组

数组是一组具有相同类型变量的有序集合，实际上数组变量是一组顺序排列的同名变量。如 X(1 To 10)，表示一个包含 10 个数组元素的名为 X 的数组。

数组有一维数组和二维数组，数组使用之前要先定义。数组定义格式如下：

一维数组的定义：

Dim 数组名([下标初值 To]下标终值) [As 数据类型]

二维数组的定义：

Dim 数组名([下标初值 To]下标终值，[下标初值 To]下标终值) [As 数据类型]

默认情况下，下标初值为 0，数组元素从“数组名(0) ”到“数组名(下标终值) ”，如果使用 To 选项，则可以使用非 0 初值。如果数组元素变量的值个数不固定，可以使用动态数组，动态数组声明时，在括号中不写变量的范围。

例 9.3 定义一个变量名为 ARR，包含 10 个元素的整型一维数组。

```
Dim ARR(9) As Integer
```

或

```
Dim ARR(1 To 10) As Integer
```

例 9.4 定义一个变量名为 ARR，包含 4 行 5 列共 20 个元素的整型二维数组。

```
Dim ARR(3, 4) As Integer
```

或

```
Dim ARR(1 To 4, 1 To 5) As Integer
```

例 9.5 定义一个变量名为 ARR 的整型一维数组，数组元素的个数不固定。

```
Dim ARR() As Integer
```

9.2.5　VBA 中的运算符

在 VBA 中要进行运算，除了有数据外，还应该有运算符。常用的运算符有算术运算符、逻辑运算符、关系运算符。

1．算术运算符

算术运算符用于数值的算术运算，如表 9-3 所示为常用的算术运算符。

表 9-3　常用的算术运算符

运 算 符	含 义	示 例
∧	乘方	3∧4=81
+	加	3+5=8
–	减	3–5=–2
*	乘	3*5=15
/	除	5/2=2.5
\	整除	5\2=2
Mod	取模(余)	5Mod2=1

算术运算符两边的操作数都是数值型，若是数字字符或逻辑型，则自动转换为数值类型后再运算。

2．逻辑运算符

逻辑运算符连接逻辑运算式，逻辑运算值有两个，True(真)和 False(假)，逻辑运算符的运算结果是逻辑值。在 VBA 中，用–1 代表 True，用 0 代表 False。常用的逻辑运算符有逻辑与(AND)、逻辑或(OR) 和逻辑非(NOT)。若有多个条件时，AND 必须全部条件为真时才为真，OR 只要有一个条件为真时就为真，NOT 使条件取反值。如表 9-4 所示为逻辑运算的真值表。

表 9-4　逻辑运算的真值表

A	B	A and B	A or B	Not A
True	True	True	True	False
True	False	False	True	False
False	True	False	True	True
False	False	False	False	True

3．关系运算符

关系运算符是将两个操作数进行比较，若关系成立，则返回 True(真值)，否则返回 False(假值)。如表 9-5 所示为关系运算符及示例描述。

几点说明：

(1) 如果两个操作数都是字符串，则按字符的 ASCII 码的值从左到右依次比较。

(2) 如果两个操作数都是数值，则按值的大小进行比较。

(3) 比较运算符的优先级相同。

(4) 所有的汉字字符大于西方字符。

(5) Like 运算符是匹配运算符，用于字符串匹配，可用通匹符“？”、“*”、“#”和[范围] [! 范围]结合使用。

其中：“？”代表任何单一字符；“*”代表任意个字符(0 个或者多个)；“#”代表任何一个数字(0 到 9)。[范围]表示字符列表中的任何一个单一字符；[! 范围]表示不在字符列表中的任何一个单一字符。

表 9-5　关系运算符及示例描述

运 算 符	含　义	示　例	结　果
=	等于	"ABCDE"="ABCD"	False
>	大于	"ABCDE">"ABCD"	True
<	小于	"CD"<"F"	True
>=	大于等于	"CD">="中国"	False
<=	小于等于	34<=21	False
<>	不等于	"abc"<>"ABC"	True
Like	字条串匹配	"ABCDE" Like "*BC"	True
Is	对象引用比较	TellMe Is TellME	True

9.2.6　运算符的优先级

在运算时通常是用表达式描述，表达式是将运算对象(常量、变量、函数) 用运算符和括号连接起来有意义的式子。通过表达式运算后，有一个结果，结果的类型由数据和运算符共同决定。

在表达式进行运算时，可能会出现多个运算符，运算符不同运算的优先顺序也不同，运算符的运算先后顺序称为运算符的优先级。利用括号可以改变运算符的优先级。

在 VBA 中，运算符的优先顺序按下列顺序排列：

(1) 负号优先。

(2) 算术运算符，幂运算最优先，先乘除后加减，乘除、加减按从左到右的先后顺序。

(3) 关系运算符，所有的关系运算符优先级相同。

(4) 逻辑运算符。

(5) 括号最优先，有括号时，总是先运算括号内的运算，再运算括号外的运算，括号中仍然按先乘除后加减。

例 9.6　已知 X=2，Y=3，计算 X+X^Y-X*Y/Y+x\Y-X Mod Y

根据运算的优先级别，执行过程如下：

(1) 先进行幂运算 X^Y，结果是 8。

(2) 再运算 X*Y/Y，结果是 2。

(3) 再运算 X\Y，结果是 2。

(4) 再进行 X Mod Y，结果是 2。

(5) 得到式子 2+8-2+2-2，得到结果 8。

9.3　常用函数

在 Visual Basic 中，有很多函数用来完成数值和字符串运算。常用的有数学函数、字符串函数、日期和时间函数、格式输出函数和类型转换函数。

9.3.1　数学函数

在 Visual Basic 程序中，数学函数较多，如表 9-6 所示为常用的数学函数。

表 9-6　常用的数学函数

函 数 名	功　能
Sin(Num)	正弦函数，Num 是弧度
Cos(Num)	余弦函数，Num 是弧度
Tan(Num)	正切函数，Num 是弧度
Atn(Num)	反正切函数，Num 是弧度，返回结果是弧度值
Sqrt(Num)	平方根函数
Log(Num)	对数函数
Exp(Num)	指数函数
Sgn(Num)	符号函数，Num>0 返回 1，Num <0，返回□1，Num=0，返回 0
Abs(Num)	绝对值函数
Rnd(Num)	随机函数，产生一个在(0，1)之间的随机数，每次的值都不同，若 Num=0，则给出的是上一次本函数的随机数

9.3.2　字符串函数

字符串函数是完成字符串的处理，如表 9-7 所示为常用的字符串函数。

表 9-7　常用的字符串函数

函 数 名	功　能	示　例	结　果
Len (string)	求 String 的长度	Len ("shangqiu 您好")	12
Left (string, N)	从 string 左侧取 N 个字符	Left ("shangqiu 您好", 8)	shangqiu
Right (string, N)	从 string 右侧取 N 个字符	Right ("shangqiu 您好", 8)	您好
Mid (string, N, M)	从 string 第 N 个字符开始，连续取 M 个字符	Mid ("shangqiu 您好", 9, 2)	您
Ucase (string)	将 string 中所有的小写字符改为大写字符	Ucase ("ShangQiu")	SHANGQIU
Lcase (string)	将 string 中所有的大写字符改为小写字符	Lcase ("ShangQiu")	shangqiu
Space (n)	产生连续 N 个空格	Space (3)	" "
String (N, string)	产生 N 个 string 首字符	String (3,"Hello")	HHH
Instr (string,字符，M)	查找“字符”在 string 中的首位置，M=1 不区分大小写；否则区分大小写	Instr ("ABC", "AB")	1

9.3.3 日期和时间函数

日期时间函数用来处理系统的日期和时间，如表 9-8 所示为常用的日期和时间函数。

表 9-8 常用的日期和时间函数

函 数 名	功 能	示 例	结 果
Date ( )	返回系统日期	Date ( )	2009-5-14
Time ( )	返回系统时间	Time ( )	16: 15: 39
Now ( )	返回当前时间和日期	Now ( )	2009-5-14 16:15:39
Month (日期表达式)	返回系统月份	Month ("2009-5-14")	5
Day (日期表达式)	返回系统日期	Day ("2009-5-14")	14
Year (日期表达式)	返回系统年份	Year ("2009-5-14")	2009
Weekday (字符表达式)	显示星期几(1-7)	Weekday (date( ))	4
Hour (时间表达式)	显示小时数	Hour (Time( ))	16
Minute (时间表达式)	显示分钟	Minute (Time( ))	35
Second (时间表达式)	显示秒	Second (Time( ))	18

9.3.4 格式输出函数

格式输出函数 Format 用来指定数值型、日期或时间型和字符串表达式的输出格式。它的语法为：

Format(表达式，fmt)

表达式是所输出的内容，fmt 是所输出的格式。如表 9-9 所示为 fmt 字符的含义。

表 9-9 fmt 字符的含义

字符	含义
0	显示一数字，若此位置没有数字则补 0
#	显示一数字，若此位置没有数字则不显示
%	数字乘以 100 并在右边加上“%”
.	小数点
,	千分的分隔符
ﬁ+$()	这些符号出现将原样打印

例 9.7 给出下列输出格式：

(1) Format (5, "0.000") 结果 5.000

(2) Format (3521, "$#,##0") 结果 $3,521

9.3.5 类型转换函数

类型转换函数是将参数中的表达式转换并返回指定的数据类型。如表 9-10 所示为常用的类型转换函数。

表 9-10　常用的类型转换函数

函数名	功能	示例	结果
Str (数字表达式)	将数值转换为字符	Str ("35.1")	"35.1"
ASC (字符表达式)	给出字符串第一个字符的十进制ASC码值	ASC ("ABC")	65
Chr (0~128)	返回ASCII码的字符	Chr (97)	a
Val (字符表达式)	将字符表达式中的数字转换成字符	Val ("45km")	45
Round (X, N)	对X保留N位小数后，四舍五入	Round (38.56, 1)	38.6

9.4　DoCmd对象及事件的常用操作

9.4.1　DoCmd对象及常用操作

在VBA中，Access是通过DoCmd对象调用系统内部的方法实现对数据库的操作，如打开窗体、打开报表、打开查询和关闭对象等操作。

1. DoCmd对象

DoCmd对象的调用方法如下：

DoCmd.方法名　参数名

方法名多数是宏操作名，参数中列出了当前操作的各个参数，并且这些参数与其在宏设计窗口中的顺序保持一致。

例9.8　用DoCmd对象打开“学生”表语句中的参数与图9-9中宏设计窗口中的参数对应关系。

DoCmd.OpenTable"学生", acViewNormal, acEdit

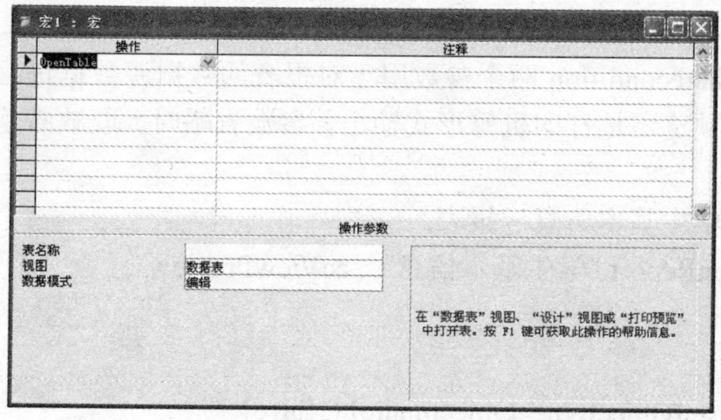

图9-9　用DoCmd对象与宏设计窗口参数对应关系

2. DoCmd对象常用的操作方法

DoCmd对象常用的操作包括打开窗体、打开报表和关闭对象等操作。

1) 打开窗体

命令格式如下：

DoCmd.OpenForm Formname [, View] [, Filtername] [, Wherecondition]

[, Datamode] [, Windowsmode] [, Openarge]

命令中参数的含义如下：

Formname：当前数据库中窗体的名字。

View：使用 acViewDesign、acViewFormDS、acViewNormal 和 acViewPreview 4 个固有常量之一，默认值为 acViewNormal。

Filtername：当前数据库中查询的名称。

Wherecondition：字符串表达式，不包含 Where 关键字的 Sql where 子句。

Datamode：使用 acFormAdd、acFormEdit、acFormPropertySettings、acFormReadOnly 4 个固有常量之一，默认值为 acFormPropertySettings。

Windowsmode：使用 acDialog、acHidden、acIcon 和 acWindowsNormal 4 个固有常量之一，默认值为 acWindowsNormal。

Openarge：用于设置窗体中的 Openarge 属性，该参数只在 Visual Basic 中使用。

Filtername 和 Wherecondition 两个参数用于对窗体的数据源数据进行过滤和筛选，Windowsmode 参数用于指定窗体的打开形式。参数省略时，取缺省值，但分隔符“，”不能省略。

例 9.9 打开“学生基本信息”窗体。

```
DoCmd. OpenForm "学生基本信息", acWindowsNormal
```

2) 打开报表

命令格式如下：

```
DoCmd. OpenReport Reportname [, View] [, Filtername] [, Wherecondition]
```

命令中参数的含义如下：

Reportname：当前数据库中报表的名字。

View：使用 acViewDesign、acViewNormal 和 acViewPreview 3 个固有常量之一，默认值为 acViewNormal。

Filtername 和 Wherecondition 两个参数用于对报表的数据源数据进行过滤和筛选，View 参数用于指定报表以预览还是打印机等形式输出。参数省略时，取缺省值，但分隔符“，”不能省略。

例 9.10 预览“学生基本信息”报表。

```
DoCmd. OpenReport "学生基本信息", , acViewPreview, ,
```

3) 关闭对象

命令格式如下：

```
DoCmd. Close [Objecttype, Objectname] [, Save]
```

命令中参数的含义如下：

Objecttype：使用 acDataAccessPage、acDefault、acDiagram、acForm、acMacro、acModule、acQuery、acReport、acServerView、acStoredProcedure 和 acTable 11 个固有常量之一，默认值为 acDefault。

Objectname：对象名。

Save：使用 acSaveNo、acSavePrompt 和 acSaveYes 3 个固有常量之一，acSavePrompt 为默认值。

省略所有参数命令 DoCmd.Close 可以关闭当前活动窗体。

例 9.11　关闭“学生基本信息”窗体。

DoCmd. Close acForm"学生基本信息"

9.4.2　事件及常用操作

事件是对象可以辨认的动作，是一种特定的操作。用户做动作或程序代码的结果可能导致事件的发生，或是由系统引发。

Access 可以响应鼠标单击、数据更新、窗体打开或关闭及许多其他类型的事件，事件发生通常是用户操作的结果。用户可以使用代码激活某个事件或某个对象，如表 9-11 所示为常用的事件操作命令。

表 9-11 常用的事件操作命令

事　件	说　明
Click	当用户在一个对象上按下然后释放鼠标按钮时发生的事件
Open	在窗体打开，但第一条记录尚未显示时，发生的事件 对于报表，事件发生在报表被预览或被打印之前
Enter	在某一控件接受到同一窗体上另一控件的焦点之前发生的事件
Close	当窗体或报表被关闭并从屏幕删除时，发生的事件

9.5　VBA 的程序结构

Access 支持结构化程序设计中的顺序结构、条件结构和循环结构。在面向对象的程序设计中，增加了事件的驱动机制，由用户触发某事件的处理过程，但对于具体事件的处理过程而言，又包含这 3 种基本结构。

9.5.1　算法描述

在用计算机解决问题时，必须先编写程序，而编写程序的依据是算法。算法是可以描述的，描述算法的目的是使其他人能够利用算法解决问题。算法描述没有统一的规定，但通常是用流程图和 NñS 图描述。

1. 流程图

流程图是用一些框图表示各种类型的操作，用线表示操作的执行顺序。如图 9-10 所示为流程图常用的图形符号。

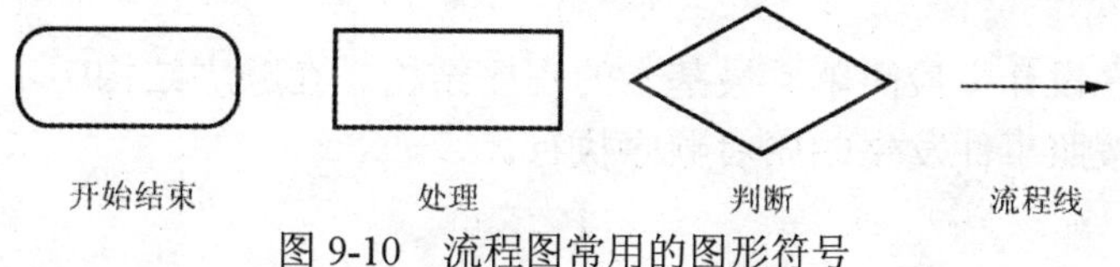

图 9-10　流程图常用的图形符号

图中符号的含义如下：

(1) 开始结束：表示算法由此开始或者结束。

(2) 处理：表示操作的过程。

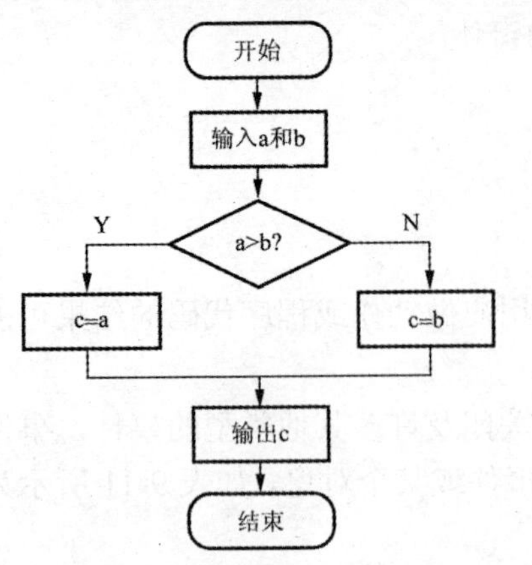

图 9-11 用流程图描述比较两个数大小的算法

(3) 判断：根据条件判断操作。

(4) 流程线：表示程序的执行流向。

例 9.12 从键盘上输入两个数，输出其中较大的数，用流程图描述算法。

如图 9-11 所示为用流程图描述比较两个数大小的算法。

2. N–S 图

NñS 图去掉了带箭头的流程线，全部算法放在矩形框内，矩形框内包含了各种操作。如图 9-12 所示为 NñS 图所用的图形符号。

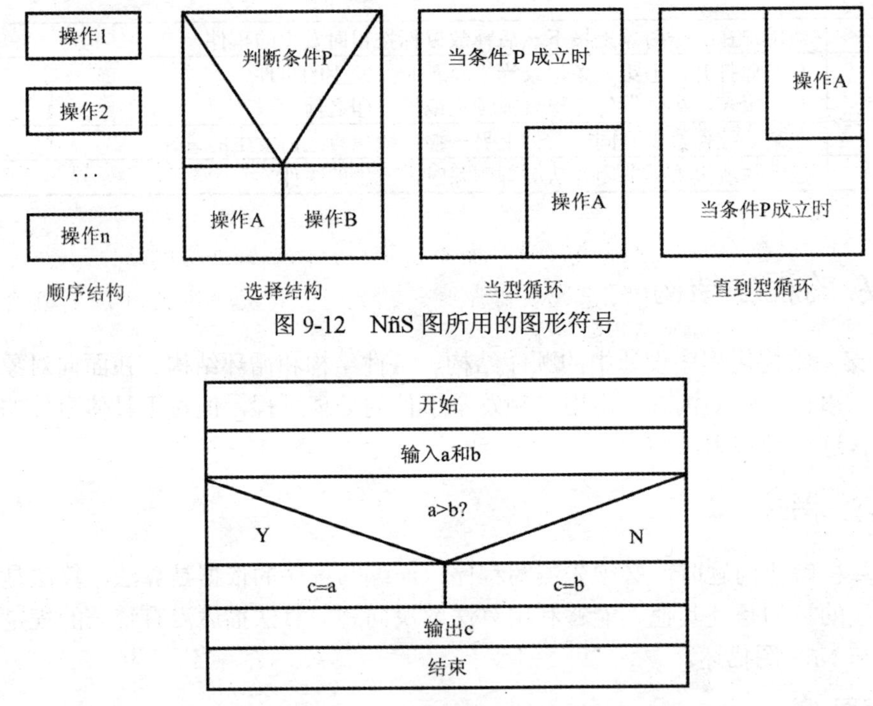

图 9-12 NñS 图所用的图形符号

图 9-13 例 9.12 的 NñS 图描述

9.5.2 顺序结构语句

顺序结构是程序设计中最简单、最基本的程序结构。在顺序结构中，程序只有一个入中和一个出口，程序按照事件发生的先后顺序执行。

1. 注释语句

为了提高程序的可读性，通常在程序的适当位置加上注释。用 Rem 或者前缀是一个撇号。注释语句的格式如下：

Rem 注释内容

或

'注释内容

例 9.13　定义长方形的两条边长 A 和 B。

Rem 定义长方形的两条边

Dim A，B

'A 是长方形的长、B 是长方形的宽——注释不执行

A＝3

B＝4

注释语句是非执行语句，注释语句与注释内容之间至少有一个空格。

2．赋值语句

赋值语句是最常用的语句，其作用是将表达式的值赋给一个变量或控件的一个属性。基本格式如下：

[Let] <变量名> = <表达式>

或

<对象名>.<属性名> = <表达式>

其中，变量名为用户定义的标识符，向对象的属性赋值时，应指明对象名和属性名，缺省对象名时，表示当前窗体。

特别需要强调的是："="是赋值符号，而不是等号，两者有严格的区别，如 A=A+1 在数学上是不成立的，在计算机中经常出现类似问题的式子，含义是将 A+1 的值赋给变量 A。

例 9.14　给变量 A 赋初值 3，给 B 赋值 5。

赋值语句如下：

```
A=3
Let B = 5
```

3．输出语句

输出语句是输出数据、文本的一种方法，可以将数据输出到窗体、窗口、图片框和打印机上。

输出语句的基本格式如下：

<对象名] Print [<表达式> [,|; [<表达式>]…]

对象名可以是窗体、窗口、图片框和打印机，如果省略对象名，则在当前窗体上输出。

例 9.15　写出下列程序段的运行结果。

```
m=2:n=3
Print "计算两个数的和"
Debug.Print "M=",m, "N=",n
Debug.Print "M+N=",m+n
```

程序的运行结果如图 9-14 所示。

例 9.16　写出下列程序段的运行结果。

```
Rem 定义长方形的两条边
Dim A, B
'A是长方形的长、B是长方形的宽－注释不执行
A=3
B=4
Debug.Print A,B  '输出两条边长
Debug.Print A*B  '输出长方形面积
```

程序的运行结果如图 9-15 所示。

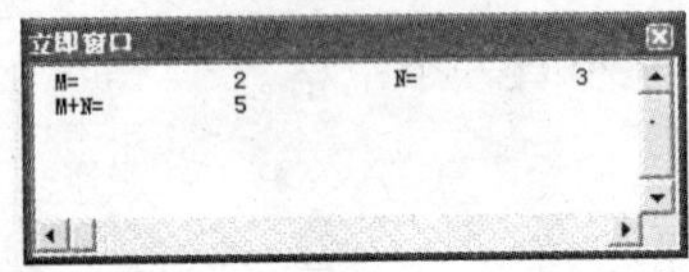

图 9-14 例 9.15 运行结果

图 9-15 例 9.16 运行结果

4. 人机对话语句

人机对话语句是以函数形式在程序运行时，显示提示信息。

1) MsgBox ( )

语法格式如下：

MsgBox ("提示信息")

程序运行时，显示“提示信息”内容，实现人机会话。

例如，MsgBox("程序开始运行")，当程序执行到该语句时，系统显示：程序开始运行。

2) InputBox ( )

语法格式如下：

InputBox ("提示信息")

程序运行时，显示“提示信息”内容，等待用户从键盘输入信息，按回车键激活，实现人机会话。

例如，在程序中执行到 M＝Val (InputBox ("请输入一个变量值"))时，系统出现提示：请输入一个变量值，当输入 3，按回车键后，系统将 3 转换为数值赋给变量 M。

9.5.3 选择结构语句

顺序结构只能处理简单的问题，在现实中经常需要根据给定的条件进行分析、判断，并根据不同的方式采取不同的操作。如图 9-16 所示为两种典型选择结构的 N-S 图。

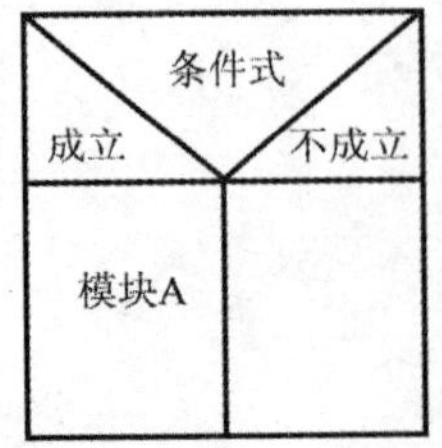

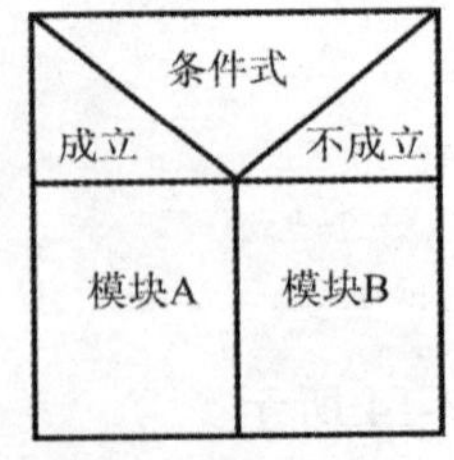

图 9-16 两种典型选择结构的 N-S 图

选择结构根据给定的条件判断语句的执行顺序，可以改变程序的执行方向。

1．单条件选择结构

语法格式如下：

If　<条件表达式> Then
　　语句块
End If

在程序执行时，先判断条件表达式的值是否为成立，若成立，执行语句块，然后执行结束语句 END IF，否则直接执行结束语句 END IF。

例 9.17　从键盘上输入一个数值，如果大于 0，则输出正数。

程序如下：

```
Sub Number()
  Dim Num As Integer
  Num = Val(InputBox("请输入一个整数"))
  IF  Num>=0 Then
   MsgBox("正数")
  End If
End Sub
```

2．选择分支语句

选择分支语句的语法格式如下：

If <条件表达式> Then
　　语句块 1
Else
　　语句块 2
End If

在程序执行时，先判断条件表达式的值是否为成立，若成立，执行语句块 1，然后执行结束语句 END IF，否则执行语句块 2 再执行结束语句 END IF。

例 9.18　从键盘上输入学生成绩，如果高于 60 分，输出“及格”，否则低于 60 分，输出“不及格”。

程序如下：

```
Sub MarkNumber()
  Dim Mark As Integer
  Mark = Val(InputBox("请输入学生成绩"))
  IF  Mark>=60 Then
     MsgBox("及格")
  Else
     MsgBox("不及格")
  End If
End Sub
```

3．多重选择分支语句

有时，程序的条件比较多，不能用简单的分支程序进行实现，如输入学生成绩，判定成绩是优秀、良好、及格、不及格等多种等级，就需要进行多重判断。

多重分支语句的语法格式如下：

```
If <条件表达式 1> Then
  语句块 1
ElseIf  <条件表达式 2> Then
  语句块 2
  ……
ElseIf  <条件表达式 n> Then
  语句块 n
Else
  语句块 n+1
End If
```

在程序执行时，先判断条件表达式 1 的值是否为成立，若成立，执行语句块 1，否则再判断条件表达式 2 是否成立，若成立执行语句 2，如此继续向下判断，若条件表达式 n 成立，则执行语句 n，否则执行语句块 n+1，无论执行哪一组语句块，都会跳到结束语句 END IF。

例 9.19 从键盘上输入学生成绩，如果高于 85 分，输出“优秀”，如果高于 75 输出“良好”，如果高于 60 输出“及格”，否则输出“不及格”。

程序如下：

```
Sub MarkNumber()
  Dim Mark As Integer
  Mark = Val(InputBox("请输入学生成绩"))
  If  Mark>=85 Then
     MsgBox("优秀")
  ElseIf Mark>=75 Then
     MsgBox("良好")
ElseIf Mark>=60 Then
MsgBox("及格")
  Else
MsgBox("不及格")
  End If
End Sub
```

单击工具栏中的“运行”按钮或者用键盘上的<F5>，出现如图 9-17 所示的“请输入学生成绩”对话框。

在对话框的文本框中，输入学生成绩 81，单击“确定”按钮，出现如图 9-18 所示的程序运行结果。

图 9-17 “请输入学生成绩”对话框

图 9-18 程序运行结果

4．多重分支语句

Select Case 语句的能力与 IF…THEN…ELSE 语句的能力类似，在多重分支情况下，Select Case 语句的结构更加清晰。

多重分支语句 Select Case 的语法格式如下：

```
Select Case  测试表达式
    Case  表达式列表 1
        语句块 1
    Case  表达式列表 2
        语句块 2
    ……
    Case  表达式列表 n
        语句块 n
    Case  Else
        语句块 n+1
End Select
```

程序执行时，若有多个 Case 与测试表达式的值相匹配，则执行第一个相匹配的 Case 语句块；如果执行语句块 n+1。测试表达式可以是数值型或字符型，常用一个数值型或一个字符型变量。表达式列表是一个或者几个值的列表，如果一个列表中有多个值，则用逗号将其隔开。

表达式有下列 3 种形式：

(1) Case 表达式。

如 Case 1, 3，含义是测试表达式的值是否是 1 或 3。

(2) Case 表达式 TO 表达式。

如 Case 1 To 3，含义是测试表达式的值是否是 1 到 3 之间的值。

(3) Case Is 比较运算符 表达式。

如 Case Is <3，含义是判断测试表达式的值是否小于 3。

例 9.20 将例 9.19 中的程序改写为多重分支语句。

程序如下：

```
Sub MarkNumber()
  Dim Mark As Integer
  Mark=Val(InputBox("请输入学生成绩"))
  Select Case Mark
Case Is>=85
        MsgBox("优秀")
    Case Is>=75
        MsgBox("良好")
Case Is>=60
MsgBox("及格")
    Case Else
MsgBox("不及格")
```

```
  End Select
End Sub
```

9.5.4 循环结构语句

在程序中，顺序结构和选择结构程序只能执行一次，但很多情况下，要对某个过程反复执行，就要用到循环结构。循环结构是对某些语句或者某个程序段反复执行。如图 9-19 所示为 Do While 循环和 Until…Loop 循环的 NñS 图。

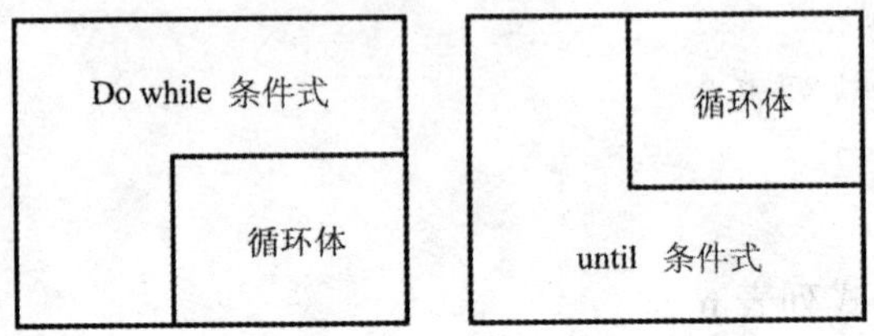

图 9-19 Do While 循环和 Until…Loop 循环的 NñS 图

1. Do While 循环

Do While 循环的语法格式如下：

Do While <条件表达式>
循环体
[Exit Do]
Loop

程序执行时，先判断条件表达式的值，若条件表达式为真，则执行循环体，遇到 Loop 语句，继续执行 Do While 判断，直到条件表达式为假，或者遇到 Exit Do 执行 Loop 语句的下一条语句。

例 9.21 计算 S＝1＋2＋3＋…＋n，当 n 至少超过多少时 s 大于 30000？

程序如下：

```
Sub Coun()
Dim n As Integer
Dim s As Single
    n = 0
    s = 0
Do While S<=30000
    n = n+1
    S = S+n
 Loop
 Msgbox("当N的值超过时"& n &"时S的值超过30000")
End Sub
```

图 9-20 运行结果对话框

程序运行时，出现如图 9-20 所示的运行结果对话框。

2. Do Until 循环

Do Until 循环的语法格式如下：

Do Until <条件表达式>

循环体
[Exit Do]
Loop

程序执行时，先执行循环体，遇到 Loop 语句时返回 Do Until 判断，若条件表达式不成立，继续执行循环体，直到条件为真才退出循环。

例 9.22　将例 9.21 的 DO While 循环改为 Do Until 循环。

程序如下：

```
Sub Coun()
Dim n As integer
Dim s As Single
   n = 0
   s = 0
Do Until S>=30000
   n = n+1
   S = S+n
 Loop
 Msgbox("当N的值超过时"& n &"时S的值超过30000")
End Sub
```

3. For…Next 循环

For…Next 循环的基本格式如下：

For 变量名=初值 To 终值 Step 步长值
循环体
Next 变量名

执行过程是首先对变量赋予初值，若初值超过终值，循环结束，否则执行循环体，遇到 Next 语句，变量增加一个步长，再判断初值是否超过终值，若超过则程序结束，否则继续执行循环体，直到初值超过终值。当步长值省略时，默认为 1。

例 9.23　计算 1 到 100 自然数的累加和。

```
Sub Sumn()
Dim s As Single
S = 0
For I=1 To 100 Step 1
S = S+I
Next I
MsgBox("1到100的累加和是"& S)
End Sub
```

实际上，在程序设计时往往不是单一的结构，而是多种结构的复合。

例 9.24　给定 Fibonaccai 级数的第一、二个数为 1，从第三个数开始为其前面相邻两个数的和，输出不大于 1000 的 Fibonaccai 级数。

程序如下：

```
Private Sub Fibonaccai()
Dim F1,F2,Fn As Integer
Dim Flag As Boolean
```

```
    F1=1
    F2=1
    Flag = True
    Debug.Print F1
    Debug.Print F2
    Do While Flag
    Fn = F1+F2
    If (Fn<1000) Then
        Debug.Print Fn
    Else
        Flag = False
    EndIf
      F1 = F2
      F2 = Fn
    Loop
End Sub
```

该程序涉及循环和条件语句的应用，如图 9-21 所示为程序在立即窗口的运行结果。

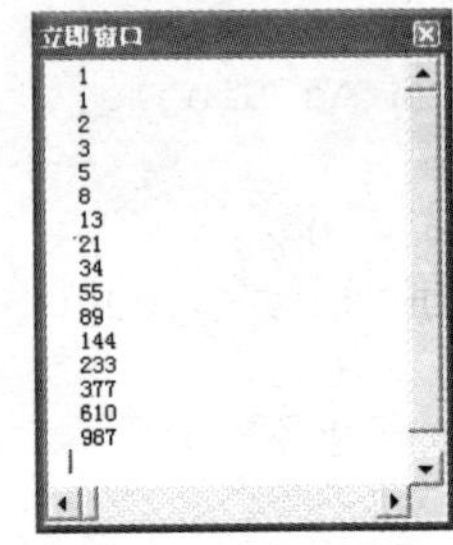

图 9-21 程序在立即窗口的运行结果

9.6 VBA 编程环境

VBA 的编程环境称为 Microsoft Visual Basic Editor (简称 VBE)，在进行 VBA 编写程序时，需要进入编程环境，然后才能进行程序的代码设计。

9.6.1 进入 VBE

当要编写代码的控件时，需要用 VBA 编程，这时需要进入 VBE 环境，Access 提供了以下启动 VBE 环境的方法：

(1) 在数据库中，单击“工具”|“宏”命令，在级联菜单中选择“Visual Basic”。

(2) 在数据库中，选中“模块”对象，单击数据库窗口中的“新建”按钮。

(3) 在设计视图中，选中对象，单击设计工具栏上的“代码”按钮，打开 VBE 窗口，同时打开窗体和报表的 VBA 代码。

(4) 按键盘上的组合键 Alt+F11。

(5) 在数据库中，选中“模块”对象，然后双击要查看或编辑的模块。

如图 9-22 所示为 VBE 窗口。

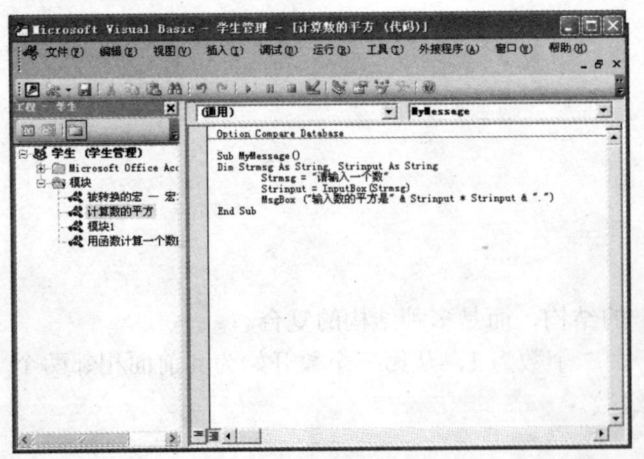

图 9-22 VBE 窗口

9.6.2　VBE 窗口的组成

VBE 窗口和其他 Windows 环境下的其他窗口相似，由菜单栏、工具栏、VBE 窗口等部分组成。

1．菜单栏

VBE 菜单栏包括文件、编辑、视图、插入、调试、运行、工具、外接程序、窗口和帮助。如图 9-23 所示为 VBE 窗口的工具栏组成。

文件(F)　编辑(E)　视图(V)　插入(I)　调试(D)　运行(R)　工具(T)　外接程序(A)　窗口(W)　帮助(H)

图 9-23　VBE 窗口的菜单栏组成

2．工具栏

VBE 工具栏包含多种工具，包括“调试”工具栏、“编辑”工具栏、“标准”工具栏和“用户窗体”工具栏等。

1) 标准工具栏

标准工具栏是 Windows 中常用的工具栏，包含保存、新建、撤消、复制、粘贴、查找等常用工具。

2) 编辑工具栏

“编辑”工具栏包含几个在编辑代码时经常使用的工具，包括属性/方法列表、常数列表、快速信息、参数信息、自动完成关键字、缩进、凸出、切换断点等工具。

3) 调试工具栏

调试工具栏主要用于程序的调试工具，主要包括设计模式、过程子程序/用户窗体、中断、逐语句、逐过程、跳出、本地窗口、立即窗口、监视窗口、快速窗口和调用堆栈等。如图 9-24 所示为调试工具栏。

图 9-24　调试工具栏

4) 用户窗体工具栏

用户窗体工具栏主要用于窗体中对象的位置和对齐方式的设置，主要包括移至顶层、移至底层、组、取消组、对齐、居中、相同尺寸、缩放等。

3．VBE 窗口

VBE 使用一组窗口来显示不同对象或者完全不同的任务。VBE 窗口包括：代码窗口、本地窗口、立即窗口、监视窗口、对象浏览器、工程资源管理器和属性窗口。

1) 代码窗口

代码窗口用来编写、显示以及编辑 VBA 代码。打开模块的代码窗口可以查看不同窗体或模块中的代码，并且可以在它们之间进行编辑操作。如图 9-25 所示为“求平方”代码窗口。

在窗口中，包括对象框、过程/事件框、全模块视图、过程视图和代码编辑区。

对象框：是一个列表框，用于显示所选对象的名称，单击列表框中右边的箭头显示窗口中的所有对象。在对象框中，如果列出的是“通用”，则过程框会列出所有的声明、对应程序

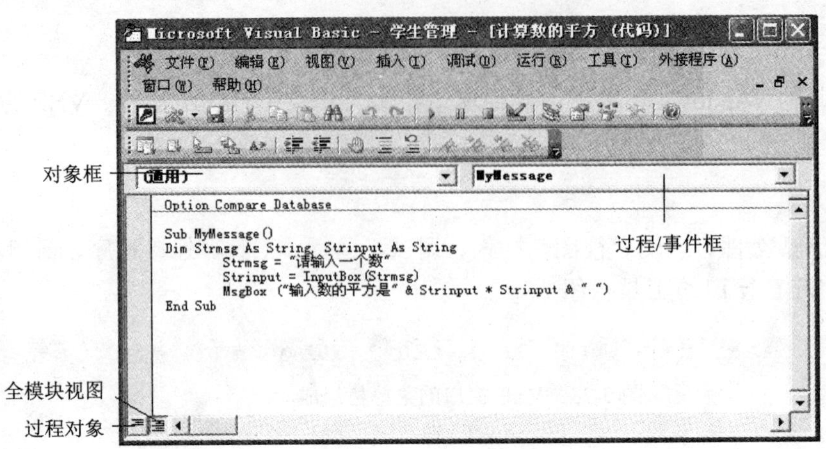

图 9-25 “求平方”代码窗口

代码以及为此窗体所创建的常规过程。

过程/事件框：也是一个列表框，可以列出所有 VBA 的事件。当选择了一个事件，则与事件名称相关的过程，会显示在代码窗口。

全模块视图：显示模块的全部代码。

过程视图：显示模块的过程代码。

代码编辑区：用来编辑代码的区域。

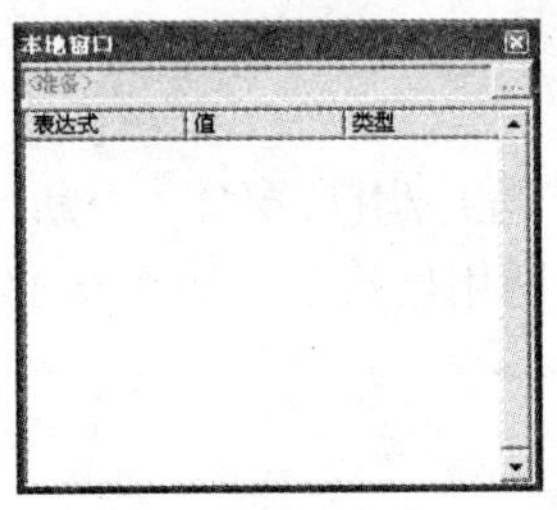

图 9-26 本地窗口

2) 本地窗口

本地窗口自动显示当前的变量声明及变量值，若本地窗口是可见的，则每当执行方式切换到中断模式或者操作栈中的变量时，它就会自动重新显示。如图 9-26 所示为本地窗口。

本地窗口的部件有“调用堆栈”按钮、“表达式”、“值”和“类型”组成。

单击“调用堆栈”按钮，可以打开“调用堆栈”对话框，显示调用堆栈中的过程。

“表达式”列出变量的名称。

“值”列出所有变量的值。

“类型”列出变量的类型，在此不能编辑。

3) 立即窗口

立即窗口是在中断模式下，用来显示过程框中的内容。在立即窗口中，键入或粘贴一行代码按回车键可以直接执行。

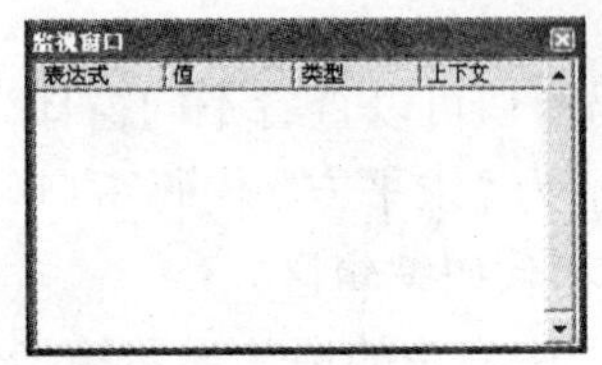

图 9-27 监视窗口

4) 监视窗口

监视窗口用来显示当前工程中定义的监视表达式的值。当工程中定义的有监视表达式时，监视窗口就会自动打开。如图 9-27 所示为监视窗口。

监视窗口的部件有“表达式”、“值”、“类型”和“上下文”组成。

“表达式”列出监视表达式，并且最左边列出监视视图。

“值”列出在切换成中断模式时表达式的值。可以利用编辑键，对值进行编辑。

“类型”列出表达式的类型。

“上下文”列出监视表达式的内容。

如果进入中断模式时，监视表达式的内容不在范围内，则当前的值不显示。

5) 对象浏览器

对象浏览器用于显示对象库及工程中过程的可用类、属性、方法、事件及常数变量，可以用来搜索或使用已有的对象，或是来源于其他应用程序的对象。如图 9-28 所示为对象浏览器窗口。

对象浏览器窗口的部件有工程库框、搜索文本框、搜索结果列表、类列表、成员列表等组成。

工程/库框：显示活动工程当前所引用的库，可以在引用对话框中添加库。

搜索文本框：包括用来搜索的字符串。

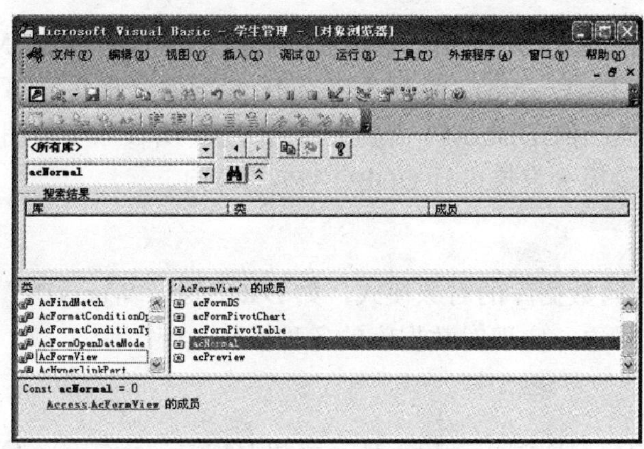

图 9-28　对象浏览器窗口

搜索结果列表：显示搜索字符串所包含工程的对应库、类及成员。

类列表：显示工程/库框中选定的库或工程中所有可能的类。

成员列表：按组显示出在“类”框中所选类的成员，在每个组中按字母排序。

6) 工程资源管理器

工程资源管理器显示工程层次结构的列表及每个工程所包含与引用的项目。在工程资源列表窗口中列出了所有已经装入的工程及工程中的模块。如图 9-29 所示为工程资源管理器。

工程资源管理器包括查看代码、查看对象和切换文件夹按钮。

查看代码：显示代码窗口，以编写或编辑所选工程目标代码。

查看对象：显示选取的工程，可以是文档或者用户应用窗体的对象窗口。

切换文件夹：可以显示或隐藏正在显示对象的文件或文件夹。

7) 属性窗口

属性窗口列出了选定对象的属性，可以改变或查看这些属性。当选取多个控件时，属性窗口会列出所有控件的共同属性。

图 9-29　工程资源管理器

9.7 VBA 的数据库编程

在数据库中，要想有效的管理数据库、开发出具有实际应用价值的数据库应用程序必须掌握 Access 数据库编程方法。

9.7.1 数据库引擎与接口

数据库引擎实际上是一组动态链接库。当程序运行时，被链接到 VBA 程序实现对数据库数据的访问功能。它是应用程序和物理数据库之间的桥梁(这样，数据与程序相对独立，减少了大量数据冗余)，是一种通用的接口方式，用户可以用统一的形式访问数据库。

在 VBA 中，提供了开放式数据库互连应用编程接口(Open DataBase Connectivity API, ODBC API)、数据库访问对象(Data Access Obiects, DAO)和 Active 数据对象(Active X Data Objects, ADO) 3 种数据库访问接口。

1. ODBC API

目前，Windows 提供的 32 位 ODBC 驱动程序对每一种 C/S　RDBMS、最流行的索引顺序访问方法数据库(如 JET、Foxpro)、扩展表(Excel) 和划界文本文件都可以操作。

在 Access 中，直接使用 ODBC API 需要大量的 VBA 函数原型声明和一些烦琐、低级的编程，因此，实际编程量很少直接进行 ODBC API 的访问。

2. DAO

DAO 提供了一种访问数据库的对象模式，如 DataBase、WueryDef 等对象，利用其中定义的一系列数据库访问对象，实现对数据库的各种操作。

3. ADO

ADO 是基于组件的数据库编程接口，是一个和编程语言无关的 COM 组件系统。使用它可以方便的连接任何符合 ODBC 标准的数据库。

VBA 通过数据库引擎可以访问的数据库有下列类型：

本地数据库：Access 数据库。

外部数据库：所有的索引顺序访问方法(ISAM) 数据库。

ODBC 数据库：符合开放数据库连接标准的 C/S 数据库，如 Oracle、Microsoft SQL Server。

9.7.2 数据访问对象(DAO)

DAO 是 VBA 提供的一种数据访问接口，包括数据库的创建、表和查询的定义等工具，借助 VBA 代码可以灵活的控制数据访问的各种操作。

1. 设置 DAO 库的引用

在 Access 中，要想使用 DAO 访问数据库的对象，应增加对 DAO 库的引用。

引用设置步骤如下：

(1) 进入 VBE 编辑环境。

(2) 单击“工具”|“引用”命令，出现如图 9-30 所示的 DAO 对象库引用对话框。

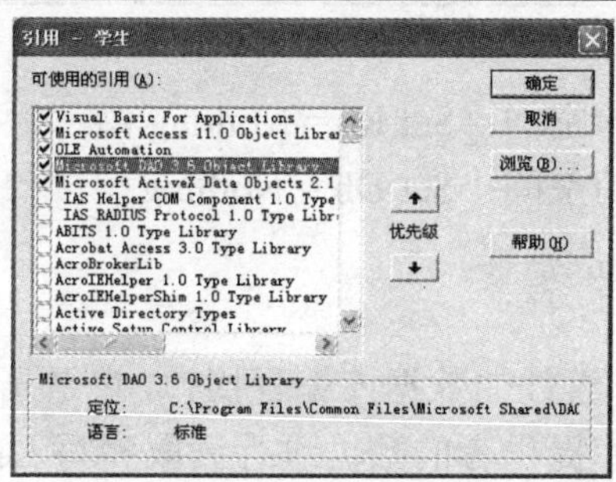

图 9-30　DAO 对象库引用对话框

(3) 在对话框的“可使用的引用”列表框选项中，单击“Microsoft DAO 3.6 Object Library”复选框。

(4) 单击“确定”按钮。

DAO 提供一系列对象来进行数据库访问：

DBEngine 对象：表示 Microsoft Jet 数据库引擎，包含并控制 DAO 中的其余全部对象。

Workspace 对象：工作区。

DataBase 对象：操作的数据库对象。

RecordSet 对象：数据库操作返回的记录集。

Field 对象：记录集中的字段数据信息。

Error 对象：数据提供程序出错时的扩展信息。

QueryDef 对象：数据库查询信息。

2．利用 DAO 访问数据库

利用 DAO 访问数据库时，首先要创建对象变量，然后通过对象方法和属性来进行操作。下面是数据库操作的步骤和常用语句。

(1) 创建对象变量。

定义工作区对象变量：Dim Ws As Workspace

定义数据库对象变量：Dim Db As Database

定义记录集对象变量：Dim Rs As RecordSet

(2) 通过 Set 语句设置各个对象变量的值。

```
Set Ws = DBEngine.Workspace (0)              '打开默认工作区
Set Db = Ws.OpenDataBase (数据库文件名)      '打开数据库文件
Set Rs = Db.OpenrecordSet (表名、查询名或 SQL 语句)      '打开数据库记录集
```

(3) 通过对象的方法和属性进行操作。

通常使用循环结构处理记录集中的每一条记录。

```
Do While Rs.Eof              '查询整个记录集直至末尾
    ……                      '字段数据的操作序列
    Rs.MoveNext              '记录指针下移一条记录
Loop
```

(4) 操作后的结束工作。

关闭记录集：Rs.Close

关闭数据库：Db.Close

回收记录集对象变量占用的空间：Set Rs = Nothing

回收数据库对象变量占用的空间：Set Db = Nothing

9.7.3 ActiveX 数据库对象

ActiveX 数据库对象是基于组件的数据库编程接口，它是一个和编程语言无关的 COM 组件系统，可以对来自多种数据库提供者的数据进行读取和写入的操作。

1．设置 DAO 库的引用

在 Access 中，要想使用 ADO 的各个访问对象，应增加对 ADO 库的引用，Access 2003 中 ADO 的引用库 ADO2.1。

ADO 的引用库的设置步骤如下：

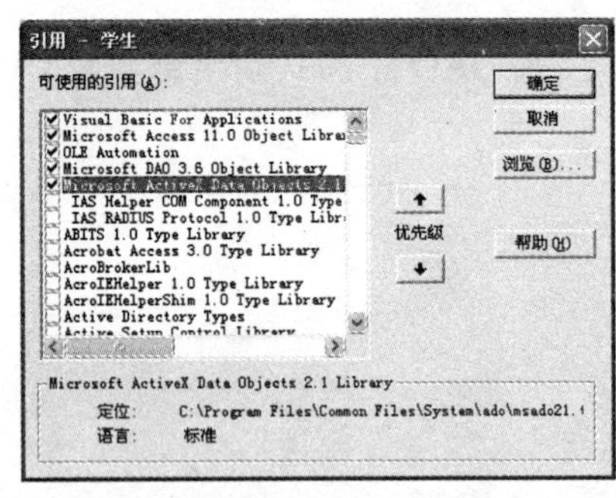

图 9-31　ADO 对象库引用对话框

(1) 进入 VBE 编辑环境。

(2) 单击“工具”|“引用”命令，出现如图 9-31 所示的 ADO 对象库引用对话框。

(3) 在对话框的“可使用的引用”列表框选项中，单击“Microsoft ActiveX Data Object2.1 Library”复选框。

(4) 单击“确定”按钮。

当打开一个新的 Access 2003 数据库时，Access 会自动增加一个对 Microsoft ActiveX Data Object2.1 Library 库的引用。ADODB 前缀是 ADO 类型库的短名称，它用于明确的识别与 DAO 同名对象的 ADO 对象。

ADO 提供一系列数据对象来进行数据库访问处理：

Connection 对象：指定数据库提供者，参阅到数据源的连接。

Command 对象：命令，如可以用命令对象执行一个 SQL 存储过程或有参数的查询。

RecordSet 对象：数据库操作返回的记录集。

Field 对象：记录集中的字段数据信息。

Error 对象：数据提供程序出错时的扩展信息。

Connection 对象和 Command 对象是 ADO 的两个最重要的对象。

2．利用 ADO 访问数据库

利用 ADO 访问数据库时，首先要创建对象变量，然后通过对象方法和属性来进行操作。下面是数据库操作的步骤和常用语句。

在 Connection 对象上打开 RecordSet 通常有下列几个步骤：

(1) 创建对象变量。

定义连接对象变量：Dim Cn As ADODB.Connection

定义记录集对象变量：Dim Rs As ADO.RecordSet

定义字段对象变量：Dim Fs As ADODB.Field

(2) 对象变量赋值。

打开一个连接：cn.Open 连接串等参数

打开一个记录集：Rs.Open 查询串等参数

设置字段引用：Set Fd = …

(3) 通过对象的方法和属性进行操作。

通常使用循环结构处理记录集中的每一条记录。

```
Do While Not Rs.Eof          '查询整个记录集直至末尾
  ……                         '字段数据的操作序列
  Rs.MoveNext                '记录指针下移一条记录
Loop
```

(4) 操作后的结束工作。

关闭记录集：Rs.Close

关闭连接：Cn.Close

回收记录集对象变量占用的空间：Set Rs=Nothing

回收连接对象变量占用的空间：Set Cn=Nothing

在 Command 对象上打开 RecordSet 通常有下列几个步骤：

(1) 创建对象变量。

定义命令对象变量：Dim Cn As ADODB.Command

定义记录集对象变量：Dim Rs As ADO.RecordSet

定义字段对象变量：Dim Fs As ADODB.Field

(2) 设置命令对象的活动连接、类型及查询等属性。

```
With Cm
  .Activeconnection=连接串
  .CommandType=命令类型参数
  .CommandText=查询命令串
End With
Rs.Open Cm，其他参数      '设置 Rs 的 Activeconnection 属性
```

(3) 通过对象的方法和属性进行操作。

```
Do While Not Rs.Eof          '查询整个记录集直至末尾
  ……                         '字段数据的操作序列
  Rs.MoveNext                '记录指针下移一条记录
Loop
```

(4) 操作后的结束工作。

关闭记录集：Rs.Close

回收记录集对象变量占用的空间：Set Rs=Nothing

9.7.4 程序设计实例

例 9.25 在“学生管理”数据库中编写子程序 Addgrade() 使“选课”表中的每名同学的入学成绩增加 5 分。

程序如下：

```
Sub Addgrade()
```

```
  Rem 创建或定义对象变量
  Dim Cn As New ADODB.Connection ′连接对象
  Dim Rs As New ADODB.Recordset  ′记录集对象
  Dim Fd As ADODB.Field      ′字段对象
  Dim Strconnect As String      ′连接字符串
  Dim StrSQL As String ′查询字符串
  Set Cn=Currentproject.Connection  ′设置连接数据库
  StrSQL="Select 成绩 From 选课" ′设置查询表
  Rs.Open StrSQL,Cn,AdopenDynamic,Adlockoptimistic,AdcmdText ′记录集
  Set Fd=Rs.Fields("成绩")          ′设置"成绩"引用
  Rem 对记录集用循环进行查找
  Do While Not Rs.Eof
     fd=fd+5                    ′成绩加 5 分
     Rs.Update                   ′更新记录，保存成绩
     Rs.MoveNext                  ′记录指针下移
  Loop
  Rem 关闭并回收对象变量
  Rs.Close
  Cn.Close
  Set Rd=Nothing
  Set Cn=Nothing
End Sub
```

9.8　VBA 的运行与调试

程序编写结束可以通过 F5 键执行程序，但多数程序不一定能一次通过，这就需要对程序错误进行处理。

9.8.1　VBA 模块的错误类别

模块代码运行时，通常产生语法错误、实时错误和逻辑错误。

1．语法错误

语法错误是程序编写时没有遵循语法规则而产生的错误。如 Do While …Loop、If 和 EndIf 应该成对出现，缺少语句、拼写错误、类型不匹配等都是这类错误。程序执行时，系统会自动检测语法错误，并提示相应的位置。

2．实时错误

实时错误是在程序运行时导致程序异常的错误。如某数被 0 除，会出现数据的溢出错误，变量没有定义或者向不存在的文件中写数据等系统都会出现提示对话框。

实时错误比语法错误要复杂，因为在系统运行时，会出现各种各样的运行环境问题。

3．逻辑错误

逻辑错误是程序的运行结果与实际结果不一致的情况。出现这种情况可以用跟踪调试的方法或者利用调试工具逐句执行程序代码，检查或监视表达式及参数的值。

9.8.2　VBA 的错误处理

在 VBA 中，系统提供了专门用来进行错误处理的子程序，程序正常运行时，错误处理子程序不起作用。当程序运行过程中出现错误，系统会转到错误处理子程序执行。错误处理就是在程序中对可能出现的错误作出响应。

1．设置错误处理的语句

在 VBA 中，系统提供了 On Error Goto 语句控制程序发生错误时的处理。

On Error Goto 语法格式如下：

On Error Goto　标号
On Error Resum Next
On Error Goto 0

(1) On Error Goto 标号。

当程序出错时，转到标号指定的位置执行错误处理程序。例如：

```
On Error Goto Errproc ´发现错误转到 Errproc 执行
...
Errproc:        ´标号 Errproc 的位置
Call Errprocess    ´调用错误处理过程 Errprocess
...
```

该例中，On Error Goto 使错误处理转到 Errproc 标号位置，通常错误处理程序代码放在程序的最后。

(2) On Error Resum Next。

当程序出错时，不考虑错误，直接向下执行。

(3) On Error Goto 0。

程序出错时，关闭错误处理，不执行用户的错误处理程序，若此时出错，应用程序的执行中断。

2．Err 对象

在 VBA 错误处理时，除了提供错误处理语句外，不提供了 Err 对象，Err 对象包含运行错误时的信息。Err 对象提供了多个属性(Description、Number、Source、HelpContext 等)和方法(Raise、clear 等)来处理错误发生。

Description 属性：设置对错误进行简短描述，当无法处理或不想处理错误的时候，可以使用该属性提醒用户。

Number 属性：返回或设置表示错误的数值。

Source 属性：用来指定生成错误的对象。

HelpContext 属性和 HelpFile 属性：用来指定帮助文件。

同时，系统还提供了 Error$()函数和 Error 语句来帮助了解错误信息。Error$()函数可以根据错误代码返回错误名称。Error 语句的作用是模拟产生错误，以检查错误处理语句的正确性。

3．错误处理程序的退出

当错误处理程序执行时，实现错误处理程序的退出，恢复原程序的运行。

语法格式如下：

Resume [0]

Resume Next

Resume 标号

说明：

(1) Resume 或 Resume 0：结束错误处理程序的运行，从发生错误的语句处开始执行。

(2) Resume Next：从发生错误的下一条语句开始执行。

(3) Resume 标号：从标号指定的位置开始运行。

4．错误处理程序的应用

例 9.26 定义事件处理过程。

错误处理程序如下：

```
Private Sub Test_Click()
   On Error GoTo ErrHandle
   Error 11
   MsgBox("No Error")
   Exit Sub
ErrHandle:
   MsgBox Err.Number
   MsgBox Error$(Err.Number)
End Sub
```

当程序执行时，出现如图 9-32 所示的错误代码提示对话框，单击“确定”按钮，出现如图 9-33 所示的错误信息提示。

图 9-32 错误代码提示对话框

图 9-33 错误信息提示

9.8.3 调试工具的使用

1．断点的使用

“断点”是在过程的某个特定语句上设置的一个位置点，以便终止程序的执行。“断点”可以设置在程序的任何位置，以便程序的调试。

“断点”的设置和取消有下列方式：

(1) 选中语句行，单击“调试”|“切换断点”命令。

(2) 选中语句行，单击“调试”工具栏中的“切换断点”按钮。

(3) 选中语句行，按键盘上的 F9 键。

2．调试工具栏

调试工具栏通常与“断点”配合使用进行程序的调试。调试工具栏各工具按钮的含义：

切换断点：设置/取消断点。

中断：暂时中止程序运行，进行程序分析，在中断处，程序显示黄色亮条。

继续：从中断处继续程序的运行，直到下一个断点或者程序结束。

重新设置：终止程序调试运行，返回到编辑状态。

逐语句：单步跟踪操作，每操作一步，程序执行一步。

逐过程：与“逐语句”相同。

跳出：被调用过程内部正在调用运行的程序提前结束被调过程代码的调试，返回调用过程的下一条语句。

9.9　Access 数据库的管理

VBA 代码调试结束，有时为了安全需要对数据库中的 VBA 代码进行保护，使其他用户只能运行该代码而不能修改，或者阻止未授权的用户运行。常用的有两种方法：制作 MDE 文件和设定密码。

9.9.1　制作 MDE 文件

Access 的文件格式是 MDB，将 MDB 格式的文件转换为 MDE 文件后，MDE 文件会关闭可查看代码的功能，窗体和报表只能执行，无法进行再“设计”；对模块中设置的函数也无法进行查阅与修改，但可以执行 VBA 提供的函数。

1．转换 Access 文件格式

利用 Access 软件工具将数据库转换 Access 文件格式的操作步骤如下：

(1) 打开数据库。

(2) 单击“工具”|“数据库实用工具”|“转换数据库”命令，在级联菜单中选择“转为 Access 2002-2003 文件格式”命令，如图 9-34 所示为数据库转换格式。

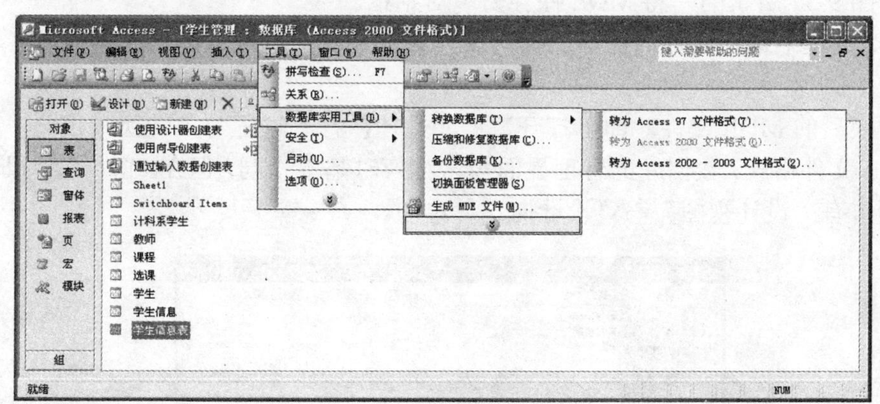

图 9-34　数据库转换格式

(3) 在“将数据库转换为”对话框中，选择数据库文件的存放位置与文件名。

(4) 单击“保存”按钮，出现如图 9-35 所示的“文件转换格式”对话框。

(5) 单击“确定”按钮，文件转换完毕。

图 9-35 “文件转换格式”对话框

2．转换为 MDE 格式

利用 Access 自带的转换工具，可以转换为 MDE 格式，这种操作是不可逆的。如果转换后，发现需要进一步完善的，则只能从原来的 MDB 文件进行修改并再次进行转换，因此，除非很必要，一般不要随意删除未转换的 MDB 文件。

操作步骤如下：

(1) 打开转换后的数据库，可以看出，标题栏的数据库文件格式已经转换为 Access 2002-2003 文件格式，如图 9-36 所示为转换后的数据库格式。

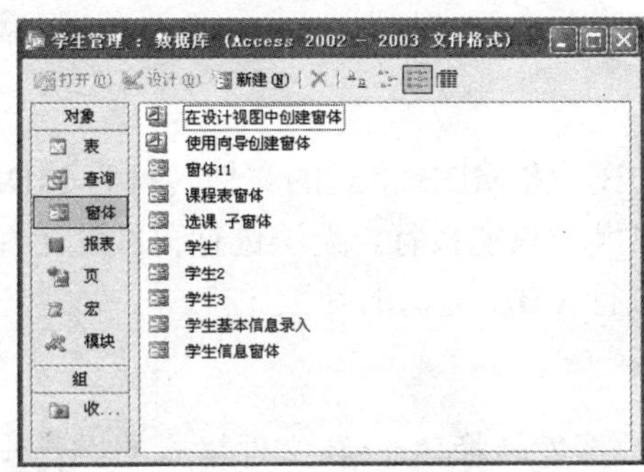

图 9-36 转换后的数据库格式

(2) 单击“工具”|“数据库实用工具”命令，在级联菜单中选择“生成 MDE 文件”命令，出现如图 9-37 所示的“将 MDE 保存为”对话框。

(3) 在对话框中选择文件的保存位置，在“文件名”文本框中键入保存的文件名，单击“保存”按钮。

双击转换后的 MDE 文件，即可打开数据库文件，打开过程与未转换时相同，其标题内容显示 MDE 文件格式，数据库的管理界面与未转换时基本相同，但在“窗体”、“报表”、“宏”等对象中不再有“设计视图”与“设计向导”选项。

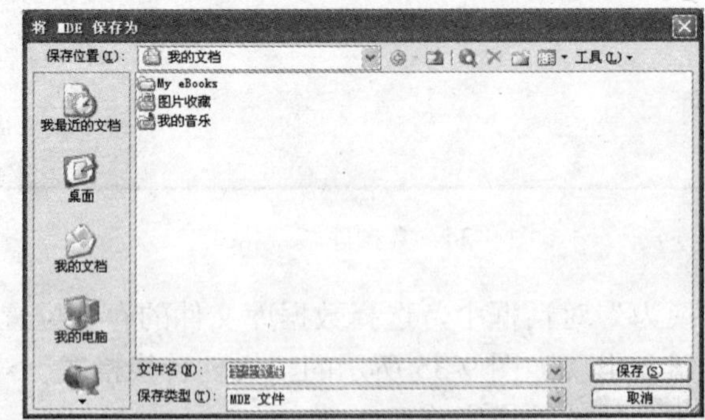

图 9-37 “将 MDE 保存为”对话框

在模块中只能显示已经创建的模块名，双击该模块时，系统出现如图 9-38 所示的“提示无法打开模块编辑环境”对话框，系统无法打开 VBA 编辑窗口，从而达到保护 VBA 的目的。

图 9-38 “提示无法打开模块编辑环境”对话框

9.9.2 设定和撤消密码

在 VBA 编写程序时，用户可以使用 VBA 编辑器提供的功能对 VBA 正在编辑的模块加密，当下次打开编辑器时提示输入密码，从而达到阻止非授权用户浏览与修改 VBA 代码的目的。

1. 设定密码

设定密码的操作步骤如下：

(1) 双击需要加密的模块名，打开 VBA 编辑环境。

(2) 单击“工具”|“学生ñ属性”(其中，“学生”是工程的名字，该名字随创建时系统自动赋予)，出现如图 9-39 所示的“学生ñ工程属性”对话框。

(3) 选择“保护”选项卡，选中“查看时锁定工程”复选框，在“查看工程属性的密码”选项区域中，在“密码”、“确认密码”编辑框中输入密码并进行确认。

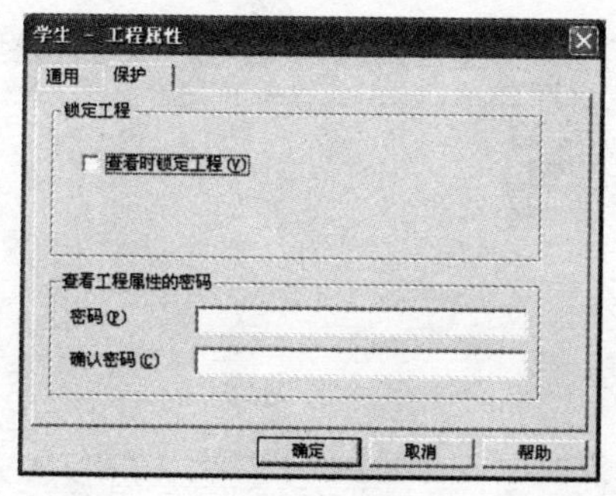

图 9-39 “学生ñ工程属性”对话框

(4) 单击“确定”按钮。

当密码设定后，关闭数据库只有到下次再使用时才会生效。当再次启动“学生”数据库时，双击模块名，出现如图 9-40 所示的请求输入密码对话框，当密码输入错误，出现如图 9-41 所示的“工程锁定”对话框，只有密码正确才能进入系统。

图 9-40 请求输入密码对话框

图 9-41 “工程锁定”对话框

2. 撤消密码

图 9-42 “撤消数据库密码”对话框

当设定的密码不想继续使用时，可以将密码撤消。

撤消密码的操作步骤如下：

(1) 以“独占方式”打开要撤消密码的数据库，在“要求输入密码”对话框中，输入正确的密码。

(2) 单击“工具”|“安全”命令，在级联菜单中选择“撤消数据库密码”，出现如图 9-42 所示的“撤消数据库密码”对话框。

(3) 在“密码”文本框中输入当前数据库的密码，再单击“确定”按钮，即可撤消密码。

9.9.3 数据库的备份与还原

为了保证数据库的安全性和可靠性，经常需要对数据库中的数据进行备份，以便在数据库被破坏时恢复数据库。

1. 数据库的备份

数据库的备份是指将整个数据库的所有对象进行备份。在数据库使用中应该养成定期备份数据库的习惯，Access 提供了专门数据库工具，用来进行数据库的备份。

操作步骤如下：

(1) 打开数据库，关闭数据库中的所有对象；

(2) 单击“工具”|“安全”命令，在级联菜单中选择“备份数据库”，出现如图 9-43 所示的“备份数据库另存为”对话框(此时，系统自动关闭已经打开的数据库)。

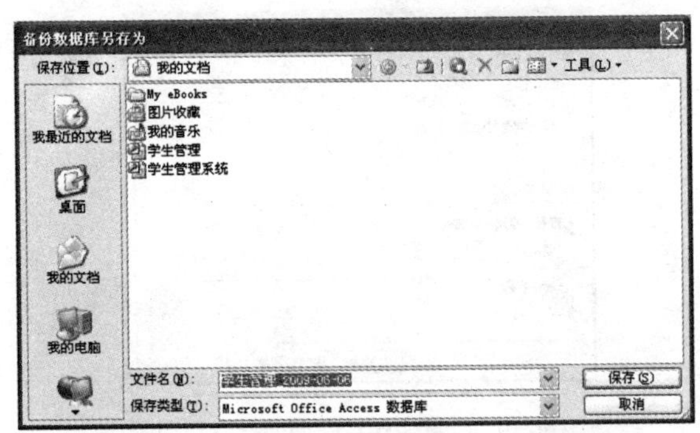

图 9-43 “备份数据库另存为”对话框

(3) 在“保存位置”文本框中选择备份数据库保存的位置，在“文件名”中输入要保存的数据库文件名。

(4) 单击“保存”按钮，系统自动备份文件并自动打开原来的数据库。

数据库备份也可以在 Windows 下直接进行，选中数据库，在快捷菜单中选择“复制”，到要备份的目标位置，单击鼠标右键，在快捷菜单中选择“粘贴”即可。

2. 还原数据库

如果 Access 数据库受到损坏，可以用建立的备份数据库将其还原。还原数据库时只需要将备份数据库复制到原来的数据库所在位置即可。

9.9.4　数据库的压缩与修复

由于经常对数据库中的数据和对象进行添加、删除和修改，可能会使数据库文件的存储空间产生大量的碎片，影响数据库的执行速度。Access 中的“压缩和修复数据库”可以重新组织文件在磁盘上的存储方式，来压缩数据库文件，同时还可以通过修复数据库文件中的表、窗体、报表或模块的损坏，改善数据库的性能。

对数据库的压缩和修复是同时进行的，压缩和修复数据库可以先打开数据库文件也可以不打开。

1．打开数据库文件压缩和修复数据库

打开数据库文件压缩和修复数据库的操作步骤如下：

(1) 打开数据库。

(2) 单击“工具”|“选项”命令，出现“选项”对话框，单击“常规”选项卡，出现如图 9-44 所示的“选项”对话框的“常规”选项卡。

(3) 选择“关闭时压缩”复选框，其他采用默认设置，单击“确定”按钮。

(4) 关闭数据库，系统会自动压缩数据库，以减少存储空间。

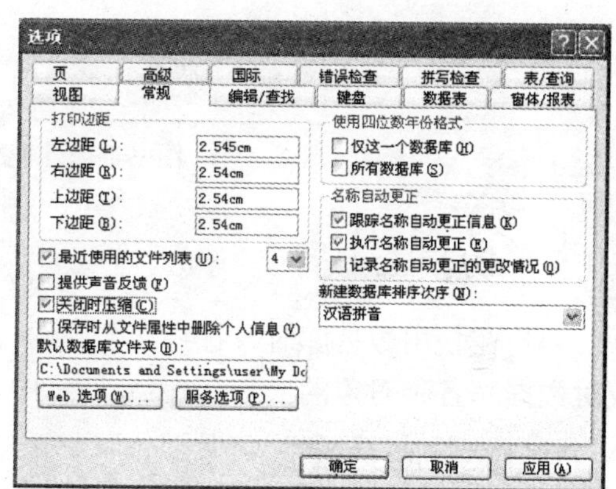

图 9-44　“选项”对话框的“常规”选项卡

2．关闭数据库文件压缩和修复数据库

关闭数据库文件压缩和修复数据库的操作步骤如下：

(1) 启动 Access (但不打开数据库)。

(2) 单击“工具”|“数据库实用工具”命令，在级联菜单中选择“压缩和修复数据库”，出现如图 9-45 所示的“压缩数据库来源”对话框。

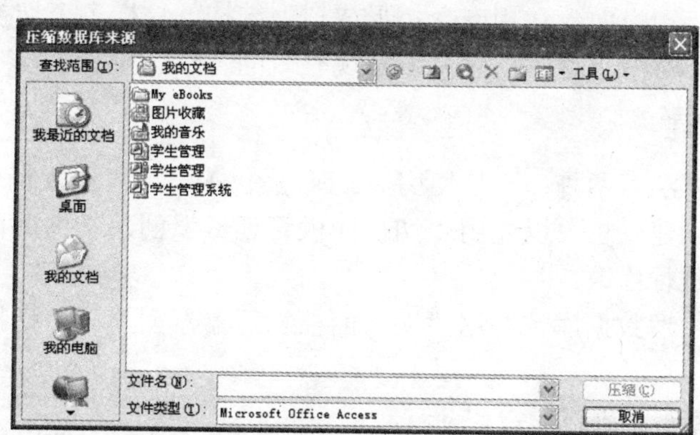

图 9-45　“备份数据库另存为”对话框

(3) 在对话框中，在“查找范围”中选择压缩文件所在的位置，选中要压缩的数据库。

(4) 单击“压缩”按钮，出现如图 9-46 所示的“将数据库压缩为”对话框，在“保存位置”中，选中目标数据库文件所在的位置，在“文件名”中输入目标数据库文件名。

(5) 单击“确定”按钮，系统将原数据库进行压缩并保存为一个新的数据库文件。

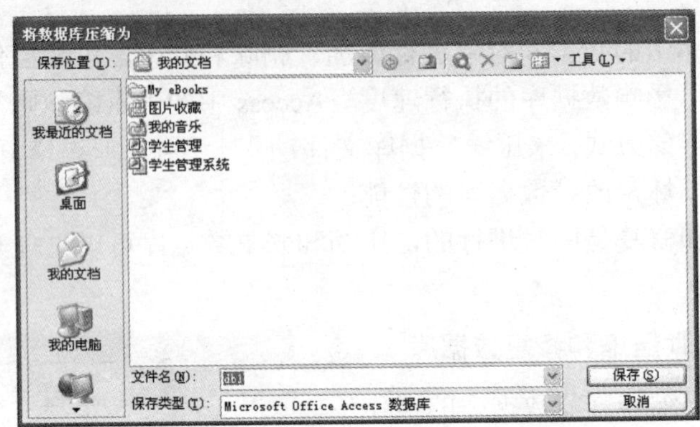

图 9-46 “将数据库压缩为”对话框

9.9.5 切换面板

用户在使用数据库时，往往希望有一个良好的操作界面，可以通过“菜单”的方式来完成对数据库各种对象的操作。在 Access 中，切换面板就是实现这一目标的有效工具。

1．切换面板的概念

切换面板是切换到其他位置的操作界面。在 Access 中，切换面板就是窗体菜单，通过它可以把数据库的各种对象有机的集成一个应用系统。使用切换面板可以通过菜单操作窗体和数据库对象。

2．切换面板的结构

切换面板像一个自定义的对话框，它由许多功能按键组成，每一个按钮执行一个专门操作。对于简单的系统，可以使用切换面板将需要的功能按钮都安排在一个切换面板上。对于复杂的系统，需要用多个面板，其中一个是主切换面板，再由主切换面板切换到二级切换面板、三级切换面板等，切换面板互相嵌套，形成树型结构。这样多个切换面板实际上就构成了一个多级窗体菜单，对中小型数据库系统实现有效的管理。

3．切换面板的创建

切换面板的创建方法有两种：一是使用 Access 提供的“切换面板管理器”创建；二是使用窗体设计视图手动创建。也可以先用“切换面板管理器”创建，然后再用窗体设计视图对已经创建的切换面板进行修改。

例 9.27 对学生管理数据库，利用“切换面板管理器”创建一个切换面板。

操作步骤如下：

(1) 打开“学生管理”数据库。

(2) 单击“工具”|“数据库实用工具”命令，在级联菜单中选择“切换面板管理器”，如果是第一次使用切换面板管理器，系统出现，单击“是”按钮，系统会自动创建一个“主切换面板”，出现如图 9-47 所示的“切换面板管理器”对话框，如果已经创建过切换面板，系统进入如图 9-48 所示的“切换面板管理器”对话框。

图 9-47　询问是否创建一个切换面板对话框

(3) 在对话框中选中“主切换面板”，单击“编辑”按钮，出现如图 9-49 所示的“编辑面板页”对话框。

(4) 单击“新建”按钮，出现如图 9-50 所示的“编辑切换面板项目”对话框。

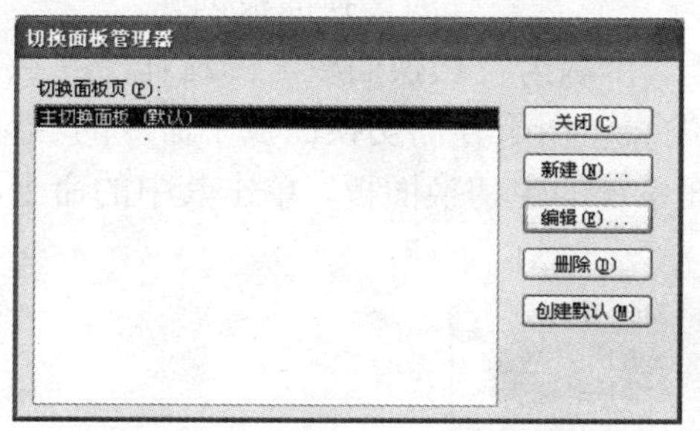

图 9-48 “切换面板管理器”对话框

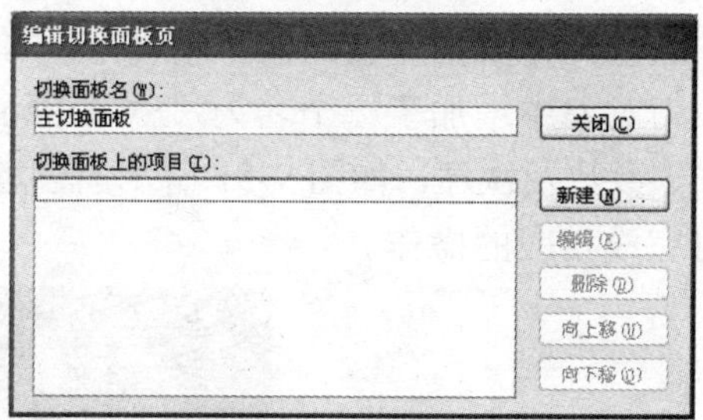

图 9-49 “编辑切换面板页”对话框

图 9-50 “编辑切换面板项目”对话框

(5) 在对话框中，“文本”框用于设置此命令在切换面板中显示的文本，“命令”框用于选择一个要执行的命令，并且可以在下拉列表框中选择命令对应的参数，如表 9-12 所示为切换面板中可选命令。

表 9-12　切换面板中可选命令

命　令	说　明
转至“切换面板”	打开另一个切换面板
在“添加”模式下打开窗体	在数据录入模式下打开一个窗体
在“编辑”模式下打开窗体	在添加、删除和编辑模式下打开一个窗体
打开报表	打开一个报表
设计应用程序	打开切换面板管理器编辑切换面板
退出应用程序	退出应用程序
运行宏	运行一个指定的宏
运行代码	执行一个模块中的程序

(6) 在“编辑切换面板项目”对话框中，向切换面板中添加文本，如表 9-13 所示为添加切换面板中文本的命令及参数。

表 9-13 切换面板中添加文本的命令及参数

文 本	命 令	参 数
学生基本信息	在“编辑”模式下打开窗体	学生信息窗体
学生成绩录入	在“编辑”模式下打开窗体	学生成绩窗体
退出	退出应用程序	无

(7) 单击“确定”按钮，返回如图 9-49 所示的“编辑面板页”对话框，单击“新建”按钮，继续添加面板页。

(8) 添加结束，关闭切换面板管理器，即可完成学生管理系统的切换面板创建。

这里，在数据库窗口的“窗体”对象中就增加了一个名为“切换面板”的窗体，并且在“表”对象中增加了一个名为“Switchboard Items”的表，用于存储切换面板中命令的名称、操作、参数及次序。如图 9-51 所示为创建的学生管理系统的主切换面板，单击其中的命令项即可完成相应的操作。

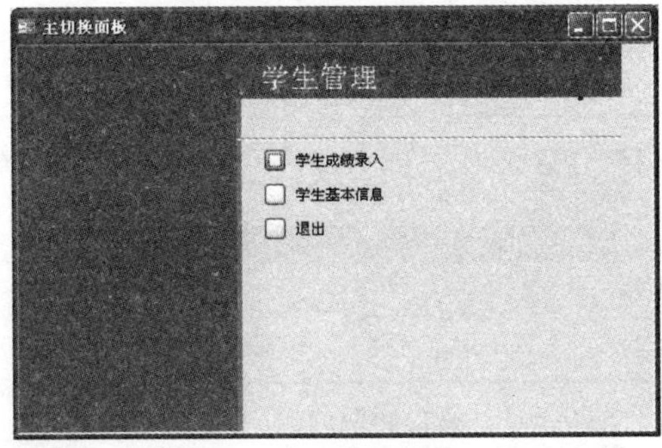

图 9-51 创建的学生管理系统的主切换面板

4. 自动启动切换面板

切换面板创建后，可以将其设置为启动该数据库时自动打开切换面板，这样用户就可以通过切换面板提供的菜单功能，方便地使用数据库。

设置自动启动切换面板的操作步骤如下：

(1) 打开数据库。

(2) 单击“工具”|“启动”命令，出现如图 9-52 所示的“启动”对话框。

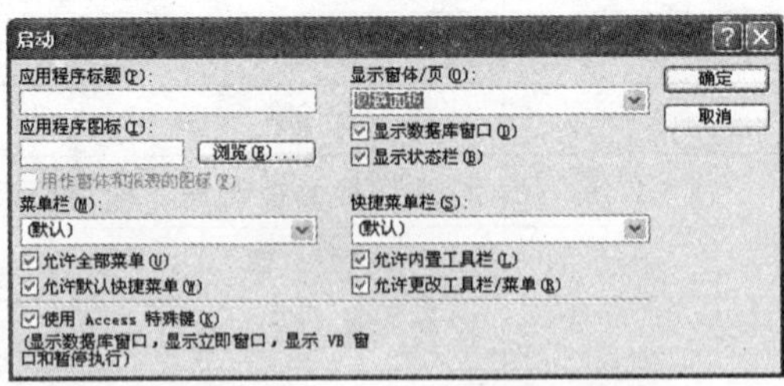

图 9-52 “启动”对话框

(3) 在对话框“显示窗体/页”下拉列表选项中选择“切换窗体”选项，其他使用默认值。

(4) 单击“确定”按钮，在启动数据库时系统会自动打开“切换面板管理器”中设置的默认切换面板。

本 章 小 结

模块是Access中一个重要的数据库对象，是将Visual Basic for Application的声明和过程作为一个单元进行保存的集合。模块可以分为类模块和标准模块两大类，类模块是一种包含对象的模块，标准模块中含有常用的子过程和函数过程。模块由声明、事件过程和通用过程三部分组成。在Access中，宏的运行速度慢，宏也可以转换为模块。

在进行VBA程序设计前，要熟悉VBA的数据类型、变量、常量和数组、函数等基本内容。VBA中常用的运算符及运算符运算的优先顺序。

VBA程序有3种基本结构：顺序结构、选择结构和循环结构。顺序结构是最简单的结构，程序只有一个入中和一个出口，程序按照事件发生的先后顺序执行。选择结构根据给定的条件判断语句的执行顺序，可以改变程序的执行方向。循环结构是对某些语句或者某个程序段反复执行。

在进行VBA编程时，需要进行VBA编辑环境VBE窗口，VBE窗口和Windows环境下其他软件窗口相似，除了具有菜单栏、工具栏等组成外，还有调试工具、运行工具及特殊窗口，如代码窗口、立即窗口、本地窗口、对象浏览器、资源工程管理器等组成。

VBA通常要和数据库相连，涉及到数据库编程，VBA提供了开放式数据库互连应用编程接口(Open DataBase Connectivity API, ODBC API) 、数据库访问对象(Data Access Obiects，DAO) 和Active数据对象(Active X Data Objects, ADO) 3种数据库访问接口。涉及ADO和DAO数据对象的引用和数据库访问。

VBA编程结束，需要对程序进行调试，对数据库错误进行处理。同时为了数据库的安全性，可以对数据库文件进行格式转换、备份、加密、压缩和修复等操作。

通过本章学习应该达到下列目标：

(1) 掌握模块的概念和模块的创建方法。

(2) 了解VBA的数据类型、变量、常量和数组和函数。

(3) 掌握DoCmd对象及事件的常用操作。

(4) 熟练掌握VBA程序的3种基本结构。

(5) 熟悉VBA的编程环境和VBE窗口的组成。

(6) 掌握VBA的数据库编程技术。

(7) 掌握VBA程序的运行与调试方法。

(8) 掌握Access数据库的管理。

思考题与习题

一、选择题

1. 下面哪个不是模块的组成部分______。

(A) 声明部分　　(B) 通用部分　　(C) 事件过程　　(D) 对象过程

2. 计算机中不能处理的内容是______。

(A) 常量　　(B) 变量　　(C) 模拟量　　(D) 表达式

3. VBA 中定义符号常量可以使用关键字______。

(A) Const (B) Dim (C) Public (D) Static

4. 以下关于运算符优先级，叙述正确的是______。

(A) 算术运算符 > 逻辑运算符 > 关系运算符

(B) 算术运算符 > 关系运算符 > 逻辑运算符

(C) 逻辑运算符 > 关系运算符 > 算术运算符

(D) 以上都不正确

5. 定义二维数组 A(6,5)，该数组的个数为______。

(A) 30 (B) 35 (C) 42 (D) 36

6. 在 VBA 编程中，逻辑值进行算术运算时，False 被看作是______。

(A) 1 (B) －1 (C) 0 (D) 任意整数

7. 要获取当前日期的值，使用的日期表达式是______。

(A) Now() (B) Date() (C) Time() (D) Datetime()

8. 下面哪一个不是组成对象的要素______。

(A) 事件 (B) 过程 (C) 属性 (D) 方法

9. 在模块中，打开一个窗体的命令是______。

(A) DoCmd.OpenReport 窗体名 (B) DoCmd.OpenForm 窗体名

(C) DoCmd.Close "窗体名" (D) DoCmd.OpenForm "窗体名"

10. 在 Access 中，能够输出信息的函数是______。

(A) MsgBox() (B) MsgBox (C) InputBox (D) InputBox

11. 在 VBA 代码调试过程中，能够显示出所有在当前过程中变量声明及变量信息的是______。

(A) 快速监视窗口 (B) 监视窗口 (C) 立即窗口 (D) 本地窗口

12. 在 VBA 中不能进行错误处理的语句结构是______。

(A) OnErrorThen 标号 (B) On Error Goto 标号

(C) On Error Resume Next (D) On Error Goto 0

13. ADO 对象模块可以打开 RecordSet 对象的是______。

(A) 只能是 Connection 对象 (B) 只能是 Command 对象

(C) 可以是 Connection 对象和 Command 对象 (D) 不存在

14. Access 对数据的保护可以使用的方法是______。

(A) 转换为 MDE 文件 (B) 设定打开密码

(C) 转换为高版本的文件格式 (D) 设置用户名和密码

15. 在 VBA 中，下面哪一个不是数据库访问接口______。

(A) ODBC API (B) DAO (C) ADO (D) ODB

二、填空题

1. VBA 的英文全称是__________，VBE 的英文全称是__________。

2. VBA 的变量作用域分为 3 个层次，这 3 个层次是______、______和_______。

3. 模块分为两类，分别是__________和__________模块。模块中的过程以__________开头，以______结束。

4. VBA 中，将数值转换为字符的函数为________。

5. VBA 中的程序设计流程有 3 种，________、________和________结构。

6. VBA 程序设计中，注释语句是用，________或________标记。

7. VBA 中“断点”的含义________。

8. VBA 提供了 3 种数据库访问接口，分别是________、________和 DAO。

9. 在面向对象的程序设计中，用________来描述事物的属性和它可以做到的动作。

10. 下列程序的执行次数是________。

```
For I=1 To 5 Step 1
I=I+1
Next N
```

11. ADO 对象模型主要有、________、________和 Error5 个对象。

12. 代码运行时，经常产生的错误有________、________和________。

13. 对 VBA 代码进行保护，使其他用户只能运行而不能修改代码，或者阻止未授权的用户运行，可以采用________和________方法。

14. 要撤消数据库的密码，必须知道________。

15. 对数据库文件压缩时，可以打开原数据库文件，也可以________。

三、思考题

1. 模块与宏的联系和区别是什么？
2. 过程定义时，Private、Public、Friend 和 Static 的区别是什么？
3. VBA 与 VBE 的区别是什么？
4. VBA 中经常用到很多运算符，给出运算符的运算优先顺序？
5. 常用的程序设计结构有几种？并举例说明。
6. VBE 窗口有几种？各窗口的作用是什么？
7. 如何将 VBA 文件制作成 MDF 文件？
8. 为什么要对数据库进行备份？
9. 为什么要对数据库进行压缩？
10. 切换面板的作用是什么？给出切换面板创建的过程？

四、操作题

实验一　VBA 程序设计和运行

1. 实验目的

(1) 掌握 Access 2003 VBA 的开发环境。

(2) 掌握利用 VBA 进行模块开发的方法与步骤。

(3) 掌握 VBA 程序的调试技术和运行方法。

(4) 掌握 VBA 代码的保护方法。

2. 实验环境

Windows 操作系统、Microsoft Office Access 2003。

3. 实验内容

(1) 用 VBA 编程实现，在键盘上输入 A、B 的值，然后输出 A、B 的累加和。

(2) 用 VBA 编程实现，计算累乘的程序 T=1 × 3 × 5 × … × n，当 T 小于 2000 时，n 可能的最大值。

(3) 在“图书管理”数据库中，编写子程序 AddPrice()使所有图书的“销售”价格降低 5%。

实验二 数据库的管理

1. 实验目的

(1) 掌握制作 MDF 文件的方法和步骤。

(2) 掌握文件加密和撤消密码的方法。

(3) 掌握数据库文件的备份和还原方法。

(4) 掌握数据库文件的压缩和修复技术。

5. 掌握切换面板的创建和使用。

2. 实验环境

Windows 操作系统、Microsoft Office Access 2003。

3. 实验内容

(1) 在“图书管理”数据库中，将 VBA 代码转换为文件名为“图书信息管理”的 MDE 文件，并进行密码保护。

(2) 将“图书管理”数据库备份到 E 盘，图书管理文件夹。

(3) 将“图书管理”数据库压缩到 E 盘，图书管理文件夹。

(4) 为“图书管理”数据库创建一个创建面板，其中包括显示雇员信息、编辑雇员信息、修改图书信息和退出系统。

第 10 章　学生成绩管理系统的设计

成绩管理系统是各级各类教学部门关心的问题，本章结合前面章节所学内容，结合具体事例讲授数据库设计的全过程。

本章主要内容包括需求分析、概念结构设计、逻辑结构设计、物理结构设计和运行维护、系统设计、用户安全机制的设置与管理和设计文档。

10.1　需求分析

10.1.1　系统任务的提出

学生成绩管理是教学管理的一项主要工作，涉及面广、涉及课程多、数据量大，所以学生成绩管理是教学管理改革的一项重要工作。根据教学管理的需要，学校教学和学生管理部门经常需要查询、修改、增加、删除学生的信息和学生的成绩。学生成绩数据收集规律性较强，每学期进行一次，但查询时间不固定。成绩管理的过程为，任课教师通过网络将批改好的学生成绩登录到教学管理系统，并将试卷交系教学管理部门，每学期结束将考试成绩通知学生本人，学期开始对考试不及格的学生进行补考，根据学生补考情况决定升留级。

为了方便管理，设计学生成绩管理系统来满足教学管理的需求，用计算机对学生的基本信息和成绩进行管理，并能够快速的完成各种资料的统计和汇总工作，并且能够打印出各种报表。

10.1.2　系统需求

系统需求是通过系统调查，通过走访、开座谈会、发放调查问卷等了解相关部门和相关人员对系统的需求。需求分析是系统设计重要的一步，需求分析是否准确，直接关系到数据库设计的成败和质量，影响到数据库应用程序的开发。

学生成绩管理系统主要是教务部门和学生管理部门使用，需求主要包括 3 个方面：信息需求、处理要求和安全性与完整性要求。

1) 信息需求

使用 Access 设计“学生成绩管理系统”需要表，同时要设计表的基本结构、表间关系，需要设计查询并能够输出各种报表。

2) 处理要求

该系统是为了不定期查询和录入数据，为了方便应该设计统一的主窗口，将各种功能统一控制。

3) 安全性与完整性要求

学生成绩管理系统设置不同的用户，为各类用户设置不同的密码和权限。系统也可以使用表间关系的完整性约束，以保证数据的正确性和相容性。

10.2　概念结构设计

概念结构设计的目标是将用户需求分析得到的用户需求抽象为数据库的概念结构，即概念模式。概念模式是独立于数据库的逻辑结构，独立于支持数据库的 DBMS，并且与计算机系统无关的一种模式结构，描述概念模式有力的工具是 EñR 图。

概念结构设计主要是根据需求分析的结果将用户的各种需求用 EñR 图来描述，根据自顶向下的设计方法，应先设计系统的分 EñR 图，然后将 EñR 图汇总，最后去掉各种冗余和冲突，得到基本 EñR 图，由于本系统比较简单，如图 10-1 所示为学生成绩管理系统的基本 EñR 图(只画出了部分属性)。

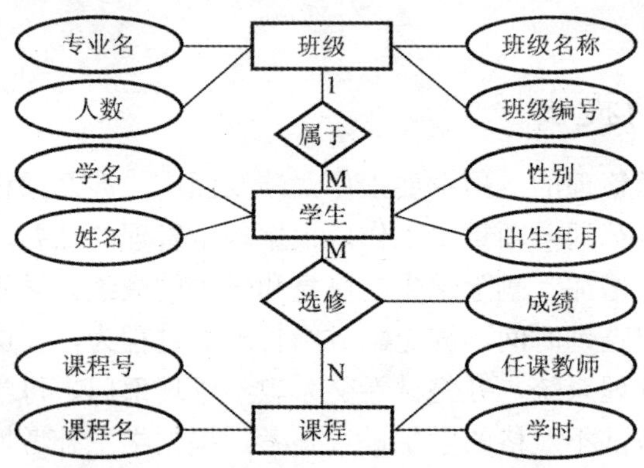

图 10-1　学生成绩管理系统的基本 EñR 图

10.3　逻辑结构设计

逻辑结构设计的主要任务是将概念结构设计的基本 EñR 图转换为具体的数据模型，这里使用的是关系模型，也就是将 EñR 图转换为关系(表)。根据实际情况，转换为班级、学生、课程和选课 4 个表，并且这些表之间有一定的联系。

如图 10-2 所示为班级表的结构及部分记录，图 10-3 所示为学生表的结构及部分记录，图 10-4 所示为课程表的结构及部分记录，图 10-5 所示为选课表的结构及部分记录。

按照系统功能要求，综合考虑系统的各种功能以及系统的设计目标，如图 10-6 所示为系统功能结构图。

班级 : 表

班级编号	班级名称	学制	专业名	人数
BJ061001	计06-1	4	计算机科学与技术	56
BJ061002	计06-2	4	计算机科学与技术	58
BJ062001	计信06-1	4	信息管理	50
BJ071001	计07－1	4	计算机科学与技术	46
BJ071002	计07－2	4	计算机科学与技术	45
BJ072001	计信07-1	4	信息管理	51
BJ081001	计08－1	4	计算机科学与技术	55
BJ081002	计08－2	4	计算机科学与技术	51
BJ082001	计信08-1	4	信息管理	49

记录: 1 共有记录数: 9

图 10-2　班级表的结构及部分记录

学生 : 表

学号	姓名	性别	民族	出生年月	政治面貌	籍贯	E-mail地址	照片	班级编号
0601001	曾志	男	汉族	1989-2-17	预备党员	河南商丘	ZZ1001@126.com		BJ061001
0601018	李一平	男	汉族	1978-10-20	党员	河南商丘	LYP1018@163.com		BJ061002
0603001	李明光	男	汉族	1989-2-8	共青团员	江西九江	LMG3001@yahoo.com		BJ062001
0702001	苏秀美	女	满族	1987-10-22	预备党员	河北保定	SXM2001@126.com		BJ071001
0702002	郭富强	男	汉族	1988-6-15	共青团员	河南洛阳	GFQ2002@yahoo.cn		BJ071002
0703002	程坦	男	回族	1988-5-20	共青团员	河南新乡	CT3002@163.com		BJ072001
0704011	李小明	男	汉族	1988-9-17	共青团员	河南安阳	LXM0704011@sina.c		BJ071001
0704012	刘晓华	女	满族	1987-12-29	党员	云南昆明			BJ071002
0801001	任乐天	男	回族	1989-2-12	共青团员	河南郑州			BJ061001
0803003	潘金生	男	汉族	1987-8-25	预备党员	四川成都			BJ081001
0804010	吴娟	女	汉族	1989-3-28	共青团员	河南驻马店			BJ081002
0805011	庞统一	男	汉族	1986-2-13	共青团员	河南周口			BJ082001
		男							

记录: 1 共有记录数: 12

图 10-3　学生表的结构及部分记录

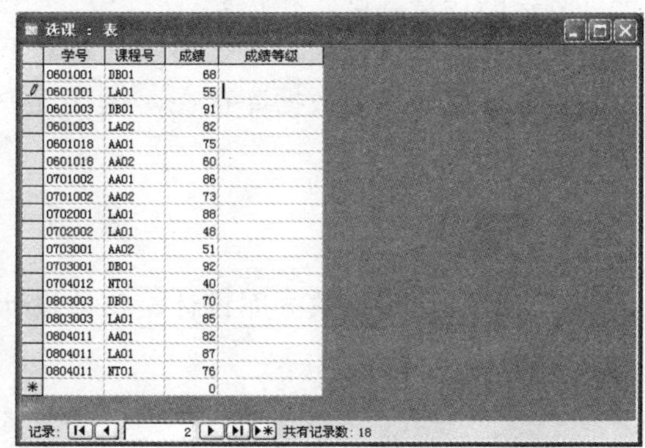

选课 : 表

学号	课程号	成绩	成绩等级
0601001	DB01	68	
0601001	LA01	55	
0601003	DB01	91	
0601003	LA02	82	
0601018	AA01	75	
0601018	AA02	60	
0701002	AA01	86	
0701002	AA02	73	
0702001	LA01	88	
0702002	LA01	48	
0703001	AA02	51	
0703001	DB01	92	
0704012	NT01	40	
0803003	DB01	70	
0803003	LA01	85	
0804011	AA01	82	
0804011	LA01	87	
0804011	NT01	76	
		0	

记录: 2 共有记录数: 18

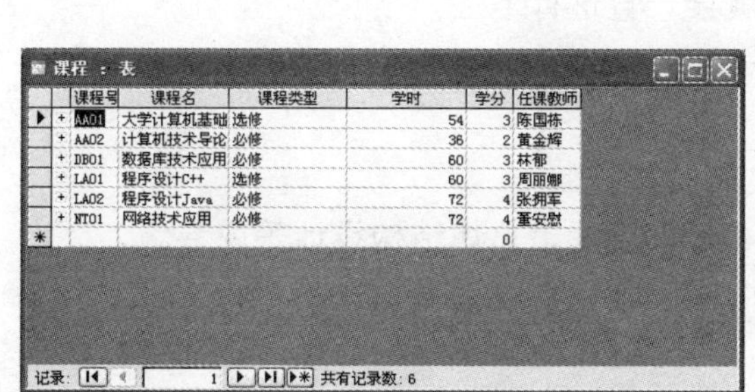

课程 : 表

课程号	课程名	课程类型	学时	学分	任课教师
AA01	大学计算机基础	选修	54	3	陈国栋
AA02	计算机技术导论	必修	36	2	黄金辉
DB01	数据库技术应用	必修	60	3	林郁
LA01	程序设计C++	选修	60	3	周丽娜
LA02	程序设计Java	必修	72	4	张拥军
NT01	网络技术应用	必修	72	4	董安慰
				0	

记录: 1 共有记录数: 6

图 10-4　课程表的结构及部分记录　　图 10-5　选课表的结构及部分记录

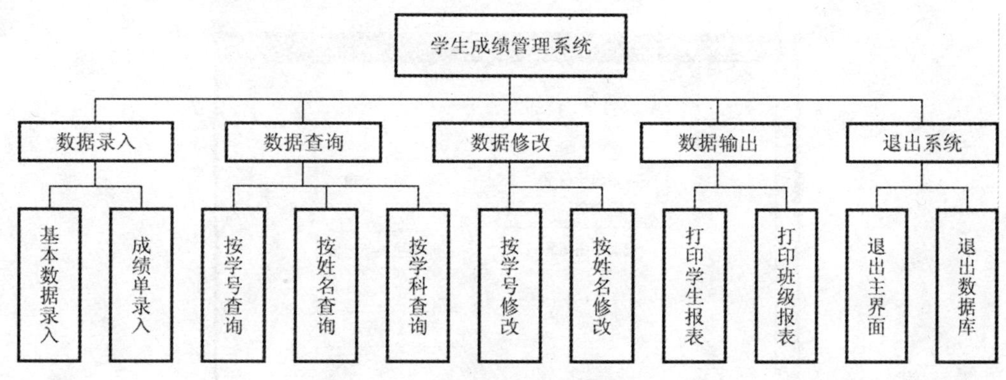

图 10-6　系统功能结构图

10.4　物理设计和运行维护

10.4.1　物理设计

物理设计的主要任务是在逻辑结构设计的基础上选取最适合的物理结构和存储方法。物理设计通常包括 3 方面：确定数据库的存取安排；选取合适的存取路径；确定系统的配置。

由于该数据库占用较大的存储空间，应该考虑对数据备份，在硬盘上单独建立一个文件夹，用来保存数据，同时还要在移动硬盘上建立一个副本。也可以用数据库的压缩工具将数据库压缩后保存。

10.4.2 数据库实施运行和维护

1. 数据库实施

完成数据库的物理设计之后，将物理结构设计的结果，建立一个具体的数据库，将原始数据载入到数据库中，编写 DBMS 能够接受的应用程序，对数据库进行试运行操作。

2. 运行和维护

这一阶段的主要任务是数据库应用系统即将投入运行，为了保证运行良好，需要对数据库进行必要的调整、修改和扩充。

在数据库运行过程中，需要不断的对数据库修改、完善和扩充，并能够及时的保存、转储和恢复数据库，只要数据库存在，运行维护就会一直进行下去。

10.5 系统设计

系统设计主要包括数据库设计、窗体设计、报表设计、总体结构设计等内容。

10.5.1 主窗体的设计

主窗体是用户进入系统时看到的一个用户界面，为了便于系统的调试，给用户一个清晰的设计思路，如图 10-7 所示为学生成绩管理系统主窗体设计。

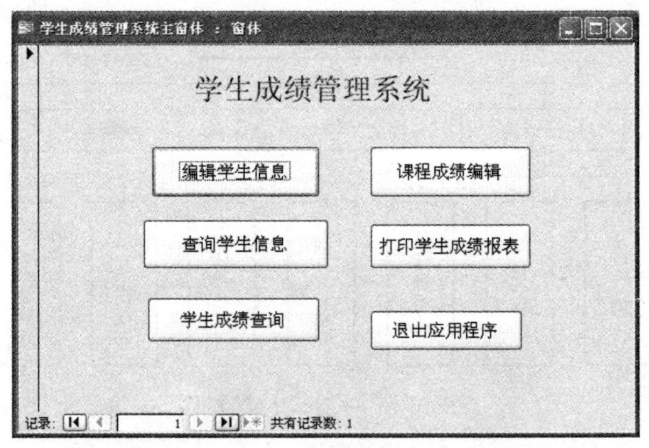

图 10-7 学生成绩管理系统主窗体设计

主窗体的创建步骤如下：

(1) 在 Access 中创建“学生成绩管理系统”数据库，在数据库窗口中选中“窗体”对象。

(2) 单击工具栏上的“新建”按钮，在弹出的“新建窗体”对话框中，选择“设计视图”，进入窗体设计视图窗口。

(3) 在窗体“设计视图”中，使用窗体工具箱的“标签”工具，输入“标签”标题“学生成绩管理系统”。

(4) 在窗体中，再建立“编辑学生信息”、“课程成绩编辑”、“查询学生信息”、“打印学生成绩报表”、“学生成绩查询”和“退出应用程序”等“命令按钮”(用户也可以根据需要再建立其他的功能)。

(5) 保存创建的窗体名为“学生成绩管理系统主窗体”。

10.5.2　设计表间的关系

1. 设计各表的结构

如表 10-1 所示为班级表的结构，表 10-2 所示为学生表的结构，表 10-3 所示为课程表的结构，表 10-4 所示为选课表的结构。

表 10-1　班级表的结构

字段名	数据类型	字段长度	备注
班级编号	文本	10	
班级名称	文本	10	可加查询浏览
专业名	文本	2	可加查询浏览
学制	文本	2	可加查询浏览
班级人数	文本	2	

表 10-2　学生表的结构

字段名	数据类型	字段长度	备注
学号	文本	10	
姓名	文本	10	
性别	文本	2	可加查询浏览
民族	文本	2	可加查询浏览
出生日期	日期型		
政治面貌	文本	4	可加查询浏览
籍贯	文本	10	
E-mail 地址	文本	15	
照片	OLE 对象		
班级编号	文本	8	

表 10-3　课程表的结构

字段名	数据类型	字段长度	备注
课程号	文本	8	
课程名	文本	10	
课程类型	文本	4	可加查询浏览
学时	文本	2	
学分	文本	2	
任课教师	文本	10	

表 10-4 选课表的结构

字段名	数据类型	字段长度	备注
学号	文本	10	
课程号	文本	8	
成绩	文本	3	

2. 设置各表的主键

班级表的主键是：班级编号。

学生表的键是：学号。

课程表的主键是：课程号。

选课表的主键是：学号、课程号。

3. 建立各表之间的关联

设置方法前面已经介绍，如图 10-8 所示为“学生成绩管理系统”表间的关系。

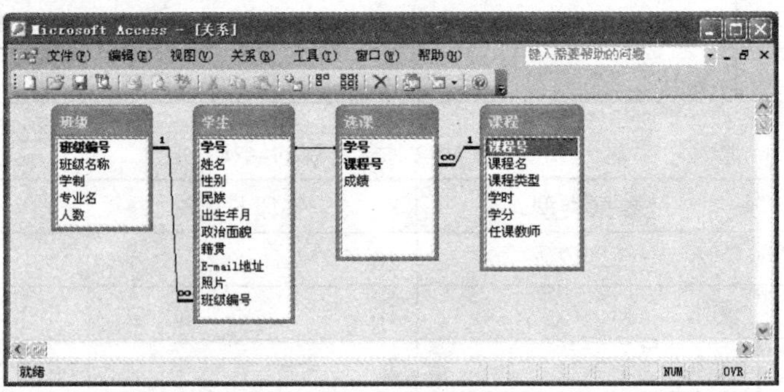

图 10-8 “学生成绩管理系统”表间的关系

10.5.3 功能模块的详细设计

为了完成设计目标，需要将各功能模块细化，设计出各功能模块的详细功能。表 10-5 给出了各功能模块列表。

10.5.4 编辑各表的窗体

由于篇幅较大，这里只给出了部分窗体，编写步骤在第 5 章已经介绍，这里只给出创建结果。

1. 编辑学生基本信息窗体

在数据库中，经常需要对学生信息进行编辑，添加记录、删除记录、保存已修改记录等操作，编辑结束退出应用程序等。如图 10-9 所示为编辑学生基本信息窗体。

2. 编辑课程信息

课程编辑和选课编辑可以通过子窗体的方法同时进行，如图 10-10 所示为课程编辑窗体设计视图。如图 10-11 所示为课程编辑窗体的运行结果，图的最上部显示课程相关信息，子窗体给出选修该课程的学生成绩信息。

表 10-5　各功能模块列表

模块功能	模块子功能	说明
编辑学生信息	编辑学生基本信息	对学生表记录的增、删、改
	编辑课程信息	对课程表记录的增、删、改
	编辑班级信息	对班级表记录的增、删、改
	编辑选课信息	对选课表记录的增、删、改
查询学生信息	选择查询学生信息	带有查询条件的学生成绩查询
	交互式查询学生成绩	按课程查询学生成绩
	更新查询学生成绩	将条件查询结果，并更新字段
	按学号查询学生信息	输入学号查询学生信息
	按输入姓名查询学生信息	输入姓名查询学生信息
	交叉表查询设计	查询统计结果
学生成绩查询	按学号查询学生信息	输入学号查询学生信息
	按输入姓名查询学生信息	输入姓名查询学生信息
	交互式查询学生成绩	按课程查询学生成绩
	更新查询学生成绩	将条件查询结果，并更新字段
打印学生成绩报表	按班级编号排序输出学生信息	按班级编号顺序输出学生信息
	按查询结果输出报表	将查询作为数据源输出报表
退出应用程序	退出应用程序	直接退出应用程序

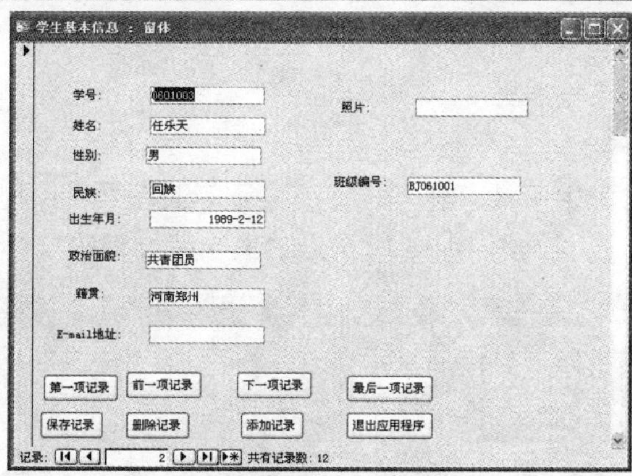

图 10-9　编辑学生基本信息窗体

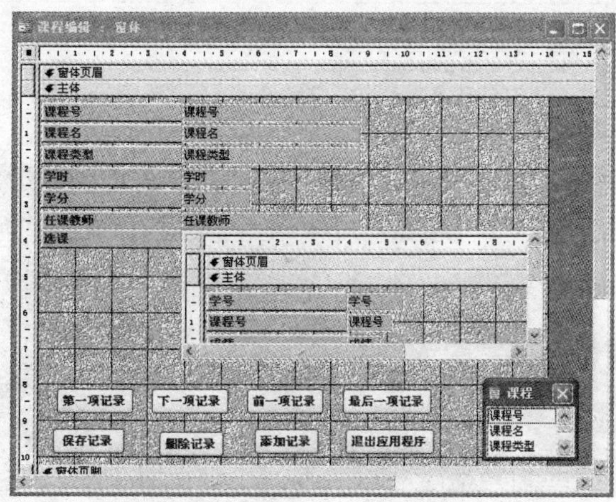

图 10-10　课程编辑窗体设计视图

图 10-11　课程编辑窗体的运行结果

其他编辑操作由于篇幅不再详述。

10.5.5　设置查询和查询窗体

查询是系统设计的主要功能之一，由于查询功能较强，涉及内容较多，所以在查询中要设计查询子窗体。

1．选择查询学生信息

查询考试成绩及格的学生学号、姓名、班级编号，课程号、课程名和成绩，如图 10-12 所示为学生成绩查询设计视图，图 10-13 所示为学生成绩查询的执行结果。

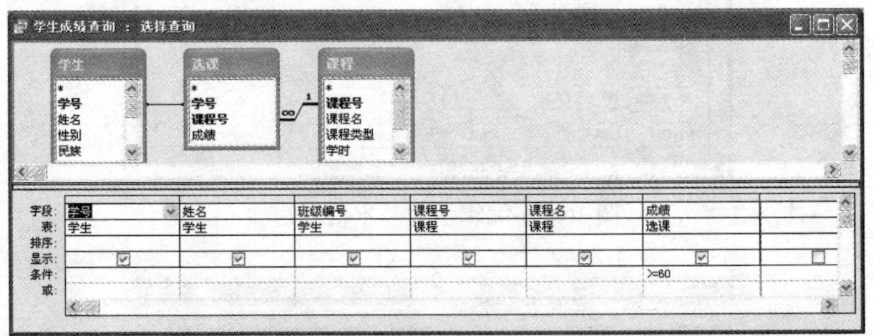

图 10-12　学生成绩查询设计视图

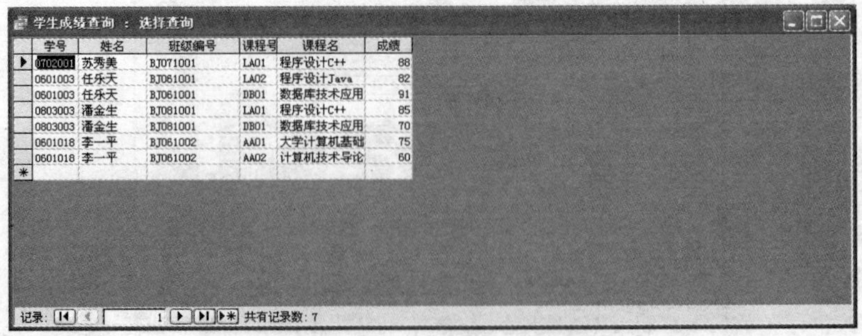

学号	姓名	班级编号	课程号	课程名	成绩
0702001	苏秀美	BJ071001	LA01	程序设计C++	88
0601003	任乐天	BJ061001	LA02	程序设计Java	82
0601003	任乐天	BJ061001	DB01	数据库技术应用	91
0803003	潘金生	BJ081001	LA01	程序设计C++	85
0803003	潘金生	BJ081001	DB01	数据库技术应用	70
0601018	李一平	BJ061002	AA01	大学计算机基础	75
0601018	李一平	BJ061002	AA02	计算机技术导论	60

图 10-13　学生成绩查询的执行结果

2．交互式查询学生成绩

交互式查询学生成绩是按课程查询学生的成绩，输入课程号，显示学生的学号、姓名、课程号和成绩。如图 10-14 所示为按课程查询学生成绩设计视图。

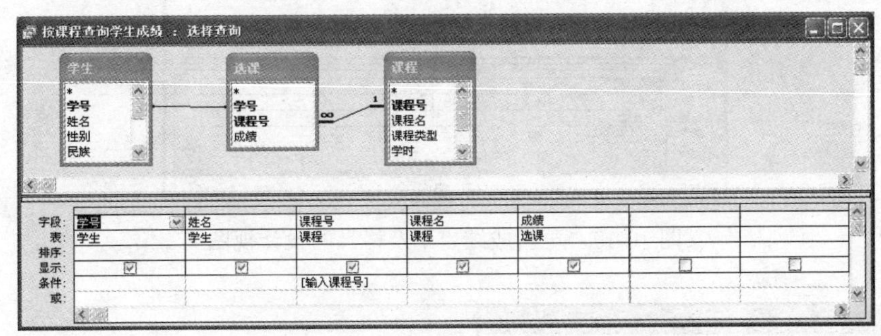

图 10-14　按课程查询学生成绩设计视图

当运行按课程查询学生成绩时，出现如图 10-15 所示的“输入参数值”对话框，输入参数值后，单击“确定”按钮，出现如图 10-16 所示的按课程查询学生成绩执行结果。

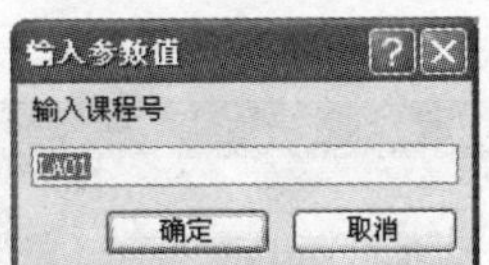

图 10-15　“输入参数值”对话框

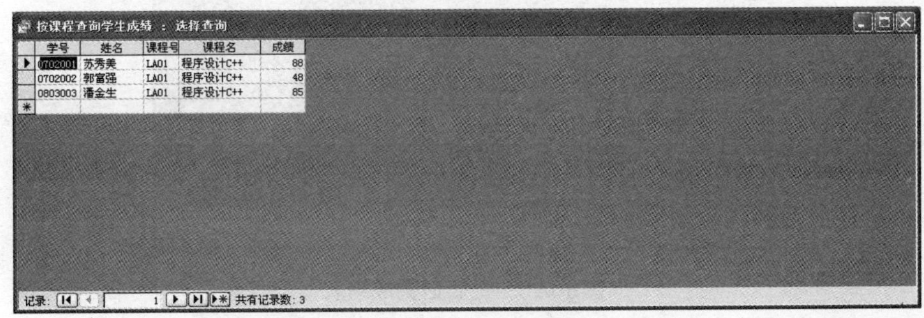

学号	姓名	课程号	课程名	成绩
0702001	苏秀美	LA01	程序设计C++	88
0702002	郭富强	LA01	程序设计C++	48
0803003	潘金生	LA01	程序设计C++	85

图 10-16　按课程查询学生成绩执行结果

3．更新查询学生成绩

在“选课”表中增加“成绩等级”列，使用更新查询将学生的成绩分为 4 个等级，如果成绩大于或等于 85，等级为“优秀”；如果成绩大于或等于 75，等级为“良好”；如果成绩大于或等于 60，等级为“及格”；如果成绩小于 60，等级为“不及格”。

如图 10-17 所示为更新成绩“不及格”的设计视图，当运行查询时，出现如图 10-18 所示的“修改表中信息”对话框，单击“是”按钮，出现如图 10-19 所示的“准备更新”对话框，单击“是”按钮系统完成更新。如图 10-20 所示为更新后的成绩表。

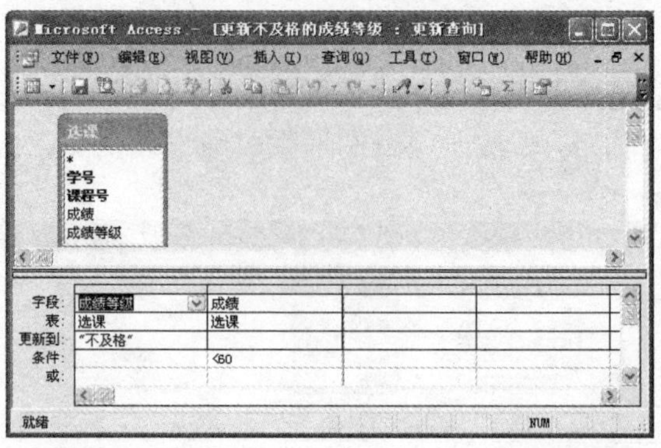

图 10-17 更新成绩“不及格”的设计视图

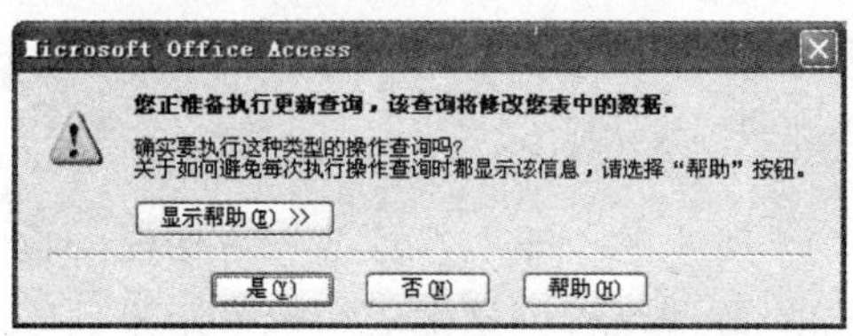

图 10-18 “修改表中信息”对话框

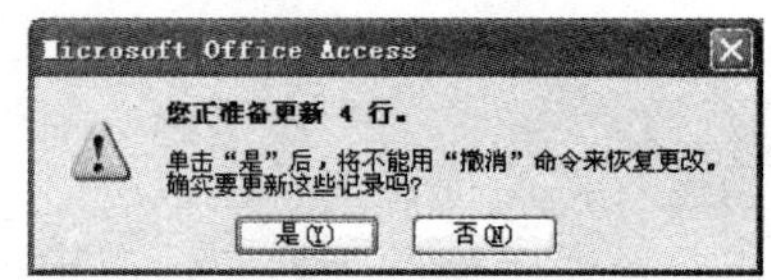

图 10-19 “准备更新”对话框

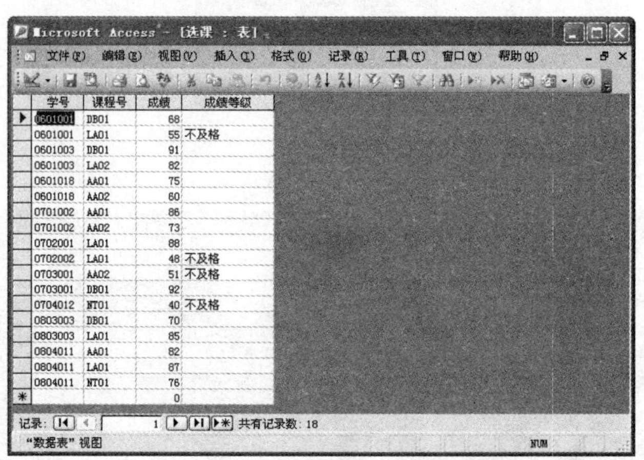

学号	课程号	成绩	成绩等级
0601001	DB01	68	
0601001	LA01	55	不及格
0601003	DB01	91	
0601003	LA02	82	
0601018	AA01	75	
0601018	AA02	60	
0701002	AA01	86	
0701002	AA02	73	
0702001	LA01	88	
0702002	LA01	48	不及格
0703001	AA02	51	不及格
0703001	DB01	92	
0704012	NT01	40	不及格
0803003	DB01	70	
0803003	LA01	85	
0804011	AA01	82	
0804011	LA01	87	
0804011	NT01	76	
		0	

图 10-20 更新后的成绩表

按照类似的方法可以更新成绩等级的其他等级。

4. 按学号查询学生信息

按学号查询是输入学生学号，显示学生基本信息，如图 10-21 所示为按学号查询学生信息设计视图，如图 10-22 所示为按学号查询学生信息运行结果。

5. 交叉表查询设计

利用交叉表查询可以实现以表格的形式汇总计算，并将计算结果显示在行和列的交叉单元格中。如图 10-23 所示为“统计各班性别情况”设计视图，如图 10-24 所示为“统计各班性别情况”运行结果。

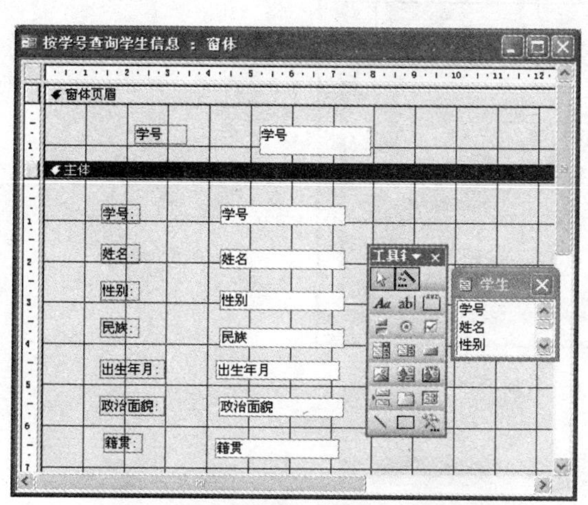

图 10-21　按学号查询学生信息设计视图

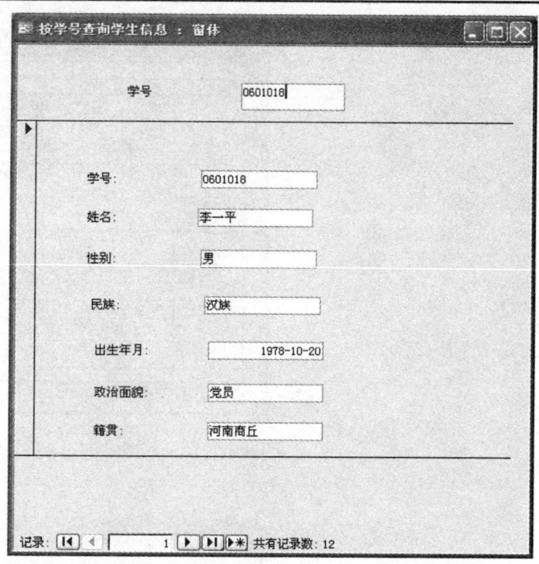

图 10-22　按学号查询学生信息运行结果

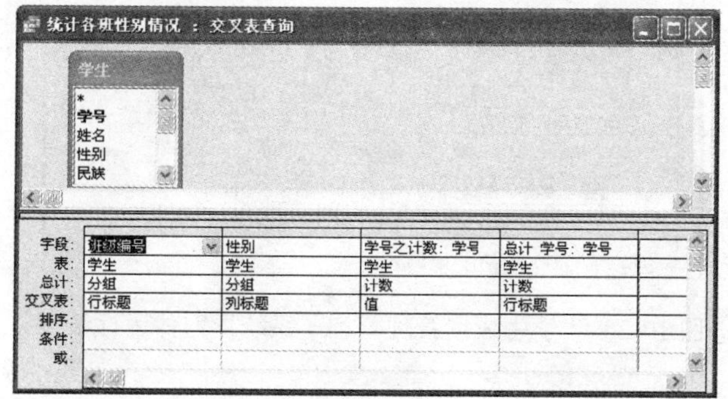

字段:	班级编号	性别	学号之计数: 学号	总计 学号: 学号
表:	学生	学生	学生	学生
总计:	分组	分组	计数	计数
交叉表:	行标题	列标题	值	行标题
排序:				
条件:				
或:				

图 10-23　“统计各班性别情况”设计视图

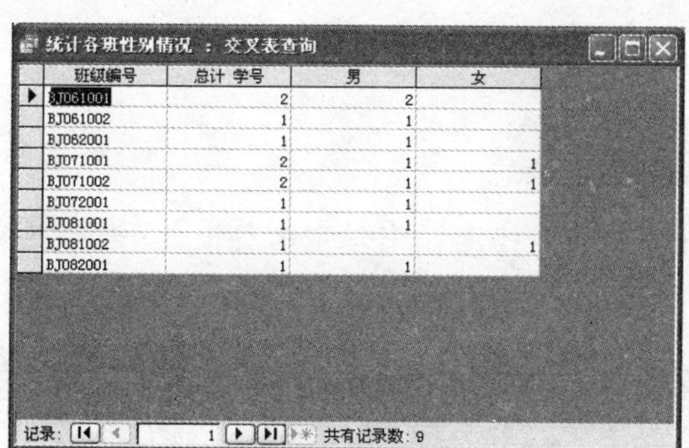
统计各班性别情况 ： 交叉表查询

班级编号	总计 学号	男	女
BJ061001	2	2	
BJ061002	1	1	
BJ062001	1	1	
BJ071001	2	1	1
BJ071002	2	1	1
BJ072001	1	1	
BJ081001	1	1	
BJ081002	1		1
BJ082001	1	1	

记录: 1 共有记录数: 9

图 10-24　“统计各班性别情况”运行结果

6. 查询子系统的设计

各模块功能实现后，为了应用方便需要设计子窗体，如图 10-25 所示为“学生成绩管理查询子系统”窗体设计视图，如图 10-26 所示为“学生成绩管理查询子系统”窗体运行结果，当用鼠标单击某个功能按钮，则进入相应的查询模块。

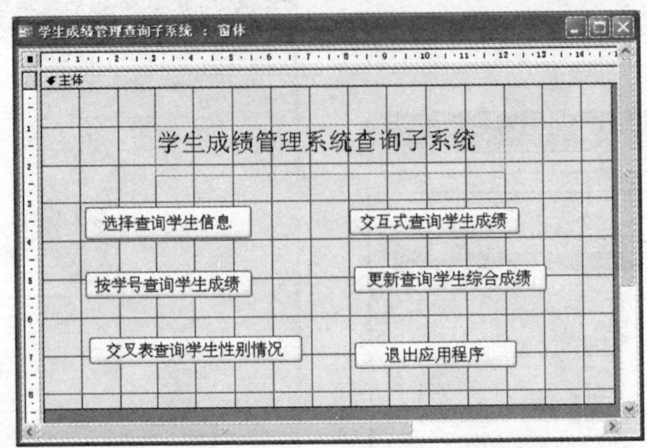

图 10-25 “学生成绩管理查询子系统”窗体设计视图

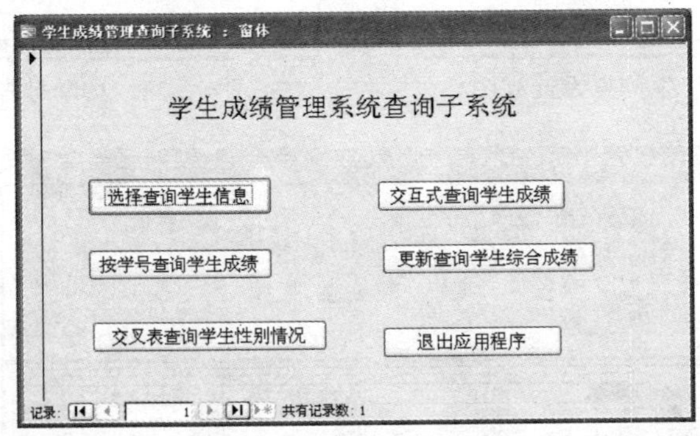

图 10-26 “学生成绩管理查询子系统”窗体运行结果

10.5.6 报表设计

报表是将学生成绩在打印机上输出或者在屏幕上预览的一种方式。限于篇幅，这里只给出部分报表。

1．按班级编号排序输出学生信息

如图 10-27 所示为“按班级编号排序输出学生信息报表”设计视图，如图 10-28 所示为“按班级编号排序输出学生信息报表”运行结果。

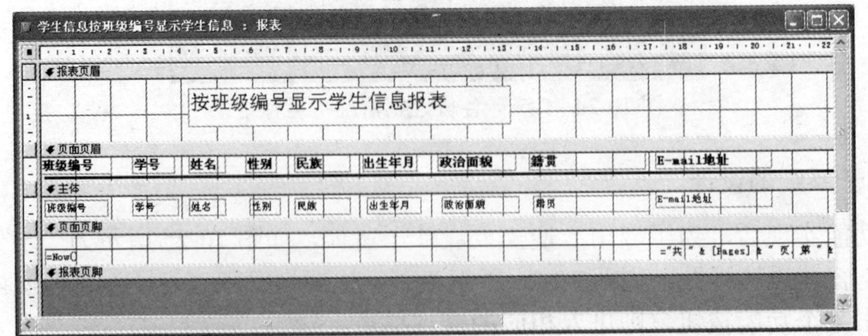

图 10-27 “按班级编号排序输出学生信息报表”设计视图

图 10-28 “按班级编号排序输出学生信息报表”运行结果

2．将查询结果输出

以查询作为数据源输出查询结果，如图 10-29 所示为“按课程号查询学生成绩报表”设计视图。

图 10-29 “按课程号查询学生成绩报表”设计视图

运行报表时，系统出现如图 10-30 所示的“输入参数值”对话框，输入查询的课程号，单击“确定”按钮，出现如图 10-31 所示的“按课程号查询学生成绩报表”运行结果。

输入参数值
输入课程号
DB01
确定　取消

图 10-30 “输入参数值”对话框

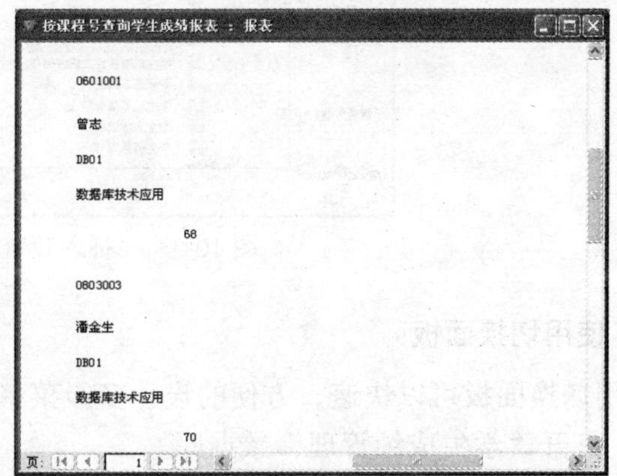

图 10-31 “按课程号查询学生成绩报表”运行结果

其他报表类似，在此不再详细介绍。

10.5.7 设计主窗体

主窗体设计有两种方法：一是使用主窗体调用子窗体；二是使用切换面板。

1. 使用主窗体调用子窗体

使用主窗体调用子窗体是在创建的主窗体中设置超级子链接实现。操作步骤如下：

(1) 打开主窗体设计视图。

(2) 选中主窗体中要创建子窗体的标签属性，如“查询学生信息”，出现如图 10-32 所示的“命令按钮：查询学生信息”对话框。

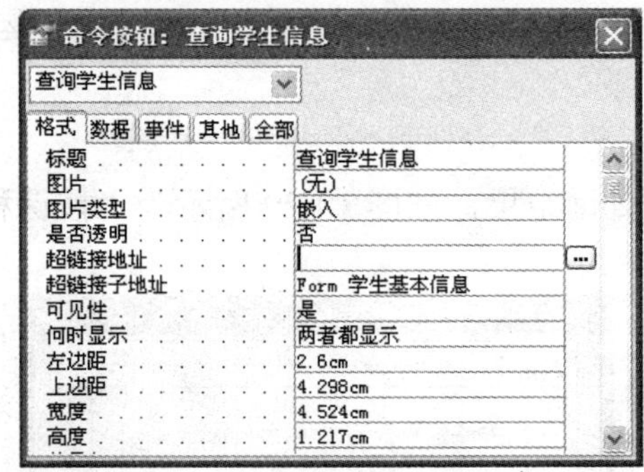

图 10-32 “命令按钮：查询学生信息”对话框

(3) 在对话框中选择“超级链接子地址”文本框右边的“…”按钮，出现如图 10-33 所示的“插入超链接”对话框。

(4) 在对话框中，在“链接到”区域中选择“此数据库中的对象”，在“请在数据库中选择一个对象”中选择“窗体”展开窗体对象，选中“学生成绩管理查询子系统”。

(5) 单击“确定”返回主窗体设计视图，重复(2) ~(4)可以设置其他子窗体。

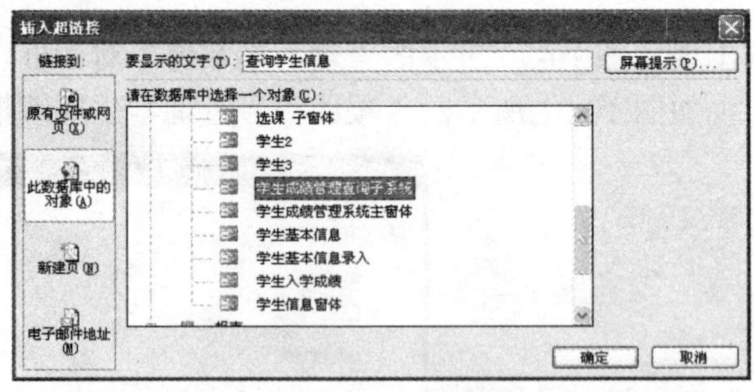

图 10-33 “插入超链接”对话框

2. 使用切换面板

使用切换面板可以快速、方便的设计多级菜单调用。操作步骤如下：

(1) 打开“学生成绩管理”数据库。

(2) 单击“工具”|“数据库实用工具”菜单命令，在级联菜单中选择“切换面板管理器”，在“切换面板管理器”窗口中单击“新建”按钮。

(3) 在“新建切换面板页名”中输入切换面板页名“学生成绩管理系统”，单击“确定”返回“切换面板管理器”窗口。

(4) 选中是切换面板页名，单击“编辑”按钮，编辑切换面板项目，可反复添加编辑，最后单击“关闭”。

如图 10-34 所示为用切换面板创建的学生成绩管理系统的主菜单。

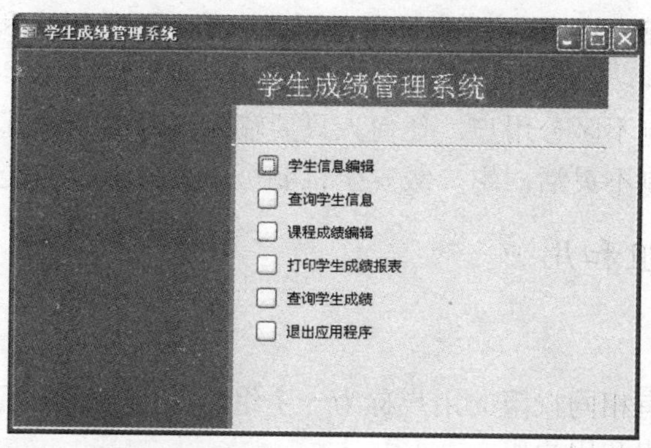

图 10-34　用切换面板创建的“学生成绩管理系统”主菜单

3. 将主窗体设置为启动窗体

Access 启动后如果想直接进入“学生成绩管理系统”，可以将学生成绩管理系统窗体设计为启动窗体。

操作步骤如下：

(1) 打开“学生成绩管理系统”数据库，选中“窗体”对象。

(2) 单击“工具”菜单，出现如图 10-35 所示的“工具”下拉菜单。

(3) 选择“启动”命令，出现如图 10-36 所示的“启动”对话框。

(4) 在对话框的“显示窗体/页”下拉列表框中选择“学生成绩管理系统主窗体”选项，单击“确定”按钮。

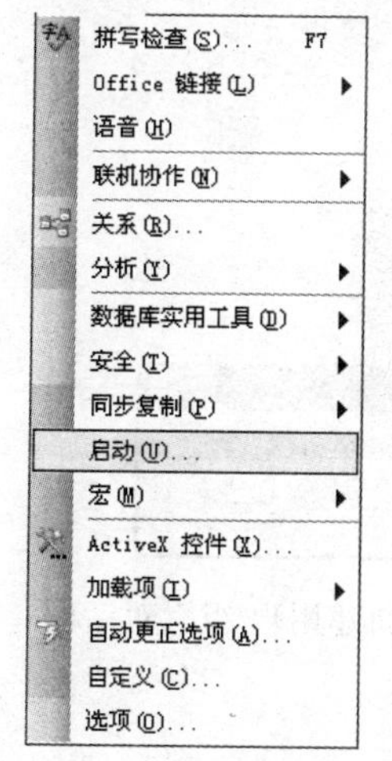

图 10-35　“工具”下拉菜单

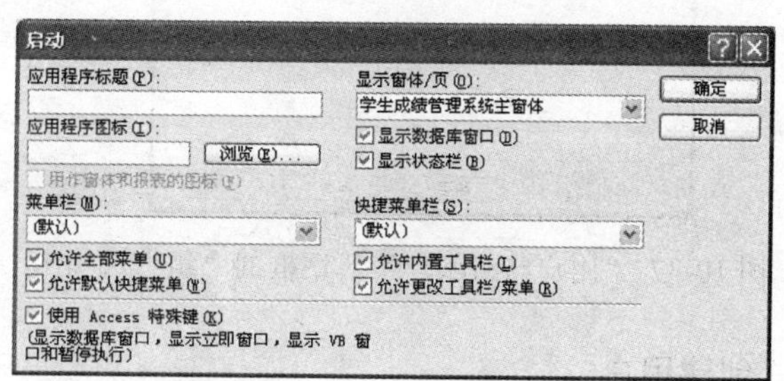

图 10-36　“启动”对话框

10.6 用户安全机制的设置与管理

数据库建立后，为了保护数据库可以给数据库设置密码，使得每次打开数据库时都要输入密码，使不知道密码的用户无法进入数据库系统。密码的设置第 9 章已经详述，用户可以“以独占方式”打开数据库，然后通过“工具” | “安全”，在级联菜单中选择“设置数据库密码”，在“设置数据库密码”提示框中设置密码。本节主要从用户和用户组的角度来管理数据库。

数据库安全密码机制不区分用户，任何人只要输入正确的密码都可以得到数据库对象的全部操作权限，管理机制不灵活。用户级安全机制可以更灵活、方便的管理数据库对象。

10.6.1 创建用户组和用户

1. 创建用户组

在数据库中，将具有相同权限的用户称为一个组，创建的用户通常要在某个组中。系统默认有两个组：管理员组和用户组。

创建组的操作步骤如下：

(1) 打开“学生成绩管理系统”数据库。

(2) 单击“工具” | “安全”菜单，在级联菜单中选择“用户与组账户”，打开“用户与组账户”对话框，单击“组”选项卡，出现如图 10-37 所示的“用户与组账户”对话框的“组”选项卡。

(3) 单击“新建”按钮，出现如图 10-38 所示的“新建用户/组”对话框。

(4) 在对话框的“名称”文本框中输入新建用户组名“应用组”，在“个人 ID”文本框中输入用户组标识“user001”。

(5) 单击“确定”按钮，返回图 10-37，用同样的方法可以继续创建新组，在“用户与组账户”中，单击“确定”按钮，完成组的设置。

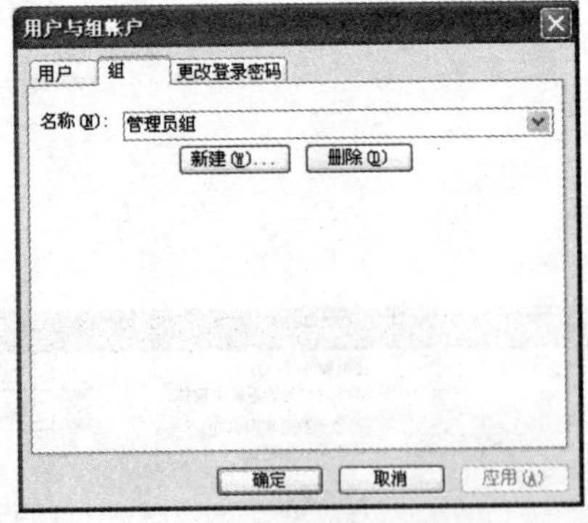

图 10-37 “用户与组账户”对话框的“组”选项卡

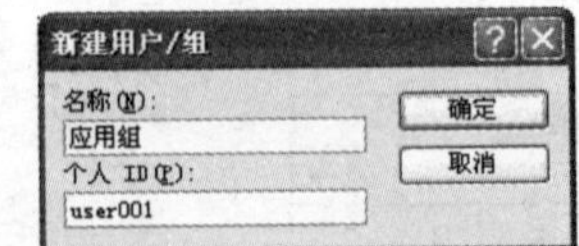

图 10-38 “新建用户/组”对话框

2. 创建用户

用户是数据库组的成员，是使用数据库系统的基本用户，默认情况下，是管理员用户。

创建用户组的操作如下：

(1) 打开“学生成绩管理系统”数据库。

(2) 单击“工具”|“安全”菜单，在级联菜单中选择“用户与组账户”，出现“用户与组账户”对话框，单击“用户”选项卡，出现如图 10-39 所示的“用户与组账户”对话框的“用户”选项卡。

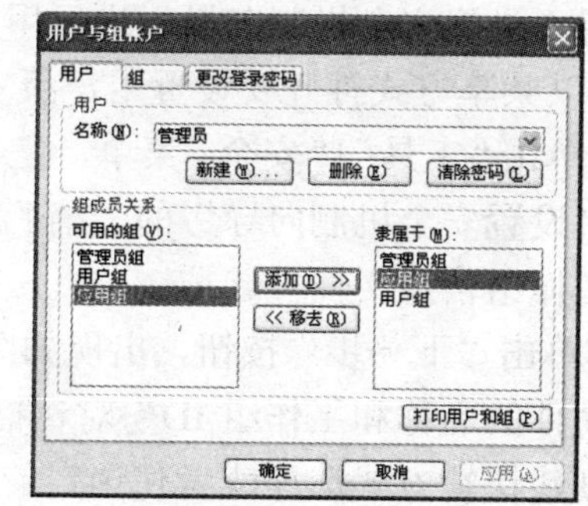

图 10-39 “用户与组账户”对话框的“用户”选项卡

(3) 在对话框的“组成员关系”中，“可用组”列表区域列出已经存在的组，在“隶属于”区域中显示用户所属的组，可以改变隶属关系，单击“新建”按钮，出现如图 10-40 所示的“新建用户/组”对话框。

(4) 在对话框的“名称”文本框中输入新建用户名“user01”，在“个人 ID”文本框中输入用户标识“user01”。

(5) 单击“确定”按钮，返回图 10-36，用同样的方法可以创建新用户，系统默认新用户加入“用户组”，在“用户与组账户”中，单击“确定”按钮，完成组的设置。

图 10-40 “新建用户/组”对话框

10.6.2　设置用户与组的访问权限

Access 可以为不同的组和不同用户设置对不同对象的访问权限，操作步骤如下：

(1) 打开“学生成绩管理系统”数据库。

(2) 单击“工具”|“安全”菜单，在级联菜单中选择“用户与组权限”，出现“用户与组权限”对话框，单击“权限”选项卡，出现如图 10-41 所示的“用户与组权限”对话框的“权限”选项卡。

(3) 在对话框的“列表”中，单选“组”按钮，在“用户名/组名”列表区域中出现所有已经建立的组，在“对象类型”下拉列表框中，选择要授予权限的对象，在“对象名称”中选择要授权的对象名“学生”，在“权限”区域中，复选授予的权限。

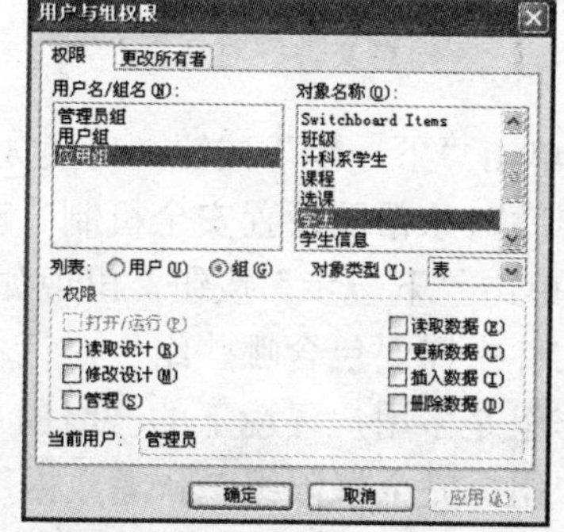

图 10-41 “用户与组权限”对话框的“权限”选项卡

(4) 单击“应用”按钮，可以为其他组继续授权，单击“确定”按钮，退出授权设置。

如果要对用户授权，在图 10-41 的“列表”区域中，单选“用户”按钮，其他操作与“用户组”类似。

10.6.3　用户级安全机制的设置

用户级安全机制是对预先定义的用户或组设置对数据库各对象的访问权限。用户要以安全机制保护数据库，必须在打开数据库时先输入密码，然后 Access 根据该用户的权限对其进一步操作进行限制。

用户级安全机制设置比较复杂，利用 Access 提供的安全机制向导可以简化设置操作。

利用“设置安全机制向导”进行用户级安全设置的操作步骤如下：

(1) 以共享方式打开要设置用户级安全机制的数据库，如“学生成绩管理系统”。

(2) 单击“工具”|“安全”菜单，在级联菜单中选择“设置安全机制向导”，出现如图 10-42 所示的“设置安全机制向导”的“请确定新建还是修改当前工作组信息文件”对话框，选择“新建工作组信息文件”选项。

(3) 单击“下一步”按钮，出现如图 10-43 所示的“设置安全机制向导”的“请指定工作组信息文件的名称和工作组 ID”对话框，在“文件名”中指定工作组文件名，并用单选按钮选择是创建快捷方式选项或者使选定的文件成为默认工作组的信息文件。

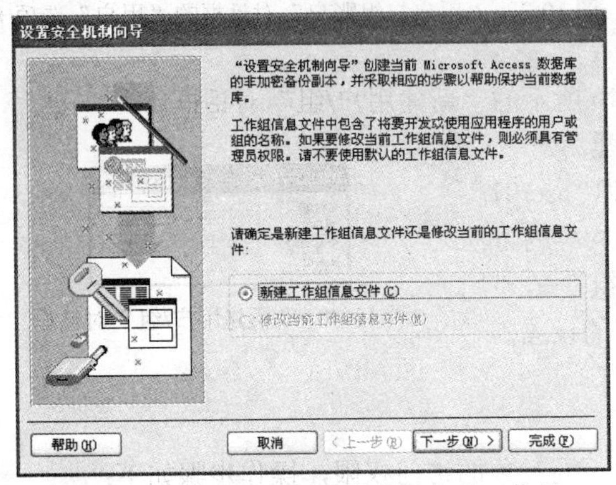

图 10-42 “请确定新建还是修改当前工作组信息文件”对话框

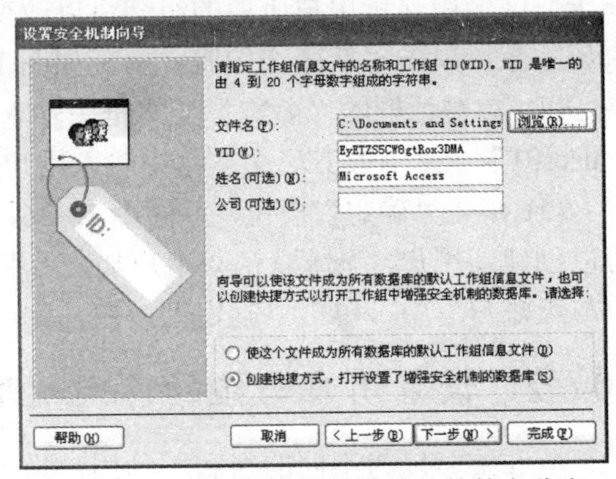

图 10-43 “请指定工作组信息文件的名称和工作组 ID”对话框

(4) 单击“下一步”按钮，出现如图 10-44 所示的“设置安全机制向导”的“请确定要对哪些数据库对象帮助设置安全机制”对话框，在对话框中选择要设置安全机制的对象。

(5) 单击“下一步”按钮，出现如图 10-45 所示的“设置安全机制向导”的“请确定工作组信息文件中需要包含哪些组”对话框，根据需要设置组，这里选择“完全数据用户组”。

工作组是多用户环境下的一组用户，用户级安全机制将用户组分为备份操作员组、完全数据用户组、完全权限组、新建数据用户组、项目设计者组、只读用户组和更新数据用户组。

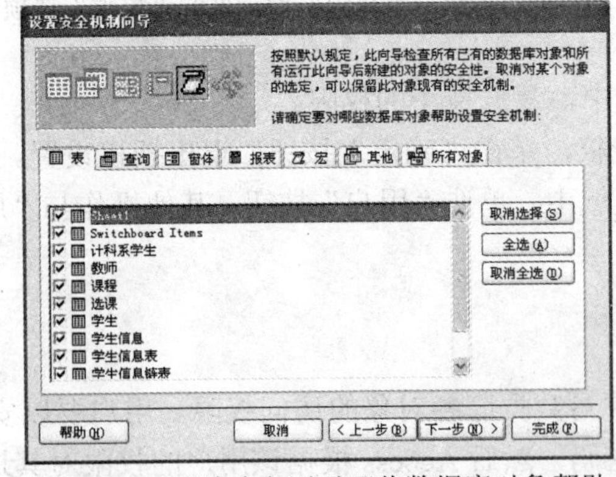

图 10-44 “请确定要对哪些数据库对象帮助设置安全机制”对话框

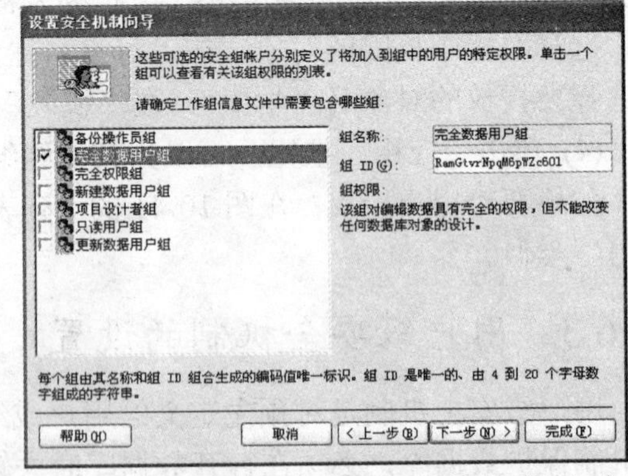

图 10-45 “请确定工作组信息文件中需要包含哪些组”对话框

备份操作员组：可以以独占方式打开数据库，并进行数据库的压缩和备份，但不能看到任何数据库对象。

完全数据用户组：对数据库中的全部数据进行增加、修改和删除，但不能更改任何数据库对象的设计。

完全权限组：具有对数据库的全部权限，但不能像管理员组为其他用户授权。

新建数据用户组：可以读取和插入新的数据，但不能修改和删除原有数据，也不能更改数据库设计。

项目设计者组：拥有对数据库对象的所有权限，但不能更改表的关系。

只读用户组：用户可以读取所有的数据，但不能更改数据和设计。

更新数据用户组：可以读取和修改现有数据，不能新增或删除数据，也不能更改数据库对象设计。

(6) 单击“下一步”按钮，出现如图 10-46 所示的“设置安全机制向导”的“请确定是否授予用户组某些权限”对话框，在这里选择授予用户组的权限。

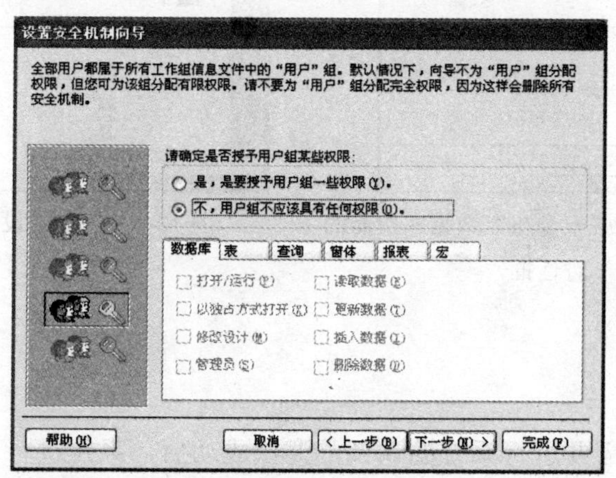

图 10-46　“请确定是否授予用户组某些权限”对话框

(7) 单击“下一步”按钮，出现如图 10-47 所示的“设置安全机制向导”的“请确定是要选择用户将从属的组还是选择组中的用户”对话框，在组或用户名称中选择“完全数据用户组”列表项，在复选项中选择需要的用户名称。

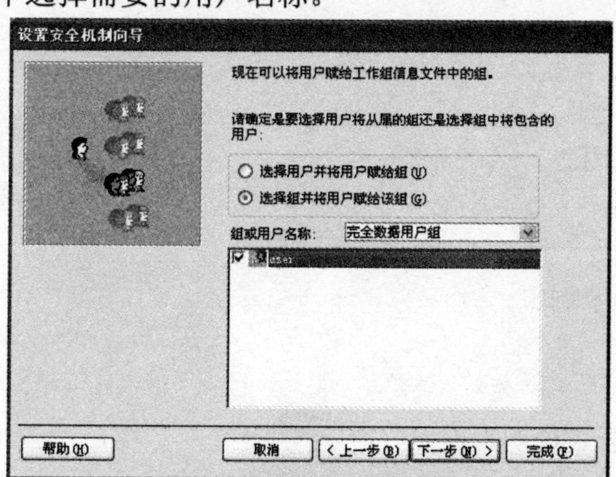

图 10-47　“请确定是要选择用户将从属的组还是选择组中的用户”对话框

(8) 单击“下一步”按钮，出现如图 10-48 所示的“设置安全机制向导”的“向导创建具有增强安全机制数据库所需的全部信息”对话框，这里指定无安全机制的数据库备份副本的名称，为了安全要将原来的设置安全机制的数据库进行备份。

(9) 单击“完成”按钮，用户级安全机制设置完成。如图 10-49 所示为“单步设置安全机制向导报表”。

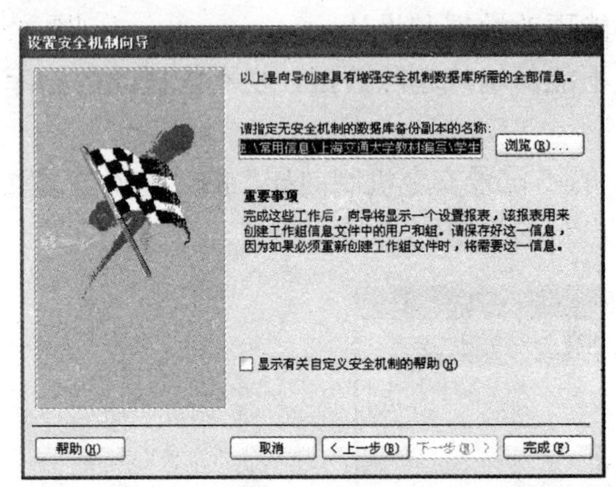

图 10-48 “向导创建具有增强安全机制数据库所需的全部信息”对话框

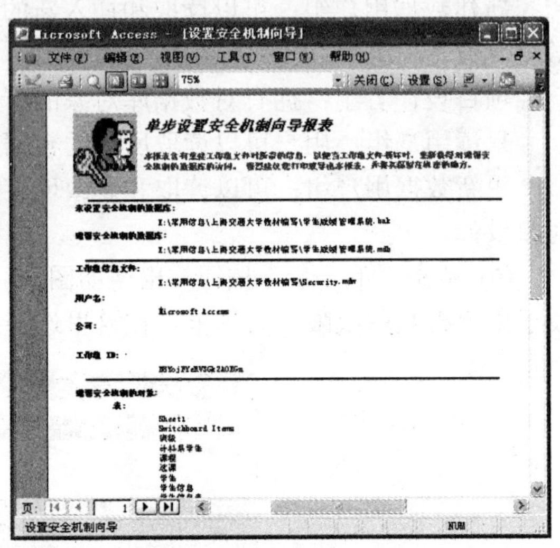

图 10-49 “单步设置安全机制向导报表

10.7 设计文档

系统设计完成后，需要进行系统的调试，调试成功后，系统进行试运行阶段，一旦系统投入运行设计者应写出任务说明书，使其为今后的修改扩充功能的原始资料。

任务说明书的主要任务包括以下方面：

(1) 任务名称。

(2) 设计者。

(3) 指导教师。

(4) 设计时间。

(5) 总体功能。

(6) 各功能模块联系图。

(7) 表间关系示意图。

(8) 各部分功能窗体。

(9) 各模块功能使用示例。

(10) 操作说明。

(11) 使用注意事项。

(12) 编辑、修改及公式说明。

本 章 小 结

学生成绩管理是各级各类教学部门和教学管理部门关心的问题，利用 Access 2003 数据库提供的数据管理功能实现学生成绩管理是本课程的综合运用。

学生成绩管理系统设计首先要关心学校各部门对系统的需求，其中包括信息需求、处理要求和安全性与完整性要求。在需求分析的基础上，概念结构设计将需求分析的结果形成独立于具体 DBMS 的 E—R 图。逻辑结构设计阶段，将概念结构形成的 E－R 图转换为 DBMS 支持的数据模型，形成逻辑模式建立数据库的数据表，设计各表的结构和系统总体功能。

物理结构设计一是确定数据库的存取安排；二是选取合适的存取路径；三是确定系统的配置。数据库实施维护是数据库设计的最终阶段。

数据库设计是整个系统的关键，主要包括主窗体的设计，表间关系的设计，功能模块的详细设计，编辑各表的窗体，设置查询和查询窗体，报表的设计等。同时，根据系统的需要设计系统的用户安全机制，设置用户和用户组，设置用户和用户组的管理权限，最后设计系统的文档。

通过学习本章应达到下列要求：

(1) 掌握 Access 数据库设计的过程。

(2) 掌握主窗体、表、查询、报表等内容的设计。

(3) 掌握系统的用户安全性机制。

(4) 能够设计一个完整的数据库应用系统。

思考题与习题

一、填空题

1. 在需求分析阶段，主要考虑系统的________________、________________安全性与完整性要求。
2. 概念结构设计中形成的图称为________________。
3. 主窗体的设计通常有两种方法，一是主窗体调用子窗体，二是使用____________。
4. 在关系数据库设计时，设计关系模式是在________________阶段设计的。
5. 设计 E－R 图时，联系至少和______________实体有关。

二、简答题

1. 如何将主窗体设置为启动窗体？
2. 用户与用户组的关系是什么？为什么设置用户组？
3. 简单叙述创建用户的过程？
4. 用户权限和密码有什么区别？
5. 文档设计主要包括哪些内容？说明各部分的主要作用？

附录 I

全国计算机等级考试二级 Access 考试大纲

公共基础知识

基本要求

1. 掌握算法的基本概念。
2. 掌握基本数据结构及其操作。
3. 掌握基本排序和查找算法。
4. 掌握逐步求精的结构化程序设计方法。
5. 掌握软件工程的基本方法，具有初步应用相关技术进行软件开发的能力。
6. 掌握数据库的基本知识，了解关系数据库的设计。

考试内容

一、基本数据结构与算法

1. 算法的基本概念；算法复杂度的概念和意义(时间复杂度与空间复杂度)。
2. 数据结构的定义；数据的逻辑结构与存储结构；数据结构的图形表示；线性结构与非线性结构的概念。
3. 线性表的定义；线性表的顺序存储结构及其插入与删除运算。
4. 栈和队列的定义；栈和队列的顺序存储结构及其基本运算。
5. 线性单链表、双向链表与循环链表的结构及其基本运算。
6. 树的基本概念；二叉树的定义及其存储结构；二叉树的前序、中序和后序遍历。
7. 顺序查找与二分法查找算法；基本排序算法(交换类排序，选择类排序，插入类排序)。

二、程序设计基础

1. 程序设计方法与风格。
2. 结构化程序设计。
3. 面向对象的程序设计方法，对象，方法，属性及继承与多态性。

三、软件工程基础

1. 软件工程基本概念，软件生命周期概念，软件工具与软件开发环境。
2. 结构化分析方法，数据流图，数据字典，软件需求规格说明书。
3. 结构化设计方法，总体设计与详细设计。
4. 软件测试的方法，白盒测试与黑盒测试，测试用例设计，软件测试的实施，单元测试、集成测试和系统测试。
5. 程序的调试，静态调试与动态调试。

四、数据库设计基础

1. 数据库的基本概念：数据库，数据库管理系统，数据库系统。
2. 数据模型，实体联系模型及 E-R 图，从 E-R 图导出关系数据模型。

3. 关系代数运算，包括集合运算及选择、投影、连接运算，数据库规范化理论。

4. 数据库设计方法和步骤：需求分析、概念设计、逻辑设计和物理设计的相关策略。

考试方式

1. 公共基础知识的考试方式为笔试，与 Access 数据库程序设计的笔试部分合为一张试卷。公共基础知识部分占全卷的 30 分。

2. 公共基础知识有 10 道选择题和 5 道填空题。

Access 数据库程序设计

基本要求

1．具有数据库系统的基础知识。

2．基本了解面向对象的概念。

3．掌握关系数据库的基本原理。

4．掌握数据库程序设计方法。

5．能使用 Access 建立一个小型数据库应用系统。

考试内容

一、 数据库基础知识

1. 基本概念：

数据库，数据模型，数据库管理系统，类和对象，事件。

2. 关系数据库基本概念：

关系模型(实体的完整性，参照的完整性，用户定义的完整性)，关系模式，关系，元组，属性，字段，域，值，主关键字等。

3. 关系运算基本概念：

选择运算，投影运算，连接运算。

4. SQL 基本命令：

查询命令，操作命令。

5. Access 系统简介：

(1) Access 系统的基本特点。

(2) 基本对象：表，查询，窗体，报表，页，宏，模块。

二、数据库和表的基本操作

1. 创建数据库：

(1) 创建空数据库。

(2) 使用向导创建数据库。

2. 表的建立：

(1) 建立表结构：使用向导，使用表设计器，使用数据表。

(2) 设置字段属性。

(3) 输入数据：直接输入数据，获取外部数据。

3. 表间关系的建立与修改：

(1) 表间关系的概念：一对一，一对多。

(2) 建立表间关系。

(3) 设置参照完整性。

4. 表的维护：

(1) 修改表结构：添加字段，修改字段，删除字段，重新设置主关键字。

(2) 编辑表内容：添加记录，修改记录，删除记录，复制记录。

(3) 调整表外观。

5. 表的其他操作：

(1) 查找数据。

(2) 替换数据。

(3) 排序记录。

(4) 筛选记录。

三、查询的基本操作

1. 查询分类：

(1) 选择查询。

(2) 参数查询。

(3) 交叉表查询。

(4) 操作查询。

(5) SQL 查询。

2. 查询准则：

(1) 运算符。

(2) 函数。

(3) 表达式。

3. 创建查询：

(1) 使用向导创建查询。

(2) 使用设计器创建查询。

(3) 在查询中计算。

4. 操作已创建的查询：

(1) 运行已创建的查询。

(2) 编辑查询中的字段。

(3) 编辑查询中的数据源。

(4) 排序查询的结果。

四、窗体的基本操作

1. 窗体分类：

(1) 纵栏式窗体。

(2) 表格式窗体。

(3) 主/子窗体。

(4) 数据表窗体。

(5) 图表窗体。

(6) 数据透视表窗体。

2. 创建窗体：

(1) 使用向导创建窗体。

(2) 使用设计器创建窗体：控件的含义及种类，在窗体中添加和修改控件，设置控件的常见属性。

五、报表的基本操作

1. 报表分类：

(1) 纵栏式报表；

(2) 表格式报表。

(3) 图表报表。

(4) 标签报表。

2. 使用向导创建报表。

3. 使用设计器编辑报表。

4. 在报表中计算和汇总。

六、页的基本操作

1. 数据访问页的概念。

2. 创建数据访问页：

(1) 自动创建数据访问页。

(2) 使用向导数据访问页。

七、宏

1. 宏的基本概念。

2. 宏的基本操作：

(1) 创建宏：创建一个宏，创建宏组。

(2) 运行宏。

(3) 在宏中使用条件。

(4) 设置宏操作参数。

(5) 常用的宏操作。

八、模块

1. 模块的基本概念：

(1) 类模块。

(2) 标准模块。

(3) 将宏转换为模块。

2. 创建模块：

(1) 创建 VBA 模块：在模块中加入过程，在模块中执行宏。

(2) 编写事件过程：键盘事件，鼠标事件，窗口事件，操作事件和其他事件。

3. 调用和参数传递。

4. VBA 程序设计基础：

(1) 面向对象程序设计的基本概念。

(2) VBA 编程环境：进入 VBE，VBE 界面。

(3) VBA 编程基础：常量，变量，表达式。

(4) VBA 程序流程控制：顺序控制，选择控制，循环控制。

(5) VBA 程序的调试：设置断点，单步跟踪，设置监视点。

考试方式

1. 笔试：90 分钟，满分 100 分，其中含公共基础知识部分的 30 分。

2. 上机操作：90 分钟，满分 100 分。

上机操作包括：

(1) 基本操作。

(2) 简单应用。

(3) 综合应用。

附录 II

2011 年 3 月全国计算机等级考试二级 Access 试卷

一、选择题

1. 下列关于栈叙述正确的是______。

(A) 栈顶元素最先能被删除　　(B) 栈顶元素最后才能被删除

(C) 栈底元素永远不能被删除　　(D) 以上三种说法都不对

2. 下列叙述中正确的是______。

(A) 有一个以上根结点的数据结构不一定是非线性结构

(B) 只有一个根结点的数据结构不一定是线性结构

(C) 循环链表是非线性结构

(D) 双向链表是非线性结构

3. 某二叉树共有 7 个结点，其中叶子结点只有 1 个，则该二叉树的深度为(假设根结点在第一层)______。

(A) 3　　(B) 4　　(C) 6　　(D) 7

4. 在软件开发中，需求分析阶段产生的主要文档是______。

(A) 软件集成测试计划　　(B) 软件详细设计说明书

(C) 用户手册　　(D) 软件需求规格说明书

5. 结构化程序所要求的基本结构不包括______。

(A) 顺序结构　　(B) GOTO 跳转　　(C) 选择（分支）结构　　(D) 重复（循环）结构

6. 下面描述中错误的是______。

(A) 系统总体结构图支持软件系统的详细设计

(B) 软件设计是将软件需求转换为软件表示的过程

(C) 数据结构与数据库设计是软件设计的任务之一

(D) PAD 图是软件详细设计的表示工具

7. 负责数据库中查询操作的数据库语言是______。

(A) 数据定义语言　　(B) 数据管理语言　　(C) 数据操纵语言　　(D) 数据控制语言

8. 一个教师可讲授多门课程，一门课程可由多个教师讲授。则实体教师和课程间的联系是______。

(A) 1:1 联系　　(B) 1:m 联系　　(C) m:1 联系　　(D) m:n 联系

9. 有三个关系 R、S 和 T 如下：

R

A	B	C
a	1	2
b	2	1
c	3	1

S

A	B
c	3

T

C
1

则由关系 R 和 S 得到关系 T 的操作是______。

(A) 自然连接 (B) 交 (C) 除 (D) 并

10. 定义无符号整数类为 UInt,下面可以作为类 UInt 实例化值的是______。

(A) -369 (B) 369 (C) 0.369 (D)整数集合{1,2,3,4,5}

11. 在学生表中要查找所有年龄大于 30 岁姓王的男同学，应该采用的关系运算是______。

(A) 选择 (B) 投影 (C) 联接 (D) 自然联接

12. 下列可以建立索引的数据类型是______。

(A) 文本 (B) 超级链接 (C) 备注 (D) OLE 对象

13. 下列关于字段属性的叙述中，正确的是______。

(A) 可对任意类型的字段设置“默认值”属性

(B) 定义字段默认值的含义是该字段值不允许为空

(C) 只有“文本”型数据能够使用“输入掩码向导”

(D) “有效性规则”属性只允许定义一个条件表达式

14. 查询“书名”字段中包含“等级考试”字样的记录，应该使用的条件是______。

(A) Like "等级考试" (B) Like "*等级考试。 (C) Like "等级考试*" (D) Like "*等级考试*"

15. 在 Access 中对表进行“筛选”操作的结果是______。

(A) 从数据中挑选出满足条件的记录

(B) 从数据中挑选出满足条件的记录并生成一个新表

(C) 从数据中挑选出满足条件的记录并输出到一个报表中

(D) 从数据中挑选出满足条件的记录并显示在一个窗体中

16. 在学生表中使用“照片”字段存放相片，当使用向导为该表创建窗体时，照片字段使用的默认控件是______。

(A) 图形 (B) 图像 (C) 绑定对象框 (D) 未绑定对象框

17. 下列表达式计算结果为日期类型的是______。

(A) #2012-1-23#-#2011-2-3# (B) year(#2011-2-3#)

(C) DateValue("2011-2-3") (D) Len("2011-2-3")

18. 若要将“产品”表中所有供货商是“ABC”的产品单价下调 50，则正确的 SQL 语句是______。

(A) UPDATE 产品 SET 单价=50 WHERE 供货商="ABC"

(B) UPDATE 产品 SET 单价 = 单价-50 WHERE 供货商="ABC"

(C) UPDATE FROM 产品 SET 单价=50 WHERE 供货商="ABC"

(D) UPDATE FROM 产品 SET 单价=单价-50 WHERE 供货商="ABC"

19. 若查询的设计如下，则查询的功能是______。

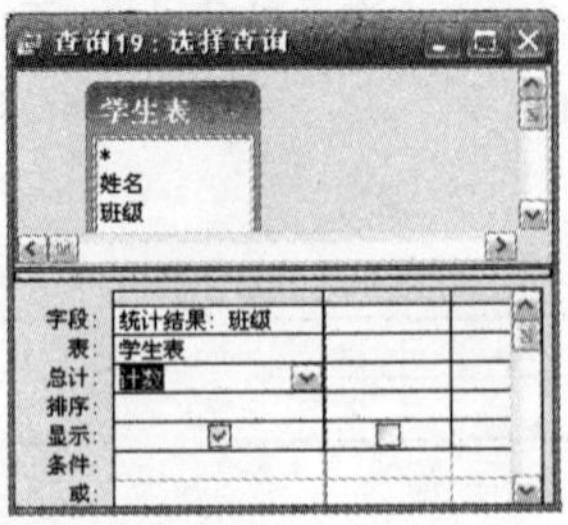

(A) 设计尚未完成，无法进行统计

(B) 统计班级信息仅含 Null（空）值的记录个数

(C) 统计班级信息不包括 Null（空）值的记录个数

(D) 统计班级信息包括 Null（空）值全部记录个数

20．在教师信息输入窗体中,为职称字段提供“教授”、“副教授”、“讲师”等选项供用户直接选择，应使用的控件是______。

(A) 标签　(B) 复选框　(C) 文本框　(D) 组合框

21．在报表中要显示格式为“共 N 页，第 N 页”的页码，正确的页码格式设置是______。

(A) ="共"+Pages+"页，第"+Page+"页"

(B) ="共"+[Pages]+"页，第"+[Page]+"页"

(C) ="共"&Pages&"页，第"&Page&"页"

(D) ="共"&[Pages]&"页，第"&[Page]&"页"

22．某窗体上有一个命令按钮,要求单击该按钮后调用宏打开应用程序 Word，则设计该宏时应选择的宏命令是______。

(A) RunApp　(B) RunCode　(C) RunMacro　(D) RunCommand

23．下列表达式中，能正确表示条件“x 和 y 都是奇数”的是______。

(A) x Mod 2=0 And y Mod 2=0　(B) x Mod 2=0 Or y Mod 2=0

(C) x Mod 2=1 And y Mod 2=1　(D) x Mod 2=1 Or y Mod 2=1

24．若在窗体设计过程中，命令按钮 Command0 的事件属性设置如下图所示，则含义是______。

(A) 只能为"进入"事件和"单击"事件编写事件过程

(B) 不能为"进入"事件和"单击"事件编写事件过程

(C) "进入"事件和"单击"事件执行的是同一事件过程

(D) 已经为"进入"事件和"单击"事件编写了事件过程

25．若窗体 Frm1 中有一个命令按钮 Cmd1，则窗体和命令按钮的 Click 事件过程名分别为______。

(A) Form_Click()　Command1_Click()　(B) Frm1_Click()　Command1_Click()

(C) Form_Click()　Cmd1_Click()　(D) Frm1_Click()　Cmd1_Click()

26．在 VBA 中，能自动检查出来的错误是______。

(A) 语法错误　(B) 逻辑错误　(C) 运行错误　(D) 注释错误

27．下列给出的选项中，非法的变量名是______。

(A) Sum　(B) Integer_2　(C) Rem　(D) Form1

28．如果在被调用的过程中改变了形参变量的值；但又不影响实参变量本身，这种参数传递方式称为______。

(A) 按值传递　(B) 按地址传递　(C) ByRef 传递　(D) 按形参传递

29．表达式“B=INT(A+0.5)”的功能是______。

(A) 将变量 A 保留小数点后 1 位　(B) 将变量 A 四舍五入取整

(C) 将变量 A 保留小数点后 5 位　　(D) 舍去变量 A 的小数部分

30．VBA 语句“Dim NewArray(10) as Integer”的含义是______。

(A) 定义 10 个整型数构成的数组 NewArray

(B) 定义 11 个整型数构成的数组 NewArray

(C) 定义 1 个值为整型数的变量 NewArray(10)

(D) 定义 1 个值为 10 的变量 NewArray

31．运行下列程序段，结果是______。

```
For m=10 to 1 step 0
k=k+3
Next m
```

(A) 形成死循环　　(B) 循环体不执行即结束循环

(C) 出现语法错误　　(D) 循环体执行一次后结束循环

32．运行下列程序，结果是______。

```
Private Sub Command32_Click()
f0=1:f1=1:k=1
Do While k<=5
f=f0+f1
f0=f1
f1=f
k=k+1
Loop
MsgBox "f="&f
End Sub
```

(A) f=5　　(B) f=7　　(C) f=8　　(D) f=13

33．有如下事件程序，运行该程序后输出结果是______。

```
Private Sub Command33_Click()
Dim x As Integer,y As Integer
x=1:y=0
Do Until y<=25
y=y+x*x
x=x+1
Loop
MsgBox "x="&x&",y="&y
End Sub
```

(A) x=1,y=0　　(B) x=4,y=25　　(C) x=5,y=30　　(D) 输出其他结果

34．下列程序的功能是计算 sum=1+(1+3)+(1+3+5)+Ö Ö +(1+3+5+Ö Ö +39)：

```
Private Sub Command34_Click()
t=0
m=1
sum=0
Do
t=t+m
sum=sum+t
m=_______
```

```
Loop While m<=39
MsgBox "Sum="&sum
End Sub
```

为保证程序正确完成上述功能，空白处应填入的语句是______。

(A) m+1　　(B) m+2　　(C) t+1　　(D) t+2

35．下列程序的功能是返回当前窗体的记录集：

```
Sub GetRecNum()
Dim rs As Object
Set rs=______
MsgBox rs.RecordCount
End Sub
```

为保证程序输出记录集（窗体记录源）的记录数，空白处应填入的语句是______。

(A) Recordset　　(B) Me.Recordset　　(C) RecordSource　　(D) Me.RecordSource

二、填空题

1．有序线性表能进行二分查找的前提是该线性表必须是__________存储的。

2．一棵二叉树的中序遍历结果为 DBEAFC，前序遍历结果为 ABDECF，则后序遍历结果为__________。

3．对软件设计的最小单位（模块或程序单元）进行的测试通常称为__________测试。

4．实体完整性约束要求关系数据库中元组的__________属性值不能为空。

5．在关系 A(S,SN,D)和关系 B(D,CN,NM)中，A 的主关键字是 S，B 的主关键字是 D，则称__________是关系 A 的外码。

6．在 Access 查询的条件表达式中要表示任意单个字符，应使用通配符__________。

7．在 SELECT 语句中，HAVING 子句必须与__________子句一起使用。

8．若要在宏中打开某个数据表，应使用的宏命令是__________。

9．在 VBA 中要将数值表达式的值转换为字符串，应使用函数__________。

10．运行下列程序，输入如下两行：

```
Hi,
    I am here.
```

弹出的窗体中的显示结果是__________。

```
Private Sub Command11_Click()
Dim abc As String, sum As string
sum=""
Do
abc=InputBox("输入 abc")
If Right(abc,1)="." Then Exit Do
sum=sum+abc
Loop
MsgBox sum
End Sub
```

11．运行下列程序，窗体中的显示结果是：x=__________。

```
Option Compare Database
Dim x As Integer
Private Sub Form_Load()
x=3
```

```
End Sub
Private Sub Command11_Click()
Static a As Integer
Dim b As Integer
b=x^2
fun1 x,b
fun1 x,b
MsgBox "x="&x
End Sub
Sub fun1(ByRef y As Integer,ByVal z As Integer)
y=y+z
z=y-z
```

12.“秒表”窗体中有两个按钮（“开始/停止”按钮 bOK，“暂停/继续”按钮 bPus）；一个显示计时的标签 1Num；窗体的“计时器间隔”设为 100 计时精度为 0.1 秒。

要求：打开窗体如图 1 所示；第一次单击“开始婷止”按钮，从 0 开始滚动显示计时（见图 2）；10 秒时单击“暂停/继续”按钮，显示暂停（见图 3），但计时还在继续；若 20 秒后再次单击“暂停/继续”按钮，计时会从 30 秒开始继续滚动显示；第二次单击“开始/停止”按钮，计时停止，显示最终时间（见图 4）。若再次单击“开始/停止”按钮可重新从 0 开始计时。

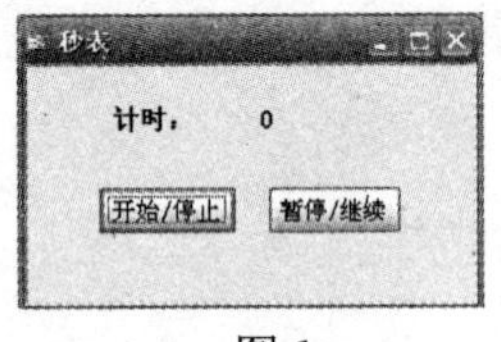

图 1

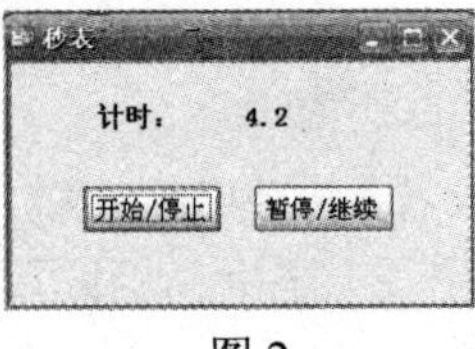

图 2

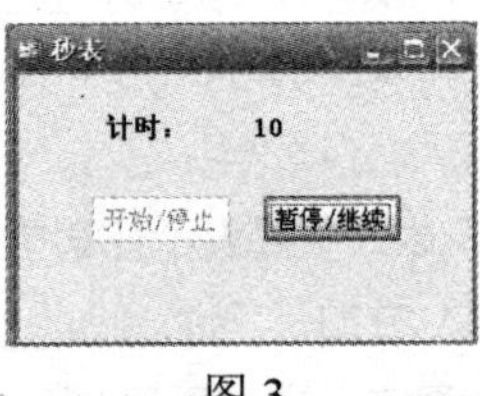

图 3

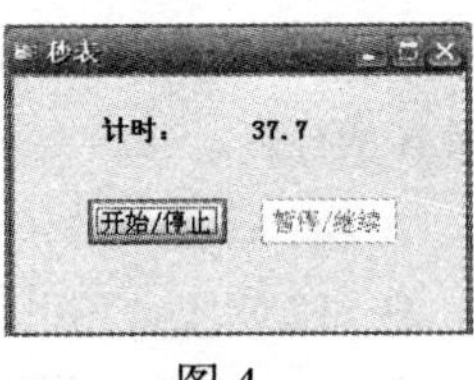

图 4

相关的事件程序如下。请在空白处填入适当的语句，使程序可以完成指定的功能。

```
Option Compare Database
Dim flag,pause As Boolean
Private Sub bOK Click()
flag=__________
Me!bOK.Enabled=True
Me!bPus.Enabled=flag
End Sub
Private Sub bPus_Click()
pause=Not pause
Me!bOK.Enabled=Not Me!bOK.Enabled
End Sub
Private Sub Form Open(Cancel As Integer)
flag=False
pause=False
Me!bOK.Enabled=True
Me!bPus.Enabled=False
End Sub
Private Sub Form Timer()
Static count As Single
```

```
If flag=True Then
If pause=False Then
Me!lNum.Caption=Round(count,1)
End If
count=____________
Else
count=0
End If
End Sub
```

13. 数据库中有“学生成绩表”，包括“姓名”、“平时成绩”、“考试成绩”和“期末总评”等字段。现要根据“平时成绩”和“考试成绩”对学生进行“期末总评”。规定：

“平时成绩”加“考试成绩”大于等于 85 分，则期末总评为“优”，“平时成绩”加“考试成绩”小于 60 分，则期末总评为“不及格”，其他情况期末总评为“合格”。

下面的程序按照上述要求计算每名学生的期末总评。请在空白处填入适当的语句，使程序可以完成指定的功能。

```
Private Sub Command0_Click()
Dim db As DAO.Database
Dim rs As DAO.Recordset
Dim pscj,kscj,qmzp As DAO.Field
Dim count As Integer
Set db=CurrentDb()
Set rs=db.OpenRecordset("学生成绩表")
Set pscj=rs.Fields("平时成绩")
Set kscj=rs.Fields("考试成绩")
Set qmzp=rs.Fields("期末总评")
count=0
Do While Not rs.EOF
____________
If pscj+kscj>=85 Then
qmzp="优"
ElseIf pscj+kscj<60 Then
qmzp="不及格"
Else
qmzp="合格"
End If
rs.Update
count=count+1
____________
Loop
rs.Close
db.Close
Set rs=Nothing
Set db=Nothing
MsgBox "学生人数: "&count
End Sub
```

参 考 文 献

[1] 王珊，萨师煊．数据库系统概论(第四版)．北京：高等教育出版社，2006.

[2] 纪澍琴，刘威，王宏志．Access 数据库应用基础教程[M]．北京：北京邮电大学出版社，2007.

[3] 何胜利．Access 数据库应用技术教程．北京：中国铁道出版社，2008.

[4] 秦丙昆，田幼勤，曲万里．Access 数据库应用技术教程．北京：地质出版社，2007.

[5] 郭晔，王浩鸣，张天宇．数据库技术与 Access 应用．北京：人民邮电出版社，2009.

[6] 李禹生．数据库技术——Access 及应用系统开发．北京：中国水利出版社，2007.